# 미용학 개론

장선엽 · 이현진 · 김 환 지음

光文閣
www.kwangmoonkag.co.kr

# 머리말

미용은 과거부터 현재에 이르기까지 인류의 역사와 가장 밀접하게 관계되어 왔으며, 미래는 창조와 기술의 시대라고 해도 과언이 아닐 것이다.

국제 시장의 개방과 더불어 외부로부터 다양한 디자인이 유입되고 있으며, 급변하는 트렌드에 맞서 더욱더 성장할 수 있도록 경쟁력을 갖추어야 한다.

미용학은 인체를 건강하고 아름답게 관리하는 것을 목적으로 하는 뷰티 서비스 산업의 일부로서 표현되고 있지만, 미용을 뷰티산업의 다른 분야인 피부미용 · 네일 케어 · 메이크업 등과 따로 생각하기에는 어려움이 있다. 또한, 화장품 · 미용용품 · 미용기기 등의 뷰티 제조 산업이나 성형 · 패션 · 스파 등의 뷰티 연관 산업과 함께 공부해야 하며, 더 많은 것을 요구하고 있다.

이 책은 미용에 대해 배움의 뜻이 있는 경우 반드시 알아야 하는 내용들로 구성되었다. 내용 구성은 미용의 발달 과정, 미용인의 자세와 사명, 헤어디자인, 피부관리, 메이크업, 네일 아트, 모발 과학, 샴푸와 린스, 미용기기, 미용경영 등 모든 분야에서 가장 기초적인 것을 익힐 수 있도록 서술하였다.

미용에 관심이 있는 경우, 한 분야만을 알아서는 미용 산업에서 낙후될 수 있다. 그러므로 미용과 관련된 모든 분야의 기초를 배우고 익힌다면 미용 전문인이면서 뷰티 산업의 문화를 함께하여 토탈 미용 전문인으로서 새로운 트렌드를 받아들이는 데 부족함이 없을 것이며 사회 · 정치 · 문화 · 경제 모든 분야를 알아야 한다고 생각한다.

이번 저술한 책을 바탕으로 미용에 관하여 조금이나마 도움이 되고자 하며 앞으로 더 알차게 준비하여 수정, 보완해 나갈 것을 약속드린다.

끝으로 출판을 위해 도움을 주신 교수님, 광문각 박정태 사장님과 임직원 여러분께 진심으로 감사드린다.

저자 일동

# 차 례

## 제14장 미용 경영론 ········· 425

제 1 장

# 미용 개요와 미용의 발달

1. 미용 개요
2. 미용의 역사

제 1 장

# 미용 개요와 미용의 발달

## 1 미용 개요

### 1) 미용의 정의

「미용사법」에는 미용을 “퍼머넌트 웨이브 · 결발(結髮) · 세발(洗髮) · 염발(染髮) · 두피처리 · 매니큐어, 미안술 및 화장 등의 방법에 의하여 용모를 아름답게 하는 것”이라고 정의하고 있으며, 크게 나누면 두부기술(頭部技術) · 미장기술(美粧技術) · 전신미용 등이 있다.

미용이란 복식 이외의 여러 가지 인위적인 방법으로 용모에 물리적 · 화학적 기교를 행하는 것으로 얼굴, 두발, 피부, 손톱, 발톱 등의 상태를 개선하고 아름답게 미화시키는 예술이며 동시에 과학적 이론을 응용한 것이다.

미용업이란 「공중위생법」 제2조에서 “미용업이란 손님의 얼굴, 머리, 피부 등에 손질하여 손님의 외모를 아름답게 꾸며주는 영업”이라고 정의하고 있다. 미용은 크게 모발 미용, 피부관리, 메이크업, 네일 아트 등의 범주로 구분할 수 있다. 즉 미용은 여러 가지로 발전된 화장품이나 약제 혹은 기구, 기계를 이용하여 사람의 용모를 아름답게 꾸미는 기능을 말하며, 과학적 이론을 바탕으로 한 학문적 뒷받침으로 하나의 체계로 정리된 것이다. 예술성과 기술이 함께하여 비로소 효과를 나타낸 것이다.

「공중위생관리법」 시행규칙 제28조에는 다음과 같이 규정하고 있다. “미용사는 퍼머넌트, 머리카락 자르기, 머리카락 모양내기, 머리 피부 손질, 머리카락 염색, 머리 감기, 손톱 손질 및 화장, 피부미용, 얼굴 손질 및 화장을 그 업무로 한다." 즉 미용인은 고객의 모발, 피부, 얼굴, 손톱 등의 건강 상태를 개선하고 유지하면서 아름답게 꾸며 주는 역할을 담당하는 것이다. 피부미용은 의료기구나 의약품을 사용하지 아니하는 순수한 피부미용을 말한다.

이러한 위의 내용을 종합해 볼 때 미용은 광의와 협의의 미용으로 나눌 수 있다. 「공중위생법」에 따르면 미용업은 손님의 얼굴, 머리, 피부 등을 손질하여 손님의 외모를 아름답게 꾸미는 영업으로 정의하고 있다.

즉, 미용이란 복식 이외의 여러 가지 방법으로 신체에 물리적, 화학적 기교를 행하는 것으로 피부와 모발, 용모를 아름답게 가꾸거나 개선하는 것을 말한다. 모발 꾸미기, 피부관리, 메이크업 등을 들 수 있다.

첫째, 머리 모양을 아름답게 개선하기 위해 모발을 자르거나 펌, 드라이, 컬러링 등을 할 수 있다. 또한, 가발을 사용하여 탈모가 심한 머리를 커버하거나 숱이 적어 고민하는 사람들에게 증모 방법으로 숱이 많게 하고 짧은 머리를 길게 연결하기도 한다.

둘째, 건강하고 아름답게 피부를 가꾸고 체형을 교정하여 아름다운 몸매로 만들며 마사지를 통해 건강을 증진시키는 등의 의료기구나 의약품을 사용하지 아니한 순수한 피부미용을 할 수 있다.

셋째, 메이크업을 통해 개성적이고 세련된 아름다움을 연출할 수 있다.

이상과 같이 미용은 과학과 예술이 접목된 분야로 그 범위가 넓으며 인간의 삶의 질을 향상시켜 주는 아주 중요한 분야라 할 수 있다. 더욱이 문화와 문명이 발달하고 인간의 기본 욕구인 의식주 문제가 해결될수록 아름다워지려는 욕구는 더욱 커지며 이를 위한 미용 분야의 역할은 확대될 것으로 전망된다.

#### (1) 미용기술

현재의 미용기술은 과학적인 이론을 응용해서 얻어진다. 과학이란 극히 간단하게 말하면 하나로 체계화된 학문이란 의미이다. 이 과학의 의미를 미용기술에 적용시켜 생각해 보면 미용기술은 갖가지 발달한 화장 재료, 약제 또는 기구, 기계를 이용해 사람의 얼굴과 몸매를 아름답게 하는 기술을 가르키며, 그 기술은 과학적 이론에 기초를 둔 학문적 뒷받침에 따른다. 하나로 요약하여 정리된 학문으로서 진행되어야 비로소 결과가 얻어진다고 할 수 있다.

미용기술이란 자연 상태의 모발이나 피부에 대해서 기구, 기계, 화장품 등을 활용하여 보건위생에 적합한 기술을 행하여 사람의 머리 모양과 얼굴, 몸매 등을 보다 아름답게 변화시켜 주는 것을 말하며, 더한층 그 방법이 합리적이고 능률적으로 되도록 과학적 체계하에 정리된 총괄적인 학문이다.

### 2) 미용의 목적/동기

#### (1) 미용의 목적

미용의 목적은 사람들의 용모를 아름답게 꾸미는 것과 보건 위생의 유지, 증진을 도모하는 것으로 사회에 대한 미용업의 공헌이라는 것을 생각할 때 이 목적의식에 따른 사명감을 강하게 갖는 것이 무엇보다 중요하다. 아름다워지려는 인간의 심리적 욕구를 충족시키며 욕구 충족으로 인하여 원만한 대인 관계를 갖게 하고, 이로 인한 자신감으로 생산 의욕을 높이게 된다. 그러기 위해서는 미용기술의 의미를 잘 파악하여 충분히 몸에 익히며 다양한 기술과 이론을 꾸준히 실천하여 실행에 옮기는 것이 중요하다. 그 밖에 자기가 만들어 낸 기술에 조형예술의 요소를 가하여 미적 감각이 풍부한 작품을 만들도록 노력하여야 한다.

### (2) 미용의 동기

#### ① 신체 보호설

인간의 피부를 보호하기 위해 시작되었다는 학설로 추위나 더위로부터 신체를 보호하기 위한 환경 적응설과 외부의 위험요소로부터 신체를 보호하기 위한 신체 보호설이 있다.

인간은 신체적으로 힘이 약하고 피부도 약하여 자연으로부터 신체를 보호할 만한 수단을 지니고 있지 않기 때문에 생존을 위한 보호 수단을 찾으려고 노력하였다.

피부는 인체를 덮고 있는 중요한 역할을 하며 외부의 물리적 · 화학적 · 세균의 자극으로부터 보호하는 기능이 있다.

《후한서》에 의하면 읍루와 말갈족이 피부미용과 동상을 막기 위해 겨울에 돼지기름을 발랐다는 기록을 통해 화장의 이유를 알 수 있다. 또한, 피부미용을 위해 오줌으로 세수를 하였다는 기록도 있다.

덥고 건조한 열대 지방에서는 태양열로부터 신체를 보호하기 위해 미용이 발달하였으며, 이집트인들은 머리털을 짧게 깎거나 아주 밀어버리고 가발을 썼다. 특히 여자들은 여러 가지 향유를 사용하여 노출된 피부를 손질한 것을 볼 수 있다.

그 외에는 독충으로부터 인간을 위협하고 수렵 활동에서 항상 위험이 있었다. 따라서 이러한 위험으로부터 신체를 보호하기 위해 미용이 필요하였다.

#### ② 심리적 보호설

인간은 정신적인 미를 가꾸는 것을 통해 자신감과 긍정적 자아 인식을 갖게 된다. 또한, 인간은 두려움에서 벗어나 심리적 안정감이나 만족을 얻으려는 욕구가 중요한 동기로 작용한다. 매슬로우에 의하면 인간의 가장 원초적인 욕구는 음식, 수면, 성과 같은 생리적 욕구와 안전에 대한 욕구이며,

이것이 충족되면 소속감, 사랑 등의 사회적 욕구를 충족하게 된다.

### ③ 정숙설과 비정숙설

정숙설은 수치설로 일부를 가리기 위해 사용되었다는 학설로 시대, 종족, 문화권, 가치관 등에 따라 다르다.

비정숙설은 이성에 관심을 끌기 위해 매력을 끄는 부위로 주의를 집중시키고자 한 것이다.

### ④ 신체 장식설

인간이 신체를 꾸며 아름다워지고자 하는 욕구에 의해 미용이 생겼다는 학설이다. 이 학설에서는 상징설, 심미설 등으로 분류할 수 있다. 상징설은 인간의 힘, 용기, 능력 등을 과시하기 위한 행위에 발생되었다는 것이다. 이것에는 트로피즘, 테러리즘, 토테미즘 등이다. 심미설은 아름다워지고자 하는 본능적인 욕구에서 시작되었다는 설로 신체 장식법에는 상흔, 문신, 채색, 제거, 변형 등이 있다.

## 3) 미용의 특수성과 과정

### (1) 미용의 특수성

미용의 조형예술로 주로 시각을 통해 얻어지는데 미용과 일반 소형예술과의 다른 점을 미용의 특수성이라 한다.

첫째, 미용인의 의사표현이 제한된다. 즉 손님의 의사를 우선적으로 존중해야 한다.

둘째, 미용인은 전문가로서 충분한 지식과 기술을 습득해야 한다.

셋째, 미용 시술 시간이 제한되며 고객의 시간적 제한에 따라야 한다.

넷째, 다양한 소재가 불가능하여 미용 소재 선정이 제한된다.

다섯째, 미용 소재의 이미지에 따라 시술 내용이 달라지며 모발의 종류에 따라 다르게 연출한다.

여섯째, 미용은 여러 가지 특수성을 갖고 있기 때문에 우수한 기술 습득과 높은 자질 향상이 요구되는 부용예술로서의 제한이 있다.

#### (2) 미용의 과정

미용 작품이 완성되기까지의 과정을 미용의 과정이라고 한다.

첫째, 소재는 손님 전신의 자태, 얼굴형, 표정, 동작의 특징 등을 신속하고 정확하게 관찰하여 그 개성을 올바르게 파악해야만 비로소 개성미의 연출이 가능하다.

둘째, 구상으로 소재를 충분히 관찰하고 특징을 잘 살려 훌륭한 개성미를 나타낼 수 있도록 생각하는 작업에 대한 계획이다. 손님과 견해 차이가 있을 때는 어느 정도 양해를 구하도록 한다.

셋째, 제작은 구상의 구체적인 표현으로 구상을 아무리 잘해도 예술적인 기교가 부족하면 개성미를 살릴 수 없기 때문에 미용에서 가장 중요한 부분이며 미용사의 전문성을 볼 수 있다.

넷째, 보정은 작품의 과정 중 가장 마지막 단계로 제작 후 전체적인 모양, 조화 등을 재조사해서 불충분한 곳을 수정 보완한다. 손님의 만족을 표시한 후에야 비로소 미용의 과정이 끝나게 되는 것이다.

### 4) 미용인의 자세

#### (1) 미용인의 내적 자세

미용인은 미적, 문화적, 위생적 측면에서 사회에 공헌한다는 사명감을 가진다. 고객의 요구에 부응하여 아름답고 개성 있는 미적 디자인을 연출해야 하며, 비용인은 국내 · 외 유행의 흐름과 민족성 · 사회성 · 경제성 등을 고려하여 건전한 시대의 흐름을 만든다. 또한, 고객에게 위생상의 위해를 가하지 않도록 공중위생을 철저히 지키며 다음과 같은 내적 자질을 갖추어야 한다.

친절하고 교양 있는 언행을 행하고, 신뢰감 있고 원만한 인격을 갖추어야 하며, 미용에 관한 전문적인 지식과 기술을 충분히 습득하여, 미적 표현을 실행함으로 미적 감각을 가져야 하며, 공중위생에 관한 전문 지식을 가져야 한다.

#### (2) 미용인의 외적 자세

##### ① 미용인의 몸가짐

미용인으로서 갖추어야 할 몸가짐들은 다음과 같다.

땀 냄새, 담배 냄새, 입 냄새 등의 청결에 유의하고 단정하면서도 깨끗한 복장을 하며 지나친 화장이나 노출, 액세서리 착용 등을 하지 않도록 한다.

매사에 에티켓과 매너 있는 행동을 하며 충분한 휴식과 수면을 취하여 건강에 유의한다. 시술 자세로는 미용 시술 시 올바른 자세를 취하면 피로가 덜하고 일의 능률이 향상된다.

안정된 자세로 바로 선 상태의 수직선 안에서 시술하도록 하며 양다리를 어깨 너비만큼 벌리고, 등을 곧게 펴준다. 만약 허리를 굽혀야 하는 경우는 대신에 무릎을 구부린다.

시술 대상의 위치는 심장의 높이와 평행하도록 하며 힘의 배분을 적절하게 하도록 조절하고 시술 대상과 명시거리를 두고 안구에서 약 25cm 떨어진다.

### 5) 미용업의 실제

#### (1) 작업에 필요한 기술적 · 이론적 지식

미용인들의 작업에는 다음과 같은 다양한 기술적이고 이론적인 지식들이 필요하다.

화학제품 사용작용을 이해하도록 하며, 생물의 피부와 모발의 구조 및 특성을 알고, 색채학은 색의 이해를 통하여 피부와 눈동자의 색에 따른 다양하고 조화로운 모발 색을 바꾸어 줄 수 있도록 한다.

모발 위생은 모발과 두피의 주요 질병들을 가려낼 수 있도록 하고 예술적인 지식들로 미를 창조할 수 있도록 하며, 고객들이 자신에게 어울리는 헤어 스타일을 잘 선택할 수 있도록 조언할 수 있다.

고객과의 대화를 유쾌하게 이끌어갈 수 있어야 하며 시사성 있는 주제들을 이해하고 예술, 스포츠, 영화와 연극 등에 관심뿐 아니라 사회, 정치, 교육, 문화 전반적인 분야에 자신의 지식들을 유쾌하게 표현할 수 있어야 한다.

상업적인 이해는 자신의 사업에 이익을 가져다줄 수 있는 방법들을 모색하도록 하며, 살롱의 마케팅과 컨설팅은 경영관리에 필수적인 것이다.

### (2) 미용인의 작업

샴푸는 모발과 두피의 위생 및 관리를 위해 필수적일 뿐만 아니라 탈모관리 등 모든 미용 시술 전후에 시행된다.

헤어 커팅은 고객에게 어울리는 헤어 스타일을 위하여 레이저, 가위, 클리퍼 등을 사용하여 기본적인 헤어 스타일을 의미하며 헤어 디자인은 헤어 커팅에 의한 기본 헤어라인에 올림머리, 퍼머넌트 웨이브, 모발의 염색 및 탈색, 헤어 드라이, 아이론 등으로 아름다운 헤어 스타일을 완성한다. 건강한 모발 관리와 가발의 활용도 모발 미용의 범주에 속한다.

제품 판매에 있어 미용실에서는 모발과 피부에 관련된 코스메틱 제품들을 판매하게 되는데, 미용인은 고객에게 양질의 제품을 판매하기 위하여 제품에 대한 이해 및 모발과 피부에 대한 지식을 가지고 있어야 한다. 또한, 고객을 만족시키기 위하여 항상 미소를 지어야 하며, 늘 유쾌한 표정과 인내력으로 고객을 대하여야 한다. 그리고 언제나 미용실 내부를 청결한 상태로 유지시켜야 하며, 사용된 도구 및 기구들을 깨끗히 소독하여 위생적으로 보관하여야 한다.

넓은 의미에서 매니큐어와 페디큐어, 메이크업, 피부관리, 발 관리, 네일 아트 등 다양한 작업들이 그 범주에 속한다.

### 6) 미용실과 접객

#### (1) 미용실

쾌적한 분위기로 청결해야 하며, 잘 정리 · 정돈되고 배수와 환풍이 잘 되어야 하고, 조명은 햇빛과 같은 밝기로 얼굴과 색이 변형되어 보이지 않아야 한다.

고객이 음악을 들으면서 충분한 휴식을 취할 수 있도록 하며, 벽면에는 최신 유행 헤어 스타일 포스터를 부착하고 정기적으로 꽃을 바꾸어 꽂아 준다.

미용 의자 및 대기 의자는 안락, 편안한 것을 갖추어야 하며, 샴푸 세트는 높낮이가 조절 가능하여야 하며, 잡지와 신문들을 준비해 놓는다.

#### (2) 접객

진솔하고 예의 바르게 하여 안락한 분위기를 조성하여야 하며 고객의 외투, 짐, 우산 등은 받아서 잘 보관하여 둔다.

항상 미소를 짓고, 고객이 기다리는 동안 잡지, 음료수 등을 권하도록 하고 상냥한 말투로 고객의 관심사에 대한 대화를 이끌어가도록 한다.

고객이 모든 미용 시술이 끝날 때까지 친절함을 잃지 않도록 하며, 입구까지 배웅하여야 한다.

### (3) 서비스의 질

말이나 행동으로 하는 것의 접객 서비스는 단골 확보와 미용실의 발전을 위한 하나의 결정적인 도구이다. 무엇보다도 고객이 최고의 서비스를 받고 있다는 확신을 갖도록 하는 것이 중요하다.

고객의 시각에서 느껴지는 접객은 미용실 구성원들의 몸가짐, 행동, 접객 내용, 분위기가 어떠한지 중요하고, 고객의 청각에서 느껴지는 접객은 구성원들 각각의 목소리, 지시법, 대화 내용, 지시 받은 자세, 고객과의 대화, 음악 등이 포함된다. 고객의 촉각에서 느껴지는 접객은 미용실 내의 순간의 분위기, 공기, 고객에 대한 예우이다.

### (4) 기본적인 접객

복장, 인사, 예의, 이동하는 방법, 서비스의 내용 등의 태도적인 접객과 제스처, 미소, 시선, 표정 등 표현의 언어에 의한 접객, 적절하고 교양 있는 어휘의 사용, 차분하지만 자신감 있는 억양, 적절한 존대, 상냥한 말투 등이 접객에 중요한 역할을 한다.

이 중 모두가 중요하지만 인사는 인간관계의 출발점이다. 미용실에서 최초에 이루어지는 예의 바르고 친절한 인사는 고객에게 깊은 인상을 심어주므로 습관적으로 몸에 익혀야 한다.

표정의 중요한 의미는 웃는 얼굴로 대화를 하면 상대방에게 좋은 인상을 주고 목소리도 밝고 명랑하게 만들어 준다. 또한, 분위기도 한층 밝아지게 되며 작업 중에 불쾌한 일이 있더라도 항상 웃는 얼굴로 대하며 상냥함을 잃지 않도록 한다.

웃는 얼굴은 물론 언어 구사와 대화 방법에도 예의가 요구된다. 바른 자세로 상대방이 유쾌하게 받아들일 수 있도록 하며, 대화 방법은 정확한 발음, 차분한 어조, 상냥한 말씨, 표준어와 경어 사용, 무엇보다도 겸손한 마음가짐이 중요하다. 대화 시 다음 사항에 주의한다.

상대의 눈을 보면서 말하고 말 사이사이에 신경을 쓴다.

의미를 확실히 발음하고, 항상 웃는 낯으로 말하며, 부정형은 사용하지 않으며, 될 수 있으면 부드러운 표현을 사용한다.

대화를 잘 이끌어 가기 위해서는 듣는 태도가 중요하며 상대의 눈을 자주 보고 열심히 듣는다. 말허리를 자르지 않도록 주의하며 상대에게 무안을 주지 않으려는 자세를 갖고 경청하고 있음을 나타내는 표시를 해준다.

상담은 고객이 처음 살롱으로 들어선 순간부터 고객과 디자이너, 어시스턴트, 모든 스텝과의 발견 단계가 시작된다. 담당 스텝의 존재는 태도, 표현, 어휘 등이 합쳐져서 미용실 전체 분위기로 고객에게 전달된다. 대화를 통하여 고객의 성격, 직업, 취향, 모발의 특성 등을 고려하여 모든 측면에서 고객이 자신의 요구를 분석하도록 유도하며, 시술 중에도 적극적이고 건설적이며 풍요로운 대화를 이끌어가야 한다. 상담 시에는 항상 미소를 짓고, 얼굴 표정을 부드럽게 해주며, 적절한 제스처와 부드러운 목소리로 상호 간의 신뢰감을 갖도록 한다. 대화 시간을 너무 길지 않게 하며, 지루한 독백에 빠지지 말고 가벼운 질문을 하여 대화가 이루어지도록 한다.

감정 이입은 고객을 이해하고 기대를 만족시키기 위해 고객에게 몰입하는 것이다. 고객과의 연대감, 신뢰감의 형성은 영업상의 친밀한 관계를 성립시킨다.

분위기 조성은 신뢰, 의지, 인내가 필요하며 구성원들은 다음 사항들을 인지하여 기술과 제품에 대해 자신감을 갖고 있어야 하며 방어와 공격을 혼동하지 않는다.

고객이 이해할 수 있는 말을 사용하고 고객이 알아듣지 못하는 기술적인 용어, 약어, 기호 등을 사용하지 않고 혼잣말을 하지 않는다.

고객의 필요, 기대, 관심사는 고려하지 않고 억지로 고객에게 강요하거나 설복시키는 따위의 실수를 하지 말아야 하며, 고객을 소극적이고 무관심한 상태로 두어서는 안 된다.

신뢰감을 주는 태도와 표현으로 고객의 필요, 동기, 고민 등에 관심을 갖는다.

## 2 미용의 역사

### 1) 한국의 미용

모발을 가다듬는 것은 신체 보호의 기능 이외에 주술적이며 심미적인 기능을 지닌 인간의 종합적 표현 수단의 역할을 하고 있다. 우리나라 미용의 역사를 고찰한다는 것이 그 자료가 부족한 것이 사실이나 대부분 고분 출토물의 유물이나 벽화 등으로 알 수 있고, 일부 언론 매체를 통한 사극이나 고전에서 그 맥을 추측할 수 있을 것이다.

#### (1) 선사 시대

고대의 미용은 역사적 배경으로 볼 때 중국 대륙의 영향을 주로 많이 받았다. 신석기 시대는 유적인 농포동 패총에서의 사슴의 뿔로 만든 비녀을 발견했으며, 청동기 시대는 뼈로 만든 비녀가 출토되었다. 물소 뿔로 만든 비녀도 초기 철기시대 무덤에서 출토되었는데, 기법이 매우 치밀하고 정교하며 표면이 매우 고르다.

#### (2) 삼한 시대

우리나라 미용의 시초라고 할 수 있으며 머리 모양으로 귀천의 차이 즉, 신분이나 계급 표식과 같은 조형적인 의미가 깊었으며, 당시의 선진국이던 중국의 문물을 수입하여 그 계위를 따졌던 것을 고구려의 벽화에서도 찾아 볼 수 있다.

삼한 시대 미용 발달 과정 중 대표적인 머리형을 살펴보면 수장급은 나들이할 때 관모를 썼으며, 노예는 머리를 깎았고, 일반 남성은 상투를 틀었으며, 문신을 하여 그 위치와 크기로 신분과 계급을 구분하였다.

마한은 어른과 어린이 남녀 구별 없이 장신구들을 목이나 귀에 달고 다녔으며 괴두, 노계를 하고 도포를 입고 초리를 신었다는 기록이 있다.

마한인은 머리카락을 길고 아름답게 가꾸는 것을 좋아하였으며 남자들은 상투를 틀어 정수리에 올렸다. 성인 남자는 상투를 틀고 미혼 남자는 머리를 풀어 늘어뜨렸으며, 여자들은 머리를 정수리에 틀어 얹고 남은 모발은 뒤로 늘어뜨리기도 하고 땋은 머리를 백 이어 포인트까지 말아 올려서 뒷머리에 납작하게 붙이기도 하였다. 변한, 진한은 어린 아이의 머리를 태어날 때부터 돌로 머리를 눌러 형태를 변형시키는 편두의 풍습이 있었으며, 편두의 풍속은 두상의 뒷부분을 눌러줌으로써 뒷부분에 상투를 틀어서 돌출하기에 편리한 형태라 짐작된다.

부여인들은 술 마시고 노래하며 춤추기를 좋아했고, 머리를 길게 기르고 윤기나게 가꾸었으며, 검은 머리를 즐겨 하고 음률을 즐길 줄 아는 민족성을 엿볼 수 있다.

대체로 부여인은 백포로 만든 소매가 넓은 도포와 바지를 입었고, 가죽신을 신었으며 금, 은으로 장식하고 모자를 썼다고 기록이 전해진다.

### (3) 삼국 시대

고구려, 백제, 신라 삼국은 연맹 왕국의 단계를 거쳐 중앙 집권 국가로 발전한 나라들이다. 삼국은 각기 독자적인 문화 기반 위에 상호 친선과 대립을 거듭하면서 화려한 고대의 문화를 꽃피웠으며 불교 전래와 함께 불교 의식에 따른 목욕과 향이 사용되었다.

고구려 (B.C 37~ A.D 668)는 왕족과 귀족들의 지배 체제인 계층으로 연합하여 정치를 주도하였다. 일반 백성은 대체로 자영 농민이 많았으며 개인의 능력보다 친족의 사회적 지위가 중시된 귀족 중심의 엄격한 신분 제도였다.

불교의 전례와 함께 불교 의식에 따른 목욕과 향이 사용되었던 삼국 시대에는 머리형으로 귀천의 차이를 나타내었다. 깨끗한 것을 좋아하고 용모가 단정한 것을 숭상하였으며, 예를 중시하는 풍습 때문에 기혼이나 미혼을 구분하기 위하여 머리를 땋거나 상투를 틀었을 것으로 추정된다. 미혼 여성은 머리를 땋아 내리고 기혼 여성은 머리를 두 가닥으로 땋아 올려 구분하였으며, 여자들은 얹은머리, 쪽진 머리, 묶은 머리, 쌍계를 하였다.

고구려의 미용은 무용총이나 쌍영총 등의 고분 벽화에서 알 수 있듯이 고구려의 부인들이 가발을 이용하여 크게 얹은머리로 자신의 지위를 상징하고 있음을 볼 수 있다. 남자들은 외상투가 많았으며 쌍상투를 한 경우도 종종 있었다.

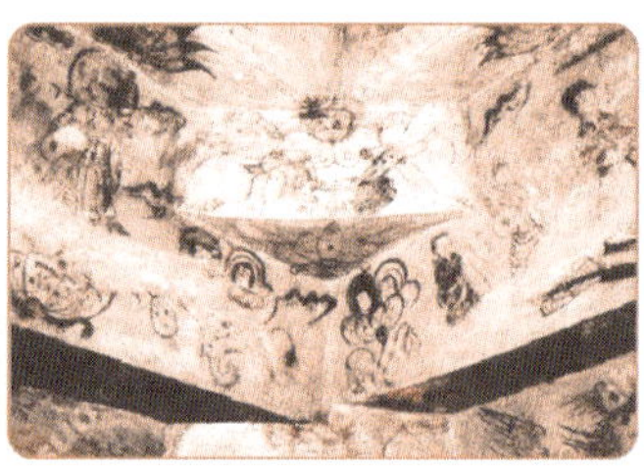

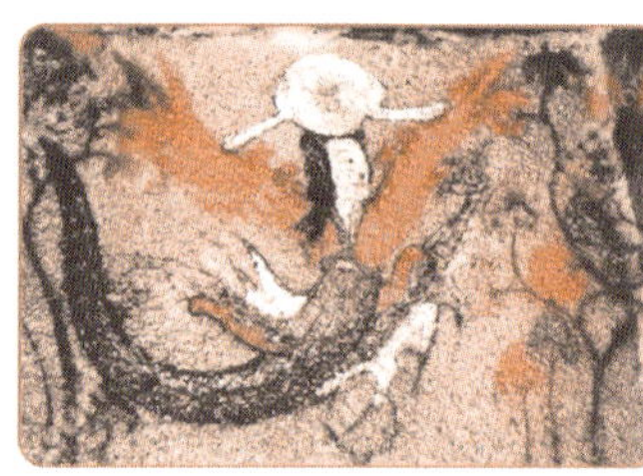

백제(B.C 18~ A.D 663)는 지리적 여건으로 고구려 신라보다는 다소 늦었으나, 일본의 옛 문헌인 화한(和漢) 삼재도회(三才圖會)에 의하면 화장품도 만들 줄 몰랐던 일본인들이 화장품 제조기술이나 화장법을 백제로부터 배워 갔다고 기록되어 있는 것으로 보아 화장품의 제조기술과 화장기술이 고도로 발달되었다고 생각된다.

백제인들은 두발을 길고 아름답게 가꾼 마한인들의 전통을 계승하여 남자는 상투를 틀었고, 부인은 머리를 두 갈래로 땋아 틀어 올린 머리를 하였는데, 혼인을 선후하여 머리를 두 갈래로 땋아 틀어 올려 쪽을 하고 미혼인은 머리를 땋아 뒤로 드리우거나 땋아서 얹어 한 가닥은 풀어서 장식을 하고 한 갈래나 두 가래로 땋아 양옆으로 늘어뜨린 댕기머리를 하였다.

신라(B.C 57~A.D 668)의 고분에서는 검은색 칠을 한 나무 빗과 은령총에서 비녀가 출토되었다. 모발을 아름답고 길게 가꾸었으며 부인들은 머리를 땋아서 감아올리고 비단과 구슬로 아름답게 장식하였다. 또한, 앞가르마를 똑바로 타서 머릿기름을 곱게 바르고 빗살이 고운 참빗으로 부풀지 않게 빗은 다음 뒤통수에 낮게 땋아 쪽 지어 비녀를 꽂았고 둘둘 말아 틀어 올린 낭자머리에 댕기를 넣어 비녀와 뒤꽂이를 꽂았다. 또 신라인들은 가체를 사용하였는데 장발의 처리 기술이 뛰어났으며 이를 금, 은, 주옥과 오색 비단으로 꾸며 이 시대의 머리형으로 신분과 지위를 나타냈다.

남자는 머리를 잘라서 팔고 검은 두건을 썼으며, 머리카락을 팔고 살 수 있었음을 알 수 있다.

신라인들의 가체는 중국을 비롯한 다른 나라에까지 그 우수성이 알려졌는데, 여기에서 동백, 아주까리 등의 열매로 머릿기름을 제조하여 머리 손질을 하였고 머리를 깨끗하게 감는 풍속과 목욕을 중시하는 신라인들의 영육일치 사상(靈肉一致思想)을 엿볼 수 있다.

### (4) 통일신라 시대(A.D 668~935)

중국과의 교류가 활발하여 화려한 장신구와 헤어 스타일로 짙은 화장이 성행하였다. 화장품 제조 기술 발달로 화장합, 토기분합, 향유병 등이 만들어져 화려한 치장을 하였고, 빗을 장식용으로 이용하여 신분의 차이를 두었으며 가발을 사용한 얹은머리를 즐겨 하고 가발을 당나라에 팔기까지 했다. 귀에는 태환식의 귀고리를 하고 목에는 금제 목걸이 등을 하였으며 여자뿐만 아니라 남자 화장도 성행하였다.

빗은 고분에서 출토되었으며, 빗질할 때 사용하는 외에 머리에 장식용으로 꽂고 다녔다. 신분의 높고 낮음에 따라 진골 여인은 슬슬전 대모빗으로 자라 등 껍데기에 장식한 것을 사용할 수 없었으며, 육두품 여인은 오색이 찬란한 자개징식 빗을 사용할 수 없었고 오두품 여인은 장식이 없는 대모 빗을 사용할 수 있었다. 소아 빗은 장식이 없는 상아로 만든 것 등을 사용하였으며 평민 여자는 뿔 빗과 나무 빗 등을 사용하였다.

### (5) 고려시대(A.D 918~1392)

통일신라 시대의 미용 문화가 전승되어 발전한 시기로 매우 화려하였다. 미혼 남녀는 머리를 묶고 나머지는 늘어뜨렸는데 여자는 홍라를 남자는 흑승으로 중발 머리 형태로 묶었다. 부인들은 머리를 묶어 오른쪽 어깨에 드리우고 나머지는 아래로 늘어뜨렸다.

원의 침입에 의해 남성들은 머리 중간의 모발을 남긴 개체변발을 하기도 하였으나 이는 궁에 사는 왕족과 신하, 그리고 일부 백성이었으며 1389년 이후에는 다시 고유한 상투와 얹은머리로 되돌아갔다.

고려 시대 초기에는 귀족 여성은 무거운 가발을 착용하였으나 후에는 쪽 머리와 비슷하게, 쪽을 머리 위에 붙인 것이 아니라 머리 다발 중간에 틀어 갑사로 만든 삼홍색의 댕기로 묶은 형태의 머리다. 또한, 비녀를 꽂으나 오른쪽 어깨 위에 닿을 정도로 늘어지게 쪽을 찌르고, 머리꼬리는 아래로 늘어뜨리는 식의 머리 형태이며 머리 모양은 귀천에 관계없이 동일했다고 볼 수 있다.

상류층에서는 머리가 꽃과 보석으로 장식된 비녀를 사용했다는 기록이 있으며, 이보다 작은 비녀는 통칭 불두잠이라고 하는데, 비녀 머리가 부처의 머리를 닮은 모양이며 감아올린 머리가 흩어지지 않도록 꽂던 것이다.

이처럼 왕족과 귀족인 여인들의 얹은머리, 쪽 머리를 주로 하였고, 가체도 널리 사용하였다. 고려 시대에 화장도 성행하였는데, 화장의 특징은 크게 2가지로 나타난다. 여염집 여인들의 비분대 화장(옅은 화장)과 기생의 분대 화장(짙은 화장)으로 구분되었다.

분대 화장은 머릿기름을 바르고 얼굴에 분도 두텁게 바르고, 눈썹은 가늘게 하였으며 볼에는 연지를 발랐다. 고려 초기에는 교방을 따로 설치하여 분대 화장을 가르치고 기생 훈련을 시켰다. 손과 얼굴을 부드럽게 하고 희게 하기 위한 화장품으로 면약이 사용되었으며, 두발은 염색을 사용하였다,

염모제는 숯이나 재, 옻나무 등 순수 원료를 사용해 백모를 커버하였고 이 사실은 고려의 여인들이 나이들은 모습을 젊은 모습으로 꾸미기 위해 노력하였음을 입증하기도 한다.

### (6) 조선 시대(1392~1876)

초기에는 유교의 숭상으로 고려 시대에 비하여 검소하고 간략해졌으나 중국 명나라의 영향을 받아 점점 가체가 높아지기 시작하고 화려하게 꾸미기를 좋아하게 되었으며, 사치 풍조가 금지되었다. 고유의 화장술이 완성되었지만 궁녀와 기생을 제외하고는 화장은 하지 않았다. 사대부가의 여인들은 머리의 가체가 크면 클수록 위상이 정립된다고 느껴져 큰머리를 하여 얹었다.

영조 32년에 사대부가의 부녀자들에게 가체 금지령을 내리고 족두리에 예를 올리게 하였으나 그 폐단이 심하여 원래의 체계로 환원되었다.

조선 시대 여성들이 머리를 수식하기 위하여 사용했던 머리 장식품에는 각종 비녀와 여러 가지 형태의 뒤꽂이, 궁중이나 상류층에서 사용하던 첩지와 떨잠, 그리고 머리를 수발하기 위한 댕기을 사용하였다.

남성의 상투는 성인이 된 남자의 머리털을 끌어 올려 감아 맨 머리를 말하며 상인과 낭인은 머리를 틀어 매어 놓거나 댕기를 두르기도 했지만 양반집 대감은 머리를 틀어 매는데 많은 격식이 있었다.

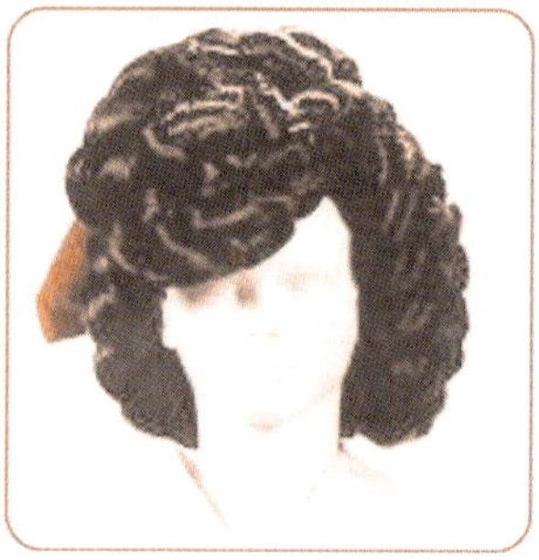

조선 시대 얹은머리는 빗어 넘긴 머리를 뒤에서 두 가닥을 내고 왼쪽 가닥은 오른쪽으로, 오른쪽 가닥은 왼쪽으로 교차시켜 그 끝을 머리에 고정시킨 것으로 보통 그 위에 흑색 가르마를 얹기도 하였다.

조선 초 중기에 크게 유행하여 달비가 성행하였으며, 달비를 사용하여 틀어 올려서 머리를 더욱 크게 만들어 부를 나타내기도 했다.

대수머리는 궁중에서 왕비의 의식용으로 대례복과 병용하던 머리 형태이다. 앞에서 보면 머리 정상은 고계를 만들고 그 밑으로 좌우 어깨까지 내려오면서 펼쳐진다. 뒷부분도 앞과 같으나 중간에 종적으로 머리를 땋고 그 위에 댕기를 묶었다.

떠구지머리 또는 거두미는 정조 개혁 이전에 궁중의 상궁 또는 중인 집안의 여인네들의 머리 스타일로써 머리 위에 머리를 땋아 올린 모양으로 세종 원년 명의 사신이 가지고 온 면복계양에서는 모발을 가르마에서 좌우 두 갈래로 나누어 묶어 역삼각형 모양으로 머리 위에 얹는다고 한다.

조선 중기 이전에는 왕비와 세자빈 이외는 나무로 된 떠구지를 사용하였고 정조 3년에 나무로 만든 떠구지가 생겼으며, 어여머리 위에 떠구지를 얹어 놓아 내명부들이 늘 착용하던 의식용 머리장식이다. 일명 큰머리라고도 하며 부녀자들의 대소 혼례나 의식 때 사용하였다. 가발을 사용하여 만들었으며 나무로 모양을 비슷하게 깎아서 사용하여 머리가 클수록 호사스럽게 생각하였다.

어여머리는 의식 때 대례복을 입는 비, 공주, 옹주가 할 수 있고, 왕가에서는 항상 관부인이 할 수 있다. 먼저 가르마 위에 첩지를 매고 그 위에 어염족

두리를 쓴다. 어여머리는 다리 일곱 꼭지를 한데 묶어 두 갈래로 땋아 어염족두리 위에 얹고 그 위에 대래로 된 큰머리로 얹어 옥판과 화잠으로 장식하고 비녀와 매개 댕기로 고정시켰다.

비나 공주, 옹주는 중심과 양옆에 떨잠을 꽂아 호화롭게 장식을 하였다. 명절이나 생일 등 예장용 머리이다.

궁녀 중에는 지밀상궁만이 이 머리형을 했으며 비나 빈 왕녀의 경우 이 위에 간단한 수식인 옥잠, 떨잠 등을 하기도 하고 화관이나 족두리를 쓰기도 하였다. 평상시에는 반가의 부녀자들도 사용하였고 일반인들은 잔치와 혼례 때에는 사용이 가능하였다.

트레머리는 큰머리 모양을 축소시킨 머리 형태로 두 갈래로 땋아 머리둘레 한 바퀴 돌려 정수리에 고정시키는 것으로, 옛 것에는 양쪽 갈래로 세 가닥씩 땋아 뒤로 틀어 올린 뒤 묶거나 댕기로 땋았다. 가발을 사용하여 남은 머리를 땋아 얹은머리 위에 여러 가지 떨잠으로 장식하였다. 양반들은 좋은 다리 가발을 이용하여 얹고 빨간 댕기를 매었으며 평민들은 풀머리를 초라하게 얹었다.

코머리는 명칭이라기보다는 조선 시대 지방 관청에 소속되었던 우두머리 기생을 말하며 앞머리에 첩지를 달고 옆선에 붉은 깁선으로 묶어 신분 표현도 하였다. 당시의 관기의 우두머리는 시조, 가무 등에 능하고 무척 엄하였다고 한다. 또한, 부녀자들이 자기 본래의 모발을 한 갈래 또는 두 갈래로 땋아 머리끝에 빨간 댕기를 돌리고 머리둘레를 감아올려 머리끝이 옆으로 고정시킨

머리 형태로서 코머리라고 불렀다.

쌍계는 동자의 일상적인 모발 양식으로 관례의 상징성을 지닌다.

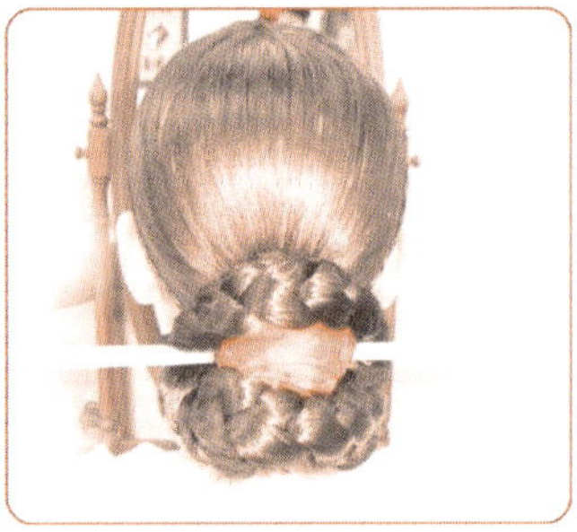

쪽머리는 가운데 가르마를 타서 두발을 뒤로 모아 낮게 틀어 비녀를 한 머리 스타일로 쪽진 머리, 쪽머리라고 하며 쪽머리는 가체를 금한 후의 가장 대표적인 머리 양식이다. 개성과 유행에 따라 쪽의 위치를 목적에 맞게 중심으로 해서 올리거나 내려줬다. 쪽머리의 확립은 1800년대 이후이며, 이는 실학사상이 백성들의 사고를 보다 합리적이고 실용적으로 변화시켰기 때문이다.

첩지머리는 예장용 머리 형태로 왕비는 도금으로 만든 봉을, 내명부와 외명부는 도금이나 은 또는 흑각으로 개구리를 만들어 긴 머리털로 연결시켜 앞 가르마 한가운데에 봉과 개구리 모양이 오도록 쪽을 한 머리 아래 뒤에서 묶어 놓은 것이다.

새앙머리는 다리 한 쌍을 각각 땋아 가지런하게 묶고 중간을 매어 댕기로 맨 후 본래의 모발과 같이 매어 계급을 표시하였다. 궁중 아기나인의 머리형태로 양반가에서는 정초나 동지에 규수들이 입궐 시에 새앙머리에 떨잠을 꽂기도 하였다.

땋은머리로 귀밑머리와 종종머리가 있다.

귀밑머리는 처녀의 머리 형태로 양쪽 귀 머리를 땋아서 뒤에서 모아 다른 모발들과 함께 다시 땋아서 늘이고 끝에 댕기를 묶었는데, 가체를 사용하기도 하였다. 양반가의 규수들은 귀밑머리로 귀를 가리고 일반 처녀들은 귀를 가리지 않았다.

종종머리는 나이 어린 소녀들의 머리 형태로 앞가르마를 똑바로 타고 양쪽으로 좁게 땋은 다음, 귀밑에서 나머지 모발과 다시 합하여 땋은 후 양쪽에서 땋아 온 모발을 뒤에서 다시 합하여 매고 어린이용 도투락댕기 또는 말뚝댕기로 장식하였다.

머리 장식품으로 화관과 족두리는 조선 영 · 정조가 가체 큰머리나 어여머리를 얹는 것을 금지하고 화관이나 족두리를 쓰도록 한 후, 궁중 사람과 서민이 모두 쓰게 되었다. 서민들은 대부분 혼례 때 활옷이나 원삼 착용 시 사용하였다. 족두리는 화관보다 훨씬 후대까지 널리 쓰였던 장식품으로, 오늘날 전통 혼례식에서 볼 수 있다.

화관

족두리

쪽머리 뒤에 덧꽂는 뒷꽂이는 장식물로 쓰였으며, 신분에 따라 모양이나 재료의 종류를 다르게 사용하였다.

떨잠은 왕비나 비가 사용하여 상류층의 예복 차림에서 얹은머리가 유행하던 때의 머리 장식으로, 동적인 아름다움이 강조되는 장식품이다.

쪽머리에 사용하는 비녀는 사용이 일반화되면서 그 모양이 다채로워졌다.

삼국 시대부터 사용되었던 댕기는 조선 시대에는 부녀자들도 머리에 수발을 하기 위하여 얹은머리나 쪽머리에 사용하였다. 또한, 현재도 도투락댕기는 전통혼례 시 신부의 의례용으로 착용하고 있다.

### (7) 현대의 미용

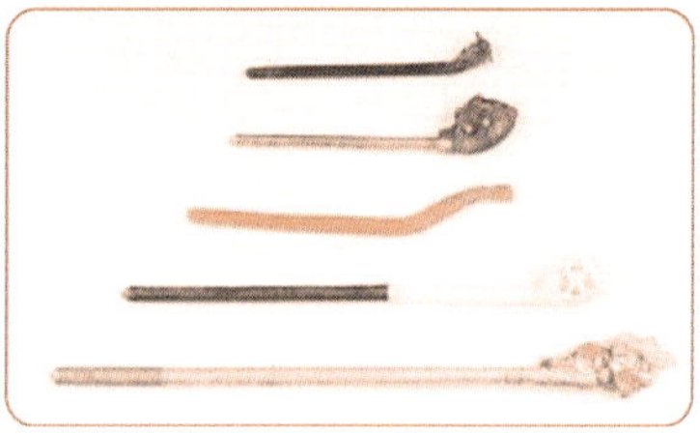

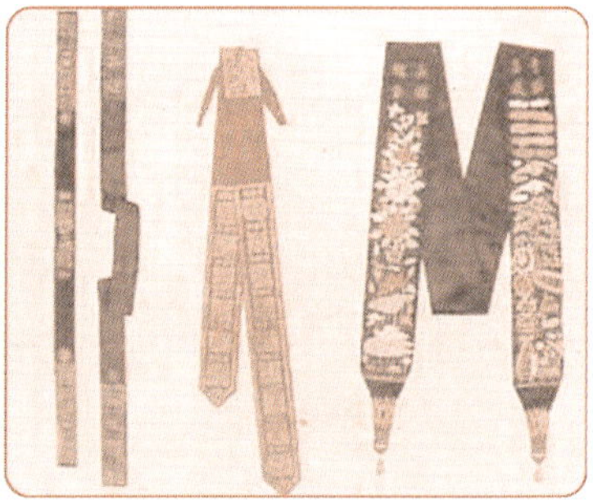

우리나라의 여성들이 신문명에 의한 미용에 눈을 뜨게 된 것은 경술국치 이후부터로, 일본이나 중국 등 외국 각지를 순방하거나 공부하고 돌아온 신여성 등에 의해서 급진적인 발전이 이루어졌다.

1920년대에 들어가서 이숙종 여사의 높은 머리, 일명 다까머리와 김활란 여사의 단발머리 모던걸이 우리나라 여성들의 두발형에 혁신적인 변화를 일으켜 일대 선풍을 일으켰다.

1933년 3월 초순경에는 오엽주 여사가 일본에서 미용 연구를 하고 돌아와, 서울 종로에 있는 화신백화점 내에 화신미용원을 개설하여 두발형의 개화와 변혁을 가져왔다.

1945년 현대 미용학원이 설립, 1950년에 우리나라 최초 미용학교로 정화고등기술학교가 있었으며 현재 정화예술대학으로 되었다. 그 당시 헤어 스타일은 어깨선보다 짧은 단발에 퍼머넌트를 하여 옆 가르마를 하는 것이 유행하였다.

6 · 25 동란 후 사회가 안정됨에 따라 계절과 연령에 따라 헤어 스타일이 다양해졌으나, 외국 영화배우들의 모습에서 모방된 것이 많았고, 신문과 잡지에 소개되는 많은 정보로 인해 획일적으로 유행하기도 하였다.

1960년대에는 커트 기술의 향상과 다양화로 머리 모양의 변화가 많았으며, 업스타일과 보브 스타일 단발머리가 유행하였다. 1965년경부터 가발 사용이 증가하였으며, 1967년에는 동양인의 큰 얼굴과 편편한 두상을 보완하기 위하여 조형미를 나타내는 기하학적 헤어 스타일이 유행되었다.

1970년내에는 대체로 퍼머넌트와 커트 기법을 병행한 헤어 스타일이 주류를 이루었고, 1980년대에는 다양한 퍼머넌트 기법이 개발되었다. 굵고 자연스러운 웨이브와 스트레이트 퍼머넌트를 선호했으며 샴푸, 린스, 트리트먼트, 스타일링 제품 등 다양한 모발 제품도 개발되어 가정에서 모발을 관리할 수 있게 되었다.

1990년대에는 자연스럽고 손질하기 쉬운 헤어 스타일과 다양한 색으로 모발의 색을 바꾸어 주는 염색 및 탈색이 유행하고 특히 건강한 모발을 유지시키기 위한 모발 및 두피 트리트먼트의 중요성이 부각되었다.

### 2) 중국의 미용

기원전 2200년경 하나라 때 백분을 사용하였으며, 기원전 1150년경 은나라 때 연지를 사용하였다. 진나라 때는 백분, 연지, 눈썹먹 등의 다양한 화장 재료가 사용되고 당나라 때는 문화가 화려하여 우리나라에도 상당한 영향을 주었다. 당나라 때는 여성의 지위가 높아 여성을 강하게 표현하였으며 헤어 스타일은 크고, 높고, 풍성하게 표현하기를 즐겼고, 앞머리는 모두 뒤로 넘겼다. 화장은 눈썹 끝을 올려 그리고, 입술은 도톰하게 표현하였으며 이마는 넓게 얼굴에 입체감을 부여한 화장품의 일종이라는 액황(額黃)인 화장품을 사용하였고, 얼굴에 백분을 바른 다음 연지를 발라 붉게 화장한 스타일인 홍장을 하였다.

명나라 때는 여성의 지위가 낮아 여성스러움을 강조하는 얌전한 스타일을 주로 하였으며 미혼인 경우는 머리를 묶어 길게 늘어뜨리고, 기혼인 경우는 묶은 머리끝을 살짝 감추었다. 장식의 정도에 따라서 귀족과 평민을 구분하기도 하였다.

청나라 때는 기두라고 하는 헤어 스타일을 하였는데 특히 궁중에서 주로 사용하였다. 왕후는 목단 장식을 하였고, 일반인은 국화 장식을 하였으며 화장은 눈썹을 버드나무처럼 가늘게 그리고 입술은 앵두처럼 작게 표현하였다. 이 시대 남성들은 변발을 하였다.

## 3) 서양 미용사

### (1) 고대 미용

인류는 세계 4대 문명의 발상지로부터 모든 문화가 발달이 되었다. 나일강 유역의 이집트 문명과 메소포타미아 문명인 티그리스 강, 유프라테스 강 유역, 인더스 문명의 인도의 인더스 강 유역, 황하 문명인 중국의 황하 강 유역이 문명의 발상지이다.

나일 강

인더스 강

황하 강

#### ① 이집트

고대 미용의 발상지로 알칼리 토양으로 퍼머넨트 컬을 진흙과 태양열을 이용하여 막대기에 크로키롤식으로 감아 건조시킨 후 웨이브를 만들었으며, 공기가 잘 통하도록 가발을 만들어 썼다. 라메세스 2세는 얼굴 폭을 넓어 보이게 하고 목을 감춰 위엄과 근엄감을 주었고, 염모제로 대표적인 식물성 염료인 헤너를 사용했으며, 기원전 500년에 화장품 향수를 제조하고, 피부 손질에 이용된 물질은 광물성의 진흙과 꿀, 그리고 밀랍 등을 이용한 팩을 사용하였다.

이집트 시대에는 신분에 따라 머리형의 변화가 다양하였으며, 지역적 특성과 종교적 의식, 청결을 목적으로 머리를 깎고 가발과 같은 형의 머리쓰개를 사용하였다. 상중에는 머리와 수염은 자라는 대로 그냥 두고 린넨, 종려나무, 인모 등의 재료를 이용하여 가발을 만들었다.

또한, 머리형으로 땋는 방법, 가르마 내는 방법, 묶는 방법, 그 위에 덮어씌우는 방법 등과 같이 다양하였고, 여자 머리형은 장식적이며 길이나 짜임새 장식에 많은 변화를 주었으며, 머리 장식의 향료병의 향료가 머리에서부터 녹아 흘러내려 온몸에 발라지도록 하였다.

빗, 거울, 면도날과 같은 미용 도구가 발명되었으며, 직사광선을 피하는 가발 또는 커치프(Kerchief)라는 머릿수건을 사용하였고 헤너를 사용한 식물성 염모의 시작이되었던 시기이다.

가발 사용법으로 남자는 머리를 완전히 깎은 위에 가발 착용하고 여자는 짧게 자른 머리 위에 그물로 된 캡을 쓰고 그 위에 가발을 얹어 착용하였다. 가발은 상징적인 신분 표시를 나타내는 한 요소로 이용되었다.

② 그리스

두발을 묶어나 틀어 올리는 키프로스풍의 결발법이 성행했으며, 전문적 결발사의 출현과 남자 이용원이 생겨 사교 클럽으로 이용되었고, 오후라스 다스의 식물성 향장품과 향료 연구가 뛰어났다.

남성들은 짧은 머리를 선호하였으며, 여성들은 고전적이고 심플한 디자인을 선호하였다. 노예들은 모발을 길러서 리본이나 머리를 땋아 묶는 방법을 이용하였고 금속으로 헤어밴드를 하고 뒷머리를 높이 올려 장식하였으며, 보석이나 꽃과 같은 장신구를 사용하였다. 상이나 슬픈 일이 있을 때는 머리를 깎고 부정한 여자의 경우에는 남편의 머리를 깎는 등 머리의 아름다움을 중요시하던 시대이다.

이 시대에는 분을 바르고 연지를 찍었으며 아이섀도, 눈썹 치장 매니큐어, 패디큐어도 하였고 분에는 백납이 사용되어 납중독을 일으켰으며 1866년 산화아연이 등장하여 계속 사용되었다.

③ 로마

그리스의 영향으로 남녀 모두 화장이 성행하였다. 노예로 잡혀 온 북방 이민족의 금발 두발색을 모방해 탈색과 염색을 하였고, 원형 목욕탕을 만들었으며 후란기파니의 향료 제조가 시작되었다.

그리스보다는 세련되지 못하였으며, 컬이나 웨이브를 많이 이용하고 가발과 땋은 머리를 주로 사용하여 얼굴 주위에 작은 곱슬머리를 만들어 솟아오르게 하고 뒷머리는 땋아서 늘어뜨리거나 둥글게 말아서 쌓아 올렸다.

## (2) 중세 미용

14세기 초 의학으로 취급되던 미용이 의학과 분리되어 독립된 전문 직업으로 개발되었으며 1789년 일어난 프랑스 혁명 이후 근대 미용의 기반이 마련되었다.

18세기 때 지금도 사용되는 화장수인 오데코롱이 발명되었으며, 화장에서는 그전까지의 짙은 화장이 사라지고 치장이 없는 청백한 느낌의 감상적인 화장이 유행하였다.

19세기에 화학의 발전으로 화장법이 서서히 진보되었으며, 납의 원료 대신 산화아연의 분을 사용하게 되었다. 1916년 산화 티타늄이 발견되었으며 오늘날 행해지고 있는 파운데이션을 사용한 메이크업이 시작된 것은 1950년대 후반 경부터이다.

영국의 엘리자베스 1세 여왕 시대에 향장품을 제조하여 사용하였고, 프랑스 파리는 세계 미용의 중심지로 프랑스 혁명 이후 근대 미용의 기반을 마련하였다. 이탈리아의 결발사와 향장품 제조 기사들에게 기술 교육을 했으며, 이때 제조된 오데코롱은 현재까지 사용되고 있다.

엘리자베스 1세

① 비잔틴(Byzantine)

남자의 머리형은 짧은 단발 모양의 단순한 형태이며, 여자 머리형의 초기에는 로마인처럼 땋아서 내려뜨리거나 위로 올려 리본으로 묶었으며 후기에 들어서면서부터 터번이나 베일 등으로

머리를 싸서 장식하였다. 장신구와 문양을 선호하여 금, 은 세공 기술과 유리 세공업이 발달하고, 보석이 풍부하여 예술적이고 화려하게 장식하였으며, 장신구의 전체적인 모양은 보석을 많이 사용하여 색이 다채롭고 규모도 비교적 큰 것이 특징이다.

② 로마네스크(Romanesque)

이 시대 남자의 머리형은 짧은 단발이었으며, 귀족층은 모자를 썼고 서민층은 후드(hod)를 많이 착용하였다.

여자의 머리형은 정면에서 가르마를 타서 머리를 두 가닥 또는 세 가닥으로 길게 늘어뜨린 형태가 주를 이루며 미망인, 일부 부녀자들은 외출이나 종교적 행사 시 웽플(wimple)이라는 흰색의 베일을 썼다.

남자의 헤어 스타일은 짧은 단발형이나 어깨까지 늘어지는 형으로 여자들은 긴 머리를 착용하였으며, 코이프가 상류층 여자의 미덕이자 아름다운 것으로 간주되어, 머리를 자르지 않고 양 갈래로 땋아 미혼 여성은 늘어뜨리고 기혼 여성은 땋은 머리를 감아 매는 형이 선호되었다. 가채나 리본을 함께 사용하여 엮거나 땋아 장식하고, 종종 끝부분에 금속 타셀, 작은 진주, 금속판 조각 등을 사용하였다. 한편, 금발이 가장 선호되어 지붕 없는 건물 위에서 태양에 탈색할 정도였다.

비잔틴처럼 역시 기독교의 영향으로 각종 머리장식의 머리를 은폐하는 경향을 보이고, 남자들은 피리지앙 캡, 머리에 꼭 맞게 재단된 스컬 캡, 귀와 뺨을 덮는 모자인 코이프, 축제 때 사용한 화관 채플렛, 왕관, 후드와 케이프가 붙어서 얼굴만 내놓는 형태의 모자인 카퓌숑 등을 착용하였다.

여자 머리 장식은 베일, 바르베트, 윔플, 채플랫, 필릿, 왕관, 후드 등이 있다.

③ 고딕(Gothic)

남자는 머리를 중앙에서 나누어 컬을 해서 어깨까지 늘어뜨렸고 그 위에 로마네스크 시대의 것이 그대로 내려온 프리지앙 보닛(phrygian bonnet), 깔로뜨(calotte), 도끄(toque)를 쓰거나 시대감각에 맞게 새로운 형으로 변한 샤쁘롱(chaperon), 샤뽀(chapeau) 등을 썼다.

14세기에는 의복이 전보다 점차 화려해지고 사치스러워졌으며, 머리 형태와 장식에 새롭고 과장된 형태가 나타나기 시작하였다.

고딕 시대 여자의 모자로 가장 특징적인 것은 에넹(hennin)으로 고딕 건축의 뾰족함을 가장 잘 살리고 있는데, 높이는 점차 높아져서 높이에 따라 착용자의 사회적 신분을 알 수 있었다. 신발은 고딕 건축 스타일의 뾰족한 감각이 그대로 반영되어 발달한 것으로, 구두의 길이는 평민은 13~15cm, 중류층은 30cm, 왕은 60cm로 신분을 나타내었다. 끝이 뾰족한 신발은 발끝이 너무 길어 동여매었다고 하는데 이것을 뿔렌느(poulaine)라 하였다. 이 시대에는 복장보다도 신발을 더 중요시하여 제작 과정에서 세심한 주의를 기울였으며, 재료는 부드러운 가죽, 펠프, 벨벳, 브로케이드, 두꺼운 견 등이 사용되었다.

### ④ 르네상스(Renaissance)

여성들의 화려한 머리 장식은 축소되었으며, 남자들은 거의 단발을 하였다. 1806년경에는 뒷머리를 한층 짧게 해서 앞머리를 얼굴의 반 정도까지 늘어뜨리고 뒷머리를 목까지 이르도록 하였으며, 1809년경에는 머리 전체를 꼬불꼬불하게 말았다. 모자는 대개 크라운(crown)이 높은 고대풍의 샤뽀(chapeau)를 즐겨 썼다.

### ⑤ 바로크(Baroque)

바로크란 비고전적인 감각적 효과를 노린 양식을 말하며, 어원은 '일그러진 진주'를 의미하는 단어에서 유래하였다.

남성의 헤어 스타일은 머리를 길게 컬한 모발의 가발을 착용하고 실내에서는 햇(hat)을 썼다. 여성들도 컬이 있는 모발의 롱 헤어를 선호하였으며, 퐁탕즈(fontange)라는 머리 장식의 등장이 나타나 한때 유행하였다.

여성들은 항상 손수건과 빗을 지참하여 실용적 목적 외에 장식 효과를 누렸으며, 뷰티 패치(beauty patch)를 얼굴에 붙이는 것이 유행하였다.

⑥ 로코코(Rococo)

이 시대의 여성들은 옷보다 모발의 형태에 많은 관심을 갖고 다양한 가발 사용과 과장된 모발 형태가 나타나게 되었다.

과일 바구니, 배, 정원 등의 모양을 머리 형태에 만들어 크고 거대한 형상으로 가발에 레이스 리본 깃털, 조화, 보석이 박힌 버클 등으로 장식하였다. 또한, 인공적인 화장법이 발달하여 파우더를 머리 전체에 바르기도 하고 얼굴도 하얗게 발랐다. 이 시대는 청결하지 못하였기 때문에 향수의 사용이 많았다.

(3) 근대 미용

① 엠파이어

고전주의 양식으로 나폴레옹 1세 시대로서 정치적 변형이 로코코 양식의 화려한 머리 장식을 축소했으며 모자가 선호되었다.

모자에는 깃털이나 보석 대신 혁명의

상징인 적색, 청색, 백색의 삼색으로 만든 꽃들을 장식하였다. 그러나 점차 화려한 보석 등이 다시 시작되어 고대의 보석과 비슷한 모조품이나 다이아몬드, 단추 등의 장신구를 재료로 사용하였다. 장신구도 귀걸이, 목걸이, 반지, 팔지, 머리핀 등이 있었으며 여성들은 발가락에도 반지를 착용하기도 하고 또한 양산을 장신구로 활용하였다.

### ② 로맨틱

낭만주의 양식으로 왕정복고 시대이다. 남성들은 짧게 자른 가르마형의 머리에 비버햇, 실크햇 등의 햇이 유행하였으며, 여성은 앞가르마의 모발을 부풀려 과장되는 것이 유행하고 모자의 다양한 형태가 나타났다. 모자에는 많은 꽃과 깃털로 장식하고 베일이 있어 낭만적인 분위기를 나타내었으며, 장식품으로 여우털 머프를 사용하였으며 긴 장갑을 착용하였고, 남성의 장식품으로는 지팡이를 애용하였다.

### ③ 크리놀린

크리놀린 스타일 양식으로 나폴레옹 3세 시대이다. 이 시대에는 남성들의 머리가 길어지고 컬을 하였으며 구레나룻을 길렀다. 또한, 여성들은 귀 위로 늘어뜨리고 뒤에서 묶거나 전체적으로 컬을 하여 자연스럽게 늘어뜨리거나 전체적으로 큰 다발로 묶고 망으로 감싸기도 하였다. 모자는 꽃과 리본 등으로 장식한 낮은 형을 선호하였다.

④ 버슬 스타일 시대와 아르누보 스타일

세기말 양식이며 남성들의 머리는 짧은 머리에 중앙 가르마를 하고 기름을 발라 디자인하였다. 여성의 머리형은 가발을 사용하였지만, 전체적인 디자인이 간결하게 작아졌으며 장식품으로 남자는 지팡이와 시곗줄을 달고 다녔다. 또한, 상의 윗주머니에 손수건을 꽂는 장식을 하였으며, 여성들은 흰 가죽 장갑을 사용하였다.

버슬 스타일

아르누보 스타일

### (4) 현대 미용

1830년 무슈 끄로샤(Croisat)가 고안한 아폴로 노트가 유행하였고 1863년 영국의 화학자인 존 나이트푸트(John Light Foot)에 의해 산화염료가 개발되어 모발염색의 시초가 되었다. 1867년 과산화수소를 블리치제로 사용하였고 1875년 마셀 그라또우가 아이론을 사용해 마셀 웨이브를 고안하였다. 1905년 영국의 찰스 네슬러에 의해 최초로 스파이럴식 퍼머넌트 웨이브가 발표되었으며 1925년 독일의 조셉 메이어가 크로키놀식 퍼머넌트 웨이브의 히트 퍼머넌트 웨이빙을 창안하였다.

1936년 영국의 JB스피크먼이 화학 약품을 이용한 콜드웨이브를 창안하고 1950년 후반부터 파운데이션을 이용한 메이크업이 시작되었다.

제 2 장

# 미용기술과 용구

1. 미용 도구와 기기
2. 미용 도구와 기기의 종류

제2장

# 미용기술과 용구

## 1 미용 도구와 기기

미용인은 고객의 기대에 부응하기 위해서 자기가 연마한 풍부한 미용에 대한 감각과 손기술로 미를 창조하는 예술가(Beauty Artist)이다. 미용은 이처럼 미용사가 행하는 미용기술에 의해서 창조된 것이지만, 그 과정에서 많은 용구류를 이용하여 기술 효과를 높이고 있다. 이런 용구류는 미용기술의 모든 분야에 있어서 기술상 가장 유효한 기능을 가지고 있다. 미용인의 기술과 미용 용구의 기능에 의해서 미용기술의 효과를 얻을 수 있다.

### 1) 미용 도구

도구를 만들어 내고 이것을 사용하는 능력을 가진 것이 인간과 동물을 구별하는 하나의 커다란 기준이 되었다고 말할 수 있다. 원시시대에 만들어 졌던 도구는 지극히 원시적인 것이었지만, 도구에 의해서 인간은 그들에게 필요한 물품을 만들어 자급자족함과 동시에 이러한 도구를 더욱더 발전시켜 인류에게 필요한 훌륭한 업적을 남기거나 새로운 도구를 개발해 나가고 있는 것이다.

'도구(道具)'라고 하면 일반적으로 어떤 일을 할 때 쓰이는 연장 연모 등을 말한다. 원래 도구의 진의는 수행하는 스님이 불도를 닦기 위해 사용하는 기구를 말한다. 도구란 말의 어원을 고찰해 보면 도구의 도(道)는 '이끌다, 지도

하다'란 의미이다. 이것으로부터 생각하면 도구는 인간의 손과 손가락 기능을 이끌어가는 것이 가능하다. 인간의 손과 손가락에는 물건을 찝거나, 잡거나, 누르거나 하는 기능이 있다. 미용 도구와 손가락의 기능을 대조해보면 찝는 기능을 보충한 것으로서는 클립, 핀이 이용된다. 이처럼 미용에서의 도구는 미용사의 기능을 실제적이며 구체적으로 돕는 기능을 가진 것이다.

현재 미용기술에 이용되는 용구 중에는 빗(comb), 브러시(brush), 가위(scissors), 면도칼(razor), 로드(rod), 핀(pin) 등이 있다.

### 2) 미용 기구

미용 기구도 넓은 의미의 도구라 할 수 있다. 기구의 기(器)는 그릇, 용기, 요컨대 그릇의 의미이다. 따라서 넣어두고, 담아두고, 정리해 두는 것을 말한다. 미용 기구로는 소독기, 약제 도구, 샴푸 볼, 화장대, 미용 의자, 장식장, 정리장 등을 말한다.

### 3) 미용 기계

기계는 도구와 기구보다도 구조가 복잡하고 또 기능이 다양하며, 동력에 의해서 움직이는 장치를 말한다. 기계도 넓은 의미의 도구이지만, 기계의 기능은 도구처럼 단순하지 않고 고도의 기능을 발휘하며 미용 용구 중에서 기계로는 헤어 드라이어, 헤어클리퍼, 헤어스티머, 전기 세팅기, 종합 미안기, 전기 면도기 등이 대표적이다.

## 2 미용 도구와 기기의 종류

## 1) 빗(Comb)

### (1) 빗의 종류

빗은 머리카락을 정리하는 것으로써 우리들의 일상생활에서 빼놓을 수 없는 생활필수품의 하나라고 말할 수 있다. 우리나라 유적지에서 발굴되는 것 중에 빗들도 많이 발견되는 것으로 보아 그 역사가 수천 년 전이라고 짐작된다. 근대에 와서 빗의 용도나 모양과 재질이 다양하다.

재질로써는 뼈, 뿔, 나무, 대모갑(자라 등 껍데기), 합성수지, 스테인리스 등이 이용되고 있으며 두꺼운 빗, 얇은 빗, 짧은 빗, 끝이 긴 빗 등 형태나 사용목적에 의한 빗의 종류는 다음과 같다.

꼬리빗은 가르마를 탈 때, 모발의 염색과 탈색, 와인딩 시, 백코밍을 할 때 사용하며 세팅 빗은 세팅 후 웨이브를 내고자 할 때, 핑거 웨이브, 헤어 커트 굵은 빗살의 빗으로 빗질한 후 다시 모발을 정돈하고자 할 때 사용된다. 정교한 헤어 커트, 싱글링 기법에 의한 헤어 커트, 클리퍼를 사용한 헤어 커트에 커트빗이 다양하게 있으며 굵은 빗살빗은 헝클어진 모발을 정돈할 때 염색 시술 마지막 단계로 염색제를 모발 전체에 고르게 분포 되도록 빗어줄 때 쓰인다.

### (2) 빗의 기능

두발을 정발이나 커트 시 정확하게 다듬어 주는 기준 역할을 하며 퍼머넌트 웨이브의 목적(웨이브 콤)과 아이론을 사용할 때 이용된다. 비듬 제거 트리트먼트에 이용되는 두피 관리용이 있으며 샴푸, 린스 또는 헤어다이 두발 장식용으로 이용되기도 한다.

### (3) 빗의 구조 및 선정방법

빗몸은 빗 전체를 지탱하는 역할을 하므로 안정성이 있어야 하며, 비뚤어지지 않은 일직선이어야 하고, 빗살은 끝이 가늘고 전체가 균등하게 똑바로 나열된 것을 선택한다. 간격은 균등한 빗살 끝이 좋으며 빗살뿌리는 두발이 걸리지 않고 손질하기 쉬운 형태의 약간 둥그스름한 것이 좋다.

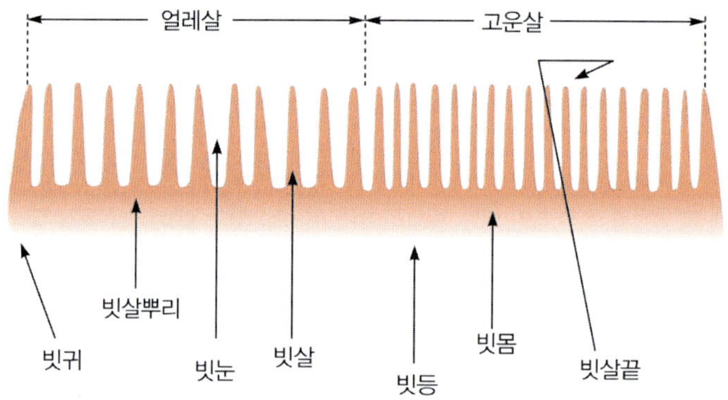


빗의 구조

빗은 용도에 따라서 재질 등의 동류를 선정하지 않으면 안 되지만, 빗살이 비틀리거나 구부러지지 않고 내수성, 내유성, 내열성인 것으로 약품에 의해 변질되지 않는 것이어야 한다.

### (4) 빗 손질법

빗은 머리카락을 빗을 때 동시에 비듬이나 먼지 등을 제거하므로 매우 더러워지기 쉽다. 사용 후의 빗은 항상 다음과 같은 방법으로 손질을 하고, 또한 법규에 따라서 한 명의 고객마다 소독하는 것이 중요하다.

빗살과 빗살 사이는 가장 더러움이 쌓이기 쉬우므로 솔로 더러움을 제거하거나 심한 경우는 비눗물에 담근 후 솔로 닦아준다. 단, 얇은 빗의 경우는 빗살을 상하게 할 우려가 있으므로 평평한 곳에 올려놓고 행하는 것이 좋다. 먼지나 더러움을 제거한 후 소독하여 사용한다.

## 2) 브러시(Brush)

브러시는 미용기술상에서 헤어 세팅, 모발 염색, 메이크업, 매니큐어 등의 분야에 넓게 이용되고 있다.

### (1) 브러시의 종류

헤어 브러시는 헤어 세팅에서 머리카락을 정리할 때 사용하며, 비듬 제거용 브러시는 나일론이나 비닐계의 경질 브러시로 정발용 브러시와 함께 사용한다. 페이스 브러시는 메이크업에서 파우더를 바른 후 얼굴을 정리할 때 사용하고, 네일 브러시는 네일 아트에서는 아트용 브러시로 손톱에 무늬를 그리거나 아크릴용 브러시로 인조 손톱을 만들 때 사용한다. 메이크업용 브러시로 아이브로우 브러시, 마스카라 브러시, 섀도 브러시가 있다.

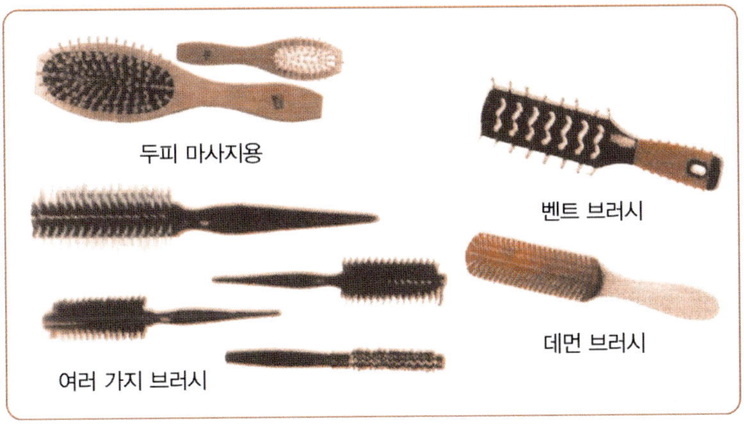


다양한 브러시의 종류

### (2) 브러시의 작용

머릿결을 부드럽게 해주며 비듬 등 불필요한 것을 빼준다. 두피의 영양공급과 혈액순환을 촉진시키며 피부, 모발에 화장료나 약품 흡수를 도우며 피지분비를 적절하게 한다.

### (3) 브러시의 선정법과 손질법

헤어 브러싱에 사용되는 브러시는 털이 너무 지나치게 부드러우면 두피까지 들어가지 않으므로 어느 정도 딱딱하고 탄력 있는 동물의 털로 되어 있는 것을 사용한다. 브러싱 할 때는 솔 자체가 두피까지 닿도록 하여 반원을 그리듯 브러시를 넣어 여러 각도에서 빗질하는 것이 효과적이다.

브러시는 구조상 빗보다 이물질이 쉽게 붙기 때문에 빗 이상으로 정성을 들여서 손질하여, 청결하게 유지하도록 노력해야 한다. 브러시의 손질은 비눗물이나 탄산소다수를 이용하여 털이 부드러운 것은 손가락 끝으로 가볍게 빨며 털이 빳빳한 것은 세정 브러시로 닦아낸다.

세정 후에는 맑은 물로 잘 헹군 후 털을 아래쪽으로 하여 그늘에서 말린 후 소독으로 청결을 유지한다.

## 3) 가위(Scissors)

가위는 두 개의 칼날이 교차해서 머리카락을 자르는 기능을 하는 것으로 역학적으로는 지레의 원리를 응용한 간단한 구조라 말할 수 있으나, 미용에서는 모발을 잘라서 형태를 만드는 도구로써 소홀히 할 수 없는 기구이다.

크기에 따라서 대형, 중형, 소형으로 나눌 수 있으며, 현재 미용에서는 커팅용으로 소형과 중형 가위가 자주 이용된다. 소형 가위는 일반적으로 미니 시저스라 불리고, 정확하고 날카로운 커팅 라인을 나타내는데 효과적이다. 또 칼날이 활과 같이 굽은 성상으로 휘어져 있는 가위를 R시저스라 부른다. 휜 형태를 이용해서 헤어라인, 목덜미 등의 미세한 부분의 수정과 모발 끝의 이어짐을 연관시키는 데도 효과적이다.

### (1) 가위의 각부 명칭

동인은 '움직이는 칼날'이라는 의미로 가위의 날 중에서 움직이면서 머리카락을 자르는 부분이며, 정인은 '멈춰 있는 칼날'이라는 뜻으로 가위의 날 중에서 움직이지 않고 멈춰 있으면서 머리카락을 지탱하는 부분이다.

정인과 동인의 뾰족한 앞쪽 끝 부분과 정인과 동인의 안쪽면의 날 끝, 피벗 나사와 환 사이의 부분인 다리, 피벗 나사인 양쪽을 하나로 고정시켜 주는 나사이다.

환은 정인에 연결된 원형의 고리와 동인에 연결된 원형의 고리이며 소지걸이는 약지환에 연결된 것으로 소지를 걸기 위한 곳이다.

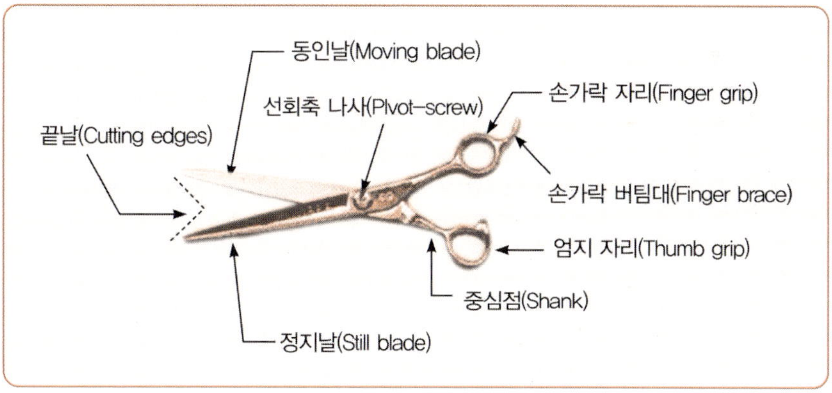


가위의 각부 명칭

### (2) 용도에 따른 분류

세이핑에 사용되는 커팅 가위로 손안에 꼭 쥘 수 있을 만큼 몸체가 작아서 조작하기 쉬우며 한꺼번에 많은 양의 머리카락을 자를 수는 없지만 정확한 커트가 가능해서 예리한 커트 라인을 요구하는 스타일에 알맞다.

아르 시저스의 아르(R)는 곡선이 들어가 있는 형상으로 가위의 날 부분이 곡선으로 되어 있는 것이다. 가위 날 부분이 곡선으로 되어 있어서 스트로크 커트에 적합하다. 빗 겸용 가위로 가윗날 등에 부착되어 빗 부분을 잡고 머리카락을 커트하는 하나의 도구로 두 가지 작업을 하며 틴닝 가위의 틴닝은 머리카락을 솎아낸다는 뜻으로 두발을 솎아 내는 시닝 기법을 사용하는 가위를 가리킨다.

### (3) 재질에 따른 분류

착강 가위는 협신부와 날 부분이 서로 다른 재질로 만들어져 있으며 협신부는 연강, 날은 특수강으로 부분적인 수정이 용이하다. 전강 가위는 전체가 특수강으로 만들어져 있으며 구조는 착강 가위와 동일하다.

### (4) 가위의 선정과 손질법

가위는 본인의 체형에 맞는 가위 디자인이나 본인의 손에 잘 맞아야 하며, 무게 등 전체적인 밸런스를 선택해야 한다.
팔에 무리가 가지 않고 쉽게 피로를 느끼지 않아야 한다. 가위를 처음 사용해봤을 때 너무 팍팍하거나 손에 무리가 가는 것은 피해야 하며, 중심점이 맞아 가위 앞쪽이 무거운 느낌이 없어야 한다. 가위를 잡았을 때 손에 쏙 들어오는 느낌이 들며 친숙한 느낌의 가위를 선택해야 한다.

자르는 느낌이 부드럽고 날 안쪽 면의 가공 자국이 고른 것이 좋으며 엄지 손가락 링이 손가락 홀보다 약간 크며 날은 갈아서 사용하고 강도 측정단위가 최소 57° 이상인 것이 좋다. 안쪽 날의 마찰력이 느껴지지 않고 A/S나 제조 회사의 품질 보증서와 보증기간 등 전체적인 서비스 체계가 잘 갖춰진 회사의 제품을 선택하는 것이 중요하다.

가위의 손질법으로는 소독 후 마른 청결한 헝겊으로 물기를 잘 닦아 녹슬지 않도록 하기 위해서는 기름칠을 해서 보관한다. 또한, 소독용 에탄올이나 크레졸, 역성비누액, 자외선에 소독 효과가 있고, 면이나 가제에 소독제를 묻혀서 도구 표면을 닦는다.

## 4) 레이저(Razor)

레이저는 면도날을 사용한 도구로 예전에는 이용업소에서나 주로 사용하는 것으로 알았으나 최근에는 커트의 기법이 다양화되고 여성의 스타일이 남성화되어 대담성을 띠게 됨에 따라 미용기술에서도 빼놓을 수 없는 도구의 하나가 되었다.

헤어 커트에서 레이저의 역할은 전체적으로 자르는 데도 중요하지만 가위로 완성된 커트 작품에 2차적으로 머리끝을 가늘게 한다거나 중간에 숱을 쳐낼 때 사용된다.

### (1) 레이저의 각부 명칭

레이저의 각부의 명칭은 그림과 같으며, 일상용 레이저의 경우는 머리의 형상에 따라서 분류하는 것도 가능하지만, 여기서는 레이저의 칼날 선의 형태와 그 기능에 대해 알아보도록 하겠다.

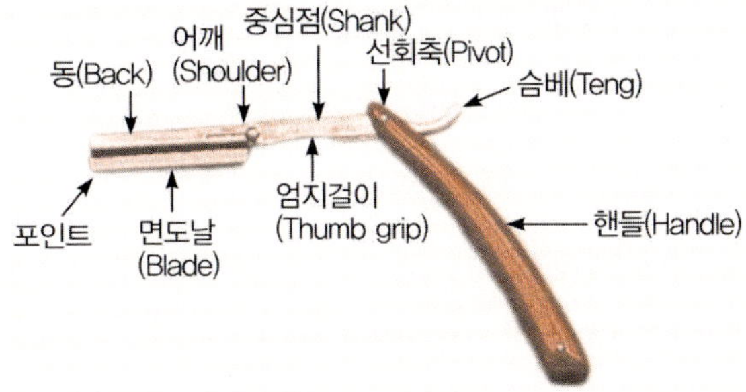


레이저의 각부 명칭

오디너리 레이저는 일상용 레이저로 보통의 일상적인 레이저로 능률적이고 세밀한 시술을 할 수 있지만, 지나치게 자를 위험이 있어서 초보자에게 부적당하다.

셰이핑 레이저의 셰이핑은 헤어 스타일을 만드는 것이라는 뜻으로 헤어 스타일을 만들 때 사용하는 레이저를 말한다. 날이 톱니식으로 되어 있어서 초보자들도 안전하게 사용할 수 있다.

#### (2) 레이저의 선정법과 손질법

레이저는 칼등과 칼끝이 평행으로 되어 있고 양면의 날 끝이 균일한 곡선상으로 콘케이브 되어 있으며 두께가 일정한 것을 택해야 한다. 날의 양면은 내곡선상으로 깎은 면을 콘케이브라 하고, 날을 보호하기 위해서는 콘케이브가 큰 것일수록 좋다. 두께가 일정하게 되어 있는 것을 선택하고 날 끝이 예리한 칼날을 준비하며 금속의 재질이야 한다. 소독해서 청결하게 보관하고 녹스는 것을 방지하기 위해서 기름 종류를 도포해 두면 좋다.

손잡이 안쪽은 불결하기 쉬우므로 이 부분의 손질에 주의한다.

### 5) 헤어 아이론(Hair iron)

#### (1) 헤어 아이론의 기능과 각부의 명칭

헤어 아이론은 열에 의해 모발의 구조에 일시적인 변화를 주어 웨이브(wave), 컬(curl), 롤(roll) 등을 만든다.

아이론 가열 방법에 따라서 화열식과 전열식으로 크게 구분되며, 화열식 아이론의 대표적인 것은 마셀 아이론이며, 마셀 아이론은 마셀 웨이브을 형성하기 위한 아이론이지만 일정한 온도가 유지되지 않는 등의 결점이 있어 자주 이용되지 않는다. 현재 가장 많이 사용되고 있는 것은 주로 전열식 아이론이다. 가열부에 석면 등을 감싼 니크롬선 등의 저항선이 들어가 있으며 온도 조절은 자동 온도 조절장치를 내장한 것이 많지만 변압기를 이용한 것도 많다.

아이론의 각부 명칭은 프롱과 그루브가 마주하고 손잡이가 달려 있다. 프롱은 완전히 둥글게 된 강철막대로 모발을 누르는 부분이고 그루브는 프롱이 들어가 닫힐 수 있도록 둥근형으로 모발을 사이에 끼워 고정시키는 역할을 한다.

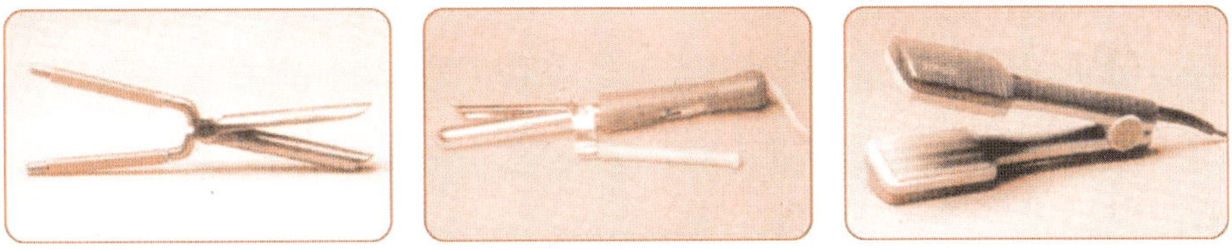

아이론의 각부 명칭

마셀 웨이브를 만들 때 사용하는 미용 도구로 위에서 누르는 작용을 하는 쇠막대기 부분의 프롱과 아래에서 고정시켜 주는 홈 부분의 그루브로 구성되어 있으며 웨이브를 내기 위한 적당한 온도는 120~140℃이다.

그루브는 아이론의 홈 부분으로 아래쪽에서 두발을 고정시키는 역할을 하며 프롱은 니크롬선이 들어가 있는 쇠막대기 쪽을 말한다. 두발을 위에서 누르는 작용을 하고 핸들은 손잡이로 프롱과 그루브 잡는 부분이다.

### (2) 아이론의 형태에 따른 분류

열 아이론은 철로 만들어졌으며 손잡이가 달려 있어 움직임에 따라 둥글게 홈이 파인 자루가 막대 모양의 자루를 감싸주는 형태로 불에 달구어 사용한다. 아이론 히터기에 넣어 온도를 맞춘 다음 시술하고 웨이브의 형태가 리드미컬하며 탄력이 있다는 점과 오래 지속되는 장점이 있으나 위험이 따르므로 주의하여야 한다.

전기 아이론은 전기를 이용하여 일정한 온도를 유지하고 사용되며 클립펴는 웨이브를 만드는 기구로써 두 개의 금속판으로 구성되어 있다. 곱슬거리는 사이즈에 따라 다양한 선택이 가능하며 순간적인 웨이브를 부분적으로 주거나 특정 부위에 볼륨을 살리기 위해 사용한다.

#### (3) 헤어 아이론의 선정법과 손질법

아이론의 선정으로 프롱, 그루브, 나사, 손잡이에 잠금, 상처, 깨어짐이 없어야 하고 프롱과 그루브의 접촉면이 매끈해서 요철과 비틀어짐이 없어야 한다.

손잡이가 헐겁지 않고 나사가 튼튼해야 하며 발열 상태, 절연 상태가 양호해야 한다.

헤어 아이론 손질법은 전열식 아이론의 경우 사용 후에는 반드시 스위치를 끄고 코드를 뽑아 고운 사포로 표면을 닦고 기름을 칠하여 녹슬지 않게 해야 한다.

### 6) 헤어 드라이(Hair dryer)

#### (1) 헤어 드라이어의 목적

헤어 드라이어는 젖은 모발을 신속히 건조시키는 것은 물론 모발에 열을 가하여 헤어 스타일을 변형시키는 목적으로 사용되는 미용 기계이다. 모발을 건조시키는 것을 헤어 드라잉이라 하며, 이 경우 건조가 과도하게 되면 모발에 수분이 부족하여 광택이 없는 상태가 되고 갈라지는 모발의 원인이 되기도 한다. 따라서 적절한 온도 조절의 필요성과 미용사의 숙련도가 요구되는 기술이다.

모발에서 수분을 너무 빼앗기기 때문에 피부 각질층의 습기를 없애고 지방 분비를 방해하게 되어 비듬이 생기게 되는 원인이 되기도 하며 헤어 드라이어를 이용할 경우 건조가 지나치지 않을 정도로 헤어 드라이를 하는 것이 좋다.

#### (2) 헤어 드라이어의 종류와 구조

헤어 드라이어의 종류로는 손으로 잡는식, 스탠드식, 벽걸이식이 있고 각각을 일반적으로 핸드 드라이어, 스탠드 드라이어, 아암 드라이어라 불리고 있다.

핸드 드라이어는 블로우 타입과 바람을 웨이빙 드라이가 있으며, 블로우 타입은 일어켜 드라이하는 방식이며 웨이빙 드라이는 핸드 드라이어에 빗이나 아이론, 롤 브러시 등을 부착하여 드라잉과 스티일링을 동시에 하는 방식이나.

스탠드 드라이어는 블로 타입과 후드 타입, 적외선 드라이가 있다.

헤어 드라이어의 구조는 중심을 이루는 팬, 팬을 움직이기 위한 모터, 발열기로써 니크롬선이 있다. 팬의 회전에 의해서 바람을 일으켜 그 바람이 니크롬선에 의해서 뜨겁게 된 후 송풍되는 구조로 되어 있다.

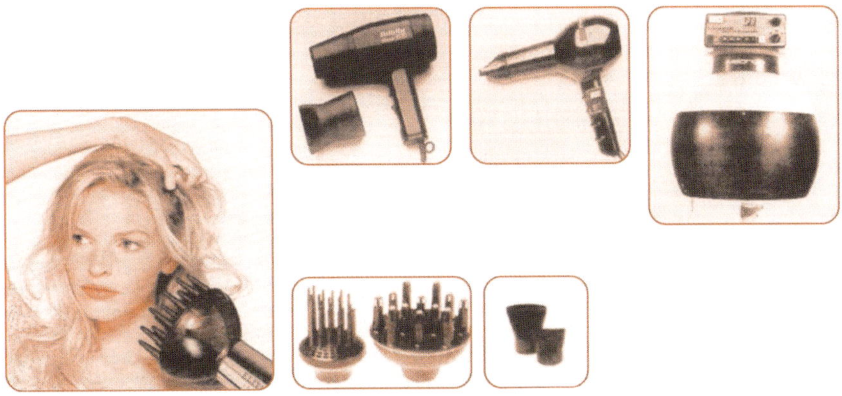

헤어 드라이어의 각부 명칭

### (3) 스티머(steamer)

스팀을 이용해서 미용의 여러 가지 기술에 적용하는 미용 기계의 하나이다. 스티머는 수증기를 만들어내는 기구라는 뜻으로 메이크업 용어에서 수증기를 이용해서 얼굴을 아름답게 가꾸는 미안 기기로 원리는 수분 공급을 통한 케라틴 단백질의 연화작용을 하는 것이다.

기능은 180~190°의 스팀이 발생하여 보통 10~15분 사용하며 주로 건성 두피나 모발에 사용된다. 트리트먼트 시 혈액순환 및 약액 촉진을 목적으로 하고 콜드 웨이브 컬을 균일하게 해주며 시간도 단축한다.

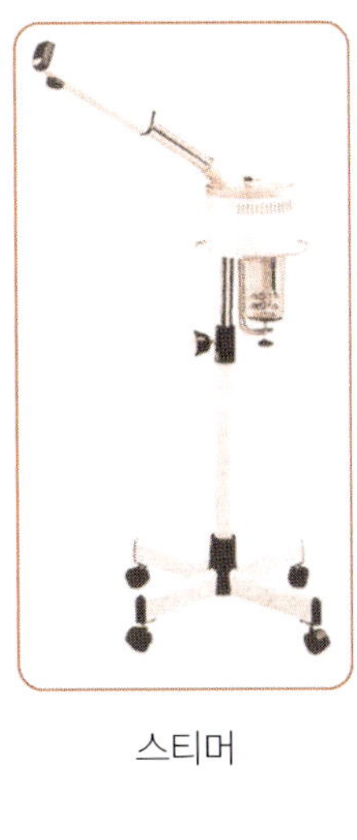

스티머

효과는 스케일링 제품의 연화작용 상승 효과와 스케일링 제품의 부작용을 사전 예방 효과가 있으며, 두개피 및 모발에 수분을 공급하며 모공 확장 효과와 온열작용, 혈액순환 촉진의 효과가 있다.

스티머 사용 시 주의사항으로 고객의 두개피 상태에 따른 수분 입자를 선택하며 두개피 상태에 따른 관리 시간 및 온도 조절이 필요하다. 예민성의 경우 7~8m, 38℃, 비듬성은 15m, 45℃이며 지성, 건성은 10m, 40℃이다. 스티머기 속 노폐물 제거 후 관리는 수증기에 대한 얼굴 부위 보호와 모발 및 두개피의 상태 사용 용도를 고려한 스티머를 선택하며 모발용은 미세입자 스팀기를 사용하고 두개피용은 굵은 입자 스팀기를 사용한다.

### 7) 히딩 캡(Heating cap)

모자형으로 되어 있으며, 내부에는 히이터가 붙어 있고 둘레에는 불침투성으로 된 천이나 합성섬유로 만들어져 있다. 불침투성으로 하는 이유는 헤어 오일이나 헤어 크림 등에 의해서 쉽게 오염되는 것을 방지함과 동시에 열의 발산을 방지하기 위함이다.

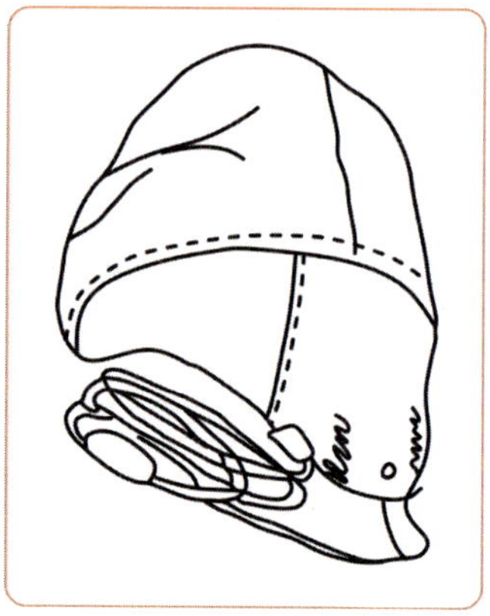

히딩캡

사용 후에는 잘 닦아서 보관하고 파손되어 있는 부분이 있는가를 점검하여야 하며, 히딩 캡은 온도조절장치가 있어 온도의 조절이 가능하다. 일반적으로 퍼머 와인딩 후 열을 주어 흡수력을 돕고, 시간을 단축시키기 위해서 사용하거나 스캘프 트리트먼트 또는 헤어 트리트먼트 시술 시 두피와 모발에 헤어 오일, 헤어 크림류를 전체적으로 골고루 퍼지게 할 목적으로 사용한다.

### 8) 헤어 핀과 헤어 클립

미용기술에서 사용되는 핀의 역할은 헤어 세팅을 할 때 컬의 고정과 웨이브를 완성시키거나, 머리 다발을 묶어 고정하는 역할 등 미용기술을 용이하게 하도록 도와주는 역할을 한다.

핀의 모양은 여러 가지가 있지만, 열린 핀과 닫힌 핀의 2종류로 구분된다. 보비 핀은 헤어를 세팅할 때 컬을 고정시키고 웨이브를 잡아 주며 너무 재질이 약해서 잘 부러진다거나 휘어지는 경우도 있으므로 잘 선택해야 한다.

헤어 클립도 핀과 똑같은 목적으로 사용되는데 여러 종류가 있어 더블 클립, 싱글 클립 등 다양하다. 웨이브를 고정시키는 목적의 클립을 웨이브 클립이라 하며 이와 같은 헤어 핀의 재질은 내열성 있어야 하고 약품이 침투되지 않으며 녹이 슬거나 변질되지 않는 재료로 만들어져야 한다.

최근에는 보통 스테인리스 스틸, 알루미늄, 합성수지 등을 사용하며 색상도 가지각색으로 다양해지고 있다. 이외에도 핀은 무엇보다도 탄력성이 있어야 하므로 스프링이 튼튼해야 한다.

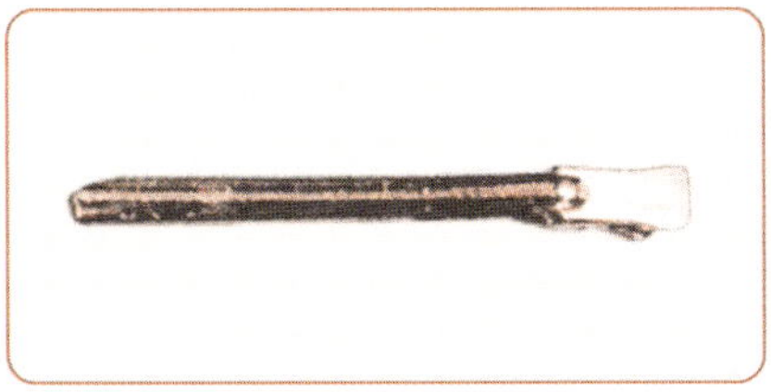

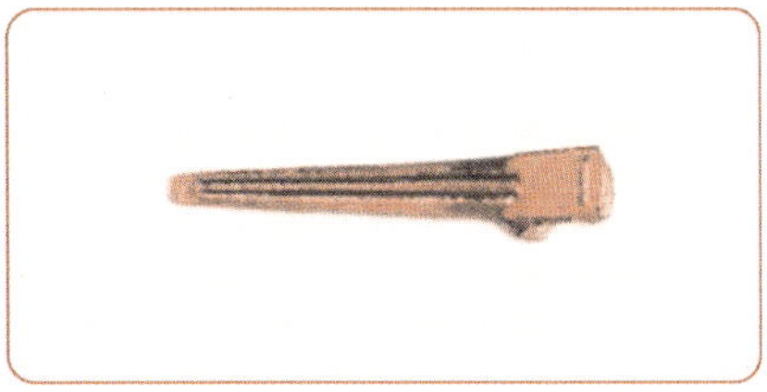

헤어 클립

### 10) 컬링 로드(Curling rod)

머리카락에 웨이브를 만들기 위해 모발을 감을 때 사용하는 용구이다. 만들어진 재질에 따라 합성수지 로드와 금속성 로드가 있다. 로드의 종류로는 감는 위치에 따라 대, 중, 소로 나누어지며 고무줄이 로드에 달려 있는 것과 달려있지 않는 것이 있다. 또한, 재질에 따라서 부드러운 것과 딱딱한 것이 있어 웨이브를 강하고 약하게 하는데 효과를 볼 수 있으며, 로드의 직경이 굵고 가는 것에 따라서 웨이브의 크기가 결정된다.

최근에는 헤어 스타일의 다양화에 맞추어 길고 짧은 머리에 사용할 수 있는 로드가 있는가 하면 웨이브를 강하고 약하게 하는 로드가 있고, 웨이브 형태의 변화를 주는 로드가 있다. 그러나 오래 사용되고 있는 것으로는 끈 없는 디자인 로드가 가장 보편화되어 있다.

컬링 로드

### 11) 롤러(roller)

롤러는 헤어 세팅 시 일시적인 웨이브를 볼륨을 갖게 할 목적으로 사용되는 기구이다. 재질로는 주로 합성수지를 사용하고 최근에는 금속으로 만든 롤에 겉은 내열성 있는 천으로 겉포장하여 전기 충전한 후에 스팀을 사용해 가열 세트를 하는 방법이 있다.

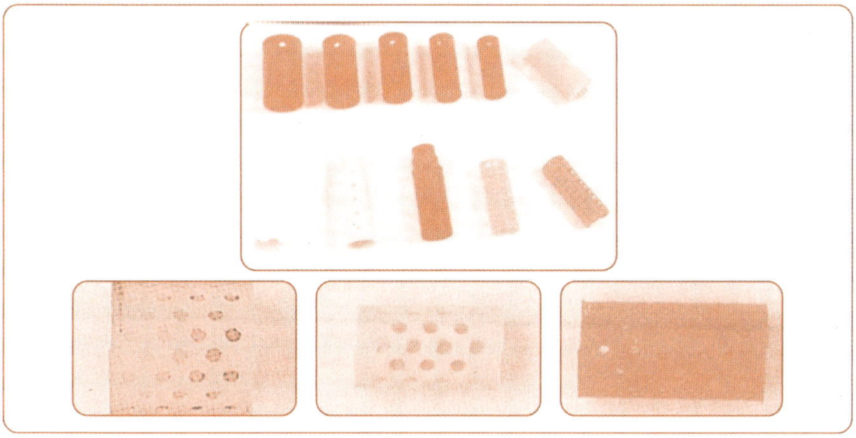

롤러의 종류

### 12) 고주파 전류 미안기

피부 가까이에서 고주파를 방전시킬 때 발생하는 오존에 의해 피부의 표백과 살균작용을 하는 미안 기계로 피로한 근육에 자극을 주어서 혈액의 순환을 돕고 신진대사를 활발하게 해주며 5~7분 정도 마사지한다.

오당, 달손발, 테슬러 등에 의해 발명, 개발되었고 현재 가장 많이 사용된다.

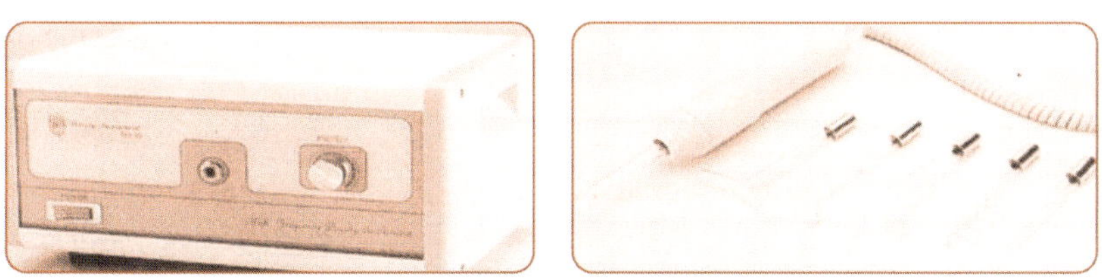

고주파 전류 미안기

### 13) 갈바닉 전류 미안기

직류 전류가 산 또는 염이 들어 있는 용액 속을 통과할 때 만들어진 화학 반응을 피부에 미치게 해서 피부 건강을 유지시키는 기계로 피부에 긴장과 이완을 주어 마사지 효과를 낸다.

양극은 산성으로 살균 효과와 수렴작용으로 신경을 완화시키고 혈액의 공급을 감소시켜 피부 조직을 단단하게 한다.

음극은 알칼리성으로 모공을 확장시키는 유연작용으로 신경을 자극하고 혈액의 공급을 증가시켜 피부 조직을 부드럽게 한다.

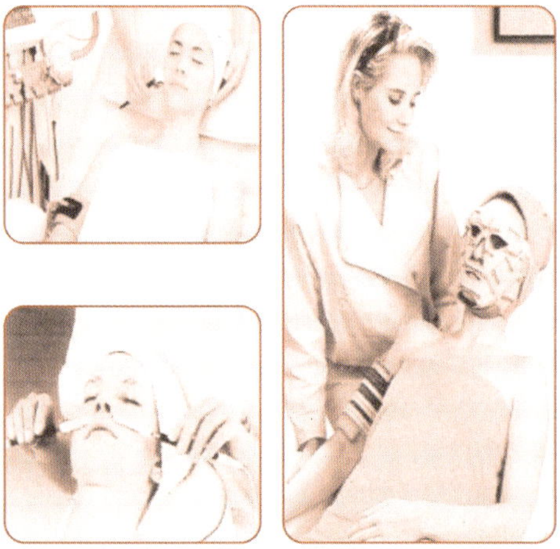

갈바닉 미안기

#### 14) 확대경(우드 램프, wood lamp)

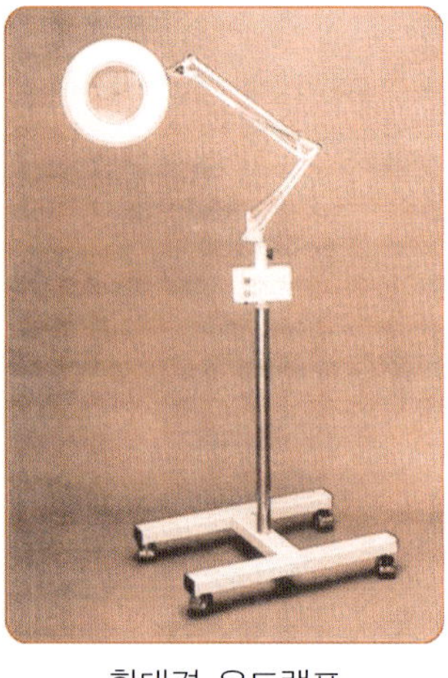

확대경 우드램프

자외선을 피부에 쏘아서 반사될 때 피부 표면의 질환 부분이 특정한 형광색으로 나타나게 만든 램프. 육안으로는 볼 수 없는 피부 표면의 상태를 명확하고 간편하게 볼 수 있는 장점이 있다. 피부의 성질이나 질환을 색상으로 정확하게 알려주기 때문에 치료와 적절한 화장품 선택에 도움을 준다.

### 15) 저주파 전류 미용기

저주파를 이용한 미용기기로 근육을 수축시켜서 피하지방의 연소를 도와 신진대사를 좋게 해 준다. 얼굴에 사용하면 피부 표면에 모공의 피지, 오물, 각질 등을 제거하여 청결하게 만들어준다.

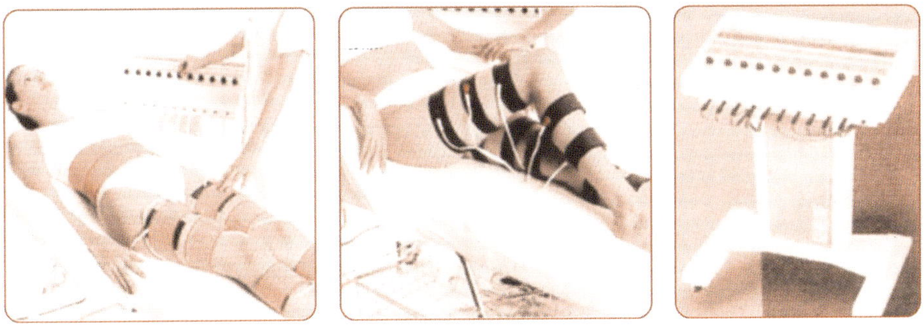

저주파 전류 미안기

제3장

# 모발 과학

1. 모발의 발생과 성장
2. 모발의 구조와 성질
3. 모발의 종류
4. 모발의 구성 성분
5. 모발의 화학 결합
6. 모발의 성장에 영향을 주는 요인
7. 모발의 특성
8. 모발의 물리적 역학적 성질
9. 모발의 진단과 관리

제3장

# 모발 과학

## 1 모발의 발생과 성장

인체 모발의 발생은 태내에서부터 시작되며 콧수염, 눈썹과 턱수염의 모낭은 임신 9주 초 태아의 표피에서 자라기 시작한다. 머리와 몸통, 팔다리의 모낭은 임신 22주 정도까지 성장하고 모낭세포를 몸 전체에서 동시에 자라는 것은 아니다.

### 1) 모발의 발생

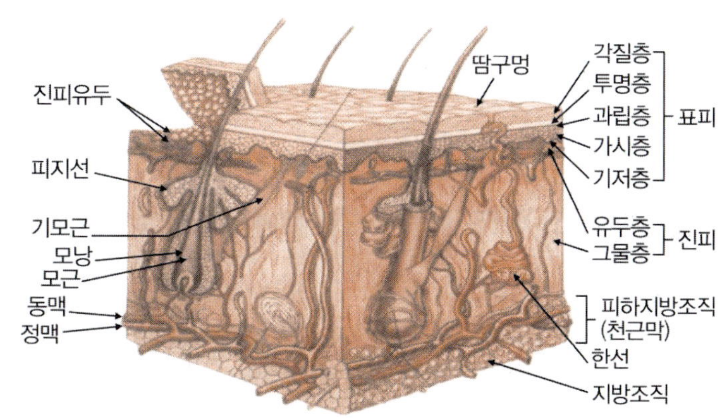


모발의 구조

발생학적으로 모발은 피부 부속물로서 피부의 표피에서 유래된 것으로 인체 모발의 발생은 태내에서부터 시작된다.

모발은 피부가 변형되어 피부(skin)와 두피(scalp)에 가늘고 길게 자란 것으로 신경이 없기 때문에 피부와 같이 예민한 감각을 느낄 수는 없지만 잡아당긴다든지, 뽑을 때는 모발의 뿌리 부분에 분포되어 있는 신경에 의해 따가움을 느낄 수 있다. 따라서 태아 피부의 모모세포는 부모의 유전 형질에서 전해진다고 할 수 있다.

### (1) 모낭(hair follicle)의 성장

모발은 모낭에서 자라며, 모낭 형성이란 모낭이 생성되거나 성장하는 것을 말한다. 모낭은 모낭 덩어리에서 자라나게 되는데 한 덩어리는 2~5개의 모낭으로 이루어져 있으며 모낭은 피부층으로 뚫고 들어가 단단한 페포기 등을 형성하는 다섯 단계를 통해 성장한다.

태생 초기인 6~7주에 단층 배아세포가 배열하고 차츰 월령에 의해 표피층은 2~3층으로 증식되면서 안쪽에서 피부 배아층, 중간층, 주피층으로 구성되어진다.

1단계, 모아로 피부 배아층은 초기 모낭(hair follicle or sac)의 기원이 된다. 태생 9~12주에 걸쳐 모아를 발생한다.

2단계, 전아기(모낭의 형성 이전) 단계로, 태생 12~14주에는 3~4층으로 세포를 증식시킨다.

3단계, 모아기 단계로, 이때 배아층 세포는 차츰 진피층 세포로 침입해 들어가며, 발달된 중간층 세포는 바깥을 둘러싸고 있는 배아층 세포 속으로 진입하여 모아의 중심부를 형성해 간다.

4단계, 모항기 단계로, 모아는 맨 끝 부분에 있는 간엽성 세포 집단에 끌려오듯이 진피 내에 침입하여 들어가 마치 기둥이 박혀 있는 형태가 된다.

5단계, 모구성 무항기 단계로 기둥의 끝은 약간 둥글어지고 그 가운데 부분에는 요철이 발견되며, 이 요철 속에 간엽성 세포의 집단은 최초의 모유두가 된다. 이때 중심부의 모추를 통해 최초의 모발섬유는 발아된다. 이와 동시에 위쪽 부분은 피지선의 근원이고 아래쪽 부분은 팽윤부라 하는데 나중에 입모근이 부착하게 된다.

### 2) 모발의 성장주기(Hair cycle)

모발은 태생 9~12주경이 되면 모근의 생성과 함께 발생하기 시작하며, 사람의 모발은 한 가닥 한 가닥이 다른 모발과 관계없이 독립적으로 자라며 극히 일부의 모발만이 조금씩 빠진다.

모발은 태생기에 발생하여 출생할 때는 온몸에 솜털이 나 있다. 이 솜털이 만 2세 전후에는 모두 빠지고 잔털이 대치되어 신체의 성장과 함께 굵어져 가며, 사춘기를 거쳐 노년기를 맞이하면서 변화를 지속하게 된다.

모발은 일정한 주기를 갖고 성장하고 빠지며 동일한 모낭에서 계속 다른 종류의 털을 생산해 내는데, 손톱이나 발톱처럼 일생 계속해서 자라는 것이 아니라 일정 기간만 성장하다가 빠져나가고 빠져나간 자리에 새로운 성장주기가 시작된다. 이를 모발의 주기(hair cycle)라고 하며 성장기, 퇴행기, 휴지기, 발생기의 4단계로 구성된다.

모주기는 여성의 경우 4~7년, 남성은 2~5년이며 하루에 0.5mm 정도 자라고, 한 달에 1~1.5cm 정도 성장하며 낮보다 밤, 봄과 여름에 성장 속도가 가장 빠르다. 모발의 개수는 약 10~12만 개 정도이며 인종에 따라 다르고 하루 평균 40~100가닥 정도 빠지는 것이 정상이다.

【표 3-1】 모발 발생 부위에 따른 모주기와 일일 성장 속도

| 발생 부위 | 모주기 | 성장 속도(mm) |
|---|---|---|
| 모발 | 2~7년 | 0.37~0.44 |
| 수염 | 2~3년 | 0.27~0.38 |
| 액모 | 1~2년 | 0.23 |
| 음모 | 1~2년 | 0.2 |
| 눈썹 | 4~5개월 | 0.18 |
| 속눈썹 | 3~4개월 | 0.18 |

### (1) 성장기(생성기, anagen stage)

모발이 발생하고 나서 성장해 나간 기간으로 즉 모유두 조직 주위에 있는 모모세포가 분열, 증식하고 있는 기간을 말한다. 전체 모발의 약 85~90% 정도가 해당되며 성장기의 수명은 2~7년이며, 모낭의 기저부위, 즉 모구 안에 깊숙이 있는 기질세포에서 급속히 세포분열이 시작된다. 이 세포들은 3개의 모발층인 수질, 피질, 표피층을 형성하며 피부 표면을 향해 이동하는 도중에 죽으면서 강하고 탄력 있는 단백질인 케라틴을 생산하기 시작한다.

케라틴화된 죽은 세포들은 모낭의 위쪽으로 이동하는 도중에 납작해지고 서로 결합하여 우리 눈에 보이는 모간을 형성한다. 새로운 세포군이 노화된 세포군을 밀어 올리면서 머리카락은 성장하게 되는 것이며, 기질에서의 세포분열은 성장기가 끝나가면서 느려지다가 완전히 멈춘다. 동시에 모낭은 가늘어지기 시작하고 모간의 기저부는 곤봉형으로 변한다. 모발의 성장은 건강 상태, 질병의 유무, 음식, 호르몬, 연령, 유전 등에 따라 다르다.

### (2) 퇴화기(성장 중지기, catagen stage)

모발 생장의 대사 과정이 느려지는 시기로서 천천히 성장한다. 전체 모발의

약 1%로 숫자가 적어 발견하기가 힘드나 보통 기간은 2~3주로 본다. 모구부가 수축하여 모유두와 나눠져 모낭이 짧아지며 모유두는 위쪽으로 이동하기 시작한다.

### (3) 휴지기(종말기, telogen stage)

모낭이 줄어들고 모유두가 위축되면서 완전히 떨어져 나가고 모모세포의 분열이 정지되며 모발의 성장은 더 이루어지지 않게 된다. 모근부는 위쪽에 올라와 있어 모낭의 깊이는 1/3로 되어 있다. 전체 모량은 10~15% 정도가 휴지기이며 약 3~4개월로 본다.

### (4) 발생기(new anagen stage)

휴지기 기간 쉬었던 모유두가 모구부와의 결합으로 다시 세포분열이 일어나는 시기이다. 새로운 모발이 자라면서 휴지기의 노화된 모발을 밀어내 빠지게 한다.

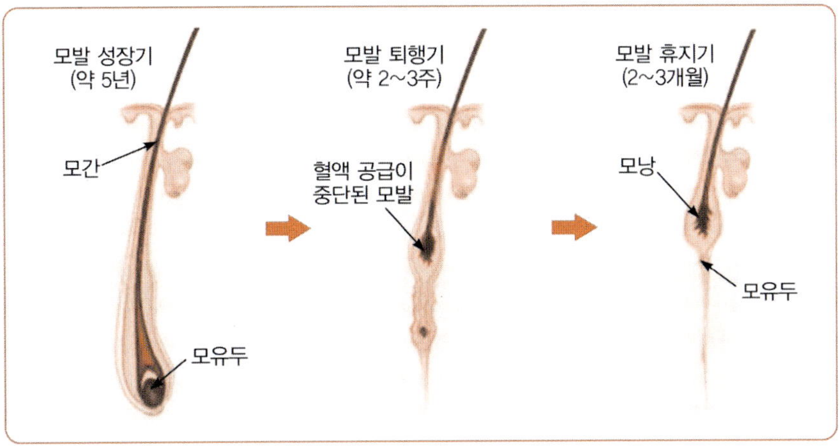


모발의 주기

## 2 모발의 구조와 성질

모발은 표피가 진피 내로 밀려 내려와 만든 털주머니에 의해 만들어진 피부 부속기의 일종으로 모발의 구조는 피부 속에 위치한 모근 부분과 피부 밖으로 나와 있는 모간 부분으로 구분되고 있으며, 모발은 모낭 내에서 완전히 만들어지게 된다.

### 1) 모근부의 특성 및 구조

같은 조직 안에서 파생된 모발이며 모근부와 모간부의 세포는 크게 차이를 나타내는데 모간부는 더 세포분열을 하지 않는 죽은 세포로 구성되어 있으며, 모근부는 그와 반대로 왕성한 세포분열을 하는 모모세포가 존재하고 있다.

#### (1) 모근부의 특성

모근은 두피 안쪽에 위치하고 있는 부분이며 크게 모유두부, 협부, 모낭하부로 구분된다. 각각의 부위 안에는 피지선 입모근, 모구부는 모모세포, 모유두 등이 존재한다.

① 모유두부(infundibulum)

각질층에서부터 피지선 위쪽 부분까지를 일컫는다.

② 협부(isthmus)

피지선 아랫부위에서 입모근 윗부분까지를 일컬으며, 모모세포에서 세포분열을 통해 만들어진 케라틴 단백질이 탈수 과정을 거치면서 서서히 각화되어 가는 부분이다.

③ 모낭하부(inferior)

입모근 아래에서부터 모구부 아랫부위까지를 일컬으며, 생화학적 합성을 하는 부분으로 모유두나 모구부의 활동 반경이기도 하다. 즉 성장기에는 모구부가 진피층과 피하조직이 만나는 위치까지 존재하고 있으나, 퇴행기와 휴지기 기간에는 모구부가 수축하여 입모근 아랫부위까지 올라오게 된다.

### (2) 모근부의 구조

모발은 깊게는 피부의 피하조직층까지 그 뿌리를 담고 있어 머리털을 뽑으면 모근 부위에 하얀 지방이 같이 부착되어 나온다.

모근부는 모근을 감싸고 있는 관 모양의 주머니인 모낭, 모발의 가장 아랫부분의 둥근 모양으로 부풀어 있는 부분인 모구, 그리고 모낭에 연결되어 있는 부속기관으로서의 피지선과 입모근으로 구성되어 있다. 이러한 부분들은 모낭을 중심으로 하여 분포하며, 인체의 신진대사 기능 및 호르몬 등의 작용으로 영향을 받는다.

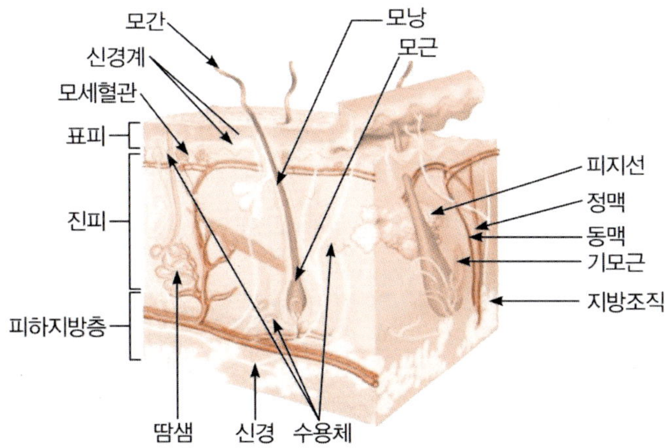


모근부의 구조

① 모낭(hair follicle)

모근을 싸고 있는 내·외층의 피막으로 된 작은 주머니이며 일직선의 모낭에서는 직모가 자라나고 휘어진 형태의 모낭에서는 곱슬머리가 자라게 된다. 또한, 모낭의 가장 외층은 표피의 바로 안쪽 피부층인 진피의 일부로서 진피의 여러 가지 구조와 연결되어 있다.

② 모구(hair bulb)

모낭 깊숙이 모유두와 맞물려지는 볼록한 전구 모양의 형태로 모발이 생장하는 곳이며 많은 색소세포로 구성되어 있다. 모구부의 아랫부분은 오목하게 진피의 결합조직에 묻혀 있고, 이 움푹 패인 부분에는 진피 세포층에서 나온 모유두가 들어 있다.

모세혈관이 빽빽하게 분포되어 있고 모유두를 둘러싸고 있는 기질세포는 세포분열이 시작되는 표피의 기저층에 해당되며 모간, 머리카락을 만들어 낸다. 모발의 성장에 관여하는 모구부는 모주기에 따라 그 형태가 달라지는 것이 특징이며 성장기에는 전구 모양으로 팽팽한 형태를 띠지만 휴지기에 접어들면 위축된다.

③ 모유두(hair papilla)

모구와 맞물려지는 부분으로 많은 모세혈관이 있어 영양 공급이 이루어지며 자율신경이 분포되어 있다. 모유두는 모발이 원료를 저장하는 창고와 같은 역할을 하는 부분으로 모발은 모유두가 없으면 생장할 수 없으며, 모유두의 크기와 형태는 모발의 상태 및 굵기를 결정하는 부분으로 작용한다. 이 모유두의 수는 태아 때부터 결정되며 모유두가 여러 원인에 의해서 없어지게 되어 그 수가 감소되면 모발의 수도 감소하게 된다.

성장기의 모유두는 모낭과 붙어 있어 피하조직까지 도달해 있으나 휴지기의 경우 모낭과 분리되어 있는 것이 특징이다.

④ **모모세포**(hair matrix, keratinocyte)

모모세포는 모유두를 덮고 있으며 끊임없는 세포분열로 모발 생장에 매우 중요한 역할을 하고 있다. 모모세포가 모유두에서 영양을 받아 분열되어 모발의 형상을 갖추어 성장하는 것이다.

모표피, 모피질, 모수질이 분류되어 생장하며, 모모세포는 인체의 골수세포 다음으로 가장 왕성한 세포분열을 하는 부분으로 하루 중 저녁 시간대인 밤 10시부터 새벽 2시 사이에 세포분열이 가장 왕성하기 때문에 수면부족 현상은 모발 생성에 장애 요인으로 작용할 수 있으며, 저녁 시간에 두피세정이 효과적인 것이다.

⑤ **색소세포**(melanocyte)

모발의 색을 결정짓는 멜라닌 색소를 생성하는 색소형성 세포로 모모세포 분열 시 모기질세포에 있는 별도의 색소세포로부터 생성되어 연한 모피질 또는 모수질 속에 같이 함유하여 색을 결정해 준다. 인종과 개인에 따라 색소 입자에 따른 차이로 다양한 색을 나타나게 된다.

⑥ **피지선**(sebaceous, oil glands)

모발 생성 과정에서 가장 먼저 생기는 부위로 남성호르몬과 관계가 있으며 모낭벽에 붙어 있는 기름샘으로 피지를 분비하여 피부와 모발을 매끄럽고 윤기가 있도록 한다.

피부 표면 가까이 모근부의 상부 1/3 지점에 포도송이 모양으로 모낭벽에 붙어 있고, 모공 부위와 연결되어 있어 피지선에서 분비된 피지는 모공을 통해 외부로 분비되는 형태를 띠고 있다.

피지선에서 분비된 피지는 한선에서 분비된 땀과 결합하여 피지막을 형성하며, 인체 부위 및 인종, 식습관, 외부 환경 등에 따라 분비량이 차이를 나타내고 있다. 피지막이 형성될 시기에는 약산성의 상태를 띠고 있지만, 외부 환경과 맞닿은 상태에서 서서히 자연 산화되어 중성 및 약 알칼리화로 변환되어 세균의 번식을 좋게 하거나 혹은 모공을 막아 2차 분비되는 피지 및 내분비물의 분비장애를 일으켜 모낭염 및 두피염증, 탈모 등의 두피 문제를 유발하게 된다.

⑦ 한선(sudorifer ous glands)

피하조직 내에 있는 피지선의 하나로 땀을 분비하는 외분비선으로 땀샘이라고 하며, 한선에서 땀이 나오는 것을 발한이라 하는데 주로 체온을 조절하며 전신에 200~500만 개의 한선이 있다.

㉮ 에크린선(ecrine, 소한선)

입술의 경계부, 조갑상, 소음순, 귀두부, 표피의 안쪽을 제외한 피부 전체에 분포되어 있고 특히 손, 발바닥, 겨드랑이 및 이마에 많으며 이마, 등 부분이 가장 적다. 땀의 99% 이상이 수분이고, 나머지가 염분이며 그 밖에 요소나 유산 등을 함유하며, pH5~6으로 피부 표면을 약산성으로 유지시켜 주고 혈액과 더불어 체온 조절과 노폐물 배설 등의 기능이 있다. 신체적인 운동을 하거나 온도가 높을 때 작용이 활발하다.

㉯ 아포크린선(apocrine, 대한선)

에크린선보다 크며 발생 과정, 분포, 크기, 분비 양상이 에크린선과 차이가 있는데 에크린선은 체온을 조절하는 기능이 있는 반면 아포크린 한선은 일명 암내라고 하는 채취를 내게 하는 기능을 가지고 있고 주로 겨드랑이

95%, 귓바퀴, 항문, 유두, 배꼽 주위 등에 존재하며 사춘기가 되어야 발달하여 기능이 시작된다. 독특한 체취를 갖고 있으며 분비량은 인종에 따라 다르나 체취는 흑인이 가장 강한 편이며 백인, 동양인의 순이다.

#### ⑧ 입모근(기모근, arrector pili muscle)

표피에 접하는 유두부에서 모낭에 달하는 미소한 평활근으로 피지선 아래 모낭에 붙어 있고 자율신경에 의해 지배된다. 이 근육은 추위나 공포를 느끼면 수축하여 모낭이 똑바로 서게 하여 털을 세우는데, 이것이 바로 '소름'이라고 하는 피부 융기 현상이다. 수축하면 털은 옆으로 회전하면서 서게 되는데, 종종 아래쪽으로 볼록하게 만든다.

이러한 입모근의 잦은 이완과 수축은 모유두 및 모모세포를 자극하여 노화를 촉진시키며, 피지선을 자극하여 피지선의 내용물이 모낭 속에서 압출된다. 이러한 현상은 탈모 현상을 촉진시키는 원인으로 작용하고 보통은 털 한 개에 1~2개의 입모근이 있으나 속눈썹, 눈썹, 코, 뺨, 입술 같이 입모근이 없는 털도 있다.

#### ⑨ 내모근초(inner root sheath), 외모근초(outer root sheath)

모구부에서 발생한 모발을 완전히 각화가 종결될 때까지 보호하고, 피부 표피까지 운송하는 역할을 하고 있다. 모발의 휴지기 상태가 되면 외모근초는 입모근 근처까지 성장과 함께 위로 밀려 올라가고, 내모근초는 모발을 표피까지 운송하여 나중에는 비듬이 되어 두피에서 떨어진다.

### 2) 모간부의 특성 및 구조

모간부란 우리 눈에 보이는 두피 밖의 모발로 펌이나 컬러링 등 헤어 시술이 실질적으로 시행되는 부분이다. 모발은 유연한 세포들로 구성되었으나 두피 쪽으로 서서히 밀려 나오면서 각화 과정이 이미 끝난 단단한 케라틴 단백질로 구성되어 있다.

### (1) 모간부의 특성

모간은 모표피, 모피질, 모수질의 3층으로 이루어져 있으며 모표피의 함량이 많을수록 모발은 단단하고 투명, 습윤, 광택, 마찰에 대한 강도가 높으며 모피질은 탄력, 강도, 감촉, 질감, 색상을 좌우하며 모발의 성질을 나타내는 가장 중요한 부분이다.

### (2) 모간부의 구조

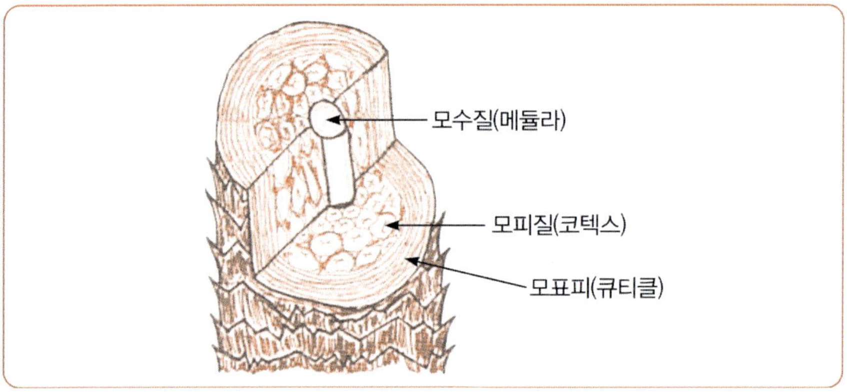


모간부의 구조

#### ① 모표피(Cuticle)

모발의 가장 바깥층으로 평편한 무핵의 딱딱한 경케라틴층으로 투명한 물고기 비늘과 같은 보호 세포가 두피에서 모발 끝 방향을 향해 기와 모양으로 여러겹 겹쳐져서 모발 내부를 감싸고 있어 모발을 보호하고 있고 화학약품에 저항성이 강한 층이다.

인종과 개인에 따라 5~15층으로 겹쳐진 문리 모양으로 모발을 보호해 주고 광댁을 내며 모발 손상의 척도가 되는 곳이다. 모발의 10~15%를 차지하고, 모발의 두께에 따라 모발은 단단하고 투명, 습윤, 광택, 마찰에 대한 강도가 높다.

모표피는 기름과의 친화력이 강한 친유성으로 물과 약제의 침투에 대한 저항력은 강하나 기계적인 자극에는 약한 편이다. 물리적, 화학적인 자극에 의해 모표피의 손상, 박리, 탈락 등이 발생되면 모피질에 손상을 주게 되는데, 모표피의 문리 상태에 따라 모발의 손상 정도를 측정할 수 있다.

건강 모일수록 견고하게 결합되어 있으며 모발의 바깥층으로부터 에피큐티클, 엑소큐티클, 엔도큐티클의 3개 층으로 구성되어 있다.

에피큐티클(epicutcile)은 가장 바깥층으로 다당류, 단백질 등으로 이루어진 얇은 막으로 수증기는 통과하지만 물은 통과할 수 없으며 친유성으로 알칼리에 강하고, 산소와 화학약품에 대한 저항이 강한 층이나 외부 환경의 마찰저항과 같은 물리적인 자극을 받기 쉽다.

엑소큐티클(exocuticle)은 시스틴 등으로 이루어져 있고 시스틴 결합을 절단하는 약품에 작용을 받기 쉬운 층으로 즉 퍼머넌트 웨이브와 같은 화학적 자극을 받기 쉬운 곳이다.

엔도큐티클(endocutice)은 가장 안쪽에 있는 세포막 복합체 층으로 시스틴 함량이 적어 케라틴 침식성 약품에 저항력이 강하며 친수성으로 알칼리에 약하다.

② 모피질(Cortex)

모피질은 모발 미용 시술 시 중요한 역할을 하는 부분으로 모발의 85~90%에 해당하며, 모표피와 모수질 사이에 있는 층으로 방추형의 결정 영역인 피질세포(cortical cell)와 피질세포들 사이를 채우는 비결정 영역인 간충

물질(matrix)로 구성되어 있다. 피질세포는 모발의 길이 방향으로 비교적 규칙적으로 나열된 섬유상 세포로 모발의 대부분을 차지하고 있으며, 모피질은 멜라닌 색소를 함유하고 있고 물과 친화하는 친수성으로 약제의 작용을 쉽게 하기 때문에 퍼머넌트, 염색, 그 밖의 미용 시술에 가장 관련성이 있는 부분이다.

모발의 탄력, 강도, 감촉, 질감, 색상 등을 좌우하여 모발의 성질을 나타내는 중요한 층이다.

㉮ 결정 영역(피질세포)

피질세포는 단단한 폴리펩타이드 결합이 길게 연결되어 있으며, 멜라닌 색소와 중앙에 방추형의 섬유 구조의 매크로 피브릴이 있다. 수소결합이 강하게 결합되어 화학반응이 어려우며 마이크로 피브릴, 프로토피브릴, 폴리펩타이드로 더 세분화된다.

매크로 피브릴(macro fibril)은 장축 방향의 섬유조직으로 조직 사이에 불규칙한 간충물질로 구성되어 있으며 마이크로 피브릴(micro fibril)은 프로토 피브릴이 중앙에 2본, 원주에 9본으로 전체 11본으로 배열되어 섬유조직 사이에 간충 물질이 있다. 프로토 피브릴(proto fibril)은 아미노산의 폴리펩타이드 결합 3개가 α-helix상의 원통 모양으로 구성된다.

㉯ 비결정 영역(간충물질)

결정 영역의 규칙적인 배열과는 달리 짧은 코일상의 부정형의 복잡한 배열로 되어 있으며 수소결합이 약하여 유연하고, 화학반응으로 손상받기 쉬운 곳으로 피질세포 사이를 연결시켜 주며 모발의 컬과 탄력성을 결정한다. 모발을 구성하는 간충물질의 약 49% 이상을 세라마이드(ceramide)라는 성분이 차지하며 수분 증발을 억제함과 동시에 수분과 결합되어 간충물질의 구조 형성이나 기능에 관계한다.

③ 모수질(medulla)

모발의 중심부로 지지제 역할을 하며, 모수질은 공동으로 가득 찬 벌집 모양의 다각형의 세포가 길이 방향으로 나열되어 있으며 공기를 함유하고 있다.

직경 0.09mm 이상의 굵은 모발에는 모수질이 있고, 0.07mm 이하의 가는 모발에는 모수질이 거의 없다. 모수질은 공동으로서 공기를 머금고 있어 보온의 역할을 한다.

## 3 모발의 종류

사람의 모발은 유전적인 영향에 따라, 인종에 따라 그 형상을 조금씩 달리 한다.

### 1) 모발의 굵기와 발생 시기에 따른 분류

모발의 종류는 굵기와 발생기에 따라 취모, 연모, 경모로 나누어진다.

취모(태모, lanugo hair)는 아주 가늘고 연한 털로 큐티클층이 관찰되지 않으며, 대략 출생 한 달 전에 자궁에서 탈락한다.

연모(vellus hair)는 배냇머리로 길고 굵은 두개피를 제외하고 온몸에서 나타나는 두 번째 체모로서 생후 최초 3~4개월 사이에 전신에서 탈락된다.

굵기가 굉장히 가늘거나 솜털과 같은 것으로 손바닥과 발바닥을 제외한 우리 몸의 대부분을 덮고 있는 털로 연모는 모수질이 없고 부드러우며 멜라닌 색소가 적고 잡아당기면 많이 늘어난다. 유아들의 모발도 여기에 속한다.

경모(terminal hair)는 굵기가 굵고 강한 모발로 두피의 머리카락, 수염, 겨드랑이털, 음모 등이 여기에 속하고 사춘기의 모발은 대체로 경모에 속하나

나이가 많이 들어갈수록 연모로 변하는 현상을 볼 수 있다.

모발이 자라고 있는 모낭의 수는 태어날 때 모두 결정되므로 성인이 되어서도 모낭은 증가되지 않는다. 그러므로 성인보다 유아 쪽 모발의 양이 적게 보이는 것은 털이 가늘고 모낭에서 생성되지 않는 털도 있기 때문이다. 그러나 사춘기가 되면 모든 모낭에서는 경모가 성장하여 사람의 일생에서 가장 모발이 많은 시기에 들어간다. 두개피 내 각각의 모발은 개별적인 모낭세포막을 가지고 있으며 둘, 셋 또는 그 이상 그룹의 모단위 구성으로 자란다. 생리활성을 가진 모낭은 피부 깊숙한 진피층에 자리 잡고 있다.

### 2) 모발의 단면에 따른 분류

사람의 모발은 인종에 따라 조금씩 다른 경향이 있으며, 모발의 단면 형상에 따라 크게 직모, 파상모, 축모의 3가지의 타입으로 구분된다. 이것은 모모세포 및 모낭세포의 케라틴 단백질의 합성 속도 차이에 의해 나타나는 것으로 유전자(DNA)에 의해 좌우된다. 따라서 외부의 어떠한 시술로도 근본적인 모발의 웨이브 상태를 변화시키지 못한다.

직모(straight hair)는 모낭이 피부 표면으로부터 일직선으로 세워져 있으며 모발 단면을 현미경으로 관찰하면 둥근 모양이다. 웨이브가 거의 없이 직선으로 나온 모발로 대부분 황인종에게 많으며 모모세포 및 모낭세포가 케라틴 단백질 생성 과정에서 세포분열의 속도가 동일한 속도로 진행되어 나타난다.

파상모(wavy hair)는 모낭이 피부 표면으로부터 비스듬히 누워 있으며 단면 모양은 타원형으로 웨이브가 있는 모발이며 주로 백인종에 많이 나타난다.

축모(curly hair)는 모낭이 피부 표면으로부터 굽어진 형태로 모발 단면 모양은 납작한 모양으로 되어 있으며 곱슬머리를 말하며 흑인종에서 볼 수 있다.

발생 부위에 따라 약간씩 차이가 있어 모발은 직모 일지라도 음모나 액모는 파상모 또는 축모로 나타나기도 한다. 소아기 시절에는 모발이 가늘고 약하여 그 형태의 구분이 불확실하다가 사춘기 이후에 나타나는 경우가 많은데 파상모와 같이 영구적인 변형이 힘들다.

## 4 모발의 구성 성분

모발의 대부분인 80~90%는 케라틴 단백질로 구성되며 나머지는 지질(1~9%), 멜라닌 색소(3% 이하), 수분(10~15%), 미량원소(0.6~1.0%)로 되어 있다.

### 1) 케라틴 단백질

케라틴은 보통의 단백질과 달리 부패하지 않고 여러 가지 화학약품에 대해 저항력이 있으며 물리적인 강도 또한 강하고 탄력이 있다. 모발과 손톱을 태우면 이상한 악취가 나는데, 이것은 시스틴이 분해되어 생긴 유황 화합물의 냄새이다. 즉 케라틴은 시스틴을 14~18% 함유하고 있는 것이 특징이다.

### 2) 지질

모발 지질에는 피지선에서 분비된 피지와 모피질 세포 자신이 가지고 있는 지질을 함유하고 있는데, 두 종류의 지질은 구별이 힘들기 때문에 일괄해서 모발의 피지로서 취급하고 있다. 피지선은 두부에 가장 많이 분포되어 있고 그 수는 $1cm^2$당 400~900개이며, 일반적인 피지 분비량은 하루에 1~2g 정도이다. 모발의 피지는 모발의 1~9%로 알려져 있으며 유리지방산과 중성유지분으로 되어 있다. 피부나 모낭에 항상 존재하고 있는 미생물 효소 리파아제의 작용에 의해 중성지방의 일부가 가수분해되어 유리지방산과 글리세린으로 된다.

### 3) 멜라닌 색소

동양인의 모발은 일반적으로 흑색 또는 흑갈색이 정상이며 흰머리는 색소의 이상 현상에 의한 것이다. 모발의 색은 모발 중에 함유되어 있는 멜라닌 색소량의 많고 적음에 따라 결정된다. 멜라닌 색소는 멜라닌세포에서 만들어지며 멜라닌세포는 주위에 돌기를 가진 세포로, 적혈구에 의해 옮겨진 티로신을 변화시켜 멜라닌 색소 과립을 만든다. 즉 뇌하수체에서 색소세포 자극 호르몬이 분비되면 멜라닌세포 안의 티로시나아제가 티로신을 산화 중합해서 DOPA를 만들고 중합을 거듭해서 DOPU-chrome을 지나 멜라닌 과립을 만든다.

이 멜라닌은 멜라닌세포의 돌기부 끝에서 방출되고 모발이 각화하기 전에 세포 안에 들어가 성장해 가는데 모발의 피질에 많이 들어가 모발 색을 구성하고 있다. 따라서 멜라닌세포의 기능이 활성화에 따라 멜라닌 생산량이 달라지기 때문에 색에 농담이 나온다.

### 4) 수분(모발 내의 결합수)

모발 중의 수분은 피부와 같이 중요한 역할을 한다. 유연함, 광택, 통풍, 잡아당길 때의 강도, 정전기량 등 모발의 기계적인 성질과 미용상의 특성으로 크게 영향을 받는다. 모발은 수분을 흡수하는 성질이 있어서 보통의 공기 중에서 10~15%의 수분을 함유하고 있다. 모발의 손상도가 크면 수분의 보유력이 약화되어 수분량이 적게 되기 때문에 수분량은 모발 손상도 하나의 표준이 된다.

### 5) 미량원소

생명을 유지하는데 필수적으로 요구되는 기타 원소로서 체내에서 극히 미량으로 발견되기 때문에 미량원소라 한다. 모발의 미량원소로는 Ca, Mg, Sr, B, AI, Si, Na, K, Zn, Cu, Mn, Fe, Ag, Au, Hg, As, Pb, Sb, Ti, W, V, I, P, Serk 있으며, 미량원소를 비금속류로 나누었다.

모발의 중요한 구성 성분은 모발섬유 구조의 필수 성분, 즉 단백질이나 색소의 곁사슬과 가교, 배위복합체나 금속침착물로 존재할 가능성도 있다.

모발의 색은 미량으로 포함되어 있는 금속의 종류에 따라서도 다르게 되는데, 백발에는 니켈(Ni), 황색모에는 티탄산염(Titan), 적색에는 철(Fe), 몰리브덴(molybdan), 흑발에는 구리(Cu), 코발트(Co), 철(Fe)이 함유되어 있다. 미량원소로는 이들 금속 외에 인(P), 규소(Si) 등의 비금속을 함유해서 30종 정도의 무기 성분이 포함된다.

모발 케라틴은 금속과 쉽게 결합하는 산성기를 가지고 있기 때문에 세발용·두발용 화장품, 세정수, 땀과 환경에서 오는 먼지 등이 함유되어 있는 금속이온을 흡수한다. 특히 화학적인 처리를 받은 모발은 금속과 쉽게 결합하는 산성기가 증가하기 때문에 금속의 흡착량도 많게 된다.

모발은 다른 기관보다 어떤 특정 원소의 잔류 축적량이 많다. 모발용 화장품과 수돗물 등에 통상 함유되어 있는 칼슘(Ca), 마그네슘(Mg), 나트륨(Na), 칼륨(K) 등은 외부에서의 축적이 많은 성분이며, 모발 중의 미량원소의 분석은 공해 문제로 크게 영향을 받은 수은(Hg), 카드뮴(Cd), 납(Pb) 등 유해한 금속의 체내 축적량을 조사하는 방법으로 널리 이용되고 있다. 즉 모발은 적극적으로 수은 등의 유해 금속을 체외로 배출하는 역할을 한다.

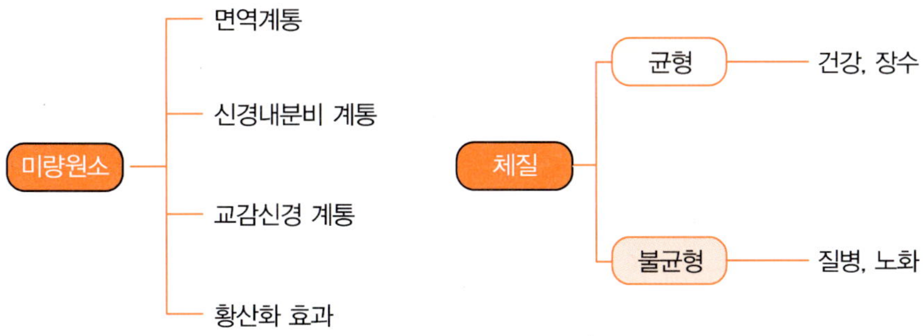


질병과 미량원소와의 관계

## 5 모발의 화학 결합

모발의 결합은 주쇄와 측쇄로 이루어져 있으며, 이러한 결합은 머리카락의 물리적 · 화학적인 성질을 결정짓는 중요한 요소가 된다. 세로의 결합은 폴리펩타이드 구조라는 결합을 이루는 주쇄결합이고, 곁사슬은 모발의 화학적 성분에 따른 측쇄결합을 이루고 있다.

### 1) 아미노산의 일반식

단백질을 구성하는 단위로 특이한 구조와 기능을 가진 아미노산은 그 함유율이 분석자에 따라 다소 다르지만, 시스틴의 함유율이 많다고 하는 공통점을 가지고 있다. 이 시스틴이 많은 것이 모발의 특징이며 미용기술과 큰 관계를 가진다.

일반적으로 아미노산은 탄소를 중심으로 좌측에 알칼리성을 띠는 아미노기, 우측에 산성을 띠는 카복실기(COOH)를 가지고 있고 수소기(H)로 연결되어 있다. 여기에 R이 어떤 것이 되느냐에 따라 아미노산의 종류가 달라지게 된다.

가장 간단한 아미노산은 R이 H인 원소로 글리신이라는 아미노산이다.

### 2) 아미노산의 종류

아미노산은 산성, 염기성, 중성의 3종류로 분류될 수 있다. 아미노산의 일반식에서 Rdl 산성의 카복실기를 가진 원자단일 때 그 아미노산은 아미노기1개와 카복실기 2개를 가진 아미노산이 되므로 산성이 강하기 때문에 산성 아미노산이 된다. 이처럼 R이 염기성의 아미노기를 가진 원자단일 때는 아미노기 2개에 대해서 카복실기 1개로 염기성이 강하기 때문에 염기성 아미노산이라 한다.

그러나 대부분의 아미노산은 R이 카복실기나 아미노기와 상관없는 기로 되어 있어 이를 중성 아미노산이라 한다. 모발의 아미노산 중 가장 많은 함량을 차지하고 있는 시스테인도 대표적인 중성 아미노산으로서 R은 CH2SH로 구성되어 있다. 모발은 이러한 시스테인 2분자가 결합한 시스틴으로 이루어져 있다. 이들은 가역적(reversible)으로 반응한다.

### 3) 주쇄결합(세로결합)

아미노산이 세로로 연결되어 있는 주쇄결합은 폴리펩타이드끼리의 결합으로 이루어져 있다. 수백에서 수천 개의 아미노산이 모여서 폴리펩타이드 결합을 이루고 있어 결합력이 매우 강하다. 따라서 모발은 가로보다 세로로 더 쉽게 끊어진다.

### 4) 측쇄결합(가로결합)

$\alpha$형인 폴리펩타이드 주쇄는 인접한 주쇄 간에 상호 가지고 있는 측쇄끼리 측쇄결합이라고 부르는 결합으로 연결되어 있다. 이 횡으로 연결된 것이 케라틴 분자를 고정시키며 모발의 케라틴 시스틴 결합, 염결합, 수소결합 등의 3종류의 측쇄결합에 의해 단단하게 연결되어 있다.

#### (1) 시스틴 결합(cystine ond)

측쇄결합 중에서 가장 강한 결합으로 화학적 작용인 환원제를 사용해야 끊어진다. 퍼머넌트 웨이브는 이 화학적 성질을 이용한 것이다. 시스테인 아미노산 두 개가 모여 하나의 시스틴이 되는데 유황을 많이 포함하고 있어서 황결합이라고 한다.

#### (2) 염결합(ionic bond)

아미노산이 펩타이드 결합을 만들 때에는 카복실기와 아미노기가 1개씩 사용되기 때문에 염기성 아미노산은 아미노기가 1개, 산성 아미노산은 카복실기가 1개 또는 여러 가지 잔기로 남아 있다. 이와 같은 측쇄를 가진 폴리펩타이드 주쇄가 접근하면 상호 아미노기와 카복실기가 이온적으로 결합하며 이것이 염결합이다.

산과 알칼리에 따라 pH가 등전점보다 산성 측 혹은 알칼리성 측으로 기울어지는 만큼 결합이 약하게 된다. 보통의 퍼머넌트 웨이브가가 알칼리성이 되는 이유 중의 하나는 이 결합을 절단하는 데에 사용되기 때문이다. 즉, 인접한 주쇄 간의 아미노기와 카복실기가 정전기적 결합을 한 것으로 양쪽의 전위치가 없을 때 가장 강하게 결합한다. 따라서 모발이 등전점일 때에 결합력이 최대로서 케라틴은 가장 안정된 좋은 상태가 되며 강 산이나 강 알카리일 때는 결합이 약해진다.

#### (3) 수소결합(hydrogen bond)

주쇄의 가운데 혹은 인접된 주쇄 간의 산소와 수소 간의 인장력에 의한 결합이며 산소와 수소가 거리가 먼 경우 결합은 물에 쉽게 절단되지만 건조함으로써 재결합하며 거리가 가까운 만큼 결합력이 강하게 된다. 특히 결정 영역의 수소결합은 물로 보상의 약품으로도 절단시킬 수 없다. 롤 세팅과 드라이에 이용된다.

## 6 모발의 성장에 영향을 주는 요인

### 1) 영양적 요인

모발 성장에 관여하는 식품에는 단백질의 공급원이 되는 우유, 달걀, 치즈, 생선, 육류 등이 있다. 모발의 주성분이 단백질이므로 충분한 단백질의 섭취는 모발의 성장을 촉진한다. 하지만 모발의 건강과 성장을 촉진시키기 위해서 단백질뿐만 아니라 비타민이나 미네랄의 섭취도 고려돼야 한다.

또한, 미역, 다시마 등 해조류도 모발 영향에 관여하며 해조류에는 철, 아연, 칼슘이 함유되어 있어 두피의 신진대사를 항진시키는 것으로 알려져 있다. 특히 요오드는 갑상성 호르몬의 분비를 촉진시켜 모발의 성장을 도와주고 있다.

### 2) 유전적인 요인

유전 인자에 의해 모발 색의 좌우, 곱슬 정도, 이마의 헤어라인 형태, 새치, 대머리, 숱의 양, 탈모의 요인 등으로 작용한다.

### 3) 호르몬에 의한 요인

모발에 있어서 호르몬은 적은 양이라도 결핍되거나 과다하면 신체에 이상을 일으키며 모발의 성장에 관여하는 호르몬에는 외하수체호르몬, 갑상선호르몬, 성호르몬, 부신피질호르몬 등이 있다.

### 4) 연령

모발의 성장은 10대에서 20대 전후에 가장 왕성하고 50대를 지나면 성장 속도가 점차 느려진다. 사춘기 때의 음모 발생과 남자의 대머리 등이 나이와 연관된다.

### 5) 물리적 요인

모발을 심하게 잡아당겨서 발생하는 견인성 탈모는 새로운 모낭이 생성되기까지 보통 4~6주 정도 걸리며 모발을 인위적으로 뽑으면 탈모의 원인이 된다.

## 7 모발의 특성

### 1) 모발의 물리적 특징

#### (1) 모발의 질감(Texture)

모발의 질감은 각 개인의 머리카락 직경에 따라 달라지며 일반적으로 굵은 모발, 중간 모발, 가는 모발로 나누고 모발의 직경이 가늘면 가늘수록 염색이나 퍼머넨트 웨이브가 달라진다.

#### (2) 모발의 밀도(Density)

모발의 밀도는 각 개인의 머리카락 수량에 의해 결정되며 대개 9만~15만 개의 머리카락을 지니고 있다. 천연적인 금발은 약 14만 개 이상, 짙은 갈색 모발은 약 11만 개, 검정 모발은 약 10만 개, 적색 모발은 약 9만 개의 머리카락을 가지고 있고 정상적인 사람의 하루 탈모의 양은 50~90가닥 정도이다.

#### (3) 모발의 탄력성(Elasticity)

모발의 탄력성이란 모발이 정상 길이보다 늘어났다가 원래대로 되돌아가는 성질을 말한다. 정상 모발은 탄력성이 우수하며 물에 젖어 있으면 원래 길이의 1.7배 정도 늘어나지만, 건성모발은 탄력성이 적어 약 1.25배 정도 늘어난다.

탄력성은 태양, 환경, 지나친 건조와 열기 및 화학적인 처리에 의해 영향을 받는다.

### (4) 모발의 강도(Intensity)

모발의 강도는 모발을 잡아 당겼을 때 끊어지지 않고 견디는 힘을 말하며 시험기에 의하여 측정한 결과 모발 한 가닥이 끊어지지 않고 견디는 데 필요한 힘은 약 150g정도였다. 모발의 강도가 강하면 강할수록 건강한 모발이며 연령이나 환경, 화학적 처리에 의해 영향을 받는다.

### (5) 모발의 다공성(Porosity)

모발의 다공성은 모발이 수분을 흡수하는 힘이며, 염색이나 퍼머넌트 웨이브 등의 특수 처리로 인해 생기는 것이다.

또한, 모표피의 상태가 다공성을 결정짓는데, 건강한 모발일수록 모표피가 규칙적으로 겹쳐져 있어 염색제나 퍼머넌트 웨이브제를 과도하게 흡수하지 않는다. 반대로 손상모의 경우 모표피 사이가 벌어져 있기 때문에 염색제나 퍼머넌트 웨이브제를 과도하게 흡수하여 단시간 내에 형성되지만 모발은 심하게 손상된다.

### (6) 모발의 수분성(Moisture)

모발은 공기 중의 습도가 높으면 수분을 흡수하고 건조하면 수분을 빼앗기게 되며 수분의 양에 따라 모발 상태가 달라지게 된다.

모발이 건조하면 매끄러움, 부드러움, 광택 등이 없어지는 반면에 물을 흡수하면 부드럽고 매끄러우며 광택이 난다.

수분은 모발에 매우 필요한 것으로 모발의 수분 보유율은 10~12%가 가장 이상적이다. 그러므로 항상 모발이 건조해지지 않게 주의하고 수분과 유분이 함유되어 있는 헤어 크림이나 헤어 트리트먼트제를 사용하여 모발에 항상 수분을 공급하도록 한다.

#### (7) 모발 색상(Color)

천연 모발 색상은 모피질 층에서 발견되는 천연색소의 양과 분포 정도에 따라 결정된다. 검정이나 갈색 색소는 모발 색의 짙고 옅음을 결정짓는데, 예를 들면 밝은 갈색 모발은 모피질층에 노란기가 있는 붉은 색소의 비율이 더 많은 것이며, 짙은 갈색 모발은 검은 갈색 색소가 더 많은 것을 의미한다. 모발의 색상은 대부분 유전에 의해 결정되는데 색소가 거의 없거나 완전히 없는 경우는 백발이 된다.

### 2) 모발의 화학적 특징

#### (1) 모발의 등전대

모발을 구성하는 아미노산은 전기적으로 양극와 음극 양쪽 성질을 가지고 만약 용액이 알칼리성이면 (-)이온으로서 존재하고 산성이면 (+)이온으로서 존재한다. 또 용액이 중성이면 (+)이온과 (-)이온이 똑같은 상태가 된다. 이것을 등전점이라고 하며 모발의 등전점을 종합 평균한 것으로 어느 모양을 갖고 있다. 모발의 등전대는 pH로 4~6 정도이며 이 수치를 나타낼 때가 측쇄의 염결합이 가장 안전하다. 따라서 염결합 pH 4 이하 및 pH 5 이상의 용액에 의해 약해지고 끊어지게 된다. 모발을 튼튼하게 유지하는데 일상 모발을 등전대 상태로 해 두는 것이 중요하다.

#### (2) 수소이온 농도와 pH

물은 아무리 순수해도 전기를 전한다. 즉 물 1ℓ는 다음처럼 전리하면 H2O → $H^{++}$ OH가 되며 이때 생기는 수소이온(H+)과 수소이온(OH-)의 농도는 어느쪽도 상온 20~25℃에서 0.0000001g 이온을 갖고 있는 것을 알고 있다. 이것으로 알 수 있듯이 순수물에서는 산성을 가리키는 $H^+$ 알칼리성을 가리키는

OH$^-$의 농도가 같기 때문에 액은 중성이다.

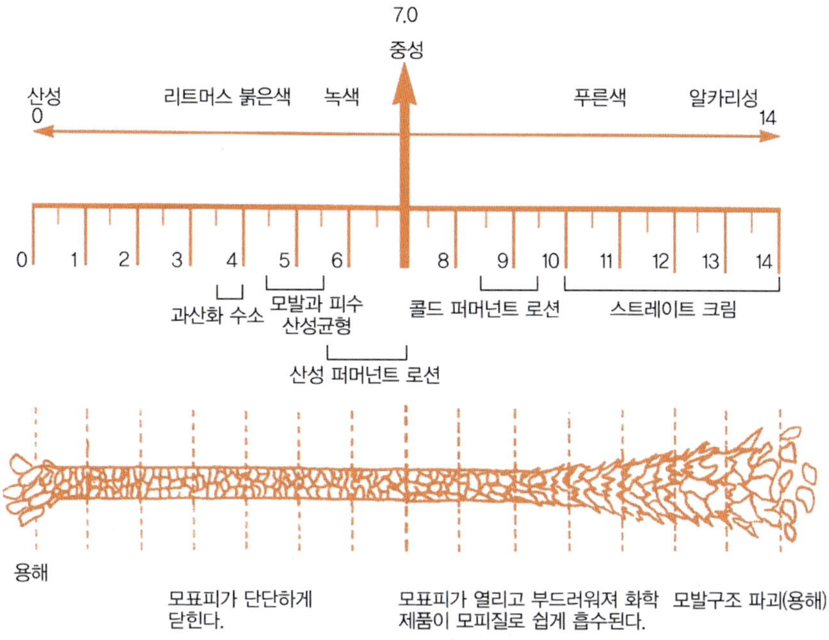


모발의 pH에 따른 변화

| pH | 2.0 | 2.7 | 4.0 | 5.0 | 6.0 | 7.0 | 8.0 | 9.0 | 10.0 | 12.0 |
|---|---|---|---|---|---|---|---|---|---|---|
| 평온도(%) | 40.5 | 31.3 | 28.2 | 28.3 | 28.7 | 28.6 | 30.3 | 32.2 | 32.6 | 56.0 |
| 모발의 변화 | ← 가수분해 | | 수렴 경화 | | 보통 | | 팽윤 연화 | | | 용해 → |

(0.1 N HCL Na OH 조정)

모발의 화학적 변화

### (3) 모발의 화학적 변화

모발은 아미노산의 축중합에 의해 펩타이드 주쇄 및 측쇄결합에 의해 강하게 연결되어 있다. 따라서 모발에 손상을 주지 않고 약제로 변화를 시키려 한다면 우선 모발을 팽윤, 연화시키거나 수렴, 경화시키는 범위 내에 멈춰야 한다. 그 이상으로 변화를 주게 되면 모발은 용해되거나 분해되기 때문이다. 다음은 모발이 pH에 의한 화학적 변화를 나타낸 것이다.

pH가 8 이상이 되면 점차 팽윤, 연화하고, pH가 12가 되면 팽윤은 급하게 증가하고 있다. 이것은 알칼리에 의해 모발이 용해하기 시작하는 것을 의미한다. 또 pH가 5 이하가 되면 모발은 다소 수렴하지만 pH 2.7 이하가 되면 모발은 팽윤해서 가수분해를 일으키기 시작하고 있는 것을 나타내고 있다.

모발의 화학적 변화 주원인으로 강 알칼리에 의한 용해의 경우 pH가 10 이상인 강 알칼리와 아미노산이 작용하면 아미노산이 산으로 작용해서 중화하기 때문에 아미노산 염과 물이 생겨 용해한다.

강 산에 의한 가수분해의 경우 pH가 3 이하의 강 산에서는 가수분해해서 폴리펩타이드 주쇄가 끊겨서 아미노산이 된다. 이것은 아미노산이 축중합해서 탈수 반응을 일으켜 폴리펩타이드를 형성한 것과 전혀 반대의 반응이다.

측쇄결합의 개폐에 의해 모발을 크게 손상시킴 없이 화학 변화를 시키는데 케라틴의 측쇄를 일시적으로 개쇄 또는 폐쇄시키는 것이 있다. 측쇄를 절단하거나 재결합시키는 것은 케라틴의 가역적 변화의 범위 내이면 물리적으로 모발의 탄성과 깊은 관계가 있다. 모발을 물에 적신 후 당기면 건조한 모발보다 작은 힘으로 늘어나는데, 측쇄의 수소결합이 물로 끊겼기 때문이다.

산성이나 알칼리성 액에 적셔 당기면 더 작은 힘으로 늘어나게 되는데 이것은 측쇄의 염결합이 끊기기 때문이며, 콜드 1액에 적셔 당기면 작은 힘으로 최후의 측쇄인 시스틴 결합까지 끊겨 모발은 일시 가소성모가 된다. 그러나 이 모발을 콜드 2액으로 산화시키고 약산성액으로 등전대로 되돌려서 건조시키면 원래의 탄성모로 바뀐다. 이러한 측쇄결합의 변화와 미용기술의 관계는 다음과 같다.

| | 개쇄 | 폐쇄 | 미용과의 관계 |
|---|---|---|---|
| 수소결합 | 수분을 충분히 주어 텐션을 준다. | 건조시킨다. 텐션을 제거한다. | 물 와인딩, 드라이어 세팅 |
| 염(이온)결합 | pH 4 이하의 산이나 pH 6 이상의 알칼리에 적신다. | pH 4~6의 등전대에 가깝게 한다. | 헤어 세트, 퍼머넌트 웨이브 |
| 시스틴 결합 | 치오글리콜산, 스테인으로 환원 | 과산화수소, 취소산나트륨 등으로 산화 | 퍼머넌트 웨이브, 곱슬머리 교정 |

측쇄결합의 개폐와 미용과의 관계

모발과 색은 인종에 따라 모발의 색상이 다르게 나타나며 인종마다 각기 다른 색상의 색소가 있는 것은 아니다. 즉 흑갈색계의 유멜라닌과 황적색계인 페오멜라닌의 두 종류 멜라닌색소의 수와 색소 크기의 합성에 따라 모발 색상이 달라지는 것이다. 멜라닌의 양이 많으면 검정색의 모발이 되고 그 양이 적을수록 그 색은 점점 엷어지며 멜라닌 색소가 없을 경우는 백발이 된다.

멜라닌 색소는 두피를 자외선으로부터 보호하는 중요한 작용을 한다. 따라서 일광이 강한 적도 지방의 인종은 흑발이 많은 반면, 일광이 적은 고위도 지방에는 엷은 색의 모발 색을 가진 사람이 많다.

| 모발의 색 | 유 멜라닌 | 페오 멜라닌 |
|---|---|---|
| 흑갈색 모발 | 수도 많고, 형태도 크다 | 미량 |
| 밤색 모발 | 수도 중간, 형태도 중간 | 적음 |
| 금발 | 수도 적고, 형태도 작다 | 중간 |
| 적색 금발 | 미량 | 많음 |
| 백발 | 미량 | 미량 |

모발 색과 멜라닌 색소와의 관계

# 8 모발의 물리적 역학적 성질

## 1) 모발의 물리적 성질

모발을 이루고 있는 케라틴 성분은 여러 가지 물리적 특징을 가지고 있다. 모발의 흡습성, 팽윤성, 모발과 열, 광선의 관계 등의 성질을 알아본다.

### (1) 모발의 흡습성

모발은 친수성을 갖고 있기 때문에 수분을 흡수하는 성질이 커서 보통 상태의 공기 중에서 10~15%의 수분을 포함하고 있다. 샴푸 직후에는 30%의 수분을, 블로 드라이어로 건조한 후에는 10% 전후의 수분을 흡착하고 있다.

모발의 흡습성은 주위 상대습도와 온도의 영향을 받으며, 이 수분율은 다른 합성섬유와 비교해 대단히 큰 수치이다. 모발의 손상이 커지면 친유성 성분의 모표피가 역할을 못하기 때문에 물의 모발 내부 흡습성은 더욱 커지며 무게와 체적이 증가한다.

모발의 수분함유량은 온도와 습도의 영향을 받는다. 기온이 높고 크기가 건조할 때에 세탁물이 빨리 마르는 것과 같이 흡수량은 같은 온도라도 습도가 높아지면 증가하고, 같은 습도라도 온도가 높아지면 감소하며, 온도보다 습도 쪽의 영향이 더 크다. 따라서 모발이나 섬유의 수분함량을 비교할 때, 동일한 온도와 습도에서의 수분량을 측정해야 하며 보통 습도 65%, 온도 25℃에서 그 양을 측정하여 비교한다. 모발 구조와 흡착의 관계를 보면 샴푸를 하고 난 후 물기를 닦아내도 모발이 원래보다 무거운 이유는 모발 표면의 물만 제거되고 모발 내부는 물을 함유하고 있기 때문이다. 그러나 건조되면 내부의 수분도 서서히 제거되어 원래 모발의 중량으로 돌아가기 때문에 수분이 화학적으로 모발을 변화시키는 것은 아니다. 이와 같은 모발의 흡착 현상은 모발 내부의 다공성에 의해 일어나며 4단계로 설명한다.

1단계는 모발 내부의 친수성기와 물 분자가 수소결합에 의해 흡착되기 시작하는 흡착 초기 단계이며, 2단계는 흡착이 점점 진행하여 한 겹의 물 분자막으로 되는 상태이다. 3단계는 물 분자 막 위에 수소결합이 계속 진행되어 물 분자가 겹쳐진 상태이며, 4단계는 모발 내부에 물 분자가 가득 찬 상태를 말한다.

### (2) 모발의 팽윤성

어떤 물체가 액체를 흡수하여 그 본질은 변화하지 않고 체적을 늘리는 현상을 팽윤이라 한다. 팽윤에는 어느 정도 진행되면 그 이상 진행하지 않는 유한팽윤과 제한 없이 진행되어 최후에는 용액이 되어 버리는 무한팽윤이 있다. 일반적인 섬유의 경우는 전부가 유한팽윤이며, 팽윤의 방향성은 거의 모발과 동일하다. 모발을 물에 적시면 팽윤할 때 직경은 12~15% 증가하고 길이는 1~2% 정도 증가하며 중량은 30~40% 증가한다. 팽윤한 모발을 공기 중에 방치했을 때 서서히 수분이 감소하며, 수분이 5% 이하가 되면 속도는 저하되어 가는데 이것은 수분의 존재 양식이 다르기 때문이다. 젖은 모발의 수분 함유량이 25~30% 이상은 단지 모발에 흡착되어 있는 상태의 흡착수이며, 5~25%의 수분은 모발의 모피질 내의 작은 구멍을 메운 상태의 침투수, 5% 이하면 수분은 케라틴의 친수기에서의 화학적인 결합수이다.

모발 케라틴은 긴 폴리펩타이드 주쇄가 다수 모여 이루어지며, 주쇄끼리는 측쇄가 가교로 연결되어 있고 느슨한 그물구조로 되어 있다. 이 측쇄결합 속의 수소결합은 물에 의해 절단되어 수산기, 아미노기, 카복실기 등의 물에 친하기 쉬운 부분에 물 분자가 흡착되어 주쇄와 주쇄 사이가 넓어져 그물구조가 부풀어져 간다. 그물상의 연결과 연결 사이의 측쇄는 잡아 늘어진 형태가 되며 늘어진 측쇄는 기회가 있을 때마다 원래의 상태로 되돌아가려고 한다. 물이 흡수되어 늘어지려는 경향과 측쇄가 원래의 상태로 되돌아가려고 하는 경향이 만나는 지점이 팽윤 평행에 해당하며 더 시간이 걸려도 팽윤이 진행되지 않는다.

결정 영역의 주쇄는 짧은 측쇄로 강하게 연결되어 있고, 비결정 영역인 주쇄는 비교적 기다란 측쇄로 느슨하게 연결되어 있어 수직 방향으로 팽윤보다 수평 방향으로 팽윤하게 되는 것이다. 즉 팽윤도는 케라틴 분자의 분자량, 결정 영역의 양, 측쇄결합의 수 등의 요인이 많아지면 팽윤도가 저하되고, 적어지면 팽윤도는 증가한다.

### (3) 모발의 열변성

열이 모발에 미치는 영향으로 건열과 습열이 다르다. 건열에서는 120℃ 전후에서 팽화가 나타나며, 130~150℃에서는 모발에 광택이 없어지고, 다갈색으로 변색이 시작되어 270~300℃가 되면 탄화되어 분해된다. 화학적으로는 150℃ 전후에서 시스틴의 감소가 보이며 180℃가 되면 α케라틴이 β케라틴으로 변하는 한편, 습열에서는 시스틴의 감소가 100℃ 전후에서 보이고 130℃에서는 α케라틴이 β케라틴으로 변한다.

모발은 전체의 70~80%가 단백질로 구성되어 있으므로 필요 이상으로 열을 가하면 단백질이 응고하여 단백 변성이 되어 원래의 모발로 돌아갈 수 없다. 따라서 시술 시에 열을 충분히 고려하며 또한 약제로 젖은 모발이나 세정이 완전하게 되지 않은 모발에 열을 가하면 열 변성이 더욱 쉽게 일어나므로 주의해야 한다.

아이론의 열은 130℃ 전후 정도이며 아이론 퍼머에 이용되는 아이론의 열은 80~100℃ 정도가 이상적이다.

### (4) 모발과 광선(광변성)

태양광선은 파장의 길이에 따라 긴 쪽에서부터 적외선, 가시광선, 자외선으로 구분되는데 모발에 직접 영향을 주는 것은 적외선과 지외선이다. 적외선은 모발 케라틴의 측쇄결합을 약간 파괴하여 손상을 받게 하지만, 물체에 쬐이면 열을 발생하게 하여 두피에 조사할 경우 말초혈관의 순환을 좋게 하므로 탈모방지, 육모 등의 트리트먼트에 사용되기도 한다. 화학선인 자외선의 경우는 열을 느낄 수는 없지만 장시간 노출되면 모발 케타틴을 변성시켜 손상을 야기하며 모발 내의 시스틴이 감소하고 알칼리 용해도가 증가하는 것으로 알려져 있다.

#### (5) 모발과 정전기(대전성)

모발을 브러싱하거나 백코밍(back combing)할 때 브러시에서 모발이 달라붙기도 하고 모발끼리 서로 떨어지려고 하는 현상이 일어나는데, 이것은 마찰에 의해 모발은 (+), 브러시는 (−)로 대전하기 때문에 (+)인 전기를 가진 모발끼리는 서로 떨어지려 하고 (+)인 전기를 가진 모발과 (−)의 전기를 가진 브러시와는 서로 끌어당기기 때문이다. 마찰을 적게 하거나 습기를 많게 하면 정전기는 발생하지 않게 되므로 실리콘, 유지, 계면활성제, 습윤제 등이 이용되고 이것을 배합한 일용품, 모발용품 등을 정전기 방지제로 사용하게 된다.

### 2) 모발의 역학적 성질

#### (1) 모발의 밀도

모발의 밀도는 모근 손상 정도(탈모 정도), 연령, 모공 간의 간격 등에 따라 차이를 두는데 모공당 성장하는 모발의 비율에 차이가 있어 동양인은 약 8~10만 본 정도(150본/$cm^2$), 서양인은 약 12만 본 정도(200본/$cm^2$)를 유지한다. 보통 하루에 40~100본 정도 탈락하며 동시에 탈락 수만큼 성장하여 모발밀도는 항상 유지하지만, 20대 중반을 기준으로 낮아져 60대 이후에는 모발밀도가 적어지는 현상이 나타난다.

### (2) 모발의 고착력

1가닥의 모발을 뽑아내는 힘은 모발과 모낭간의 결속력을 뜻하는데, 성장기 모발은 약 50g 정도, 휴지기 모발은 약 20g정도이다. 지루성 탈모의 경우 성장기 모발은 고착력이 약 20g 정도이다. 전두부에 나 있는 모발을 단숨에 뽑는 힘으로는 5톤이 필요하다. 그만큼 머리카락은 강하다는 것을 의미한다.

### (3) 모발의 강도와 신장

모발에 힘을 가하여 늘리면 늘어남과 동시에 굵기는 가늘어지고 결국은 끊어지는데, 여기에서 모발의 늘어난 비율을 신장률, 절단 시의 하중을 인장강도라고 한다. 인장강도는 모발의 굵기에 따라 다르기 때문에 절단 시의 하중을 단위면적으로 나눈 값을 모발의 강도라고 한다.

모발 측정치의 평균적인 수치를 들면 건강모의 신장률은 40~50%, 신장의 강도는 140~150g이며, 물에 젖었을 때의 신장률은 60~70%, 신장의 강도는 90~100g이 된다. 모발의 습도와 온도의 신장률을 보면 상대습도가 높고 온도가 높을수록 신장률이 크다.

### (4) 모발의 굵기

모발의 굵기는 모피질과 모표피의 두께에 영향을 받으며, 동양인과 서양인의 차이가 있다. 동양인의 경우 모질 부위가 적은 반면 모표피층이 두꺼우며, 서양인의 경우 모피질 부위가 두껍고 모표피층이 얇은 형태를 띠고 있어 모발의 감촉이 동양인에 비해 부드러우며, 또한 모발의 굵기가 가늘다.

### (5) 모발의 탄성도

물체 본래의 모습으로 돌아가려는 성질을 모발의 탄성이라 하며, 모발의 탄성은 케라틴이 코일 모양의 스프링 구조인 α케라틴으로 되어 있기 때문에 일어나며, 수분함유량에 의해 크게 차이가 있다. 즉 수부을 다량 함유했을 때는 모발 길이에 최내 1.5~2배까지 늘어나며, 만약 과도하게 늘려 모발이 탄성한계에 도달하면 다시 제자리로 돌아갈 능력을 잃어버리고 결국 부서지게 된다. 모발의 탄성도가 높으면 반대로 모발의 강도는 낮아지는 특성을 지닌다.

결정 탄성은 스프링과 같이 비교적 큰 힘으로 작게 늘어나며 힘을 제거하면 순식간에 원상태의 길이나 형태로 되돌아가는 것을 결정 탄성이라고 하며, 이 탄성은 고체의 원자와 분자 간에 맞아떨어지는 힘에 의해 생기기 때문에 고체의 특징이 있다.

고무 탄성은 고무처럼 적은 힘에도 잘 늘어나고 힘을 빼면 다시 원상태의 길이로 되돌아가는 탄성을 고무 탄성이라 한다.

#### (6) 모발의 질감

모표피층의 손상 정도 및 모발의 굵기에 따라 모발 표면의 감촉은 차이가 나타나는데, 모발 손상도가 높고 경모에 가까울수록 질감이 강하게 나타나는 반면, 가는 모발이나 건강 모일수록 질감이 부드러운 것이 특징이다.

#### (7) 모발의 다공성

모발 내부에 존재하는 공기층이 수분을 흡수하는 성질을 의미하며, 건강 모나 발수성 모는 다공성이 낮고 손상 모나 모표피가 열린 모발은 다공성이 증가한다.

### 3) 모발의 물리적 · 역학적 성질과 미용의 상관성

#### (1) 헤어 세트(hair set)

모발을 구부려도 손을 놓으면 곧 원래의 형태로 되돌아가는데, 모발이 원래의 상태를 유지하려고 하는 내재력은 케라틴의 측쇄결합과 입체 구조에서 유래한다.

모발에 여러 가지 화학적·물리적 처리를 해서 일시적으로 강도를 약하게 하여 부드럽게 한 후 다시 원래의 강도로 회복시켜서 변형을 고정하면 세트의 상태가 된다. 이와 같은 변화에서 측쇄결합의 절단과 재결합이 관계되는데, 헤어 세트가 이루어지는 원인과 성질에 따라 응집 세트, 일시적 세트, 퍼머넌트 세트로 나누어진다.

#### ① 응집 세트(water set)

모발을 물로 적셔 세트롤러에 와인딩하여 자연에서 건조하면 얻을 수 있는 모발 웨이브로 물과 공기 중의 수증기에서 쉽게 풀려버린다. 이 방법은 습윤에 의한 수소결합의 절단과 건조에 의한 재결합이 주요인이라고 되어 있지만, 수소결합 속에는 물만으로 간단히 절단시킬 수 있는 것과 절단시키기 어려운 것이 있다.

#### ② 일시적 세트(temporary set)

물로 절단하기 어려운 수소결합을 물과 열의 작용에 의해 일부를 절단시키고, 재결합시킴으로써 얻어질 수 있는 세트이다. 웨이브의 고정력은 응집 세트보다 강하지만 수분에 의해 웨이브의 형태가 소멸하는 것은 응집 세트와 같다. 미용실에서 행해지는 헤어 세팅은 바로 일시적 세트이다. 건조 온도가 높을수록 강한 웨이브가 얻어지기 때문에 드라이의 온도는 높은 쪽이 좋지만, 모발이 견더낼 수 있는 온도에는 한계가 있으므로 세트롤러로 모발을 감았을 때 텐션을 강하게 하는 것, 블로 드라이를 할 때 뜨거운 모발을 냉각시킨 후 롤 브러시를 빼내는 방법 등을 통해 웨이브의 세팅력을 강하게 할 수 있다.

③ 퍼머넌트 세트(permanent set)

일시적 세트에서 절단되지 않았던 측쇄결합을 절단 · 재결합하는 것에 의해 얻어지는 거의 영구적인 웨이브를 말한다. 측쇄결합의 절단 · 재결합은 고온의 수증기에서 장시간 적시면 얻어질 수 있지만, 가교 절단제를 사용하면 상온에서 단시간 내에 목적을 달성할 수 있다. 예를 들어 염결합의 절단제인 알칼리제와 열의 병용에 의해 안정된 새로운 기교가 생겨 모발에 웨이브가 형성되며, 알칼리와 시스틴 결합의 절단제를 더한 것으로 처리하는 방법이 퍼머넌트 웨이브이다.

## 9 모발의 진단과 관리

스켈프 트리트먼트란 두피 손질 또는 두피 처치를 뜻하며, 두피도 다른 피부와 마찬가지로 건성, 지성, 건강 두피 등으로 나뉜다. 피지 분비가 부족한 상태를 건성 두피라 하고, 반대로 과잉된 상태를 지성 두피, 정상적인 각화 작용을 하고 있을 때 건강 두피라 한다.

두피 손질의 목적은 혈액순환을 도와 두피의 생리 기능을 높이고, 모근에 자극을 주어 탈모를 방지하며, 노폐물과 비듬을 제거함으로써 모발의 성육을 조정하고, 두피나 모발에 혈액순환과 모발을 윤기 있게 한다.

### 1) 두피의 진단

두피를 진단하는 방법은 다음과 같은 방법이 있다. 문진은 고객과의 문답에 의한 진단으로 상담 또는 설문지 등에 의해 유전, 식습관, 생활습관, 샴푸잉 횟수 등을 조사하게 된다.

손의 감각에 의한 진단으로 손상을 확인할 수 있는 것은 촉진, 시진은 상담자의 시각적인 눈을 통하여 모발의 질감에 의해 느껴지는 감각에 의한 진단를 의미하며, 검진은 두피를 기기 등을 통한 진단으로 정확한 진단을 하며, 고객의 신뢰도를 기할 수 있는 진단이기도 한다.

### (1) 두피의 유형

업무적인 스트레스, 식생활의 변화, 환경오염 등에 의해 공해 문제가 심각해지면서 두피의 이상으로 탈모나 모발 손상, 비듬 등의 문제가 발생하기 시작했고, 이에 대한 관리 및 예방이 중요해졌다.

두피관리는 일단 두피에 관한 정확한 측정에서 시작되며, 두피 타입은 모발의 건강에 크게 영향을 미친다. 모발의 성장과 건강을 유지할 수 있는 영양분이 두피에서 공급되므로 두피를 항상 건강하고 청결한 상태를 유지하도록 하는 것이 매우 중요하다. 두피 유형은 피지 분비나 각질 상태, 두피 색상, 탄력 등에 따라 나누어진다. 다양한 두피의 성격을 다음과 같이 정리할 수 있다.

#### ① 정상 두피(normal scalp)

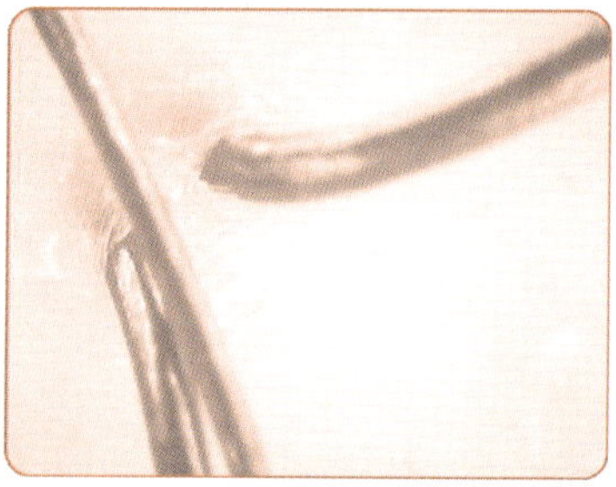

두피의 모든 생리작용이 정상적인 피부로서, 피부가 부드럽고 탄력이 있으며, 항상 표면이 촉촉하고 피지 분비량이 적당하며 계절 변화에 민감한 피부이다.

두피톤 자체가 청백색의 우윳빛으로 맑고 투명한 컬러이며, 두피에 노화각질 및 이물질과 피지 산화물이 거의 없어 깨끗한 상태로 모공 주변도 깨끗하며 마치 웅덩이처럼 오목하고 모공 윤곽선이 뚜렷하게 보인다. 빈 모공도 거의 보이지 않고 일정한 모공의 간격을 유지하며, 모발의 밀도는 평균 15본/$mm^2$, 또는 140~160본/$cm^2$ 정도를 유지한다. 한 개의 모공에 2~3개의 모발이 건강하게 자리 잡고 있으며, 모발의 굵기는 거의 비슷한데, 탈모가 이미 진행 중인 두피나 진행된 두피 같은 경우는 한 개의 모공에 1~2가닥의 머리털이 있거나 이때 모발이 같이 있어도 굵기의 차이를 느낄 수 있다. 샴푸를 잘못한다거나 시간이 없다고 대충 헹구고 말리면 모공 주변에 이물질이나 먼지, 분진 등이 잔류하며, 긴 시간 동안 잔류하게 되면 모공이 막혀버리는 현상이 나타난다.

### ② 건성 두피(dry scalp)

피지 분비량이 적은 피부로서, 수분 부족 증상으로 두피가 지나치게 건조해지거나 두피 표면에 비늘 증상이 일어나는 타입이다.

화학제품에 의한 두피 손상 시에 나타나며 모발이 버석거리고 마른 비듬이 많다. 가뭄에 땅이 갈라지듯 한 형태는 정상 두피톤과 비슷하나 부분적인 두피 얼룩 현상이 나타나기도 한다. 수분 증발과 피지 분비 장애 등으로 판상 모양의 각질이 모공 주변과 윤곽선을 막아 모공 형태가 불분명한 상태를 띠며, 모발 굵기에 있어 연모화를 촉진하나 수적인 부분에는 크게 변화는 없다. 하지만 모발의 갈라짐 현상이나 탄력 저하, 윤기가 떨어지는 모발 건조화 현상이 두드러지게 나타난다.

두피 당김 현상 및 두피 가려움 현상이 나타나며, 세정 후 3~6시간 경과 경우에도 피지를 찾아보기 거의 어려운 정도이다. 두피가 매우 건조하고 피지분비의 장애로 세균에 의한 저항력이 약화되어 염증 발병률이 높고 외부 화학약품에 대한 저항력도 떨어지는 현상이 나타난다.

③ 지성 두피(oily scalp)

두피의 피지 분비가 과다해 기름기가 흐르고 비듬과 각질이 피지와 엉겨붙어 모낭 안으로 피지가 역류하여 지루성 탈모가 일어나기 쉽고 세균이 번식하므로 지루성 염증으로 발전할 우려가 있다.

모공 자체가 거의 막혀 있는 것을 볼 수 있는데, 이것은 피지가 산화되는 두피의 피지 분비가 과다해 기름기가 흐르고 비듬과 각질이 피지와 엉겨붙어 모낭 안으로 피지가 역류하여 지루성 탈모가 일어나기 쉽고 세균이 번식하므로 지루성 염증으로 발전할 우려가 있다. 모공 주변에 약간의 황색을 나타내고 있는 컬러 톤을 볼 수 있는데 이것은 피지가 산화되는 과정에서 변화된 색깔이다.

피지의 산화작용에 의한 세균 감염으로 모공 주변에 장기적으로 가려움과 염증이 나타난다. 모공 주변에 끈적임 현상이 두드러지며 심하면 피지 덩어리가 모공 위로 볼록하게 생성되어 있거나 혹은 평면에 가까운 모공 상태를 띠기도 한다. 각질과 함께 피지 덩어리가 흡착된 상태이므로 어느 정도의 피지가 존재하고 있지만 확인하기가 사실상 힘들다. 그러므로 진단하는 과정에서 스패튤라를 이용해 가볍게 긁어주면 어느 정도의 노화 각질이나 피지가 잔류하는지를 알 수가 있다. 지성이 심한 경우 두피뿐만 아니라 모발에도 피지 덩어리가 많이 흡착되어 있는 것을 볼 수 있고 심한 악취나 끈적임을 느낄 수 있다. 모발의 탄력 저하와 모공의 위축 현상 등으로 점차 연모화 현상이 나타난다.

④ 비듬성 두피(dandruff scalp)

비듬은 진물이나 염증 없이 두피에 각질세포가 심하게 일어나는 현상이

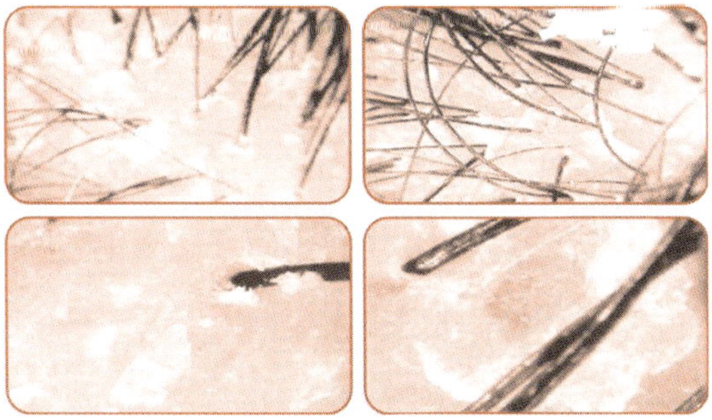

다. 두피의 각질층은 정상적으로 한 겹씩 서서히 탈락되는데, 그 양이 증가하면서 큰 덩어리로 떨어지는 것을 통상적으로 비듬이라고 한다. 이는 두피 전체에 고르게 나타나며 가끔 가려움을 동반하는데 회색 혹은 갈색을 띤다. 비듬은 사춘기 이후 청년층에 많으나 소아나 노인에서는 드물다.

이것은 사춘기에 피부 활동이 증가되어 피지선 분비가 활발해지고 피부가 착색이 되며 음모나 액모가 나는 등의 여러 변화에 이어 표피의 탈락이 증가되어 비듬이 생기는 것이다.

비듬과 유사한 질환으로 지루성 피부염을 들 수 있으며, 지루성 피부염은 특히 기름진 비듬을 관찰할 수 있고 진물과 홍반이 동반되기도 한다. 비듬을 만드는 것은 중성지방과 스쿠알렌이다. 중성지방은 효소에 의해 지방산으로 분리되고 스쿠알렌은 자외선이 닿으면 과산화지방산으로 변하는데 모두 자극이 강하며 악영향을 미친다.

비듬의 원인은 확실치 않으나, 표피의 과다한 증식과 과도한 피지 분비, 그리고 말라세시아라는 진균 등이 있다. 원어로 pityrosporum, Malassezia는 피부에 기생하는 진균류를 뜻하는 말로 같은 뜻이며, 원래의 비듬의 원인이 진균의 일종인 Malassezia fur-력이라는 진풍균이라고 알려져 오다가 P&G의 토마스 도손 박사가 Malassezia restricta, globosa라는 변종 진균을 밝혀냈다.

비듬은 말라세시아균의 비정상적인 생성 때문에 생기며, 말라세시아는 누구나 갖고 있는 정상균의 일종으로 사춘기가 지나면서 두피의 47% 정도 상재하고 있게 된다. 정상적으로 존재하고 있다가 개인의 잠재성에 따라 번식 정도에 다르게 나타나는 환경균으로써 외적 · 내적 요인, 즉 호르몬 불균형이나 두피 불청결, 스트레스, 잘못된 식습관, 과로나 정신질환 등으로 증식, 악화되기도 한다. 증식 후 79%가 되면 비듬균으로 보고, 83% 정도가 되면 피부염으로 볼 수 있으며, 비듬성 두피는 비듬균의 이상 증식으로 비듬의 증가와 함께 가려움을 동반한다.

처음에는 작은 부위에서 시작하지만, 점차 퍼져 두피 전체에 광범위하게 침범하기도 하며 심한 경우에는 두꺼운 인설, 기피, 홍반 등이 생기고 진물이 나기도 한다.

많은 사람이 비듬이란 건조한 피부를 가진 사람에게 잘 생긴다고 생각하지만, 대개의 경우 지성 피부 및 지성 두피를 가진 사람에게서 더 심각하게 나타나며, 비듬은 두피의 피부세포가 떨어져 나가는 것으로 우리 몸 어느 부위의 피부에서나 일어나고 있는 자연적인 현상이다. 즉 우리 몸은 28일 주기로 새로운 전신 옷을 갈아입게 되는데 벗어버린 옷, 즉 흰 가루는 몸에서 떨어져 나가게 되며 팔, 다리, 몸 전체에서는 잘 볼 수가 없다. 그러나 머리에서는 모발과 두피에서 나오는 기름기가 이미 벗겨진 피부 세포들을 큰 덩어리로 뭉치게 해주므로 육안으로도 볼 수 있게 된다. 비듬성 두피는 건성 비듬과 지성 비듬으로 나눌 수 있다.

㉮ 건성 비듬

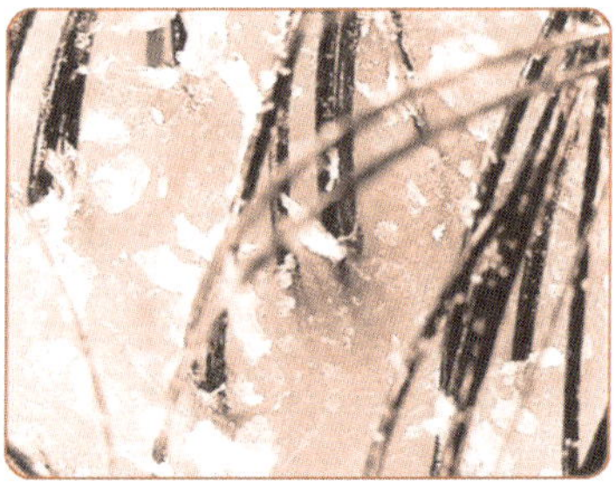

피지선에서 분비되는 피지와 한선에서 분비되는 땀과 수분이 모두 부족하여 두피가 건조해지면서 표피에 생성된 세포가 붙어 있지 못하고 각질세포가 바삭거리며 각화되어 하얗게 떨어지는 형태를 건성 비듬이라고 한다.

잦은 샴푸로 두피의 피지를 지나치게 닦아냈거나 깨끗이 헹구지 못하여 샴푸가 머릿속에 남아 두피를 자극해 생기기도 한다.

증상으로는 입자가 가볍고 두피에서 각질이 일어나므로 외향적인 상황이 좋지 않다. 또한, 두피가 몹시 가려운 것이 보통이지만 가렵지 않을 수도 있다. 의학 용어로는 두부 비강진이라고 하며 입자가 작고 무게감이 없기 때문에 가벼워서 쉽게 환절기 등에 옷깃에 떨어지는 비듬이다.

진단기상으로 보았을 때 두피는 혼탁하며 각질의 두께는 대부분 얇다. 비늘 형태의 비듬으로 모공 윤곽 찾기가 힘들며 모발 건조화 현상으로 모발에 윤기가 상실되어 있으며 연모화가 진행된다.

㉯ 지성 비듬

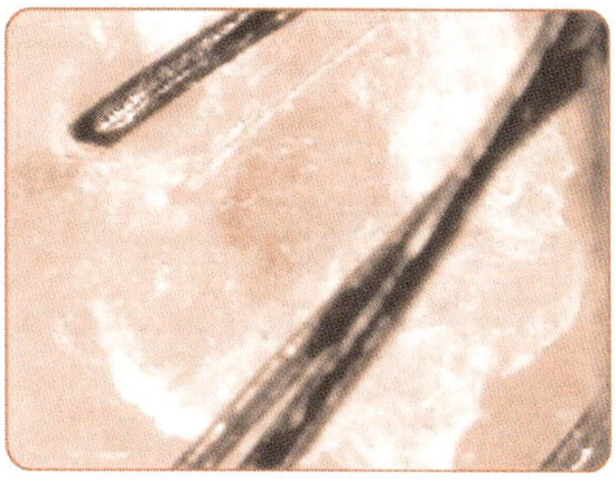

지성 비듬은 각질과 피지가 덩어리가 되어서 두피에 잔류하고 있는 상태로 보여 지며, 입자가 크고 무게감이 있기 때문에 쉽게 떨어지지 않고 두피에 문제성 두피를 만들 수 있는 비듬이다.

실제로 건성 비듬과 지성 비듬을 놓고 보았을 때 오히려 두피의 문제라든가 탈모의 원인을 일으키는 것은 건성 비듬보다 지성 비듬이 많이 작용한다. 외관상으로는 건성 비듬이 더 안 좋게 보이지만 두피 건강이나 환경으로 보았을 때는 지성 비듬이 더 좋지 않다. 진단기상으로 비듬성 두피를 보았을 때 지성 비듬은 심한 얼룩 현상과 황색 톤의 두피를 볼 수 있으며, 부분적인 염증 현상과 홍반 현상이 나타난다. 모공이나 두피 부근에 각질이 심하게 붙어 있고 마치 물결 모양처럼 겹겹이 쌓여 있는 것을 볼 수 있다. 비듬 흡착으로 큐티클 손상과 함께 매끄럽지 못하고, 굴곡 있는 상태의 모발을 유지하며 심한 악취가 발생한다. 갑자기 발생된 비듬으로 모발 밀도 감소와 모발 굵기의 연모화 현상이 일어나게 된다.

### ⑤ 예민성 두피(sensitive scalp)

외부 물질에 대해 과민 반응을 나타내는 두피로 주로 가렵고 따끔거리기도 하고 발진이나 홍반 등이 나타난다. 두피의 불결에 의해 곰팡이, 박테리아, 바이러스 등 각종 세균의 감염으로 인해 방어 능력이 떨어져 염증이 생기거나 과도한 피지로 인해 트러블이 생겨난 상태로 보여지기도 한다. 따라서 두피의 청결과 세균 번식의 억제 및 전이 예방에 주력해야 한다.

건성 피부와 마찬가지로 두피가 화학적 자극을 받았거나 과음 등이 원인이 될 수 있으며, 진단기상으로 보았을 때 전체적 혹은 국소적으로 붉은 색상을 유지하며 모세혈관의 충혈도 볼 수 있다. 외부 저항에 대해 약한 만큼 염증의 발생이 다른 두피에 비해 비교적 쉽게 발생하며 가려움 현상이 두드러지게 나타나고 이러한 현상은 다른 두피에 비해 오래 지속된다. 또한, 약한 자극이나 어느 정도의 압력에도 주변이 붉게 변하는 것을 볼 수 있고, 모발의 굵기 변화가 심각하게 나타나지는 않으나 장기적으로 지속될 경우엔 모발이 이상 탈모 현상 및 두피 신진대사 기능의 약화를 가져오는 특징이 있다.

### ⑥ 탈모 진행형 두피

모발의 연모화나 비이상적인 탈모 현상이 진행되는 두피로, 동양인의 경우 1일 탈모량이 100본 이상, 서양인의 경우 1일 120~150본 이상일 때를 탈모진행형 두피라고 한다. 황색의 혼탁한 톤을 유지하며, 부분적으로 피지선의 비대 및 혈액순환장애로 인한 얼룩 현상을 볼 수 있다. 정상 두피와 비교하여 보면 한 모공에 1~2가닥의 모발이 있거나 이때 모발이 같이 있어도 굵기의 차이가 현저하게 나타난다.

전체적으로 모공이 막혀 있는 상태이며 특히 정수리 부위 중심으로 빈 모공이 다수 존재한다. 모발도 연한 갈색의 형태로 연모화 현상이 진행 중이며 다른 두피에 비해 예민도가 높은 편이다.

### (2) 대표적인 문제성 두피

#### ① 두부백선(tinea capitis)

곰팡이균의 일종인 백선균이 감염되어 모발이 쉽게 부서지고 비듬이 생기는 일종의 버짐과 같은 형태로 두피에 발생하는 전염성 피부병으로 회백색의 각질이 두껍게 자리 잡고 있는데 두피에서 쉽게 떨어지지 않는 특징이 있다.

모공을 막은 상태로 주위 정상 두피 부분과 확연한 차이가 있으며 병변 중심으로 두피 가려움 현상과 진물, 염증, 심하면 탈모로 이어질 수 있다. 주로 15세 미만의 소아에게 잘 생기며 동물에 의한 감염이 증가, 염증형과 비염증형의 2가지 양상으로 병변 중심으로 탈모 현상이 둥근형 또는 타원형으로 나타나고 모발에 절모 현상이 나타나 짧은 모발을 보게 된다.

전염성으로서 모유두 상부에 빨간 뾰루지나 점이 나타난다. 이러한 반점이 확대되면서 모발이 바삭거리고 윤기를 잃는다. 모발을 짧게 자르면 없어지거나 확대된 모낭으로부터 떨어져 나간다.

#### ② 두부건선

흔히 말하는 무좀과 비슷한 형태로 두피에 발생할 경우 두부 건선으로 칭하는 만성 피부질환 중의 하나이다.

건선은 경계 부분이 뚜렷한 구진으로 직경 1cm 이하 경계가 뚜렷하고 단단한 피부 융기물이다. 주로 피지선 주위나 한선, 모낭의 개구부에 생기고 각질층 내에 존재한다. 이는 표피세포의 빠른 각화 과정과 세포 분열의 촉진 등으로 두피 전체에 각질이 두텁게 쌓여 은백색의 인설 형태로 존재한다.

전체적으로 흰색 톤과 함께 출혈과 홍반 현상에 따른 붉은 톤이 두피에 전체적으로 교차하며 노화 각질이 두꺼운 층을 유지하면서 전체적으로 모공을 덮고 있는 상태이다. 모발 주변에서 각질의 흡착을 쉽게 볼 수 있으며, 가는 연모화 및 탈모 현상과 경우에 따라 두피 통증을 호소할 정도로 예민한 상태를 볼 수 있다. 단 가려움은 약하게 나타나며, 대부분 염증과 이어지는 형태를 띠고 있다.

건선이라는 피부 상태는 종종 유전적으로 특이한 발병 성향을 갖고 있는 20대와 30대에 일어난다. 이 증상은 염색체의 주 조직적합 복합체 때문에 일어난다. 특히 팔꿈치, 손가락 마디, 무릎 등의 피부가 커다란 비늘 모양으로 뒤덮인다. 환자의 약 10%는 건선을 치료할 때 동반되는 관절염 등으로 고통받으며 또한 피부 아래의 모세혈관을 변형시키고 손상 부위에서 쉽게 피가 나며 약해진 피부에는 박테리아도 쉽게 자리 잡는다. 이 질병을 치료하기는 어렵지만 자외선으로 손상된 부위의 쓰라림을 줄일 수는 있다.

### ③ 지루성 피부염

진균의 일종인 말라세시아의 이상 증식으로 생기며, 피지선의 비대로 피지분비 및 피지산화와 남성호르몬의 영향이 큰 두피 유형이다. 인체 전반에 걸쳐 발생할 수 있는 것으로 얼굴, 가슴, 등, 두피에서 발생한다.

지루성 피부염의 초기 증상은 두피의 비듬이며, 호전과 악화를 뒤풀이하고 다소의 가려움증이 같이 나타나 자연스럽게 물리적 자극을 유발하게 되어 만성적으로 진행되면서 염증과 진물 및 탈모로 이어지며 염증이 회복되면 탈모 증세도 회복된다.

진균류에 의한 예민화 현상으로 전체적으로 붉은 톤에 가까운 두피 톤을 띠며 황색의 각질이 존재하고 각질에 의해 모공의 상태를 찾아보기 힘들다. 모공 주변에 산화 피지를 쉽게 보이며 지성 두피에 비해 피지 분비량이 높은 편이다. 지루성 두피에 대한 치료는 기본적으로 기름기를 제거하고 염증 반응을 억제하는 방향으로 이루어진다.

지루성 두피인 경우에는 상당한 염증을 동반하므로 의학적으로 많이 사용되는 방법은 약용 샴푸로 기름기를 최대한 제거하면서 스테로이드 제재로 염증을 가라앉히는 방법을 쓴다. 스테로이드 제재는 오랜 기간 사용 시 부작용이 따르며 증상이 심한 경우에 국한시켜 사용하는 것이 좋다.

지루성 피부염 환자의 85%가 집에서보다는 직장에서 증상이 악화되는 경향을 보이며 이는 스트레스, 건조한 공기, 공해 및 먼지 등의 작업 환경이 지루성 피부염에 영향을 주기 때문이다. 또한, 증상이 대부분 겨울에 악화되고 여름에 호전되는데, 이는 하절기 일광에 노출되는 기회가 많은 것과 연관이 있으며 발한, 알코올 섭취, 건조한 머리 등과 피로, 스트레스 등이 지루성 피부염에 나쁜 영향을 미치는 것으로 알려져 있다.

지루성 피부염 환자의 부모 중 약 25%가 같은 질환이 있는 것으로 가족력이 있다는 것을 알 수 있다.

### 2) 두피관리법 및 시술

#### (1) 브러싱

두부 기술의 최초 단계로 샴푸 전 모발과 두피에 부착된 먼지와 노폐물, 비듬 등을 제거하여 모발에 윤기를 부여하고 빠진 모발이나 헝클어진 모발을 고르는 1차적 목적과 두피의 근육과 신경을 자극하여 피지선과 혈액순환을 촉진하여 영양을 공급하는 2차적 목적이 있다. 브러싱은 톱 → 사이드 → 네이프 → 크라운 순서로 아래에서 위쪽을 향해 브러시 자체로 반원을 그리듯 부드럽게 회전시켜 두피에 자극을 준다.

#### (2) 샴푸

두피의 이물질 제거를 목적으로 하며 두피 마사지의 가장 기본이 되는 과정이다.

#### (3) 스켈링

두피의 이물질 제거를 목적으로 하는 과정으로 너무 잦은 스켈링은 오히려 유해하기 때문에 적당한 범위 내에서 행해져야 한다.

#### (4) 스캘프 머니플레이션(scalp manipulation)

두부와 경부의 혈관과 신경 근육에 따라 손을 모발 밑에 넣어서 손가락의 완충 면이 두피에 직접 닿도록 하여 두부 전체를 마사지하는 것으로 혈액순환을 촉진시키고 두피 근육과 피지선을 자극하여 두피의 혈행을 왕성하게 하여 두피와 모발의 상태를 좋게 하고 비듬성 질환이나 가려움증을 없애준다.

### 3) 두피 마사지 시 사용되는 기구

#### (1) 두피 진단기

두피 및 모발의 외적 형상을 정확하게 진단할 수 있는 기기이며 고객의 서비스 차원에서 시술 전과 시술 후의 변화된 모습 등을 확인시킬 수 있어 관리실에서 없어서는 안 될 기기이다.

#### (2) 헤어 스티머

헤어 스티머는 수증기를 이용하여 두피의 각질를 불려 두피에서 탈락되기 쉽도록 해주는 기기로, 모공을 열어 두피의 혈액순환을 도와주는 기기이다.

### (3) 아쿠아 펀치

수압의 진동으로 인하여 두피의 잔여물 제거와 두피 마사지의 효과를 동시에 느낄 수 있는 기기로 두피의 신진대사 기능을 원활하게 도와준다.

### (4) 진동 마사지기

목과 어깨 등을 마사지하여 긴장된 근육을 이완시키며 두피에 자극하여 피지선과 혈액순환을 활성화하며 두피 상태를 개선시킨다. 두피에 염증이나 상처가 있는 부위에서는 시술하지 않는다.

### (5) 적외선

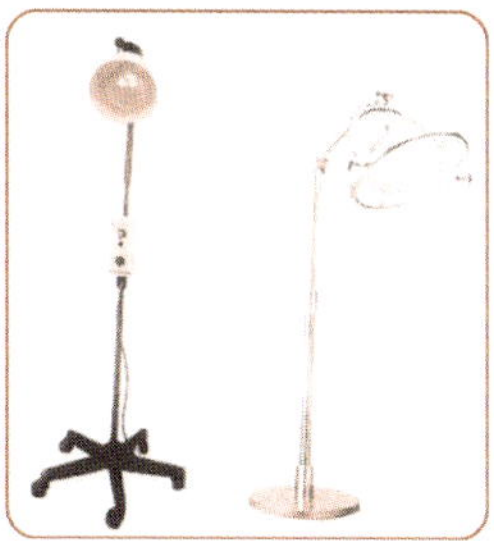

적외선의 온열을 이용하여 두피의 모공을 열어주어 두피를 활성화시키며 영양제 도포 시 흡수를 돕는 기능이 있다.

## 4) 두피관리 시술 순서

두피 진단기를 사용하여 두피 및 모발을 진단하며 어깨 및 발 마사지를 하며 신체의 전반적인 혈액순환이 원활하도록 한다.

모발을 브러싱 하여 모발을 고르고 두피도 마사지를 하며 두피 및 모발에 오존기 등을 이용하여 소독하고 스켈링제를 도포한 후 스팀을 쬐준다.

면봉을 이용하여 살짝 문질러가며 각질 등을 제거하고 아쿠아 펀치 등을 이용한 샴푸잉을 행한 다음 두피 타입에 맞는 팩 등을 한다.

재샴푸를 한 후 토닉을 도포해 주며, 가벼운 스트레칭 또는 지방을 넣어준 다음 다시 한 번 진단기를 이용하여 시술 전과 후의 변화된 모습을 고객에게 비교하도록 하며 두피 및 두발에 맞는 영양제를 도포한다.

### 5) 스캘프 트리트먼트(두피관리)

#### (1) 스캘프 트리트먼트의 목적

비듬 제거와 두피의 혈행의 흐름을 원활하게 하며 탈모를 방지하고 모발의 발육을 촉진한다. 두피를 청결히 하고 정상적인 각화작용을 하도록 하며 두피에 유분 및 수분을 공급한다.

#### (2) 스캘프 트리트먼트의 종류

건강 두피에 대한 간단한 손질 방법인 플레인 스캘프 트리트먼트와 건조성 두피에 적당한 수분과 유분을 공급할 수 있는 트리트먼트제를 활용한 드라이 스캘프 트리트먼트, 지방성 두피의 피지 분비 억제와 염증 방지를 위한 오일리 스캘프 트리트먼트, 비듬 방지를 위한 댄드러프 스캘프 트리트먼트 등이 있다.

### 6) 헤어 트리트먼트(모발관리)

#### (1) 헤어 트리트먼트의 목적

손상된 모발의 상태를 회복시키며 수렴제로 모표피를 수축되게 하고 모발에 윤기를 주며 모발의 엉킴을 방지하고 정전기가 일지 않게 한다.

#### (2) 헤어 트리트먼트의 종류

모발에 이상이 있거나 손상된 모발을 정상적인 상태로 회복시키는 관리 방법으로 샴푸 후 크림 린스를 행하고 건성인 경우 오일 트리트먼트제를 사용하며 열을 가하는 경우에는 크림 트리트먼트제를 사용하는 헤어 리컨디셔닝이 있다.

건성모나 다공성모에 영양 공급을 목적으로 샴푸 후 트리트먼트 크림을 충분히 발라 헤어 마사지를 하고 45~50℃의 온도로 약 10분간 열처리를 한 후

플레인 린스를 행하는 헤어팩 등이 있다.

### 7) 스캘프 트리트먼트와 헤어 트리트먼트의 시술

모발의 상태를 검토한 후 두피를 자극하지 않도록 하면서 브러싱하고 모발 상태에 따른 샴푸제를 사용하여 샴푸한다. 모발과 두피를 깨끗이 헹구어낸 후 물기를 닦아낸 다음 모발과 두피 전체 헤어 트리트먼트제를 충분히 도포한 후 두피 마사지를 한다.

#### (1) 마사지 기본 동작

손으로 하는 핸드 마사지는 시술 방법에 따라 경찰법, 강찰법, 유연법, 고타법, 진동법, 압박법 등이 있다.

##### ① 경찰법(쓰다듬기)

가볍게 마찰하는 방법으로 피부를 가볍고 천천히 그리고 리드미컬하고 연속적인 동작으로 마사지하는 방법으로 혈액순환을 돕고, 피부에 영향을 공급한다. 일반적으로 처음과 마지막에 많이 시행하는 방법으로 표면 경찰법과 심부 경찰법이 있다.

##### ② 강찰법(문지르기)

강하게 마찰하는 방법으로 피부에 강한 자극을 주어 강한 회전 운동으로 문지르는 방법이다. 피부의 신진대사를 촉진시키고 노폐물을 제거하는 데 효과가 있다.

##### ③ 유연법(반죽하기)

손으로 피부를 주물러서 피로를 풀게 하는 방법이며 피부의 노폐물을 없애주고 피부의 건강을 유지시켜 준다. 시술하는 방법에 따라서 강한 유연법과 압박 유연법 등 두 가지 종류가 있다.

압박 유연법은 피부를 압박하여 심부 조직을 움직이는 프릭션으로 혈액순환과 피지 분비에 효과적이다. 롤링(rolling)은 회전, 프릭션의 일종이다. 양손을 앞뒤로 떼어서 근육과 뼈를 강하게 누르면서 비틀어 주며 주로 팔과 다리에 마사지한다. 린징은 비틀기라는 뜻으로 마사지의 한 방법이다. 양손을 떼어서 팔목을 양쪽에서 잡고 동시에 반대 방향으로 뼈를 향해 근육을 강하게 비틀어서 눌러준다. 처킹은 손끝을 한 손으로 누르고 다른 손으로 근육을 잡아서 뼈를 따라 상하로 움직이며 주무르는 기법이다. 혈액 순환 강화를 위한 유연법은 근육을 잡아올려 눌러 짜듯이 행하는 방법으로 패트리사지, 서큘러 니딩인 등, 뼈, 팔, 발 등에 근육을 눌러 짜는 동작과 근육이 많은 부위에 사용되며 주름을 잡듯이 행하는 풀링(fulling) 동작이 있다. 순환과 피지 분비에 효과가 있다.

④ 고타법(percussion movenent, 퍼커션 무브먼트)

두드리고 때리는 방법이라는 뜻이다. 양손으로 피부 및 근육을 두드리는 방법으로 근육의 수축력을 증가시키고 신경 기능을 조절한다.

태핑은 손의 옆면을 사용해서 두드리는 방법이며 슬래핑은 손바닥 전체를 사용해서 두드리는 방법이다.

손을 컵처럼 오목하게 해서 두드리는 커핑이 있으며, 해킹은 손의 바깥 측면과 손목을 사용해서 두드리는 방법이고, 비팅은 주먹을 살짝 쥔 상태로 두드리는 방법이다.

⑤ 진동법(떨기)

양손을 피부에 대고 팔에 힘을 준 뒤 팔꿈치를 편 채 떨게 하는 방법이며,

혈액순환을 돕고 지각 신경에 쾌감을 주고 혈액순환과 마비에 효과가 있다.

⑥ 압박법(꼬집기)

피부에 압박을 주며 행하는 기법으로, 피부를 엄지와 검지를 이용하여 잡아 꼬집듯이 하는 동작이다. 혈액순환을 원활하게 하고 지성과 여드름 피부의 진정 효과가 뛰어나다.

## 쉬어가기

### 미국에서 가장 짧은 직원 복무 규정

1997년 《포춘지》는 고객 만족도 조사 결과 백화점 및 할인점 부문에서 노드스트롬이 최고라고 발표하였다. 무엇이 노드스트롬을 고객 만족 최우수 기업으로 만들었을까? 아마도 노드스트롬이 오래전부터 매장에 게시하고 있는 다음과 같은 표어가 그에 대한 해답이 될 수 있을 것이다.

우리와 다른 상점의 유일한 차이는 고객을 대하는 방법이다. 일반적으로 고객 서비스는 경영진의 시선이 닿지 않는 곳에서 순간순간 일어난다. 따라서 경영진이 이러한 서비스 현장(MOT)을 통제한다는 것은 사실상 불가능하다. 이런 상황에서 뛰어난 서비스를 제공하기 위해서는 가능한 한 고객과 가장 가까운 곳에서 의사결정이 이루어져야 한다. 이것은 고객 서비스를 일선 직원 및 창구 직원들에게 일임하고 업무에 필요한 모든 것들을 제공하라는 의미이다.

**노드스트롬에 입사하신 것을 환영합니다.**
당신과 함께 일하게 되어 기쁩니다.
우리의 최고 목표는 탁월한 고객 서비스를 제공하는 것입니다.
개인적 목표와 전문 직업인으로서의 목표는 모두 높이 설정하십시오.
우리는 당신이 그것을 성취할 능력이 있다고 확신합니다.
**노드스트롬의 규정**
제1조 : 어떠한 상황에서도 당신의 현명한 판단에 따라 주십시오.
그 외에 다른 규정은 없습니다.
궁금한 사항이 있으면 언제라도 부서장, 점포장, 사업부 책임자에게 자유롭게 질문해 주십시오.

최근 수년간 권한 위임이란 말이 널리 쓰이고 있지만, 불행하게도 고객을 기쁘게 해야 할 책임만 위임하는 경우가 적지 않다. 권한 위임의 진정한 의미는 성공하는 데 필요한 권한과 자원까지도 함께 위임하는 것을 말한다. 일찍이 창업자 존 노드스트롬은 이러한 사실을 분명히 담은 직원 복무 규정을 마련하였다. 노드스트롬의 복무 규정은 단 한가지이다.

어떠한 상황에서도 자신의 현명한 판단에 따라 주십시오.

이 간결한 규정에는 고객 서비스에 대한 리더의 탁월한 식견과 종업원들의 능력에 대한 깊은 신뢰가 들어 있다. 이것이 4세대를 이어 온 노드스트롬 기업 문화의 핵심이다. 노드스트롬이 공식적으로 표방한 바와 같이 다른 경쟁자들과 그들의 유일한 차이는 고객을 대하는 방법에 있다. 그것을 한마디로 요약하면 "고객을 만족시키기 위해서라면 자신의 현명한 판단에 따라 무엇이든지 하라"는 것이다. 노드스트롬에서는 윗사람과 상의해 봐야 한다는 말을 들을 수 없다. 이것이 노드스트롬 신화의 원동력이었다.

제4장

# 샴푸 및 린스

1. 두피 스케일링
2. 샴푸
3. 린스(Rinse)

# 제4장 샴푸 및 린스

## 1 두피 스케일링

### 1) 두피 스케일링 개념

두피 스케일링이란 노폐물과 피지, 각질을 깨끗이 세정함으로써 모공을 열어 주는 준비 단계이다. 두피는 피지, 각질, 먼지 등의 오염 물질 때문에 산화가 쉽게 이루어져 곰팡이, 박테리아 등의 번식이 쉽고 이에 따라 염증이 일어날 수 있다. 따라서 이를 없애거나 예방함으로 두피를 정상 기능화시키는 과정을 일컫는다.

#### (1) 민감성 두피

민감한 두피에는 두피를 안정시키기 위한 활성 성분과 두피와 모발에 유 · 수분 균형을 고려한 제품을 사용한다.

#### (2) 비듬성 두피

비듬과 각질이 많은 두피는 각질을 감소시키기 위해 미생물이나 곰팡이가 증식하지 못하도록 하는 피지 조절 성분이 함유된 제품을 사용한다.

#### (3) 지성 두피

과다한 피지 형성을 방지하기 위해 두피의 피지 균형 성분 제품을 사용한다.

### 2) 스케일링제 종류

#### (1) 액상 타입

가벼운 각질 및 피지를 제거할 때 사용되며 두피 스케일링 시 피부로 흘러내릴 수가 있으므로 주의한다.

#### (2) 겔 타입

일반적인 각질 및 피지를 제거할 때 사용된다.

#### (3) 크림 타입

심한 각질 및 과잉 피지를 제거할 때 사용되며 두피 스케일링 시 모발에 부착될 수 있기 때문에 두피에 정확히 도포해야 한다.

### 3) 스케일링 시술 방법

모발을 모류 반대 방향으로 빗질한 다음 두부을 4등분 한다. 전두부에서부터 측두부로 1~1.5cm로 섹션 파팅을 나누며 정수리부터 네이프라인까지 나누어 시술 후 두발을 정리한다.

### 4) 스케일링 시 주의사항

정확한 파팅을 나누며 파팅을 나눌 때는 꼬리빗을 이용한다. 도포 시 모발에 엉킴을 주의하고 긴 모발일 경우 고객 얼굴 면으로 모발이 닿지 않도록 잘 고정한 다음 크림 타입일 경우 충분히 유화한 뒤 헹구어낸다. 제품별 사용법을 숙지하고 시술 전, 후 소독을 실시하며 주변 정리를 한다.

## 2 샴푸

### 1) 샴푸의 정의

샴푸는 모발이나 두피의 세정을 뜻하는데 고객에게 행하는 최초의 서비스이며 헤어 스타일을 만들기 위한 가장 기본적인 행위이다. 모발과 두피의 상태에 맞는 질이 좋은 제품을 사용하여 샴푸의 가치를 극대화해야 한다.

### 2) 샴푸의 발달 과정

샴푸(Shampoo)는 힌두어인 'champoo'를 어원으로 하고 있으며, 사전적 의미로는 '비누 · 샴푸제를 이용하여 머리를 감다, 씻다, 마사지하다'라는 뜻이다. 일반적으로 샴푸는 미용실에서 고객에게 행하는 최초의 서비스이며 헤어 스타일을 만들기 위한 가장 기본적인 행위로 모발과 두피의 세정을 의미한다.

샴푸의 발달 과정을 보면 고대에는 작은 입자의 먼지나 더러움 정도는 물로 씻어냈으나, 기름때 등의 정도가 심한 때를 세정하기 위해 산성 백토와 재 등을 사용했다. 알칼리 성분이 강해 필요 이상의 유분과 심하게는 모표피까지 녹여냈기 때문에 모발을 뻣뻣하게 만들었으며 부작용을 막기 위해 해조류나 식물류의 분말을 물에 넣어 끓여서 사용했는데, 세정 효과도 있고 모발을 뻣뻣하지 않게 했다.

산업혁명 이후 탄산나트륨과 탄산칼륨을 주재료로 한 비누가 사용되기 시작했고, 1930년경에는 알코올 유지계의 황산염을 원료로 샴푸가 개발되었다. 제

1차 세계대전 동안에는 비누의 원료인 동, 식물성 기름이 화학적 원료로 사용되어 비누의 공급이 어려워지자 석유를 원료로 하는 새로운 계면활성제를 만들기 시작했다.

제2차 세계대전 이후 새롭게 개발된 계면활성제는 종전의 비누보다 세정력이 뛰어나고 모발에 부드러움을 주어 본격적으로 사용되었으며 샴푸를 비롯하여 모든 세제에 이용되었다. 이후 계면활성제는 분말상, 입상, 페이스트상, 액상의 형태로 발전하면서 기능 또한 청결하고 마무리감이 좋은 것으로 발전했다. 1970년대부터는 액체 샴푸가 본격적으로 보급되기 시작하면서 샴푸의 수요는 급증하고 액체 샴푸에 알킬에테르와 황산염 등이 넓게 사용되며 액상 이외의 계면활성제는 그 자취를 감추게 되었다.

샴푸의 주원료인 계면활성제의 변천사는 샴푸의 형태 변화와 기능의 다양화 등이 함께 발전하고 현재는 양성 계면활성제를 첨가하는 등 원료의 다양화와 함께 각종 첨가제들이 개발되어 비듬 방지, 모발의 색상 보호 등의 특수 효과를 지닌 다양한 샴푸들도 개발되고 있다.

### 3) 샴푸잉(shampooing)의 목적

두피와 두발은 외부로부터의 먼지, 매연, 세균, 헤어 스프레이(hair spray), 오일(oil) 등의 두발 화장품과 피부의 생리작용에 의해 분비되는 땀과 피지 때문에 항상 불결해지기 쉽다. 이러한 더러움을 제거하지 않으면 모발의 생리기능을 악화시켜 탈모의 원인이 되거나 비듬 등의 각종 질병을 유발시킬 수 있다. 각종 질병을 예방하고 생리기능을 원활하게 하며 두발 시술을 용이하게 하는 건강한 모근으로 유지하는 방법으로서 샴푸(shamppooing)을 행한다.

샴푸에는 두 가지 목적이 있다. 하나는 모발의 때를 씻는 것이고 또한 모발의 때를 씻음과 동시에 두피에 적당한 자극을 주어 모발의 육성을 촉진시키는 것이다. 두부의 때에는 땀샘이나 피지선으로부터의 분비물에 의한 내부로부터의 이물질과 두발 화장품이나 대기 중의 먼지 같은 외부로부터 분비물이 붙어 있다. 세균이 증식하고 피지와 유기물의 분해가 촉진되어 그 대사 부산물에 의해 불쾌한 냄새와 가려움증이 나타난다. 더욱 심해지면 모공이 막혀 모유두의 기능이 저하되어 모발의 정상적인 발육이 방해받게 된다. 그래서 탈모가 많아지는 등의 증상이 일어나기도 한다. 샴푸는 두피와 모발을 청결히 하며 두부의 컨디션을 조절하기 위해 사용된다. 샴푸는 스타일의 기초 준비단계이며 물리적, 화학적인 복합 작업이므로 이에 맞는 시술 방법 및 샴푸제를 사용하여야 한다.

① 두피와 모발을 깨끗이 세정한다.

피지선에서 분비된 피지가 외부의 오염물질과 결합되어 모발에 끈적끈적함을 주며 땀의 증발 후 요산이 두피와 모발에 남는다.

두피의 표피 탈락에 의한 케라틴 조각들과 외부의 먼지 등으로 인한 때 박테리아, 기생충, 효모성균 등에 의한 두피와 모발에 감염되며 헤어 제품 등에 의한 끈적거림이 있다.

② 근육을 이완시켜 주면서 혈액순환을 돕는다.

③ 헤어 스타일을 만들기 위한 기본적인 준비 과정이다.

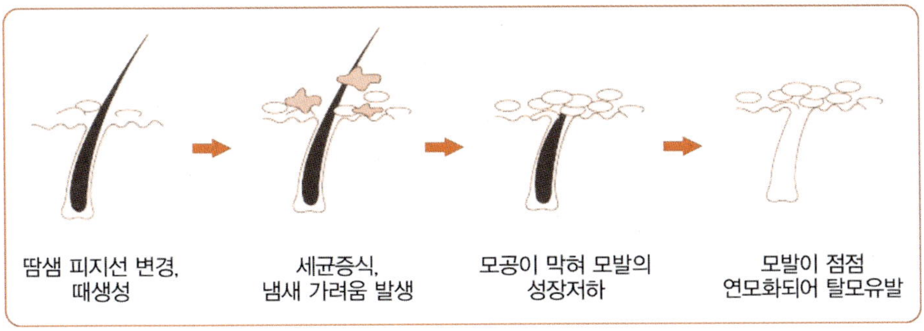


삼푸의 목적

### 4) 모발 및 두피의 이물질

#### (1) 이물질의 분류

모발이나 두피에 부착되어 있는 이물질에는 생체 내에서 분비 · 배출되는 땀, 피지, 비듬 등과 외부에서 부착되는 먼지, 매연 혹은 두발용 화장품의 잔류물 등이 있다. 이물질에는 물에 녹는 수용성 이물질과 녹지 않는 비수용성 이물질로 나눌 수 있는데, 수용성 이물질로는 땀 및 피지의 수용성 물질, 세트로션, 헤어 스프레이의 수용성 수지, 포마드, 헤어 크림 중의 수용성 물질 및 알코올 성분 등이 있고, 비수용성의 이물질로는 피지의 일부, 비듬, 모발 부스러기 등의 케라틴 물질로 된 동물성 이물질과 식물성, 광물성 등이 있는데 대부분이 물에 녹지 않는다. 그러나 물질도 알칼리제에 의해 용해되거나 산성에 녹는 것이 있다.

따라서 수용성과 비수용성에 이물질은 모발의 대전이 있으면 정전기 반응으로 서로 반발하기 때문에 브러싱 또는 가볍게 터는 것만으로도 이물질은 잘 떨어진다.

예를 들면 양털의 옷감에 재가 붙어도 잘 떨어진다. 그것과 반대로 (−)전기를 띠는 이물질은 모발 표면의 전기와 연결되어 좀처럼 떨어지지 않는다. 이러한 이물질을 부착시키지 않기 위해서는 모발 표면을 대전하지 않도록 할 필요가 있다. 모발에 대전 방지제가 들어 있는 로션이나 크림을 사용하는 것이 좋으며, 모발에 어느 정도의 수분을 함유시킨 두발 화장품을 사용하고 있다면 이 같은 현상은 일어나지 않도록 하며, 중요한 것은 모발 손질로 건조모가 되지 않도록 하는 것이 필요하다.

### 5) 샴푸제의 조건

모발 케라틴의 화학적 조성 및 성질을 잘 이해한다면 샴푸제가 갖추어야 할 조건은 어느 정도 정해진다.

첫째, 약 알칼리에 의해서도 케라틴은 팽윤, 연화하기 때문에 비듬 등의 노폐물 제거가 가능하지만 강 알칼리로는 모발을 손상시키게 된다. 이런 점을 생각한다면 강 알칼리계 비누는 부적당하다.

둘째, 비누계의 샴푸제는 경수에서 세정력이 저하할 뿐만 아니라 비누 피막을 만들어 모발의 감촉을 나쁘게 하거나 콜드 퍼머나 염색의 장애가 된다.

셋째, 미셀 한계농도가 낮은 것을 선정할 필요가 있으며 음이온 계면활성제에 첨가한 샴푸제는 세정력을 향상시킴과 동시에 마사지 효과를 증진시킨다.

넷째, 기포력이 높은 것을 선택할 필요가 있으며 세정력과 직접 관계는 없지만 때를 거품에 띄워 모발 표면에서 멀리하게 하는 역할을 한다.

다섯째, 이물질 탈지력은 적당한 것이 필요하고 너무 강하면 모발이나 피부의 감촉을 나쁘게 하고 윤기를 없게 한다.

이러한 조건을 만족시키기 위해서는 우선 계면활성제의 성질, 작용을 비교해 볼 필요가 있으며 모발로부터 이물질를 제거하는데 음이온계의 샴푸제가 좋은 이유는 (−)이온에 대정하고 있는 이물질이 서로 반발하기 때문이다. 음이온계의 것으로는 고급알코올계의 것이 가장 적당하지만, 고가이기 때문에 일반 시판되고 있는 LAS계(Linear ABS 또는 soft ABS)에 비이온계를 혼합하거나 유지분을 배합하고 있는 것이 많다. 비이온계의 것은 피부 자극도 없고 기포성도 약하기 때문에 유아나 피부질환자용으로써 사용하기에 적당하다. 양이온계는 살균작용이 있기 때문에 소독용으로써 사용하는 외에 모발에 잘 흡착해 얇은 피막을 형성하기 때문에 모발의 감촉을 높여주는 효과를 위해 사용하기도 한다. 그리고 음이온계 샴푸를 사용한 직후에 양이온계 린스를 사용하면 의미가 없다. 음이온의 (−)이온과 양이온의 (+)이온이 용액 중에서 반응해 같이 활성력을 잃어 커다란 분자가 되어 침전하는 수가 있기 때문이다. 이 경우는 도리어 감촉이 불량한 피막을 만들게 된다. 따라서 음이온계 샴푸제를 사용했을 때는 충분히 물로 씻어내어 샴푸제를 제거한 후 양이온 린스제를 사용하도록 한다. 그 점에서 비이온계나 양성 이온계의 것을 샴푸제에 배합해도 좋을 것이다.

### 6) 샴푸제의 구성 성분

샴푸의 구성은 샴푸 특성과 효과를 위해 특별히 선별한 서로 다른 원료들을 적절하게 혼합시키는 데 있다. 샴푸의 질적 효능은 구성 성분들 사이의 균형 있고 조화로운 관계에 있다.

#### (1) 계면활성제

이물질 중에는 물에 용해되는 것도 있지만 잘 용해되지 않는 물질이 더 많이 있다. 특히 생체 내에서 분비 배출되는 피지, 비듬, 머리 부스러기 등의 노폐물과 각질이 외부로부터의 유지류, 진애 등은 물에 잘 용해되지 않는다. 이러한 물질을 제거하기 위해서는 이물질과 물을 결합시킬 필요가 있다. 이런 역할을 하는 것이 계면활성제이다.

계면활성제의 작용은 유화, 분산, 습윤, 가용화, 기포화 등으로 각기 그 목적에 따라 여러 종류가 사용된다. 계면활성제는 분자 구조상 물에 녹기 쉬운 친수성 원자단과 기름에 녹기 쉬운 친유성 원자단을 동일 분자 내에 지니고 있다.

이 두 개의 원자단의 힘의 세기에 따라 계면활성제로서의 성질이 변화한다. 친수성과 친유성을 지닌 계면활성제는 수용액 중에서 계면활성제 분자와의 화합을 일으켜 미셀(micelle)을 형성한다. 미셀에 대하여 몇 가지 형상이 알려져 있지만, 묽은 용액에서는 구상을 형성하여 미셀 내부에 유용성 물질이 가용화되어 진다고 생각된다. 농도가 높아질 경우에는 층상으로 되어 친유기끼리 사이에 유성물질이 흡착 또는 가용화되고 친수기 사이에는 물이 존재한다. 샴푸제에 사용하는 계면활성제에는 지방산계 계면활성제, 석유 합성계 계면활성제, 고급알코올계 계면활성제, 아미노산 계면활성제, 양성 계면활성제 등이 있다. 그중 가장 일반적인 것은 고급알코올계 계면활성제이다. 또 계면활성제에는 물에 녹았을 때의 이온화 상태에 따라 분류할 수 있다.

#### ① 음이온 계면활성제

음이온 계면활성제는 물에 녹았을 때 계면활성을 발휘하는 기가 음이온의 전하를 띠는 것이다. 이 계통의 계면활성제는 기포력, 세정력이 우수한 것이 많아 샴푸에 가장 많이 사용되고 있다. 비누도 이 분류에 속한다.

#### ② 양이온 계면활성제

양이온 계면활성제는 물에 녹았을 때 계면활성을 발휘하는 기가 양이온의 전하를 띠는 것이다. 이 계통의 계면활성제는 대전 방지 효과가 높기 때문에 린스제, 트리트먼트제에 사용되며 살균제로도 활용된다.

#### ③ 양성 계면활성제

양성 계면활성제는 물에 녹았을 때의 용액 pH에 따라 (+)나 (−)이온화하는 것이다. 계면활성제는 자체에 고유의 등전점이란 것을 지녀 등전점보다 알칼리 쪽에서는 음이온 계면활성제로 역할을 하고 산성 쪽일 때는 양이온 계면활성제로 역할을 하는 특색을 지니고 있다. 이 계통의 것은 세정력이 적당하고 자극성이 적으며 안정성이 높아 유아용 샴푸제 등의 주재료로 사용되고 있으며, 음이온 계면활성제와 병용하면 음이온 계면활성제의 자극성을 억제하는 효과가 있어 최근에는 샴푸제에 많이 사용되고 있다. 대전 방지 효과나 방취 효과도 있어 린스제, 트리트먼트제로도 사용된다.

#### ④ 비이온 계면활성제

비이온 계면활성제는 물에 녹았을 때에 이온화되지 않는 것으로 고급알코올이나 친수성인 에칠렌 옥사이드를 결합시켜 제재한다. 결합시킬 에칠렌 옥사이드의 양에 따라 친유성 타입에서부터 친수성 타입까지 많은 종류의 계면활성제를 만들 수가 있다.

그 밖에 고급알코올과 지방산, 이스트화(ester)에 의해서도 이 종류의 계면활성제를 얻을 수 있으며 계면활성제에는 세정, 유화, 분산, 습윤 같은 효과가 있지만 특히 기름과 물을 유화시키는 힘이 강하기 때문에 헤어 크림이나 트리트먼트제 같은 크림의 유화제로서 일반적으로 사용되고 있다.

### (2) 첨가제

샴푸제는 모발이나 두피에 묻은 이물질을 세정시켜 청결하게 하는 목적으로 사용하지만 원액만으로는 두피를 보호하는 피지 성분까지 제거해 버리므로 모발이 푸석거린다거나 광택이 없어지는 등의 모발 손상 위험이 있다. 최근에는 샴푸 후의 모발에 컨디셔닝 효소를 기대하는 욕구마저 높아져 이를 충족시키기 위해 여러 가지 첨가제를 활용하는 비율이 점차 커지고 있다.

#### ① 증점제

샴푸제를 사용한 경우 물에 풀어서 사용하거나 손에 덜어서 사용하는 경우, 혹은 직접 모발에 사용하는 등의 세발 방법에 맞추어 점도의 조절을 가능하게 한다. 또한, 샴푸제에 고급감을 주기 위한 목적으로 각종 증점제가 첨가되기도 한다.

#### ② 증포제

단일 계면활성제만으로는 거품이나 거품 유지가 나쁜 경우가 있기 때문에 그것을 보충하기 위하여 기포제, 거품 안정제 및 증점제로서 알칼놀아미드와 아민 옥사이드가 대표적으로 첨가되는데, 이 첨가물은 기포 증진과 함께 증점제 효과가 있다.

③ 컨디셔닝제

컨디셔닝제는 샴푸 후의 광택, 감촉, 빗질 등을 향상시키고 모발의 표면을 보호하는 한편 손상 회복의 목적으로도 사용된다. 컨디셔닝제로서의 첨가물에는 여러 가지의 종류가 있으나 흡착에 따른 분류는 다음과 같다.

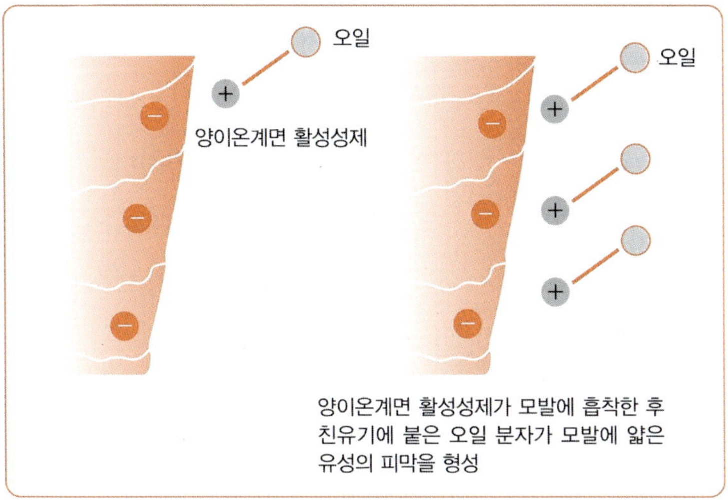


컨디셔너의 작용 원리

모발에 화학적으로 흡착하는 성분은 모발의 구성 분자인 아미노산과의 강한 친화성에 의해서 모발에 흡착되어 컨디셔닝의 효과를 주는 것이다. 즉 모발은 아미노산의 폴리펩티드인 케라틴의 집합체이기 때문에 친화성을 가지는 것이다.

모발에 물리적으로 흡착하는 성분은 세정된 모발에 흡착되어 피막을 형성함으로써 모발 수분의 증발을 적당하게 억제하여 광택이나 촉촉한 감촉을 준다. 이들 유성 성분은 샴푸의 기포를 저해하지 않고 안정하게 유화, 가용화되어야 한다. 계면활성제에 가용화나 유성 성분은 모발의 상태에 따라 달라질 수 있다.

모발에 강하게 이온 흡착되는 성분은 양이온 계면활성제로서의 기능을 가지며 모발과 강하게 이온결합하여 흡착막을 형성한다. 이 강한 흡착막에 의해 모발은 탄력이 향상되어 빗질이나 브러시 등에 의한 물리적 작용으로부터 모발을 보호뿐만 아니라 모발의 보습력 향상, 대전 방지 등의 효과를 낸다.

유지류는 샴푸 후에 일어나는 탈지 현상을 위해 배합되지만 초과 사용하면 거품이 일지 않고 세정력도 저하된다. 사용되는 유지류는 올리브유, 피마자유와 같은 식물성 오일과 라노틴, 레시틴, 고급알코올, 고급지방산(스테아린산, 파르미틴 산 등), 실리콘 등 다양하다.

보습제는 샴푸 후의 모발 건조를 방지하기 위해서 보습 효과가 있는 물질이 첨가된다. 건강모발은 대략 10% 내외의 수분을 보유하고 있는데 이 수분의 보유, 유지 역할을 하는 성분이 바로 내추럴 모이스처 팩터(Natural Moisture Factor)이다. 이 성분이 샴푸로 인해 소실되는 것들을 보완, 유지할 수 있도록 한다.

특수 첨가제 이상의 종류 외에 모발 보호제로서의 역할을 하는 메티오니, 티로신 등의 아미노산 PPT, 판테놀 등과 두피 보호를 위한 방부제, 살균제, 점성제, 방취제, 비듬 방지제, 가려움 방지제 등이 배합되고 있다. 또 샴푸에 따라서는 그 목적에 따라 향료나 색소도 첨가되어 샴푸의 상품가치를 높이고 고객의 기분을 좋게 만들어 주기도 한다.

### ㉣ 방부제, 살균제, 발효 방지제

미생물과 오염된 물과의 접촉 시 샴푸의 변질을 막기 위한 목적으로 첨가한다.

### ㉤ 금속 반응 방지제

물 또는 샴푸 원료 중 미량의 금속 이온이 샴푸의 효과를 저해할 수 있으므로 금속 반응 방지제를 첨가하여 산패를 막는다.

㉥ 기타

자외선 차단제, pH 안정제, 향료와 색소, 비듬 제거제, 산화방지제 등

## 7) 샴푸(모발 세정)의 원리

### (1) 샴푸의 세정작용

현재 사용되고 있는 세정제들은 기름을 용해하는 유지 성분의 입자와 물에 용해되는 흡습 성분의 입자를 함유하고 있다. 세정작용은 두 단계에 걸쳐서 이루어지는데 우선 더러운 기름기가 밴 불순물이 제거되고 그 다음에 이 불순물들이 용해된다.

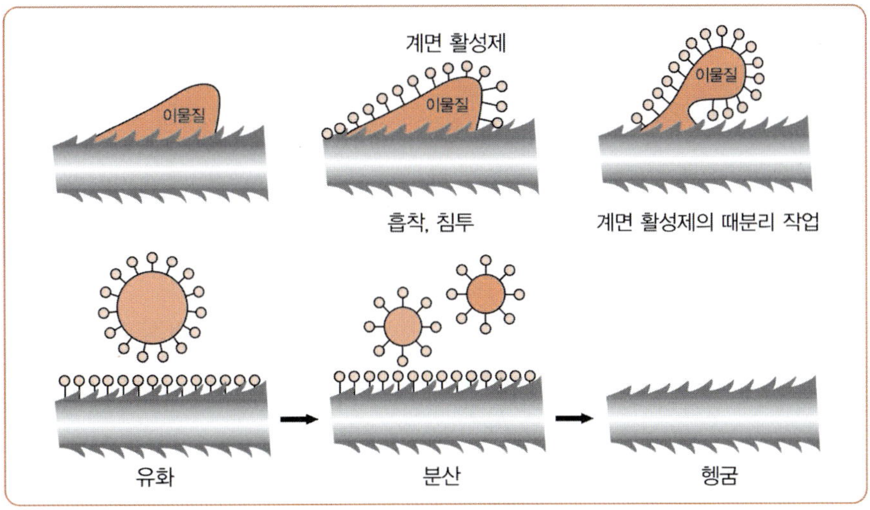


세정작용의 원리

샴푸가 모발과 접촉하는 순간 유지 성분의 입자들이 더러운 기름때를 둘러싼 후 더러운 기름때는 쉽게 샴푸의 유지 성분 입자들에 의하여 용해된다.

용해된 기름때들은 샴푸의 흡습 성분 입자들에 의해 모발에서 떨어져 물속

에 용해되며 깨끗한 물로 계속 헹구어내면 물속에 용해된 기름때들은 완전히 떨어져 나가게 된다.

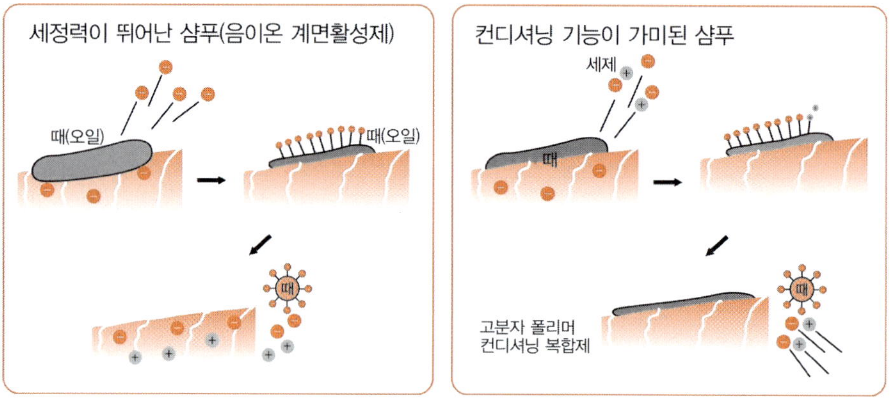


샴푸제 종류에 따른 세정작용

(2) 샴푸 세정작용 3단계

샴푸의 세정작용을 더욱 자세히 살펴보면 다음의 3단계 작용이 필요하다.

① 가용화

이물질 중에서도 유지분이 많아 녹기 어려울 경우에는 비교적 다량의 계면활성제를 배합한다. 유지 분자를 계면활성제의 분자가 친수기를 외측으로 해 감싸 이것을 용해하는데 이 역할을 가용화라고 한다. 이때 사용하는 활성제는 친수성이 높은 것을 선정해 사용하며 가용화된 유지는 작은 입자가 되어 완전히 수중에 분산되고 용액은 반투명하게 된다.

#### ② 미셀 형성

미셀이란 분자의 집합체로 계면활성제의 농도가 아주 낮은 용액에서는 분자가 여기저기 흩어져 존재하고 있지만, 어느 정도 이상의 농도가 되면 미셀을 형성하는데 이 농도를 미셀 한계농도라 한다. 미셀 한계농도는 세정작용에서 커다란 의미를 가지고 있으며, 이 한계 이상의 농도가 되지 않으면 세정제로서의 역할을 발휘할 수 없다.

한계농도가 낮은 세제일수록 경제적인 세제이며, 샴푸제를 사용할 때도 한계농도 이하로는 샴푸제를 낭비할 뿐 본래의 성능은 발휘되지 않게 된다.

#### ③ 모발에의 흡착

샴푸를 한 후에는 물을 사용해 모발에 부착해 있는 계면활성제를 충분히 씻어내 깨끗한 모발로 해야 하며 일부의 계면활성제는 모발 표면에 흡착막을 만들어 잔류하는 경우가 있다.

모발을 형성하는 케라틴은 양극성을 가진 것으로 계면활성제와의 친화력이 강하기 때문에 샴푸제가 모발에 흡착되기 쉽다. 이 같은 성질이 가장 강하게 나타내는 것은 양이온 활성제이며 비이온 활성제가 제일 약하다.

### 8) 샴푸와 물

물은 크게 나누면 경수와 연수 두 종류로, 화학적으로 물은 수소와 산소로 구성되어 있으며, 미네랄의 종류와 양에 따라서 경수와 연수로 구분된다. 생물체를 구성하는 원소 중에서 탄소, 수소, 산소의 3원소를 제외한 원소를 미네랄 또는 무기염류라고 한다. 미네랄은 단백질, 지방, 탄수화물, 비타민과 함께 5대 영양소의 하나이며 체액이나 뼈, 치아 등의 성분으로 비타민이나 물과 마찬가지로 직접 에너지원이 되지는 않지만 신체의 기능 조절에 있어서 중요한 역할을 하므로 인간의 필수 불가결한 미량 성분이다. 인체에는 40여 종의 미네랄이 존재하는데 미량의 미네랄은 건강과 생활에서 중요한 역할을 하고 있다. 이렇게 미네랄이 지나치게 많이 함유된 물을 경수 또는 센물이라고 부른다. 즉 경수에는 칼슘이온이나 마그네슘이온 등의 미네랄이 140ppm 이상 함유되어 있는 물을 말하며, 연수란 단물이라고도 하는데 칼슘, 마그네슘 등이 140ppm 이하 함유되어 있는 물을 말한다. 일반적으로 지하수 등은 경수인 경우가 많다.

| 물 질 | 기 호 | 기 능 |
|---|---|---|
| 칼슘 | Ca | 뼈와 치아의 구성 성분으로 체중의 약 2%를 차지한다. |
| 구리 | Cu | 적혈구와 헤모글로빈 합성에 필요하다. |
| 철 | Fe | 헤모글로빈의 구성 성분으로 산소 운반에 관여한다. |
| 셀레늄 | Se | 항산화제로 작용한다. 노화 억제작용(과산화지질 억제)<br>무기질 항산화제(mineral antioxidant)라고도 한다. |
| 규소 | Si | 뼈의 구조와 성장에 필요하다. |
| 아연 | Zn | 상처 치유와 효소의 활성화에 필요하다.<br>세포의 분열과 재생을 돕는다. |
| 나트륨, 칼륨 | Na,K | 신경을 통해 흐르는 전기적 신호로 작용한다. |
| 황 | S | 모발, 피부, 손톱, 발톱 등의 유지에 필요하다.<br>피부와 모발을 윤택하게 하며 세균 감염의 저항성을 기른다. |
| 게르마늄 | Ge | 체내에 산소의 공급을 원활하게 하여 면역 기능을 증가시키며 자연 치유력을 높여준다. |
| 요오드 | I | 해조류에 많이 함유되어 있다.<br>결핍되면 갑상선이 기능 저하가 일어난다. |

세포 내의 대표적인 미네랄의 종류와 기능

지역에 따라서는 경수 지역도 있으므로 비누 타입의 세정제를 사용할 때에는 끓이거나 이온 교환 지수법으로 연수화하여 사용해야 한다.

특히 퍼머, 염색 등을 행할 때에도 경수의 사용은 피하는 것이 좋다.

그리고 양이온성 계면활성제가 함유된 살균제의 경우에 경수가 첨가되면 살균성의 효과가 떨어진다는 것도 염두에 두어야 한다.

비누 이외의 세정제, 즉 고급알코올계의 계면활성제나 양성 계면활성제 등을 주제로 사용하고 있는 샴푸는 경수의 영향을 받지 않으므로 거품도 충분하고 세정 효과도 저하되지 않는다. 일반적으로 사용하고 있는 샴푸는 거의가 고급알코올계의 계면활성제를 주원료로 하는 것으로 물에 대해서 염려를 할 필요가 없다. 대체로 샴푸에 적합한 물은 연수이며 가장 적절한 온도는 약 38℃정도로 약간 미지근한 느낌이 드는 정도가 바람직하다.

### 9) 샴푸의 pH

샴푸는 모발을 청결하게 하고 아름답고 위생적으로 유지시켜 주기 위한 것이며, 모발과 두피의 청결과 건강을 유지하기 위해서 샴푸는 필수적이며 모발의 건강과 미에 중요한 작용을 한다. 모발은 미생물이 성장하는데 좋은 장소가 되기 때문에 샴푸로 먼지, 때, 비듬, 과잉의 피지 등을 제거해야 한다. 샴푸에는 야자유나 소기름에서 얻은 고급알코올에 친수성기를 결합한 소듐 라우릴 설페이트(sodium lauryl sulfate, SLS)가 많이 사용되고, 피부에 대한 안전성과 물에 녹는 성질을 더욱 높인 소듐 라우릴 에테르 설페이트(sodium lauryl ether sulfate, SLES)도 널리 사용된다.

만일 샴푸 대신 비누로 머리를 감으면 비누와 중금속이 결합해 불용성 물질을 형성하고 이들이 모발에 끈끈하게 달라붙어 모발에 대한 부드러움과 매끄러움을 잊어버리게 한다. 비누는 샴푸에 비해 세척력이 약하며 염색이나 탈색 후 또는 습진 등의 피부염이 있는 사람은 금기로 되어 있다. 모발은 알칼리에 팽윤되어 거칠어지는 성질이 있으며 비누를 사용하면 모발이 손상될 우려가 높다.

샴푸는 산성이나 중성으로 나누며 비누에서 나타나는 현상, 즉 모발이 팽윤되거나 거칠게 될 염려가 없다. 비누가 알칼리성을 나타내는 것은 약산인 지방산과 강염기인 수산화나트륨으로 이루어진 염으로 되어 있기 때문이며, 샴푸의 계면활성제는 강 산과 강 염기로 이루어져 있어 결과적으로 수용액의 액성은 중성 부근을 나타낸다. 현재 우리나라에서 시판되고 있는 샴푸는 대부분 pH 6~7 사이로, 샴푸의 pH는 약산성에서부터 중성의 범위에 들어 있다.

pH가 모발에 미치는 영향을 먼저 모발의 인장 강도를 살펴보는데, 인장 강도란 모발의 파손이 생기는 부하가중이란 것이다. 이와 같이 산성이 강하거나 반대로 알칼리성이 강해도 모발에 영향을 주며, 샴푸의 pH는 모발에 너무 영향을 주지 않는 pH 4~7의 약산성에서부터 중성 영역이 가장 적당하다.

### 10) 샴푸의 종류와 특성

샴푸는 목적에 따라 크게 네 가지로 분류할 수 있다. 첫째는 두피나 모발의 더러움을 제거하는 목적으로 행하는 플레인 샴푸(plain shampoo), 둘째는 아름다운 모발과 두피의 건강을 유지할 목적으로 행하는 트리트먼트 샴푸(treatment shampoo), 그리고 특수한 목적을 가진 스페샬 샴푸와 드라이 샴푸가 있다. 특히 트리트먼트 샴푸에는 목적에 따라 다양한 종류의 샴푸가 있으며, 또한 샴푸제의 성분에 따라 비누 샴푸, 고급알코올계 샴푸, 산성 샴푸 등으로 나눌 수도 있다.

#### (1) 플레인 샴푸(plain shampoo)

보통 샴푸(general shampoo)는 모발, 두피를 깨끗이 하는 것이 목적이지만 이물질만 제거되면 좋다는 식의 샴푸제나 샴푸 방법으로는 고객의 신뢰를 잃기 때문에 바른 샴푸를 할 필요가 있다. 샴푸 전에 가볍게 브러싱해 두피에 있는 비듬이나 먼지를 털어낸 후 지나친 자극으로 두피에 자극을 주거나 상처가 나지 않도록 주의하며 온수로 가볍게 씻어 모발의 정전기 발생을 방지하여 때의 부착력을 약하게 함과 동시에 샴푸제의 침투성 및 기포성을 높여준다. 1회의 샴푸가 끝나도 때의 잔류가 있기 때문에 2회는 처음의 절반 정도의 샴푸제를 사용해 충분히 마사지해 고객에게 쾌감을 주도록 샴푸한다. 이때 온수로 샴푸제의 거품이 남지 않도록 충분히 헹군다.

타월 드라이 전에 린스를 하는데 샴푸제가 알칼리성인 경우는 산성 린스를 하지만 중성의 경우는 크림 린스를 하는 것이 일반적이다. 샴푸 직후에 퍼머넨트와 염색을 할 경우는 크림 린스나 산성 린스는 사용하지 않고 퍼머넨트나 염색이 끝난 후 트리트먼트를 충분히 하도록 한다.

타월로 충분히 닦은 후에 정발료를 묻혀 세트한다. 세트 시 드라이어를 사용할 때 물을 흡수한 모발은 저온(60~80℃)에서 케라틴은 변성을 일으키기 쉽기 때문에 충분히 주의할 필요가 있다. 이상은 일반 건강모에는 모발이 건성모나 염색모, 탈색모 등인 경우는 트리트먼트 샴푸를 한다.

### (2) 프리 샴푸(pre shampoo)

퍼머넨트 웨이브, 염색, 탈색 직전에 하는 샴푸나 각종 헤어 트리트먼트 하기 전에 하는 샴푸이다. 목적은 사용 약제의 모발에 작용을 균일하게 하며 동시에 신속하게 작용되도록 하기 위한 것으로 여기에는 석유계의 샴푸제가 좋다. 이때 두피에 해가 없도록 스켈프(scalp) 트리트먼트를 미리 해둔다.

### (3) 애프터 샴푸(after shampoo)

염색, 탈색 등을 시술한 후에 실시하는 샴푸로, 모발에 약제를 사용해 화학반응시킨 뒤이므로 모발을 많이 비비지 말고 부착되어 있는 약제를 헹궈내도록 한다. 이때 사용하는 샴푸제는 산성 샴푸가 적당하다. 알칼리나 중성 샴푸제는 웨이브를 약하게 하거나 염료를 다시 유출시킨다.

### (2) 트리트먼트 샴푸(treatment shampoo)

모발이나 두피를 건강하게 유지할 목적으로 행하는 것으로 소프트 터치 샴푸 모발의 유연 작용, 댄드러프 샴푸, 비듬 제거용 샴푸, 이치리스 샴푸 가려움 멈춤용, 브라이언트 샴푸 모발 광택용, 드라이 프리벤티브 샴푸 모발 건조 방지용, 저미사이드 샴푸 소독살균용 샴푸, 리컨디셔닝 샴푸 손상 회복용 샴푸, 뉴티리티브 샴푸 영양 보급용 샴푸, 디오드랜트 샴푸 악취 제거용 샴푸 등의 종류가 있다.

### (3) 스페셜 샴푸(special shampoo)

컬러 샴푸(color shampoo)는 염색용 샴푸로서 모발 자체에는 아무런 영향을 주지 않고 샴푸만으로 일시적인 색상을 착색시키는 샴푸이다. 식물성 염료인 헤나를 주성분으로 하는 제품이 많은데 이것은 어두운 색상의 모발에 붉은 색을 내기 위하여 사용된다.

블리치 샴푸(bleach shampoo)는 탈색용 샴푸로서 모발 색을 전체적으로 밝게 하고 싶을 때 사용하며, 보통 샴푸 액에 일정 비율의 탈색제를 섞어 사용하기도 하고 과산화수소를 3% 정도의 비율로 섞어 넣거나 식물성 염색제의 일종인 카모밀레(camomile)을 섞어 사용하기도 한다.

컬러 픽스 샴푸(color fix shampoo)는 염색된 모발의 색상을 오래 유지하기 위한 컬러 고정용 샴푸이며, 드라이 샴푸(dry shampoo)가 있다

분말 샴푸(powder shampoo)는 주로 산성 백토에 카울린, 탄산마그네슘, 붕사 등을 섞어서 사용하는데, 이는 지방성 물질을 흡수하는 기계적인 세정작용을 한다. 빗으로 모발을 나누면서 분말을 뿌리고 두부 전체에 작용할 수 있도록 마사지하고 약 20~30분 후 브러싱에 의해 분말을 제거한 다음 헤어토닉을 묻힌 탈지면 등으로 남아 있는 분말을 닦아낸다.

에그 분말 샴푸(egg-shampoo)는 달걀의 흰자만을 사용하는데 흰자를 저어

거품을 낸 후 팩의 요령으로 두발에 발라 완전히 건조한 다음 브러싱하여 분말을 제거한다.

리퀴드 드라이 샴푸(liquid shampoo)는 벤젠이나 알코올 등의 휘발성 용제를 사용하여 헤어 피스, 위그 등을 세정한다. 솜에 용액을 묻혀 머리카락을 깨끗이 닦아내거나 가발 등을 용액에 12시간 담가 두었다가 꺼내어서 타월로 닦은 후 응달에 말린다.

토닉 샴푸(tonic shampoo)는 헤어 토닉을 사용하여 두발을 세정하는 방법이다.

### (4) 샴푸제의 성분에 따른 분류

#### ① 비누 샴푸

비누는 일반적으로 동물성의 유지를 수산화나트륨이나 수산화칼륨 등의 알칼리로 중화시켜 얻는다. 비누의 세정성은 작용이 온화하고 거품도 좋고 세발 후 모발 감촉도 좋게 하기 때문에 합성세제에 약한 사람이 사용한다. 비누를 물에 녹인 액은 알칼리성으로 모발을 팽윤시키는 작용이 있지만, 실제로 샴푸를 하는 시간은 짧고 알칼리에 의한 모발의 손상의 거의 없다.

그러나 경수를 사용했을 때에는 물속에 포함된 칼슘이나 마그네슘은 금속이온과 결합하여 불용성인 금속 비누를 형성하므로 주의해야 한다. 경수를 사용하면 거품이 잘 나지 않고 세정력이 낮을 뿐 아니라 불용성인 금속 비누가 모발에 부착하여 감촉이나 광택을 없애 버리며 탈모의 원인이 되기도 한다. 또 퍼머넨트 웨이브나 헤어 컬러링을 할 때 약액의 침투를 방해하게 되므로 충분히 씻어낼 필요가 있다.

#### ② 고급알코올계 샴푸

샴푸제에는 각종 세정제가 사용되고 있으나 그중에서 가장 넓게 사용되고 있는 것이 고급 알코올계의 세정제이다. 이 계통의 세정제에는 천연유지를 원료로 하는 것과 석유로부터 합성되는 것이 있다.

천연유지로는 야자유 등이 사용되는데 이 두 원료의 세정력, 기포성, 용해성 등 기본적 효과의 차이는 별로 없다.

### ③ 산성 샴푸

산성 샴푸는 구연산, 린산, 연산 등에 의해 pH 5~6정도의 약산성으로 조정되어 있으며, 이 산성 샴푸는 헤어 컬러링이나 퍼머넨트 웨이브를 시술한 모발에 알맞도록 처방되어 있다. 헤어 컬러링이나 퍼머넨트 웨이브의 시술 횟수가 많아지게 되면 모발의 pH도 약간이라도 알칼리성으로 기울어지게 된다.

산성 샴푸의 pH는 모발의 등전점 부근에 있기 때문에 모발의 팽윤이 적도록 억제되므로 헤어 컬러링에는 가장 알맞다.

### ④ 항비듬성 샴푸

약용 샴푸제라고 하며 제품으로서는 지성 두피제와 건성 두피제로 시판되고 있으며 두피 부분에 골고루 이 제품을 발라 5분 이상 방치한 후 두피 마사지를 하고 샴푸를 한다.

항비듬성 샴푸는 살균제 징크피리티온이 함유되어 있어 일주일에 2회 정도로 사용해 주면 비듬의 원인이 되는 미생물을 살균하는 효과를 볼 수 있다.

### ⑤ 비듬 제거용 샴푸

비듬 제거용 샴푸는 두피의 노화 각질과 피지의 분해 산화물이 혼합된 노폐물로써 비듬을 제거하는데 사용되며, 성분으로는 유화셀리노와 같은 특유한 유황 화합물을 배합한 것으로 노화 각질을 용해시키는 작용을 갖고 있다.

⑥ 베이비 샴푸

어린이 전용 샴푸로서 탈지력이 약하고 피부나 눈에 대한 자극이 낮은 활성제를 사용하고 있으며 일반적으로 저자극성 샴푸이다.

⑦ 논스트리핑 샴푸

pH가 낮은 산성의 샴푸로서 두발을 자극하지 않으므로 영구적 염색 또는 탈색한 모발에 색상이 제거되지 않으면서 깨끗하게 두발을 샴푸한다.

⑧ 컨디셔닝 샴푸

소량의 동물성, 식물성, 광물성 성분을 첨가하고 두발의 장력과 다공성을 증진한다.

⑨ 허벌 샴푸

고급알코올계 세제 사용, 7가지 식물 약초 진액을 함유하며 두피 생리 기능을 조절하면서 소염, 진염, 탈취, 살균, 단백질 합성, 건조작용과 세정작용을 한다. 건강모, 유성모, 퍼머넌트 웨이브 후의 화학적 손상모, 염색모를 사용한다.

⑩ 프로테인 샴푸(protein shampoo)

누에고치에서 추출한 것과 난황 성분을 함유한 샴푸로서 모발에 영양분을 공급해주는 트리트먼트 샴푸이다. 손상모에 대해 마일드한 세정작용과 케라틴 보호작용이 있으며 퍼머넌트 웨이브 후의 화학적 손상모, 염색모에 사용한다.

⑪ 산성 균형 샴푸제

알칼리성을 사용한 두발에 산성을 유지해 줌으로써 두발 본래의 pH를 바꾸지 않도록 해준다.

### 11) 올바른 샴푸 방법

모발에 맞는 샴푸를 사용해도 기대했던 효과를 보지 못하거나 모발의 상태가 더욱 악화될 수 있다. 시술이 잘된 샴푸는 모발이 자연 유분을 완전히 없애지 않는 범위에서 오염물질을 깨끗이 씻어낼 수 있으며 풍부한 거품을 내어 두피와 모발의 마찰을 줄이고 세정 상태를 확인한다. 더러운 상태에 대한 샴푸의 비율이 충분히 올라가거나 더러움이 완전히 제거될 때에만 거품이 난다.

부드럽고 윤이 나며 빗질이 잘 되어야 하며 충분히 헹구어낸다.

#### (1) 두피 상태별 샴푸 방법

##### ① 샴푸 시술 전 준비

샴푸대를 청결하게 하며 두피와 모발의 상태를 관찰한 다음 샴푸와 트리트먼트의 종류를 결정한다.

##### ② 샴푸의 순서

고객을 깨끗한 가운으로 갈아 입힌 다음 샴푸대로 안내하고 고객이 샴푸 의자에 앉으면 목 주위와 어깨에 수건과 샴푸보를 두른 후 짧은 옷을 입은 경우를 고려해서 여성의 무릎 위에 수건을 덮어준다.

샴푸를 용이하게 하기 위하여 편안하고 안락한 분위기를 만들며 귀걸이 등의 소지품을 잘 보관하고 머리카락을 빠뜨리지 않기 위하여 목덜미 부분의 모발 전체를 들어서 손으로 목을 감싸면서 개수대에 담근다.

손목 안쪽으로 물의 온도를 감지한 다음 모발을 적신다. 얼굴에 물이 튀지 않도록 조심하면서 손을 이마에 대고 전두부, 측두부, 정수리, 목덜미, 모발 전체의 순으로 모발을 물에 적신 다음 샴푸제를 도포한다. 경우에 따라 고객의 눈두덩에 수건을 올린다.

샴푸제가 모발에 잘 스며들도록 부드럽게 고루 섞어주며 크림 타입의 경우에는 손바닥에 호두알 크기 정도를 덜어서 머리 전체에 골고루 바른다.

액상 타입의 경우에는 어플리케이터에 덜어서 이마와 페이스 라인부터 시작하여 모발에 직접 바른 다음 곧 유화시킨다.

거품을 낸 다음 이마, 관자놀이. 귀 뒤, 목덜미와 머리 아랫부분, 정수리와 머리 윗부분, 이마 가장자리의 순서로 두피 여러 부분에 손끝으로 마사지하듯 문질러 거품을 내고 깨끗이 닦는다.

헹굴 때는 목덜미, 이마, 양쪽 사이드, 정수리, 목덜미, 모발 전체의 순서로 손바닥의 패인 부분으로 물을 모아 아랫부분 쪽으로 물을 뿌리고 규칙적으로 빠르게 다른 부분에 물을 뿌린다.

샴푸가 완전히 되려면 2번째 샴푸가 필요한데 첫 번째 샴푸와 똑같은 방법으로 유화, 거품내기, 헹굼의 작업을 반복한다.

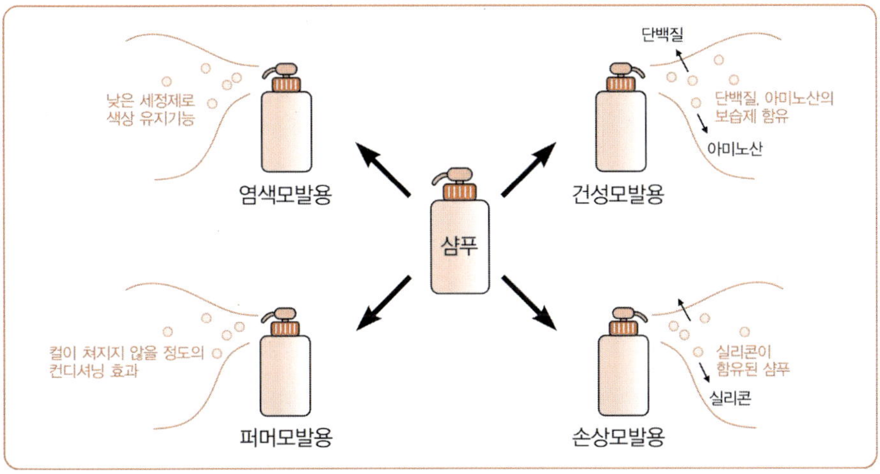


모발 상태에 따른 샴푸 유형

마지막 헹굼은 모발에서 세척 성분이 완전히 빠져나갈 때까지 완벽히 해야 하며 머리카락의 끝 부분부터 빗질해 준다. 깨끗한 빗이 준비되어 있어야 하고 마지막 단계로 이마와 귓바퀴를 깨끗한 수건으로 부드럽게 닦아주고 모발 전체를 꼭꼭 누르듯 물기를 닦아준다.

고객을 시술 장소로 안내한 다음 샴푸 세트를 깨끗이 닦아 항상 청결한 상태를 유지해야만 한다.

### ③ 정상 두피의 샴푸 방법

브러싱 후 플레인 린스로 헹군 다음 헤어 샴푸를 도포하고, 헤어 머니플레이션으로 헹군 다음 컨디셔닝제를 두발에 흡착시켜 영양 공급을 주어 헤어 마사지 후 지압하고 플레인 린스로 헹군 후 타월 드라이로 마무리한다.

### ④ 건성 두피의 샴푸 방법

두피가 건조하여 비듬이 생기거나 알칼리성이 강한 샴푸제를 사용하였을 경우, 염색이나 퍼머넌트 웨이브 등으로 두발이 건조해 졌을 때에는 세발 전에 헤어 오일, 영양 오일을 사용하여 스켈프 머니플레이션 후 세발한다.

### ⑤ 지성 두피의 샴푸 방법

헤어 오일이나 헤어 토닉을 두피에 묻히고 두피 마사지를 한 다음 식물성 샴푸제로 세발하면 도움이 된다.

### ⑥ 환자의 샴푸 방법

물을 사용하여 샴푸를 할 수 없는 상태이므로 드라이 샴푸를 한다. 거즈를 브러시에 끼워 브러싱하면 두발에 묻어 있는 노폐물이 거즈를 흡수된다. 이 드라이 샴푸잉은 정상적인 샴푸를 할 수 없는 사람이나 동물, 가발 등에 주로 사용된다.

# 3 린스(Rinse)

## 1) 린스의 역할

린스라는 말은 본래는 '씻다, 헹구다'라는 의미지만 보통은 샴푸 후에 사용해서 모발의 표면을 보호함과 동시에 탄력 있고 부드러우며 촉촉한 모발로 하여 정돈하기 좋게 하는 목적을 가진 것을 린스라 부른다.

최근에는 생활양식 등의 변화에 따라 헤어 케어의 관심이 높아지고 삼푸 횟수도 늘어나고 있는 경향이다. 최근의 샴푸제를 사용한 모발이라도 샴푸만 해서 그대로 두어서는 모발에 좋지 않다. 샴푸한 모발은 샴푸의 세정작용에 의해서 유분이 부족하기 쉽고 푸석푸석하여 빗질이 잘 안 되는 상태가 되기 쉽다. 이러한 상태가 계속되면 모발은 건성모발이 되어 손상의 원인이 된다.

또 브러싱 할 때에도 모발이 뒤엉켜 정돈이 잘 안 된다. 이러한 상태에서 무리하게 브러싱을 하게 되면 모발에 부담이 가게 되고 모표피에 손상을 주거나 모발을 손상시키게 된다. 모발 표면을 비늘 상으로 덮고 있는 모표피는 굳고 단단하지만 브러싱의 마찰 같은 물리적인 힘에는 손상되기 쉽다. 이와 같은 피해로부터 모발을 보호하기 위해서 양질의 린스제가 필요하다.

린스제도 샴푸제와 마찬가지로 시대와 더불어 변해 왔다. 현재는 양이온 계면활성제를 사용한 린스제가 일반적으로 넓게 사용되고 있고 샴푸를 한 모발은 브러싱에 의해서 정전기가 발생하여 마무리 정돈이 어려운 때도 있는데, 양이온 계면활성제를 사용하면 양이온 계면활성제의 (+)이온과 모발의 (−)로 대전된 부분이 이온 결합하여 모발 표면에 엷은 피막을 형성한다. 이 피막은 마찰 저항을 감소시키고 정전기의 발생을 방지하는 것으로 빗질도 잘되고 모발의 정돈도 잘 되게 한다. 즉 양이온 계면활성제는 단백질과 친화력이 강하여 모발에 대한 흡착력이 뛰어나 정전기의 발색을 큰 폭으로 저하시킨다.

또한, 린스제는 대전방지 효과 이외에 유성 성분을 보급하는 목적이 있다. 모발이나 두피는 피지선에서 분비되는 피지로 덮여 보호되고 있는데 샴푸를 하면 이 피지분이 씻겨나가게 되어 유성 성분을 보급해야 할 필요가 있다. 최근에는 모발에 유성 성분을 보급하기 위해 여러 가지 유성 성분을 배합한 컨디셔너 효과가 높은 린스제가 많아지고 있다.

건강한 모발은 등전점이 pH 4.5~5.5 정도의 약산성으로 이때가 가장 안정되고 튼튼한 상태이다.

이러한 이유 때문에 린스제의 pH는 3~5 정도로 조정되어 있는 것이 많으며 양이온 계면활성제와 함께 유분도 흡착시켜 모발을 유성막으로 덮어 광택을 주고 건조함을 방지하는 효과도 있다.

### 2) 린스제의 조건

모발을 부드럽고 탄력 있게 하며 촉촉하게 할 수 있는 것이야 하고 모발에 수분이나 유성분을 보충하여 자연스러운 광택을 줄 수 있어야 한다.

정전기 발생을 억제하고 빗질이 잘되어 모발을 보호하며 모발을 정돈하기 쉽고 스타일링하기 쉬워야 한다.

눈이나 두피에 자극이 없고 안정성이 높으며 연속 사용하더라도 끈적거리거나 굳지 않아야 하며 다른 미용기술에 나쁜 영향을 주지 않는 조건이여야 한다.

### 3) 린스의 작용

모발의 표면을 보호하고 퍼머넨트, 컬러링, 헤어 블리치 등으로 모발이 손상되어 거칠 때 모발에 윤기를 주며 모발을 유연하게 하고 광택이 나게 하며 빗질이 잘되게 한다. 모발의 pH를 조절하며 모발의 건조를 막아 정전기가 나지 않도록 하고 비누로 머리 감은 후 사용하면 모발에 금속비누가 달라붙지 않는다.

### 4) 린스제의 사용 방법

미용실에서는 시술자가 매일 여러 가지 다양한 모발과 접하고 있고 모발에 관한 지식이나 경험이 있으므로 손님의 모발 상태나 성질에 맞는 린스제를 선택할 수 있다. 도포량에 있어서도 손님의 모발량에 맞추어 린스제를 측정하여 적당량을 사용하기 때문에 모발 전체가 균일하게 린스 되며, 씻어 내릴 때도 적당한 온도의 수압으로 충분히 씻어냄으로 두피에 잔류하지 않게 할 수 있다.

미용디자이너도 이와 같은 린스제를 사용할 때의 주의점을 고객에게 어드바이스하는 것이 바람직하다. 퍼머넨트 웨이브한 후 두발의 상태나 성질에 따라 린스제나 방법을 선택한다. 퍼머넨트 웨이브를 한 모발이라도 광택 있는 건강한 모발, 과도한 웨이브에 의한 손상모, 손질하기 힘든 심한 손상모발 등 여러 가지이다. 또 한 가닥의 모발일지라도 모간 부분은 여러 가지 작용을 받아 손상이 심하다. 따라서 린스제를 도포하여 씻어내는 것뿐만 아니라 그 모발이 상태에 따라 머니플레이션의 응용이 필요하다.

### 5) 린스제의 종류

#### (1) 플레인 린스제(plain rinse)

린스제를 사용하지 않고 약간 미지근한 물로만 모발을 헹궈내는 방법이다. 이 린스는 샴푸 후 모발에 남겨진 물질을 씻어내는 것이다. 플레인 린스에 사용되는 물의 온도는 38～40℃의 연수가 적합하며 퍼머넨트 웨이브 시 1액을 씻어내기 위한 중간 린스로도 활용된다.

#### (2) 산성 린스제

산성 린스제는 과거에 비누로 세발할 때에 사용한 물속의 칼슘이나 마그네슘 등이 비누와 결합하여 생성되는 불용성의 금속 비누가 모발에 남기 때문에 이것을 제거하기 위한 목적으로 사용되었다. 비누는 알칼리성이기 때문에 알칼리를 중화시켜 모발의 손상을 방지하는 목적도 있었다. 그렇지만 지금과 같은 여러 용도의 샴푸제가 보급됨에 따라 세발 후의 린스제는 사용되지 않게 되었고, 퍼머넨트 웨이브제 처리 후 모발에 잔류된 알칼리 성분을 중화시키는 중화제로서 사용되고 있으며 중간 린스라고 부른다.

퍼머넨트 웨이브 제1제 처리 후의 모발은 제1액 속 알칼리제에 의해서 팽윤된다. 그러나 제2제는 산화작용은 있지만 알칼리를 중화시키는 역할은 거의 없으므로 잔류 알칼리 성분을 제거하지 않으면 모발을 손상시키는 원인이 된다. 또한, 제1제 처리 후의 모발을 산성 린스제로 처리하면 알칼리를 중화시킴과 동시에 제2제의 작용도 높일 수 있다. 이것은 제2제가 주로 취소산나트륨을 사용하는 경우가 많기 때문에 산성 린스제로 처리하면 시스틴의 재결합을 쉽게 하고 모발의 손상도 적게 된다.

최근의 산성 린스제는 유기산 외에 양이온 계면활성제나 양이온 고분자 등을 가하여 알칼리의 중화 효과도 지니도록 한 것도 있다. 그러나 산성 린스제에는 표백작용이 있으므로 장시간의 사용을 피해야 한다.

| 종 류 | 사 용 법 |
|---|---|
| 레몬 린스 | 레몬 1개 즙을 약 0.5ℓ의 미지근한 물에 타서(5~6배 희석) 몇 번 두발을 헹궈낸다. |
| 구연산 린스 | 구연산 1.5g을 약 0.5ℓ의 미지근한 물에 타서 사용한다. |
| 비니거 린스 | 식초나 초산을 10배 정도 희석해서 사용한다. |

린스 사용법

### (3) 오일 린스제, 크림 린스제

샴푸제가 비누에서 합성세제인 샴푸제로 바뀜에 따라 린스제도 바뀌었다. 합성세제는 탈지력이 강하여 샴푸 시 필요 이상으로 모발에서 피지를 제거하므로 건성이 되기 쉬운데, 오일 린스는 과도하게 손실된 피지분을 보충할 목적으로 양질의 동백기름이나 올리브유를 더운 물에 풀어 헹구는 것에서 비롯되었다.

물과 기름은 본래 혼합되기 어려운 것이므로 모발에 균일하게 오일을 보급하는 것은 곤란하다. 이 타입의 오일 린스제는 많이 사용되고 있지 않다. 최근에 오일 린스제라고 부르고 있는 것은 양이온 계면활성제나 유성 성분을 주성분으로 하고 있으며 크림 린스제도 성분적으로는 오일 린스제와 크게 다르지 않다.

오일 린스제는 계면활성제에 의해서 유성 성분을 가용화시켜 투명 액상으로 만든 것이다. 어느 것이나 유성 성분이 가용화, 유화되어 있으므로 다른 린스 효과를 얻을 수 있다. 샴푸 후의 모발에 유분을 보급하여 광택과 유연성을 주고 촉촉한 느낌을 주므로 알맞은 습기를 보유한 모발로 마무리된다.

### (4) 컨디셔닝 린스제

현재의 린스제는 양이온 계면활성제를 주성분으로 한 대전방지 효과나 빗질을 잘되게 하는 목적 이외에 모발에 유분과 수분을 보충하여 헤어 컨디셔너 효과까지 함께 지니도록 만들고 있다. 또한, 단순히 샴푸 후에 린스제로 사용되는 것뿐 아니라 단독으로도 헤어 컨디셔너로서 두발의 보호를 위해서 사용되는 린스제도 있다.

컨디셔닝제로서 사용되는 유성 성분으로는 주로 고급알코올, 스쿠알렌, 라놀린 등이 있다. 이 밖에 모발을 촉촉하게 하기 위하여 보습제로서 글리세린, 프로필렌글리콜, 프로이돈 카르본산 나트륨, 폴리에칠렌 글리콜, 아미노산 등이 사용된다. 또 손상모의 회복제로서는 토코페롤, 폴리펩티드, 레시틴 등이 있다.

유성 성분은 양이온 계면활성제와 함께 모발을 약산성인 유성막으로 덮어 정전기 발생을 방지하고 빗질을 잘되도록 하며 건조를 방지해 준다. 보습제는 모발이 수분을 지니도록 하여 유연하고 촉촉하게 하는 감촉을 준다. 폴리펩티드는 모발의 손상 정도가 클수록 잘 흡수되어 모발의 상태에 유연성, 광택을 개선해 준다.

### (5) 비듬 제거 린스제

린스제에 비듬 제거 효과가 있는 약제를 배합한 것이다. 비듬은 두피의 노화 각질과 산화 분해물, 세균의 번식, 두피의 건조 등에 의해서 생기는 것으로 각질용해제, 피지 분비를 억제하는 비타민류, 살균제, 세포 활성작용이 있는 성분이나 두피의 건조를 막고 촉촉하게 하기 위한 습윤제 등이 배합되어 있다. 린스제에 이러한 비듬 제거 유효 성분을 배합하면 두피에 유효 성분이 잔류하기 때문에 비듬 억제 효과가 발휘된다. 비듬 제거 샴푸제와 병용하면 더욱 효과적이다.

### (6) 약효성 린스제(medicated rinse)

두피나 모발의 질병 상태를 완화시키는데 도움을 주는 린스제로 약효성 샴푸와 겸용하면 더욱 효과적이다. 약효성 린스제는 염화벤잘, 코늄, 라우릴 이소퀴리늄 브로마이드, 징크피리티온, 살리실락산 등과 같이 살균 소독작용이 있는 성분 등을 배합해서 만들어진 린스제이다.

약효성 린스제는 두피 및 모발에 직접 약제를 바른 후 적어도 1분 이상 두피 마사지를 한 다음 5분 이상 그대로 두어야 한다.

경증의 비듬과 가벼운 두피 질환을 치료하는데 효과가 있으며 의학적인 성분이 함유된 린스이기 때문에 필히 제조자의 사용 방법에 준하여 사용해야 한다.

### (7) 특수 린스제

#### ① 컬러 린스제(color rinse)

모발에 일시적인 색깔을 낼 수 있는 린스제로서 컬러 샴푸와 그 성격이 유사하다.

#### ② 컬러 픽스 린스제(color fix rinse)

컬러 픽스 린스제는 염색모발 내 염색된 색소의 주위에 이중막을 형성시켜 색소의 분해를 방지하여 염모가 탈색되지 않도록 한다.

#### ③ 선스크린 린스제

자외선에 의한 모발이 변성을 방지하기 위하여 자외선 흡수제인 안식향산, 세칠산, 벤젠이 배합된 제품이다. 자외선 흡수제는 피부보다 모발에 더욱 친화력이 강하기 때문에 지속성은 있지만 1일 2회 정도 사용해 주어야 한다.

# 제5장

# 헤어 디자인과 헤어 컷

1. 헤어 디자인의 원리와 요소
2. 헤어 스타일의 선택
3. 헤어 커팅

제5장

# 헤어 디자인과 헤어 컷

## 1 헤어 디자인의 원리와 요소

헤어 디자인의 궁극적인 목표는 헤어 스타일에 의해 아름답게 보이도록 만드는 것이다. 이를 위해서는 디자인의 원리를 통한 조화가 이루어져야 할 것이다.

### 1) 헤어 디자인의 원리

#### (1) 균형

균형이란 심리적으로나 시각적으로 무게, 밀도, 크기, 위치에 대한 안정된 느낌을 말한다. 디자인에는 균형이 있어야 완성된 느낌을 주며 만일 좌우 어느 한 쪽만이 무겁거나 가벼워 보인다면 이것은 착시현상으로 인한 경우이다. 이처럼 좌우 균형이 맞지 않으면 시각적으로 불안정한 느낌을 갖게 되므로 아름다움을 창조하는 데 있어서 좌우의 균형을 맞추는 일은 중요하다.

균형에는 대칭(symmetry)과 비대칭(asymmetry)이 있는데, 비대칭 균형이 대칭 균형보다 훨씬 부드럽고 율동감이 있어 보인다. 또한, 예술적인 능력과 창조적인 효과가 기대된다. 대칭 균형은 디자인 요소가 좌우에 같은 양과 같은 힘, 중심에서의 거리가 같게 함으로써 안정감이 있고 위엄이 있으며 딱딱한 느낌을 주는 반면, 비대칭 균형은 좌우가 다른 양의 디자인 요소로 구성되어 있거나 힘이 약한 것을 많은 양으로 하고 힘이 강한 것을 적은 양으로 사용

(a) 대칭 균형

(b) 비대칭 균형

하여 균형을 이룰 수 있도록 서로 보완한다. 이 비대칭 균형은 좌우를 동일하게 하여 이루는 대칭 균형보다 더욱 부드럽고 율동감 있게 보인다.

대칭 균형은 시각적인 무게에 의해 평형을 이루는 것으로 안정되고 아름답게 보이게 하는 가장 중요한 원리이다. 거울을 통해 보듯이 양쪽을 똑같이 배치하는 대칭 균형은 권위적이며 형식적인 느낌을 준다.

비대칭 균형은 형태나 구성은 다르나 시각적 무게를 같게 하는 것으로, 동적이고 융통성이 있으며 자연스러운 느낌을 준다.

이밖에도 한 점을 중심으로 하여 사방으로 대칭을 이루는 방사 균형이 있다.

### (2) 리듬

리듬이란 디자인에 연속성을 주는 조직화된 운동의 느낌으로 선, 색채, 재질의 디자인 요소들이 서로 관련을 가지면서 반복되어 미묘한 움직임을 느끼게 하는 것을 말한다. 리듬이 있는 디자인은 보는 사람의 눈길을 한 곳으로 자연스럽게 유도하는 힘이 있다.

리듬이 없는 디자인은 눈길을 끌지 못하므로 불연속적이고 산만한 느낌을 준다.

단순 리듬은 하나의 요소가 동일하게 규칙적으로 반복될 때 형성되는 리듬이다. 모든 원리 중에서 가장 단순하고 기본적인 것으로 특정한 모양이나 장식을 기준으로 하여 사용할 때 반복의 효과가 나타난다.

교차 리듬은 두 가지 종류의 요소가 교차되어 반복되는 것을 말하는데 단순 리듬보다는 덜 단조롭다. 두 가지 분위기가 이질적이고 개성이 강한 느낌을 가지게 되며, 유사한 분위기가 교차되면 변화가 적어 부드러운 율동감을 얻을 수 있다.

점진적 리듬은 반복의 단위가 점점 강해지거나 약해지는 경우, 단위 사이의 거리가 점차 멀어지거나 가까워지는 경우, 또는 이 두 가지가 동시에 일어나는 경우 등을 말한다. 따라서 점진적 리듬은 점진적으로 변화하는 지점으로 눈길을 움직이므로 단순 반복 리듬에 비해 강한 운동감을 보여준다. 심리적으로 리듬, 강조, 균형, 조화의 효과를 증진시키고 강화시키는 특징이 있다.

방사선 리듬은 디자인 요소가 어느 한 점을 중심으로 반복됨으로써 얻어지는 리듬으로 주로 선에 의하여 형성된다. 이것 역시 중심점으로 시선을 집중시키므로 강한 운동력을 갖는다.

### (3) 조화

디자인의 최종 목표는 조화에 있다. 조화는 기분, 느낌, 구성이 일치되는 변화 있는 통일을 의미한다. 헤어 디자인에서의 조화는 아이디어와 모드의 조화, 디자인 요소와 원리들 간의 조화는 물론 기능적, 물리적, 심리적인 효과를 거둘 수 있어야 한다. 같은 헤어 스타일이라 하더라도 사람에 따라 주관적인 견해가 각기 다르므로 시술자는 손님의 직업, 생활 환경, 기호도 등을 충분히 알고 대처해야 할 것이다.

헤어 스타일에 있어서 헤어에 들이는 색채는 손님의 복장, 얼굴색, 눈동자의 색, 체형 등 여러 가지 요소와 조화를 이루어야 하므로 색채의 조화가 중요하다. 색채에 따라 모발의 느낌, 즉 거칠고 투박함, 섬세하고 부드러움, 강력함, 화려함, 차분함 등이 다르므로 그에 상응하는 헤어 스타일과의 조화가 필요하다.

조화는 두 가지 이상의 요소 간의 상호관계 속에서 성립된다. 조화는 크게 유사 조화와 대비 조화로 구분하여 생각할 수 있다.

유사 조화는 둘 이상의 요소가 서로 같거나 아주 비슷할 때 그 공통된 성격으로부터 일어난다. 개개의 부분이 공통성이 있고 서로 안정된 관계에 놓여질 때 이들은 통일된다.

대비 조화는 둘 이상의 요소가 서로 다른 성격을 가질 때 일어난다. 대비는 성질 또는 분량을 달리하는 둘 이상의 것이 공간적 또는 시간적으로 접근하여 나타날 때 일어나는 현상으로, 반대 성질에 의하여 자기가 가진 특성을 명확하게 강조하기 때문에 쌍방의 사이가 한층 현저하게 되고 변화 있는 강한 자극이 그 전체적 결과로써 나타나게 된다.

### (4) 강조

좋은 디자인은 보는 사람의 시선을 한 곳에서 다른 곳으로 이동시킬 수 있도록 처음 시선을 집중시킬 수 있는 강력한 중심점이 필요하다. 강조는 디자인 원리 중에서 가장 핵심적인 것으로써 강조 부위를 창조하는 것이 디자이너의 역량이다.

잘된 디자인일수록 강조점이 뚜렷하고 적절한 위치에 놓여 있다. 강조가 부족한 다지인은 혼돈을 가져오고 산만한 느낌을 준다. 모든 디자인에는 반드시 강조점이 있어야 하며 그 강조점은 한 개여야 한다.

### (5) 비례

비례는 장식적, 구조적으로 합성된 원리로서 모든 조형예술에서와 같이 어떤 기준의 길이와 크기에 차등을 두거나 조화로운 형태를 얻는 것을 뜻한다. 즉 기준에 비해 길다, 짧다 등 소화로운 배열을 뜻하는 것으로 가장 좋은 비례를 황금비례, 또는 황금분할이라고 한다. 황금분할의 비율은 대략 5 : 3이나 8 : 5로 모든 디자인에 응용되고 있다.

### 2) 헤어 디자인의 요소

헤어 디자인은 머리형, 머릿결, 색상을 조화롭게 배열하는 것이 기본이다. 이러한 기본 요소를 활용하여 손님에게 알맞게 조정하면 새로운 디자인을 창조할 수 있다.

#### (1) 머리형

머리형이란 머리의 외곽선, 실루엣을 의미하는데, 머리의 길이, 부피감 등이 그 모양을 좌우하며 컬, 웨이브, 직선, 곡선 등이 단독으로 또는 함께 조화되어 그 형태를 이루고 있다.

(a) 짧은 머리 (b) 긴 머리 (c) 중간 머리

#### (2) 머릿결

머릿결은 헤어 스타일을 결정하는 중요한 요소로서 질감을 나타낸다. 머릿결은 머리카락 웨이브의 형태, 직모 상태, 컷 방법, 스타일링 테크닉 등에 의해 헤어 스타일의 다양한 느낌을 만든다.

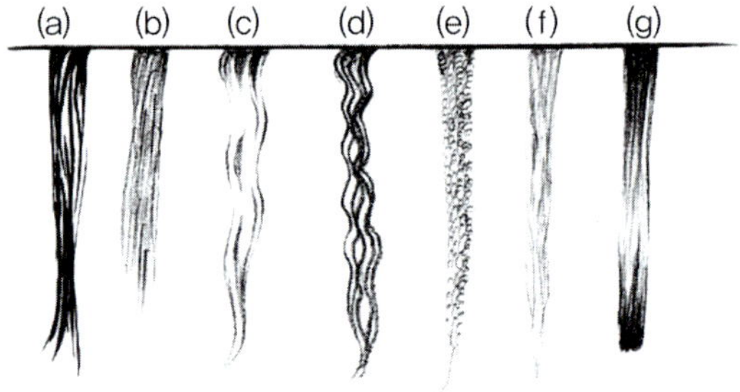


(a) 짧게 서는 모발
(b) 푸석푸석한 모발
(c) 굵은 웨이브 모발
(d) 곱슬곱슬한 모발
(e) 흑인 모발 같은 곱슬곱슬한 모발
(f) 솜털 같은 모발
(g) 촉감이 부드럽고 윤기나는 모발

(3) 색상

머리카락은 고유의 색상이 있으며, 인공적으로 색을 부여할 수도 있다. 최근에는 염색약의 발달로 헤어 스타일에서 색상의 영향이 강하게 작용하고 있으며, 헤어 스타일의 질감도 색의 영향을 많이 받는다.

## 2 헤어 스타일의 선택

헤어 스타일은 두상의 형태, 얼굴 형태, 목의 길이, 이마, 턱, 옆모습, 코의 모양, 옷차림, 생활양식 등의 사항들을 염두에 두고 결정한다.

### 1) 두상의 형태

사람마다 각기 다양한 머리 모양이 존재하는 이유는 두개골의 형태가 서로 다르기 때문이다. 두상은 모발이 젖었을 때 가장 잘 볼 수 있다. 두상은 이상적인 두상, 납작한 두상, 튀어나온 두상으로 구분되지만, 두상은 구의 형태이므로 각양각색의 모양을 하고 있다. 이상적인 뒷머리의 두상이어도 옆머리가 나왔다든지, 아니면 앞머리 부분이 튀어나왔다든지 그 형태가 다르므로 헤어 스타일도 다양할 수밖에 없다. 그러므로 같은 헤어 스타일을 했더라도 개개인이 느끼는 분위기와 느낌이 다를 수밖에 없다.

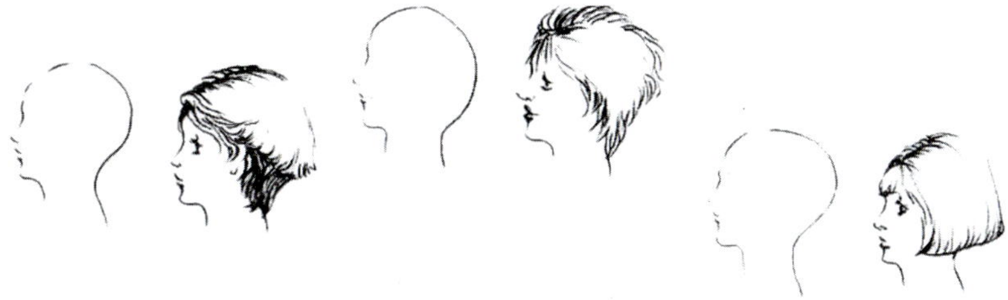


두상의 형태

### 2) 얼굴형

얼굴의 형태는 헤어 스타일을 선택할 때 가장 중요하게 고려해야 할 사항이다. 그러나 손님의 얼굴 형태를 정확하게 알아내는 일은 어렵다. 각각의 얼굴은 순수하게 한 가지 형태만을 가지고 있는 것이 아니라, 여러 형태의 얼굴이 복합되어 있기 때문이다.

얼굴 형태를 알아보는 방법으로는 모발을 모두 얼굴 뒤로 쓸어 넘긴 다음, 다른 손으로 거울을 잡고 분필이나 두꺼운 펜을 사용하여 거울에 비친 얼굴 형태를 그 위에 그리는 방법이다. 이것이 기본 형태를 결정하는 좋은 본보기이다.

### 3) 얼굴형에 따른 헤어 스타일

### (1) 달걀형

얼굴형은 세로가 가로의 약 1.5배이고 이마가 턱보다 약간 넓다. 예로부터 표준적인 얼굴형으로 여겨지고 있다. 달갈형 얼굴의 윤곽선과 세로, 가로의 비율은 다른 타입의 얼굴형을 수정하는 데 있어서 기준이 된다. 이런 타입의 얼굴형은 스타일과도 대부분 잘 어울리며 그 윤곽을 가리지 말고 그대로 살려 주는 것이 좋다.

### (2) 둥근형

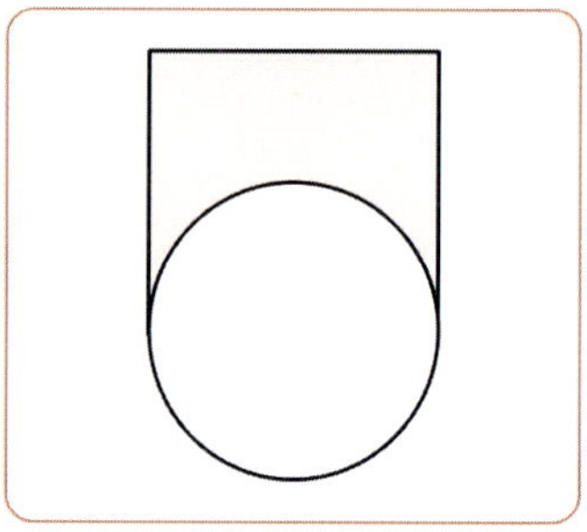

동양인에게 많으며 얼굴의 골격이 둥글고, 넓이와 길이가 거의 동일하다. 볼부터 턱에 이르는 선이 둥글어 전체적으로 통통한 인상으로 밝고 발랄한 이미지를 가진다. 이러한 얼굴형에는 머리 윗부분에 볼륨을 주는 것이 기본이다.

얼굴을 살려주는 헤어 스타일은 모발 끝이 흐트러진 듯한 생기 있는 가벼운 쇼트로 귀여운 느낌의 이미지를 살려준다.

얼굴을 커버하는 헤어 스타일은 윗머리는 세우고 옆머리는 붙여 볼륨감만 줄이면 얼굴형이 세로로 길어 보여 둥근 윤곽이 커버된다. 이때 앞머리는 짧고 이마가 살짝 보이게 연출한다. 약간의 불균형적인 스타일도 좋으며 양쪽 볼의 볼록함을 눈에 띄게 하는 센터파트는 피하고 6 : 4나 7 : 3의 사이드 파트로 하는 것이 좋다. 이마를 덮는 스타일은 오히려 어두워 보이므로 역효과를 나타낸다. 일반적으로 짧은 스타일이 무난하다.

피해야 할 스타일은 전체적으로 볼륨이 있는 퍼머넌트, 특히 옆머리의 볼륨은 절대적으로 피한다. 실루엣 자체가 둥근 것은 결점을 강조하게 된다.

### (3) 네모난 얼굴형(각진 얼굴형)

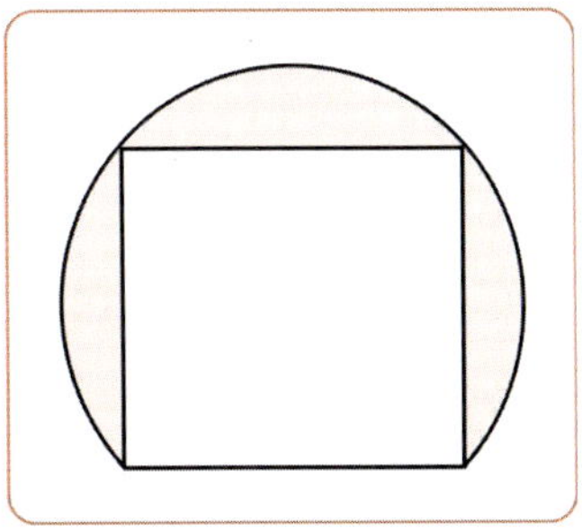

이 얼굴형은 광대뼈와 턱 부분에 각을 가지고 있으므로 아주 개성이 강한 얼굴로 보이는 단점이 있으나 개성을 최대로 살려 변신할 수 있는 이상적인 타입이다.

얼굴을 살려주는 헤어 스타일은 대담한 스타일의 짧은 헤어 스타일을 남성적인 느낌이 들지 않도록 흐트러뜨리면 매우 개성적인 분위기가 연출된다.

얼굴을 커버하는 헤어 스타일은 얼굴을 감싸듯 쏟아지는 느낌의 헤어 스타일로 머리끝을 가볍게 터치해 턱선에 이르도록 하는 것이 포인트이다. 네모를 부드럽게 만드는 것으로 부드러운 컬이 얼굴을 흘러내리거나 약간의 비대칭적인 형태가 사각의 틀을 깨뜨리는데 도움을 준다. 각진 부분을 머리칼로 숨기려고 하는 사람이 많은데 목덜미에 볼륨이 붙으면 오히려 4각형이 눈에 띄게 된다. 강한 인상이 되기 쉬운 형이므로 머리의 어느 부위에든 컬이나 웨이브를 주어야 한다.

피해야 할 헤어 스타일은 머리 전체에 볼륨을 넣은 사각형의 실루엣은 웨이브에 상관없이 각진 인상을 매우 두드러져 보이게 한다. 머리의 흐름은 원칙적으로 안쪽말이로 하여 사이드에 양감을 내주지 말고 뜬구름과 같이 턱을 싸잡아 주듯 꾸민다. 바깥쪽으로 삐치면 각진 것이 강조되므로 주의한다.

### (4) 긴 얼굴형

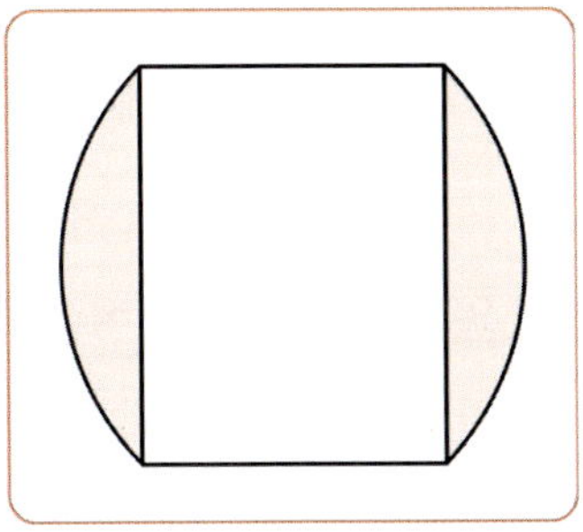

사각형이 길쭉하게 된 형으로 듬직하게 골격이 잡혀 있는 얼굴이다. 강한 개성을 가진 얼굴이므로 대담하고 화려한 이미지로 개성을 살려주는 것도 좋다. 얼굴이 길이를 강조하지 않도록 특히 주의해서 얼굴을 우아하게 감싸는 듯한 느낌으로 앞머리에 볼륨감을 준다.

얼굴을 살려주는 헤어 스타일은 앞머리는 길게 내려주고 전체적으로 웨이브가 없는 층진 짧은 머리로 산뜻하고 심플하게 개성적으로 연출한다.

얼굴을 커버하는 헤어 스타일은 얼굴을 감싸는 듯한 헤어 스타일로 앞머리에 볼륨감을 주어 둥근 실루엣이 되도록 하며, 앞머리는 옆머리와 맞춰 길게 연출한다. 주의할 점은 톱 부분에 볼륨을 주지 않아야 한다는 것이다. 왜냐하면, 얼굴이 길게 보이는 데다가 머리끝까지 크게 보여 전신의 균형을 망가뜨릴 수 있기 때문이다. 얼굴선을 따라 바깥쪽으로 흐르는 세미 롱이나 롱 헤어가 얼굴형의 강점을 돋보이게 한다. 가장 어울리는 스타일은 옆에 완벽한 볼륨을 주는 층이 많은 머리이다.

피해야 할 헤어 스타일은 볼륨감이 없는 같은 길이의 스트레이트 헤어 스타일은 세로 선이 강조되므로 피한다. 또한, 앞머리가 없으면 전반적으로 얼굴형이 너무 드러나 길어 보이므로 피하는 것이 좋다.

### (5) 하트 모양의 얼굴형(역삼각형의 얼굴형)

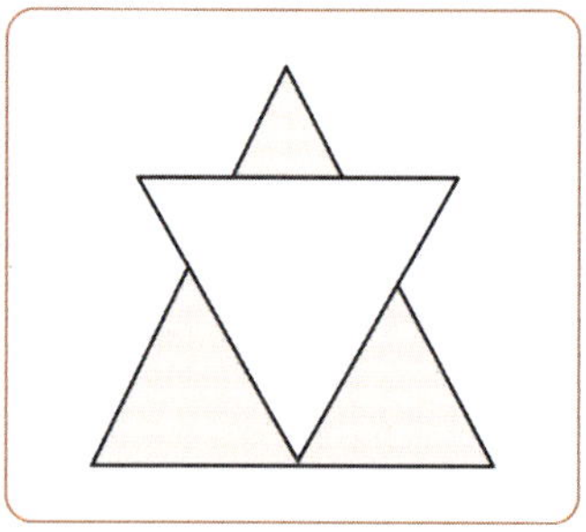

광대뼈 사이의 넓이가 얼굴 길이에 비해 너무 넓은 형으로 이 얼굴형에 균형을 주는 형태는 삼각형의 머리 스타일이다. 턱이 가는 얼굴형으로 현대의 미인형이나 볼이 없어 다소 빈약해 보이기 쉬우므로 단점을 커버하기 위해서는 얼굴을 가려주는 것이 좋다.

얼굴을 살려주는 헤어 스타일은 남성적인 느낌의 짧은 헤어 스타일은 산뜻한 윤곽이 드러나 귀여우면서도 아름다워 보인다.

얼굴을 커버하는 헤어 스타일은 전체적으로 층을 준 둥근 실루엣의 헤어 스타일로 턱선 가까이에 살짝 볼륨을 주는 정도의 길이가 적당하다. 볼의 가파름을 부드럽게 해주기 위해 귀 뒤쪽에 볼륨을 붙여 주어서 바람을 먹은 듯 부풀려 준다. 앞머리는 원칙적으로 눈썹 선까지 내리는 것이 무난하다. 목덜미는 엷게 만들어 주되 짧게 만든다면 턱이 허전해 보일 수 있다.

피해야 할 헤어 스타일은 턱을 강조하는 형태나 얼굴을 드러내거나 높이는 스타일, 같은 길이의 긴 스트레이트 헤어 스타일은 얼굴의 폭이 더욱 가늘어 보이면서 얼굴형이 강조되므로 주의한다.

### (6) 삼각형의 얼굴형

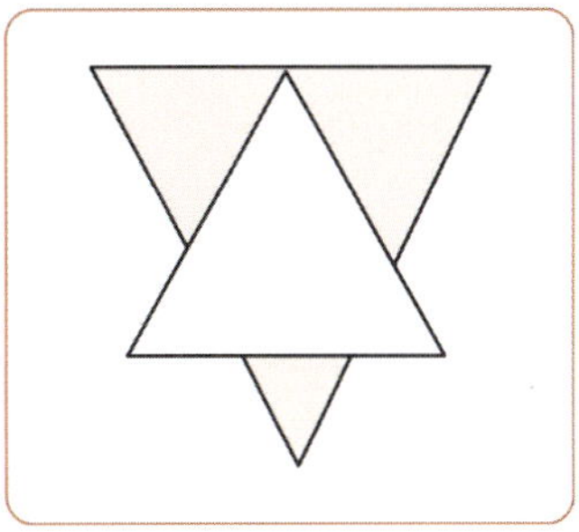

굉장히 무거운 턱 라인을 가진 형이다. 이마보다 턱이 넓으며 볼 아래에 걸쳐 군살이 붙어 안정감이 없는 얼굴이다. 가장 적합한 스타일은 역삼각형의 머리형을 만드는 것이다. 앞머리는 아래로 내리든지 사이드에서 갈라 볼록한 웨이브가 이마를 덮어 주도록 한다. 가능한 한 이마와 관자놀이가 드러나지 않는 가벼운 터치의 헤어 스타일이 무난하다.

얼굴을 살려주는 헤어 스타일은 윗머리에 볼륨감을 준 층진 헤어 스타일로 턱의 라인이 드러나더라도 이마를 가려주면 귀여운 느낌이 든다.

얼굴을 커버하는 헤어 스타일은 모발 끝이 쏟아져 내리게 한 헤어 스타일로 얼굴을 감싸고 흘러내리는 듯한 분위기를 연출하면 다소 발랄한 느낌이 든다.

피해야 할 헤어 스타일은 이마를 드러내는 스타일이나 중심 가르마는 피하는 것이 좋다. 강한 인상을 주는 스트레이트 헤어보다는 웨이브 헤어가 어울리지만, 같은 길이의 웨이브 헤어 스타일은 아래로 내려가면서 머리가 다소 부해지기 때문에 얼굴형이 한층 강조되어 보인다.

#### (7) 다이아몬드형(마름모꼴형)

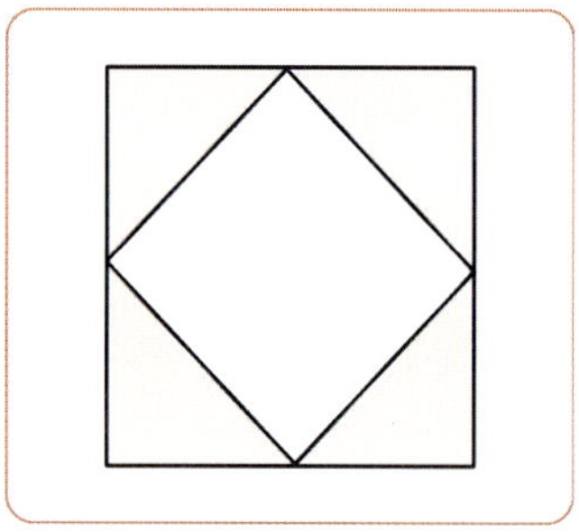

예리하고 지적인 이미지이지만 쌀쌀하고 신경질적인 예민함을 느끼게 한다. 아주 마른 사람에게 많이 보여지는 타입이며 하트형과 비슷하다. 얼굴에 너무 살이 없기 때문에 광대뼈가 튀어나와 턱도 뾰족하다. 이마와 턱 부분을 부드럽게 하고 광대뼈를 숨겨 여성다움을 강조한다. 쇼트 스타일은 예리하며 도시적인 느낌을 준다. 옆과 높이를 더하는 것은 피하며, 이마와 턱선을 부풀리는 스타일이 좋다.

### 4) 체형에 따른 헤어 스타일

키가 크고 마른 체형은 롱 헤어의 웨이브가 있는 스타일이 가장 잘 어울린다. 생머리의 단발머리도 잘 어울리며 쇼트 헤어는 몸을 더욱 마르고 길게 보이게 하므로 피하는 것이 좋다. 긴 웨이브의 머리에 밝은 블론드 색으로 컬러링 한다면 더욱 예뻐 보일 것이다.

키가 크고 뚱뚱한 체형은 자칫 체격이 더욱 커 보일 수 있으므로 세심하게 헤어 스타일을 고르는 것이 좋다. 가장 잘 어울리는 스타일은 단발머리 형이며 머리색 또한 차분한 스타일의 색이 좋다.

키가 작고 마른 체형은 전체적으로 깜찍하고 귀여운 이미지를 가졌으므로 긴 머리, 짧은 머리, 단발머리 모두 그 나름대로의 분위기가 있어 잘 어울린다.

키가 작고 뚱뚱한 체형은 전체적으로 날씬하게 보이는 것이 가장 잘 어울리는 스타일은 짧은 머리 형태이며, 단발의 웨이브를 주는 스타일은 층을 내어 가벼워 보이도록 한다. 깔끔한 짧은 보브 스타일이 잘 어울린다.

### 5) 콤플렉스 커버 헤어 스타일

#### (1) 이마

이마의 형태는 다양하다. 그러나 크게 좁은 이마와 넓은 이마 두 가지로 분류한다. 좁은 이마는 이마를 전부 내보이는 스타일은 피하고 옆 가르마를 이용해 이마를 살짝 내보이는 스타일이 적합하다. 또는 앞머리에 볼륨을 주어 앞머리가 이마를 가리면서도 답답해 보이지 않도록 한다.

넓은 이마는 좁은 이마와 마찬 가지로 이마를 전부 보여주지 않고 살짝살짝 보이도록 한다. 옆 가르마를 이용하거나 윗머리를 내리더라도 약간의 컬을 주어 이마가 부분부분 보이도록 한다.

#### (2) 목의 길이

얼굴형에 따라 목의 길이가 짧아 보이기도 하고 길어 보이기도 하며, 대부분의 사람들은 적당한 목을 가지고 있다. 따라서 스스로 목이 짧다고 생각하는 사람은 쇼트 커트나 올림머리를 유지하는 것이 좋다. 턱선에 맞춘 단발머리 형태나 무거워 보이는 컬이 있는 헤어는 피하는 것이 좋다. 긴 목을 가졌다고 생각하는 사람은 되도록 머리를 길러 머리와 어깨선이 이어지도록 목덜미에 부드러운 컬를 주는 것이 좋다

(a) 긴 목에 적합한 스타일 (b) 긴 목에 부적합한 스타일 (c) 굵은 목에 적합한 스타일 (d) 굵은 목에 부적합한 스타일

(3) 눈

눈의 크기는 대부분 메이크업으로 수정할 수 있으므로 눈에 대한 메이크업을 익히는 것이 좋다. 대체로 눈 사이가 넓은 사람은 머리의 흐름을 얼굴 쪽으로 모아주는 것이 좋으며, 눈 사이가 좁은 사람은 답답해 보이지 않도록 얼굴을 드러내어 다른 부분에 웨이브를 주어 눈길을 그쪽으로 유도하는 것이 좋다.

(4) 귀

귀는 대부분 그 사람의 얼굴에 맞도록 되어 있으나 얼굴이 작은 사람이 유난히 귀가 커서 보기 싫다면 헤어 스타일로 귀를 가려주도록 한다. 그러나 무턱대고 다 덮어주는 것보다는 살짝살짝 가려주는 것이 더 적합하고 아름답게 보이므로 항상 귀 부분을 유의하여 스타일을 만들도록 한다.

(5) 턱

턱이 유난히 길거나 튀어나왔다면 턱 부분에 신경을 쓰는 것이 좋다. 턱은 얼굴의 인상을 만드는데 중요하므로 부드러운 인상을 줄 수 있도록 한다. 턱이 크다고 전부 다 가릴 수는 없으므로 층을 낸 레이어 스타일로 부분적으로 가리거나, 가장 좋은 것은 턱을 깔끔하게 드러내면서 시선을 다른 쪽으로 유도하게 된다. 즉 머리 윗부분에 큰 웨이브를 형성한다든가 볼륨을 주어 시선을 위로 올려주는 것이 좋다.

#### (6) 코

코가 너무 높으면 앞머리를 내리면서 컬을 주어 볼륨을 만들어 코의 높이를 일시적으로 보이지 않도록 유도한다. 코가 너무 낮은 사람은 되도록 얼굴을 드러내는 것이 좋다.

#### (7) 헤어라인

앞머리의 가마가 2개인 경우는 짧게 커트하면 이 부분의 머리가 사방으로 뻗치므로 길이를 길게 해주는 것이 좋다.

3자 모양의 헤어라인은 앞머리에 있으며 앞머리의 제비추리라고도 한다. 너무 짧게 자르면 머리가 갈라지므로 층을 내어 자르는 것이 좋으며, 길러서 스타일에 맞는 방향을 잡아주는 것이 좋다.

네이프 부분의 헤어라인은 짧은 스타일을 디자인할 때 주의해야 한다. 머리 형태에 따라 뒷머리가 서 버리는 경우가 있기 때문이다. 틴닝 가위를 이용하여 숱을 치면서 스타일을 만든다. 손님과의 충분한 대화로 무리한 디자인은 삼가는 것이 좋다.

### 6) 머릿결에 따른 헤어 스타일

#### (1) 가늘고 힘없는 머리

탄력이 없고 부드러워 빈약해 보이는 반면 물결 같은 흐름을 가진 머릿결이라서 여성스러운 스타일을 표현하기에는 적합하다. 머리숱이 많을 경우에는 다양한 스타일을 소화할 수 있지만 적은 경우에는 퍼머넌트로 볼륨을 주거나 아니면 타이트한 스타일로 여성스러움을 강조한다.

짧은 머리에 가장 잘 어울리는 것은 머리 모양이 드러나고 부드러운 머릿결이 돋보이는 세실 커트(cecile cut)이다. 숱이 많다면 앞, 옆, 뒷머리를 길게 커트해 머리의 질감을 살리는 것도 좋다.

단발머리는 뿌리를 살리고 머리끝은 부드러운 컬을 넣은 퍼머넌트 스타일이 좋다. 긴머리는 부드럽게 층을 넣은 느슨한 퍼머넌트가 좋다.

### (2) 굵고 뻣뻣한 머리

검고 윤기가 흐르는 머리로 지성 두피가 대부분이며 머리카락이 튼튼하다. 차분하고 지적인 느낌의 스타일이 잘 표현되지만 자칫 머리가 무거워 보일 수 있으므로 주의한다.

짧은 머리는 스트레이트 쇼트, 숱을 많이 친 쇼트 커트에 굵은 퍼머넌트 웨이브가 머리의 특성을 잘 살릴 수 있다.

단발머리는 뒷머리는 짧고 앞머리는 귀에 맞춰 굵고 뻣뻣한 머리의 특성을 가장 잘 살릴 수 있으며 깔끔하고 지적인 이미지를 만들 수 있다.

긴 머리는 스트레이트 머리, 또는 머리에 층을 내어 퍼머넌트 웨이브를 머리끝 부분에만 한 스타일이 잘 어울린다.

### (3) 돌돌 말리는 곱슬머리

굵은 웨이브가 있는 곱슬머리를 제외한 대부분의 곱슬머리는 부스스해서 지저분해 보이거나 머리끝이 잘 뻗친다. 스타일이 잘 살지 않는 머릿결이지만 다른 머릿결에는 없는 독특한 웨이브를 살릴 수 있다.

가는 컬이 있는 곱슬머리로서 헤어라인의 곱슬기가 귀여운 사람은 쇼트 커트를 해서 컬을 살린다.

가늘고 힘이 없는 곱슬머리로서 힘이 없고 나풀거려 감당하기 어렵다면 강한 퍼머넌트 웨이브를 한다. 무거워 보이지 않도록 머리끝에만 층을 조금 주고 앞머리도 뒤로 넘긴다.

굵은 웨이브의 곱슬머리로서 웨이브가 물결 모양으로 그대로 산다면 그대로 길러도 좋으며, 웨이브를 맞춰 층을 내거나 길이를 조절해 커트한다.

### 7) 계절에 따른 헤어 스타일

봄에는 신선하고 상큼함을 강조하는 스타일로서 바람에 흐트러지지 않도록 주의한다. 머리카락색은 가벼운 느낌이 드는 밝은색을 주로 이용하고, 스카프를 이용하거나 헤어밴드로 머리에 변화를 주는 것도 좋다.

여름에는 기후가 고온 다습하므로 액세서리를 이용하여 시원하게 부분 포인트를 주는 것도 좋다. 머리카락색은 컬러가 다소 강한 것을 이용하여 원색적인 여름의 분위기를 살려준다. 또는 시원함이 느껴지도록 쇼트 스타일을 연출하는 것도 좋다.

가을에는 분위기를 최대한 살릴 수 있도록 곡선미가 느껴지는 복고풍 커트나 여성다움을 강조하는 보브 스타일, 롱 헤어의 컬 등이 어울린다.

겨울에는 모자와 머플러를 많이 사용하는 계절이므로 이것들과 조화를 이룰 수 있는 헤어 스타일이 좋다. 짧은 머리는 더욱 짧게, 긴 머리를 더욱 길게 조화를 이루도록 한다. 머리카락색은 따뜻해 보이는 블론드, 블랙, 와인색 등이 전체적인 분위기를 연출한다. 그러나 시대의 흐름, 트렌드를 무시하지 않는다.

## 3 헤어 커팅

헤어 커팅은 아름다운 헤어 스타일를 만드는 기초가 되고 헤어 디자인에 매우 중요한 창작 예술 분야이다. 그러므로 외국의 경우 헤어 커팅을 머리조각(hair sculpture)이라고 하며, 조각가가 어떤 소재를 이용하여 예술작품을 창작해 내듯이 헤어 디자이너는 머리 모양을 커팅에 의해 아름다운 스타일을 창출하는 예술가이다.

머리카락이라는 소재를 가지고 대상 고객에게 어떠한 디자인을 선택해서 커트하느냐가 헤어 디자이너로서 성공하는 핵심이 될 수 있다. 고객의 장점을 돋보이게 해주고 단점을 커버하여 고객의 요구를 충족시키는 것뿐 아니라, 고객의 개성을 최대한 살리는 것을 목표로 작업해야 하므로 고객의 얼굴형, 머릿결, 목선, 신장, 직업 등을 참고하여 가장 알맞은 헤어 스타일을 선택해야 한다. 따라서 헤어 디자이너는 고객의 미적, 기능적인 욕구를 충족시켜 주는 커트를 연출해 주어야 한다. 그러기 위해서는 커트의 기초 이론을 이해하고, 체계적이고 과학적인 학습이 전제되어야만 자유자재로 다양하고 변화 있는 헤어 스타일을 창출해 낼 수 있다.

## 1) 두부의 구분

### (1) 분할

헤어 컷을 쉽고 바르게 시술하기 위해 일반적으로 나누는 것을 총칭하여 파트(part) 또는 섹션(section)이라고 한다. 이것은 나누는 범위에 따라 크게 나누는 것을 블로킹(blocking), 블로킹한 것을 시술 과정에서 다시 작게 나누는 것을 슬라이싱(slicing)이라 한다.

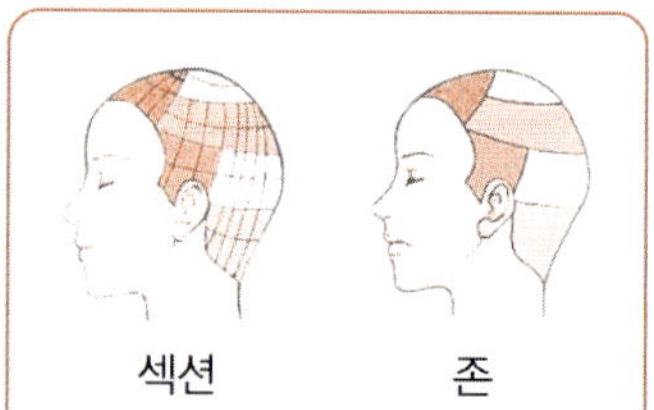


### (2) 헤어 커팅의 주요 요소

▶ 두부의 주요 포인트

① E.P(Ear Point)

② C.P(Center Point)

③ T.P(Top Point)

④ G.P(Golden Point)

⑤ B.P(Back Point)

⑥ N.P(Nape Point)

⑦ F.S.P(Front Side Point)

⑧ S.P(Side Point)

⑨ S.C.P(Side Coner Point)

⑩ E.B.P(Side Coner Point)

⑪ N.S.P(Sape Side Point)

⑫ C.T.M.P(Center Top Medium Point)

⑬ T.G.M.P(Top Golden Medium Point)

⑭ G.B.M.P(Golden Back Medium Point)

⑮ B.N.M.P(Back Nape Medium Point)

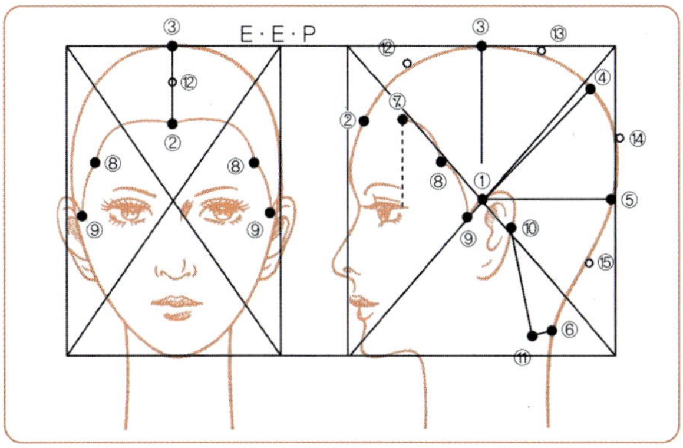

▶ 두부의 기본 라인

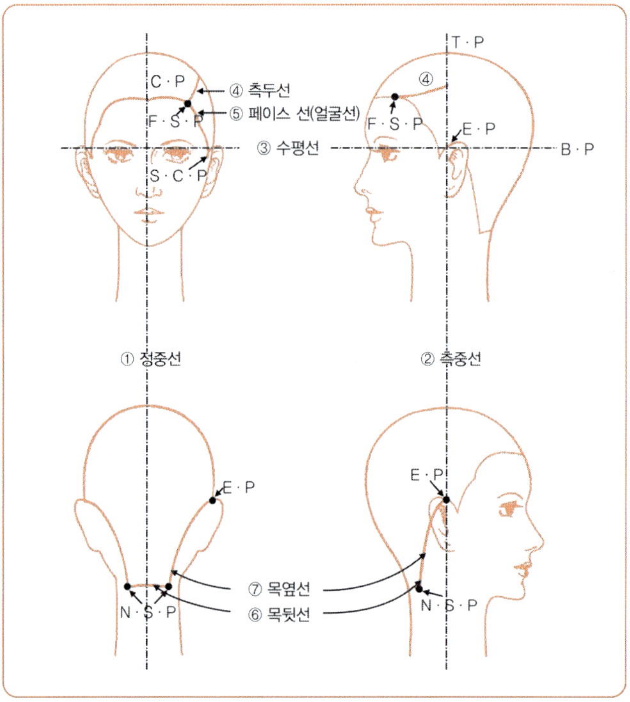


| | 명칭 | 라인의 설명 |
|---|---|---|
| ① | 정중선 | 코의 중심 대칭점으로 하여 머리 전체를 수직으로 내린선 |
| ② | 측중선 | T.P와 E.P에서 수직으로 내린 선 |
| ③ | 수평선 | E.P의 높이를 수평으로 두른 선 |
| ④ | 측두선 | 대체로 눈끝(F.S.P)을 기점으로 하여 머리 앞쪽에서부터 측중선 까지 |
| ⑤ | 페이스 선 | S.C.P에서 C.P를 연결해서 얼굴 전면부에 생기는 선 |
| ⑥ | 목뒷선 | N.S.P에서 N.S.P를 연결한 선 |
| ⑦ | 목옆선 | E.P에서 N.S.P를 연결한 선 |

블록킹(Blocking)은 정확하고 다양한 헤어 디자인을 위해 중요하다. 그러므로 블록킹 전에 고객의 골격, 머릿결, 머리숱, 탄력성, 퍼머넌트의 유무 등을 상세히 파악하여 커팅하고자 하는 커트 디자인의 구상에 따라 어떻게 블록킹할 것인가의 결정이 필수적이다.

섹셔닝(Sectionning)은 블록킹한 것을 보다 작은 부분으로 나누어주는 분할을 말한다. —형, ∨형, ∧형, ∪형, ∩형 등 섹션의 모양에 따라 커트의 실루엣 라인이 형성된다.

슬라이스(Slice)는 섹셔닝을 하여 작은 부분으로 나누는 것을 의미한다.

패널(Pannel)은 커팅 시 슬라이스 했을 때 생기는 직사각형의 모발의 일정한 양을 말한다.

각도(Angle)는 커팅 요소로서 아주 중요한 역할을 하는데 어느 정도의 각도로 커트하느냐에 따라서 다양한 커트를 할 수가 있기 때문이다.

### (3) 헤어 컷의 대표적 외곽선

- N.P.-A : 머시룸(mushroom) 스타일, 앞올림(후대각 라인)
- N.P.-B : 이사도라(isadora) 스타일, 앞올림(후대각 라인)
- N.P.-C : 수평 보브(parallel bob) 스타일, 평행(수평 라인)
- N.P.-D : 스파니엘(spaniel) 스타일, 앞내림(전대각 라인)

### (4) 헤어 길이 기준선과 파팅

헤어 컷을 하는 동안 길이 결정을 위한 기준선의 설정이 필요하며, 빗질을 조절하기 위하여 부분으로 나누는 것을 파팅(parting)이라고 한다.

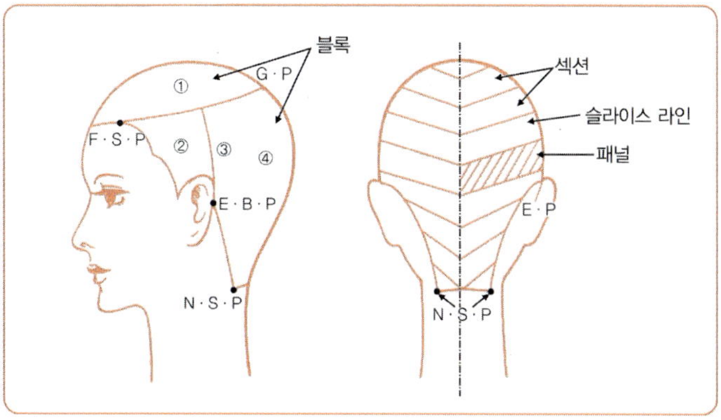

## 2) 헤어 컷의 도구

헤어 디자이너는 고객에게 알맞은 헤어 스타일을 연출하기 위해 자신의 감각과 기술을 토대로 하여 아름다움을 창출하기 위해 노력을 아끼지 않는다. 여기에 더할 것은 사용하는 도구의 적합성이다. 숙련된 테크닉에 알맞은 도구는 기술의 효과를 배로 얻을 수 있기 때문이다. 그러므로 사용 기구의 다양함과 품질은 매우 중요하다.

가위(Scissors)는 일반적으로 모발의 끝을 뭉툭하게 잘라내어 정돈된 느낌을 주는 데 사용되는 도구로 가위는 길이가 4인치부터 7인치까지 것과 직선형과 R형 등 모양이 다양하다. 길이가 짧을수록 섬세한 커트를 할 수 있고 길수록 신속하게 할 수 있는 장점을 가지고 있다. 그러나 가위는 자기 손바닥과 손가락에 맞는 것을 사용하는 것이 중요하다.

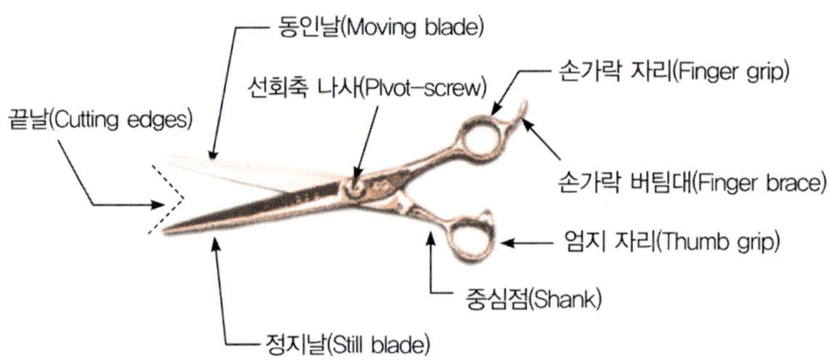


틴닝 가위(Thinning scissors)는 일반 가위로 커트 후 모량이 많은 부위와 무거워 보이는 부분의 머리숱의 양을 조절하는 데 사용하는 가위이다. 그러므로 보통 가위 사용 후에 모발 양을 줄이는 데에 사용한다. 가윗날이 한날 또는 양날에 요철 모양의 날이 있어 고운 것부터 빗살이 넓은 것까지 여러 형태가 있는데 가위 살이 고울수록 숱을 쳐내는 양이 적고 가윗날 사이의 간격이 큰 것과 작은 것이 있는데, 간격이 클수록 적은 양을 제거한다.

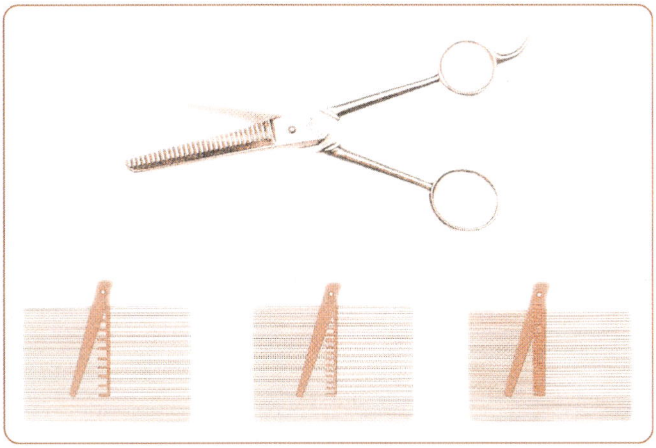

틴닝 가위

레이저(Razor)는 면도날을 끼워 커트에 사용하는 도구로서 직선적인 딱딱한 기법이 아닌 자연스러운 선을 표현하는 데 사용한다. 레이저는 모발 끝을 곡선적이고 가늘게 하여 부드러운 느낌의 형태 선을 만드는 데 사용되므로 스타일의 결정에 따라 모발의 안쪽이나 끝에서 사용한다. 가위와 레이저를 함께 사용함으로 부드러운 느낌을 표현할 수 있다.

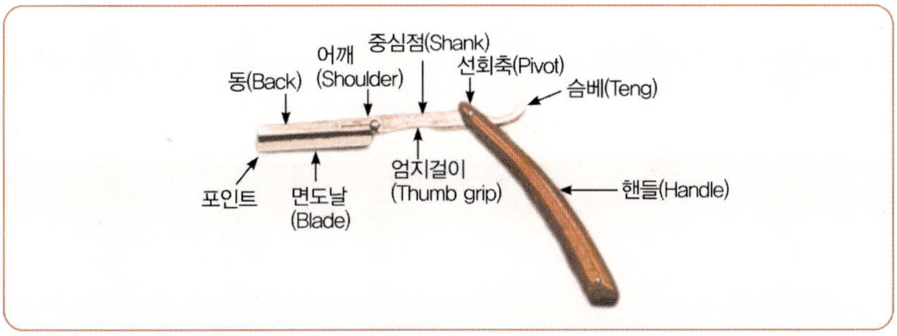


레이저(Razor)

빗(Comb)은 헤어컷 전이나 중간에 머리를 분배하고 조정하기 위해서 사용한다. 빗살의 간격은 어떠한 빗을 사용할지를 결정하는 데 매우 중요하다. 일반적으로 빗살의 간격이 넓고 큰 빗은 모발의 양이 많은 머리의 조절에 사용되며, 작은 빗은 짧은 머리의 컷에 사용된다.

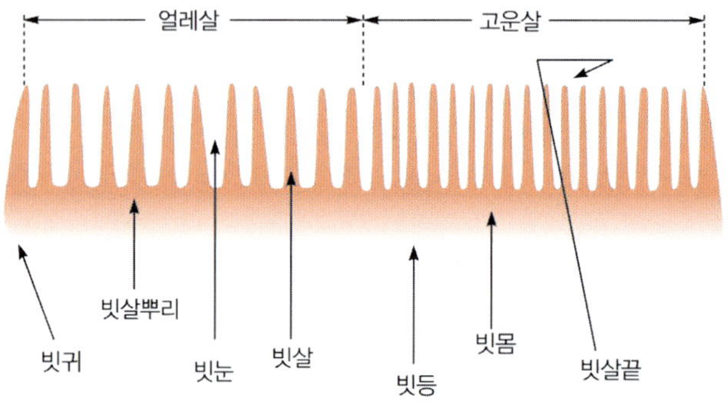


레이저와 빗

헤어 클리퍼(Hair Clipper)는 쇼트 컷이나 남성 모발의 컷에 주로 많이 쓰이며, 머리를 짧게 커트할 때 또는 네이프 부분, 사이드 부분을 올려칠 때 사용하는 기구로써 그 종류가 다양하다. 과거에는 수동식인 바리캉으로 불렸다. 근래에는 전기로 작동하는 것이 주류를 이루며 트리머(trimmer)라고도 부른다.

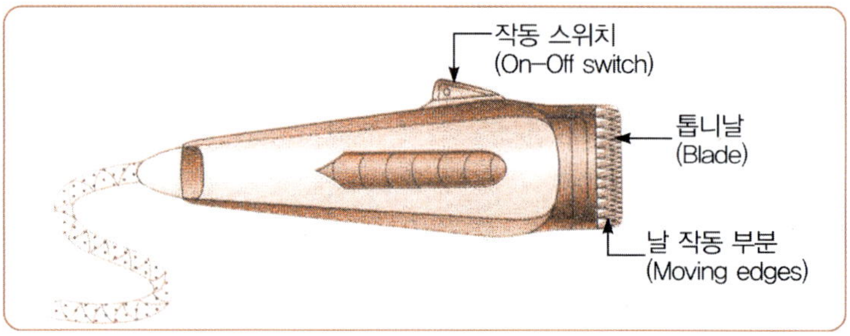


헤어 클리퍼

분무기(water spray)는 모발을 적셔서 컷을 쉽게 하기 위해 사용된다. 그리고 빗질이니 헤어 컷 때 보표피에 손상이 가지 않도록 한다.

핀셋(pincette)은 클립(clip)이라고도 하며, 각 파트별로 모발을 고정하여 컷을 쉽게 하는 데 큰 역할을 한다.

### 3) 커팅 기구 사용법

#### (1) 가위 쥐는 법

① 왼손으로 가위의 나사가 자신을 바라보도록 잡고 고정 날에 오른손의 약손가락을 끼운다.

② 움직임 날에 오른손 엄지를 끼우는데 너무 많이 끼워 넣지 말고 손톱에 걸치는 듯 끼운다.

③ 가위의 움직임 동작은 엄지 날만 움직이고 나머지 약지와 세 손가락은 가지런히 하여 움직이지 않고 엄지날의 힘을 받쳐주는 역할을 한다.

④ 커트를 하지 않을 때에는 가위의 날을 닫은 뒤 엄지환에서 엄지를 빼고 가볍게 주먹을 쥐는 동작으로 가위를 쥔다.

⑤ 엄지환에서 엄지를 뺀 상태에서 빗을 쥐고 빗질을 한다.

#### (2) 가위의 컷 동작

① 엄지손가락을 엄지손가락 구멍에 살짝 걸친 상태에서 가윗날이 45°를 유지하도록 한다.

② 엄지손가락만을 움직여서 가윗날을 벌린다.

③ 왼손 가운뎃손가락 위에 고정 날의 날 끝을 대고 왼쪽 가운뎃손가락의 안쪽으로 잡아당기듯 진행한다.

④ 변형적인 가위 쓰는 법으로 포인트 컷 등에 사용하는 기법이다.

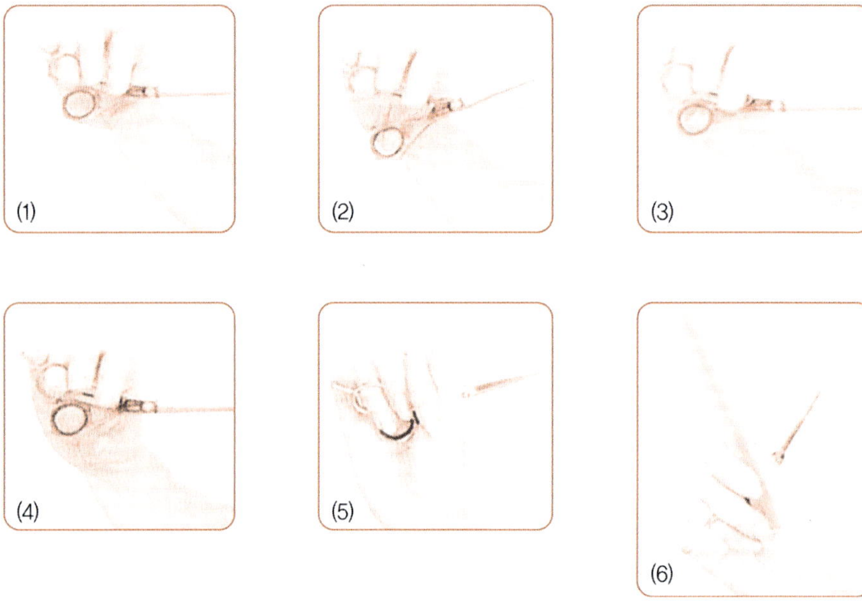


가위 잡는 법

### (3) 레이저 쥐는 법

엄지손가락을 레이저의 엄지걸이에 붙이고 새끼손가락은 새끼손가락 걸이에 얹고, 남은 세 손가락을 다리의 위쪽에 두고 잡는다.

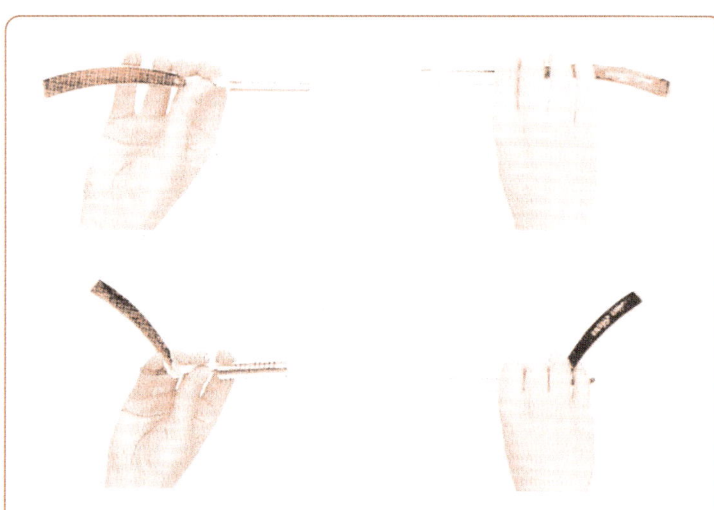

### (4) 빗의 구조와 사용법

#### ① 빗의 각 부위 명칭

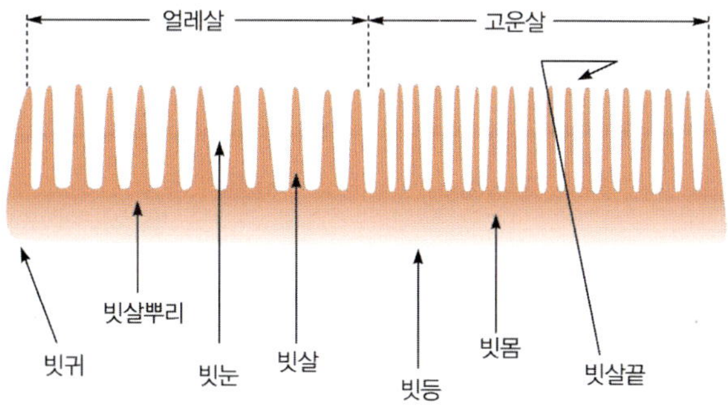


빗의 각 부위 명칭

얼레살은 빗의 간격이 넓은 부분으로, 엉킨 모발을 풀거나 처음 빗질을 쉽게 할 때 사용한다. 고운살은 얼레살로 빗질한 후 고른 긴장을 유지한 채 컷을 할 경우 사용하며, 빗살끝은 두피에 직접 닿는 부분이며 모발을 두피로부터 끌어당겨 세우는 부분으로 끝이 너무 날카롭거나 무디면 좋지 않다.

빗살은 빗의 가장 중요한 부분으로 고르고 균일하여야 하며 빗살 뿌리는 각이 지지 않고 둥그스름한 것이 좋다.

#### ② 빗과 가위 사용법

커트 시 빗을 때는 반드시 가위의 엄지환에서 엄지손가락을 빼고 가윗날을 닫은 상태에서 빗을 쥐고 빗질한다. 커트할 때 빗은 내려놓지 않고 왼손 엄지손가락 사이에 끼웠다가 다시 오른손으로 빗질하여 오른손, 왼손으로 빗을 옮겨가면서 사용한다.

### (5) 클리퍼 사용법

빗과 가위로 커트하는 싱글링 커트와 같은 효과를 가져오는 커트로 가위 대신에 클리퍼라는 커트 기계를 사용하여 커트하는 방법으로 대개 머리를 짧고 고르게 층을 낼 때 사용한다.

## 4) 헤어 커트의 실제

헤어 커트에는 네 가지 기본형이 있으며, 이 머리형들은 단독 또는 혼합으로 사용된다. 길이에 따라 쇼트(short), 미디엄(medium), 롱(long) 헤어 스타일로 나뉘며, 각각의 머리형은 독특한 모양, 구조, 그리고 머릿결을 가지고 있다. 네 가지의 기본형은 원랭스형(one length form) 또는 솔리드형(solid form), 그래듀에이션형(graduation form), 인크리스 레이어형(increase layered form), 유니폼 레이어형(uniformly layered form)이며, 주로 이 네 가지 기본형이 응용되어 혼합형(combination form)으로 표현되는 경우가 많다.

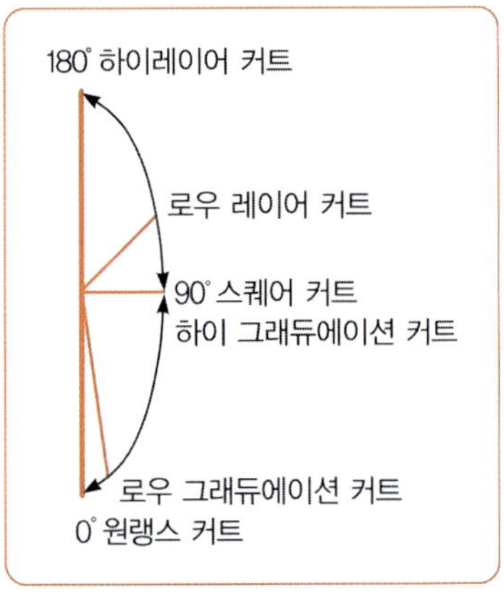


### (1) 원랭스 커트(One Length Cut)

커트 디자인을 할 때 가장 먼저 접하게 되는 커트로서 두피에서 자연스럽게 내린 상태로서 각도가 0°로 커트되는 스타일이다. 솔리드형으로 불리며, 머리 절단면의 위치가 같아서 끊김이 없고, 머리끝은 보이지 않는 머릿결로 표현된다. 정수리 부위에서는 곡면으로 나타나며, 아랫부분에서는 머리 무게가 일직선으로 모아져 각이 진 형태선을 이룬다. 섹션의 슬라이스 선의 모양에 따라 수평 단발(parallel bon), 이사도라(isadora), 스파니엘(spaniel), 머시룸(mushrooom)커트 스타일로 구분된다.

패럴렐은 섹션의 모양이 일직선인 수평 난발 커트이며, 이사도라는 섹션의 모양이 U, V자형으로 된 커트이다. 스파니엘은 섹션의 모양이 A자형으로 된 커트이고, 머시룸은 이사도라형의 U형으로 짧은 커트를 말한다.

구조와 무게감은 원랭스형에서는 네이프 쪽 머리에서 정수리 쪽으로 갈수록 길이가 점점 길어지며 모든 머리가 같은 높이로 떨어져 주변 머리의 형태 선에서 무게감을 준다. 퍼머넌트 웨이브 머리나 곱슬머리는 머리 모양의 입체감이 커지며, 특히 주변의 무게 부위에서 더욱 확대된다.

원랭스형 커트의 실제

머릿결은 컬을 한 머릿결이 나타나지 않으며 매끄럽고 가지런한 질감을 보여 준다.

### (2) 그래듀에이션 커트(Graduation Cut)

전체의 커트 디자인이 네이프(nape)에서 두상의 톱(top) 부분으로 올라갈수록 머리의 길이가 점점 길어지는 형태의 커트로 시술 각도의 증가에 따라 로우(low) 그래듀에이션, 미디엄(medium) 그래듀에이션, 하이(high) 그래듀에이션 스타일로 연출할 수 있다.

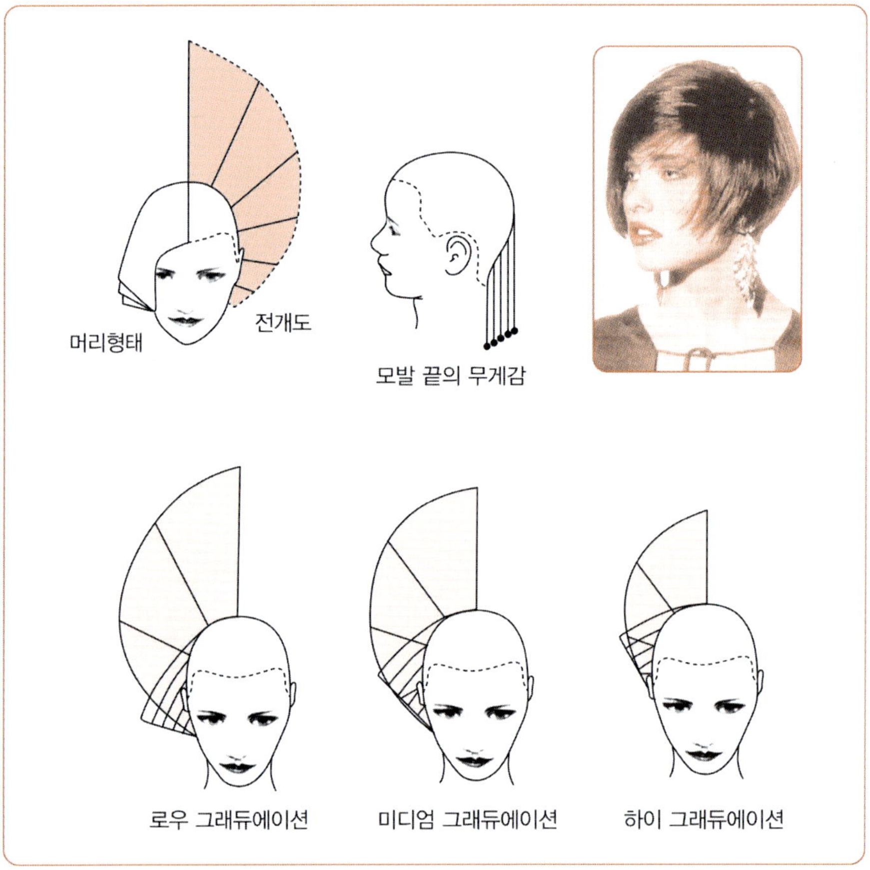


모양은 길이 단차로 변화 있는 느낌을 줄 수 있으나 기본적으로 삼각형의 모양을 갖추고 있다. 퍼머넌트 웨이브 머리나 곱슬머리에서는 넓이가 강조된다.

구조와 무게감은 원랭스형과 마찬가지로 네이프 쪽에서 정수리 쪽으로 길이가 점점 길어지지만, 모든 머리가 약간의 높낮이로 떨어져 능선을 경계로 대조적인 무게감을 형성한다. 무게 부위는 머리 모양의 가장 넓은 모서리 부분이다.

머릿결은 흘러내리는 부드러운 머릿결과 머리끝이 드러나는 강한 머릿결의 대조로 인하여 미묘한 질감의 차이를 나타낸다.

그래듀에이션형 커트의 세 가지 모양은 머릿결의 흘러내리는 면과 머릿결이 드러나는 면을 경계로 능선(ridge)에 의해 구분되며, 두 가지의 머릿결이 모양을 결정한다.

평행 그래듀에이션(parallel graduation)은 윗머리의 능선이 주변 머리의 디자인 선과 평행할 때이고, 증가 그래듀에이션(increasing graduation)은 얼굴을 기준으로 뒤쪽으로 갈수록 그래듀에이션이 증가할 때이며, 감소 그래듀에이션(decreasing graduation)은 뒤쪽으로 갈수록 그러데이션이 감소한다.

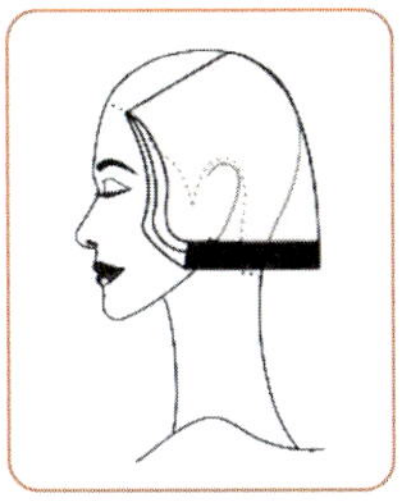
평행

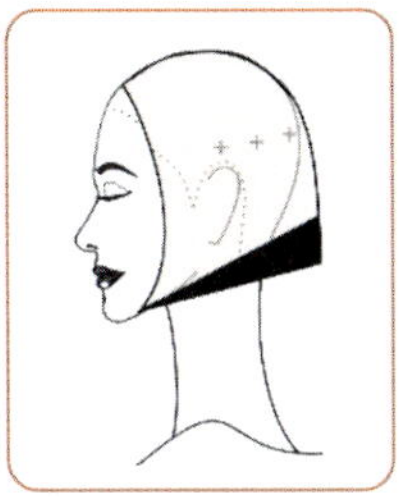
증가

감소

### (3) 레이어 커트(layered cut)

전체 커트의 디자인이 네이프에서 톱 부분으로 올라갈수록 머리의 길이가 점점 짧아지는 형태의 커트로 모발에 장단을 붙일 수 있으므로 율동감이 있어서 여러 가지 다양한 스타일을 창출할 수 있으며 웨이브를 넣었을 때 우아한 스타일로 연출된다.

#### ① 인크리스 레이어형

인크리스 레이어형(increase layered form)은 머리 길이가 외곽으로 점점 길어지는 형태로 생동감과 볼륨감을 주는 커트로서 활동적인 젊은 여성에게 어울리는 스타일이다. 대부분 인크리스 레이어형을 커트할 때에는 두상의 곡면이 머리가 향하는 방향에 영향을 끼친다.

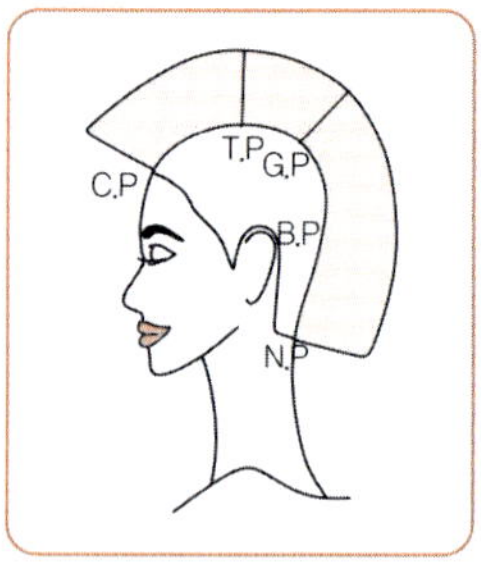


① 세임, 유니폼 베이직 : 짧게

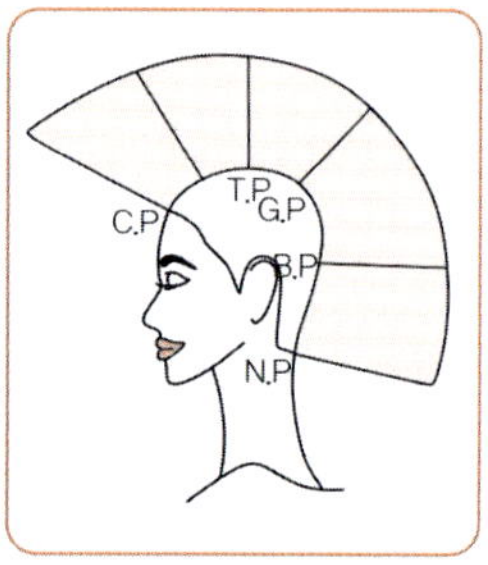


② 라운드 : 길게

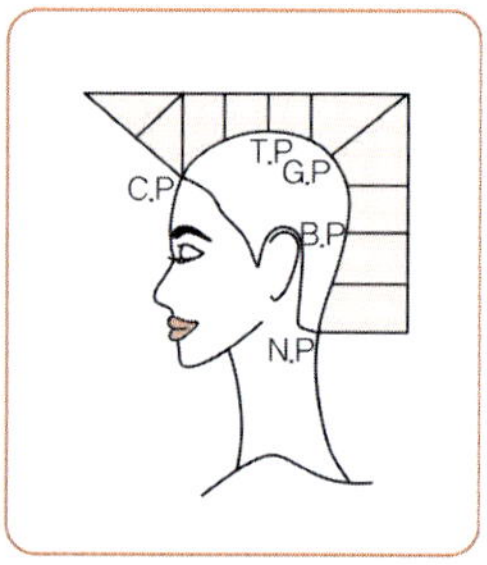


③ 스퀘어 : 짧게

모양은 인크리스 레이어형의 윤곽이 어떤 형태로든 변형이 가능하며 기본적으로 길게 늘어진 모양을 하고 있다.

구조와 무게감은 짧은 머리에서 외곽으로 점점 길어지는 구조를 하고 있으며, 다른 형과 혼합되지 않으면 무게감이 형성되지 않고 강조된 넓이도 없다. 그래듀에이션형과 비교해 보면 더 많이 분산되어 있기 때문에 가벼운 느낌을 준다.

머릿결은 두상의 아래쪽으로 갈수록 머리 길이가 길어져 무게가 보이지 않고 전체적으로 머리끝이 모이므로 표면 머릿결이 된다.

가이드라인과 파팅에 따른 변화는 어느 위치에서 최초의 길이를 결정할 것인지, 어떤 파팅에 따라 커트를 진행할 것인지에 따라 결과는 매우 달라진다. 앞쪽에서 결정하여 수직 파팅으로 진행하며 얼굴 주위의 짧은 머리가 뒤쪽으로 레이어는 감소한다. 수평 파팅으로 머리의 위쪽으로 커트를 진행하면 레이어가 균일하게 생긴다. 인크리스 레이어형에 있어서 결정된 대각선에 평행으로 진행해 나가면 그 반대의 대각 레이어가 생기게 된다.

각도와 디자인 라인의 변화는 진행하고자 하는 기준선이 고정 디자인 라인의 일반적 시술각은 90˚이다. 그러나 머리의 길이를 늘이거나 줄이기 위해서 각도의 변화를 줄 수 있다. 디자인 라인의 숱에 따라 길이 진행이 변화된다. 이중, 삼중으로 갈수록 길이의 증가 비율이 변하기 때문에 길어지는 느낌이 덜하다.

유니폼 레이어형은 디자인에서 전체적으로 머리 길이가 똑같아 무게선이 나타나지 않는다. 머리 길이는 두상의 곡면으로 흩어져서 전체적으로 커트를 한 머리끝이 보이는 머릿결이 되며, 둥그런 모양은 두상의 곡면과 같다.

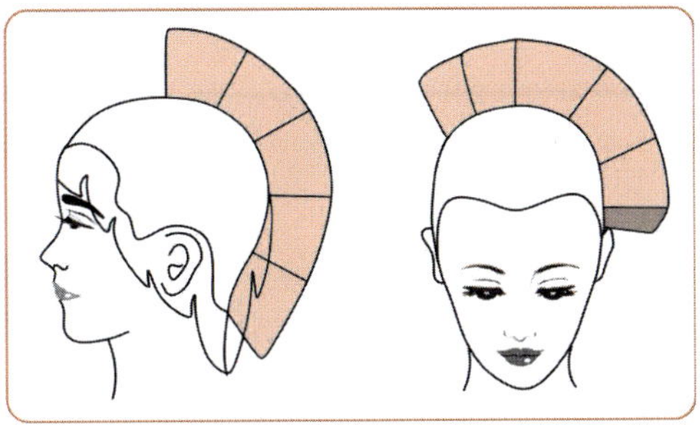

모양은 두상의 형태와 동일한 둥근 형태를 하고 있으며, 구조와 무게감은 두상의 외곽선에서 일정한 길이를 유지한 구조를 가지고 있으며, 무게감은 가벼워 보인다. 머릿결은 모발 끝 전체가 드러나는 짧은 형태로서 강하고 다양한 질감을 나타낼 수 있다.

### 5) 질감(Texture) 표현 방법

질감의 표현 방법은 커트 단면이 딱딱한 느낌이 나지 않도록 커트하는 기법으로 뾰죽뾰죽한 느낌, 붓끝 같은 느낌, 깃털 같은 느낌 등을 표현하는 방법이다. 기본 커트를 기초로 머리의 길이와 각도를 잘 맞추어 자른 다음 머리숱을 조정하여 양감을 표현한다든지 머릿결의 움직임에 따라 질감을 표현해주는 것은 커트에 있어서 중요한 작업이다.

디자인 된 커트 스타일에 무미건조하지 않은 섬세한 스타일과 질감 표현을 연출하기 위해서는 적당한 테크닉이 가미되어야만 한다.

틴닝 커트(Thinning Cut)는 틴닝 가위의 요철 모양 날에 의해 모량이 많은 부위의 숱을 조정하기도 하고, 모발 끝 부분을 가볍고 보다 부드러운 느낌이 나도록 할 때 사용하는 커트 테크닉이다.

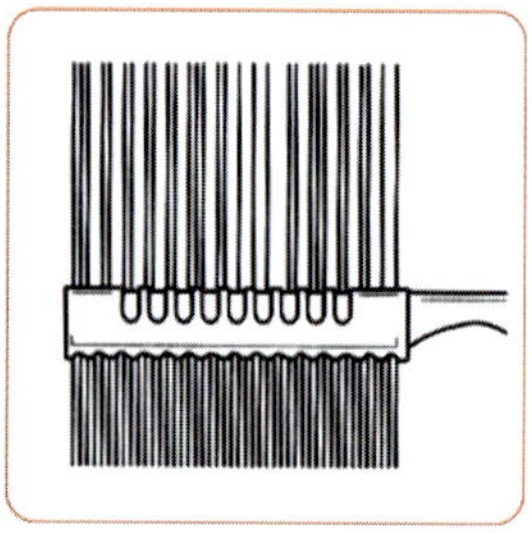

레이저 커트(Razor Cut)는 커트 기구에 면도날을 끼워서 커트하는 방법으로 부드럽고 자연스러운 커트 단면을 얻을 수 있는 방법이다. 서양인의 모발뿐 아니라 딱딱해 보이기 쉬운 동양인의 모발을 자연스럽게 표현하는 데 있어서 중요한 테크닉이다. 그러나 모발의 모표피(cuticle)를 잘라내는 결과를 가져올 수 있으므로 시술 방법을 바로 알고 사용하여 모발 손상의 원인을 줄이도록 해야 한다.

테이퍼링 커팅(Tapering Cut)는 레이저나 가윗날을 이용해 머릿단의 끝을 붓 모양의 뾰족한 느낌이 들도록 커트하는 테크닉으로 가볍고 자연스러운 느낌이 표현된다. 엔드 테이퍼링(end tapering), 미디엄 테이퍼링(medium tapering), 롱 테이퍼링(long tapering)이 있다.

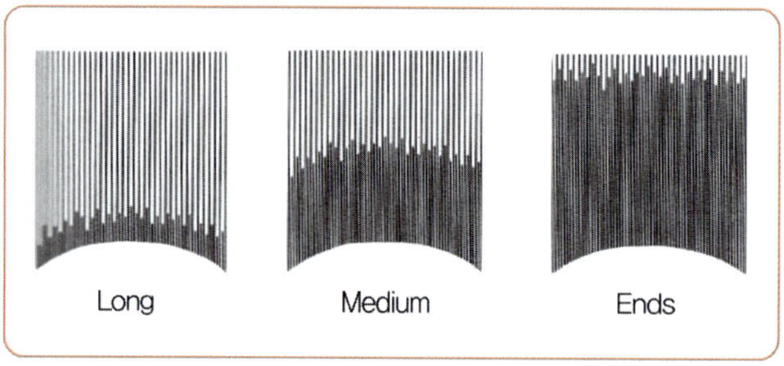

슬라이싱 커트(Slicing Cut)는 머리 다발을 왼손으로 잡고 머리끝을 날려 보내는 동작으로 가위를 머리끝을 향해서 미끄러지듯 커트하는 방법이다.

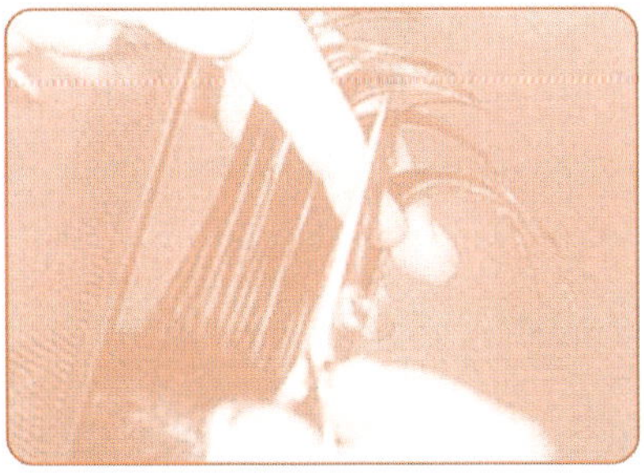

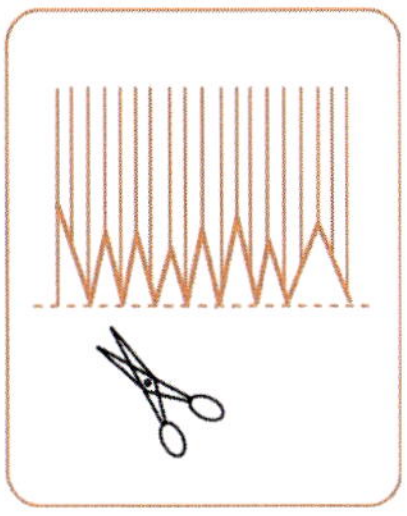

나칭 거트(Notching Cut)는 커트 후 모발의 떨어짐이 뭉툭한 느낌이 없는 자연스러운 커트 기법으로 가위를 머릿단 잡은 손과 평행하게 커트하는 것이 아니라 45° 정도로 비스듬히 머릿단에 넣어서 커트하는 방법이다. 블런트 커트의 딱딱한 느낌을 많이 감소시킬 수 있는 기법이다.

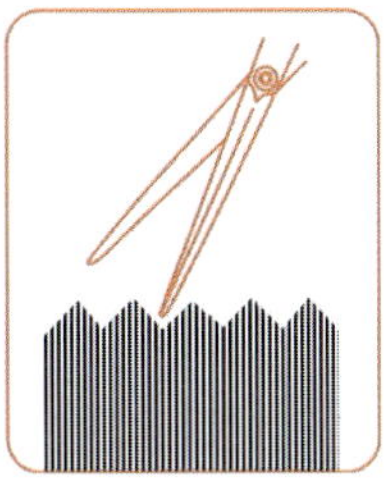

촙 커트(Chop Cut)는 나칭 커트보다는 가위를 머릿단에 대해 더욱 깊숙이 커트하는 기법이다. 머리끝 부분에 나칭 커트보다 거칠고 불규칙한 움직임과 가벼운 느낌을 주는 것이 목적이다.

슬리더링 커트(Slithering Cut)는 머릿단을 잡은 후 가위나 레이저를 이용하여 가위를 밀고 당기는 왕복 동작으로 인해 모발 끝이 불규칙하게 커트 되어지는 느낌을 이용하는 커트 방법이다. 가위가 들어가는 각도와 위치에 따라 테이퍼링이 되는 길이를 결정한다.

싱글링 커트(Sinling Cut)는 네이프 부분을 아주 짧게 커트하고 톱으로 올라갈수록 점점 길어지는 커트, 즉 아주 짧게 하는 머리 스타일이나 남자 커트 시 많이 사용하는 방법으로 두피로부터 빗을 사용해서 머리카락을 들어 올린

다음 빗 밖으로 나온 머리카락을 가위로 커팅하는 방법이다.

### 6) 커트 응용

커트를 응용하여 다양하고 세련된 커트를 하기 위해서는 기본 커트 중 한 가지 종류의 커트 방법만을 이용하여 커트하는 것보다는 두 종류 이상의 커트를 혼합해 커트하는 것이 효과적이다.

## 쉬어가기

### 아름다움을 표현하는 방법

아름다움을 표현하는 데는 의상, 헤어 스타일 등의 시각적 표현 방법과 향수처럼 후각적인 표현 방법이 있다. 향수는 빛깔이나 형태가 없는 만큼 신비롭고 상대방에게 인상을 짙게 하는 호소력을 지니고 있다. 이처럼 향수가 사람에게 영향을 미칠 수 있는 것은, 사람은 후각 기능을 통해 냄새를 인식할 수 있기 때문이다. 여기에서는 뇌의 후각 기능에 대해 알아봄으로써 사람이 냄새 맡는 과정을 살펴보고 나아가 향수에 대해 알아보려 한다.

우선 뇌에 대해 알아보면, 사람의 몸 중에서 뇌가 차지하는 비중은 약 1/40으로 모든 동물 가운데 뇌가 차지하는 비중이 가장 높은 동물이 인간이다. 뇌는 척추동물처럼 진화가 상당히 고등 단계에 이르렀을 때 생겨났고, 진화가 진행될수록 뇌가 더 커지게 되었다. 우리의 신체기관 중에서 가장 큰 부위를 차지하고 있는 것이 뇌이며, 이렇게 큰 인간의 뇌는 생존을 위한 운동, 감각의 제어와 조절이라는 고도의 정신기능을 창출하게 되었다.

신체의 곳곳에 흩어져 있던 신경세포의 집단이 신체의 등쪽 척추뼈 속에 모여 척수라고 하는 중추신경계를 형성하게 되는데, 이 척수의 가장 앞부분과 윗부분이 더욱 커지고 팽창되어 본격적인 뇌를 형성하게 되는 것이다.

뇌는 전뇌, 중뇌와 후뇌로 구성되어 있으며, 전뇌는 다시 종뇌와 간뇌로, 후뇌는 연수, 뇌교, 소뇌로 나누어진다. 전뇌는 대뇌피질과 변연계로 구성되어 있다. 변연계는 뇌의 중심부 아래에 자리하며 계통 발생상 뇌에서 비교적 일찍 발생한 부분으로서 늦게 발달한 대뇌피질에 의해 완전히 둘러싸여 있다. 대뇌피질은 외부 환경과의 교신을 통해 이를 입체적으로 인식하는 능력을 가지며 목적 지향성 이성행동을 주재한다.

즉 고도의 사색 기능, 판단 기능, 창조적 정신 기능 등의 고등정신 활동을 하는 곳이며 운동과 감각을 주제하는 곳이다. 이에 비해 변연계는 본능 행동과 정서 감정을 주제하는 기구로서 행동의 의욕, 학습, 기억 과정에도 깊이 관여한다.

그리고 편도핵은 모든 감각의 통합과 원심 신경로를 통해 시상하부의 기능을 조절한다고 한다. 편도핵은 변연엽의 구(nucus) 부위에 있는 여러 개의 핵들로 구성되어 있고, 그 신경 연락에 따라서 피질 내측부(corticomedial division)와 기저 외측부(basolateral division)로 구분한다. 피질 내측부는 후각 정보를 받아들이고 미각, 일반 장기 감각과 관련된 정보로서 고속핵을 거쳐 받아들이는 정보도 받고 있다. 그 정보를 분계조(striaterminalis)를 통해 시상 전영 역과 시상하부로 보낸다.

제6장

# 퍼머넌트 웨이브

1. 퍼머넌트 웨이브의 역사
2. 퍼머넌트 웨이브의 형성 원리
3. 퍼머넌트 웨이브의 원리
4. 퍼머넌트 웨이브 로션의 종류
5. 퍼머넌트 웨이브 로드의 종류
6. 퍼머넌트 웨이브 전 두피와 모발 진단
7. 퍼머넌트 웨이브의 시술
8. 퍼머넌트 웨이브 용액에 의한 장애
9. 퍼머넌트 웨이브 용액 사용 시 주의사항

제6장

# 퍼머넌트 웨이브

사회의 발전과 경제성장으로 말미암아 고객은 미용인에게 헤어 디자이너로서의 역할뿐만 아니라 모발관리사로서 모발이 모든 문제에 대한 상담과 치료 및 예방에 대해서 만족할 만한 역할을 해주기를 기대하고 있다. 이제 머리만 아름답게 시술해주면 헤어 디자이너의 의무가 끝났다고 생각하는 것은 옛날이야기가 되었다.

헤어 디자이너는 머리를 디자인하여 아름답게 하기 이전에 화학, 모발, 생리학, 영양학, 패션, 심리학, 경영학, 카운슬링 등과 같은 여러 분야의 전문 지식을 갖춘 전문가이어야 한다. 이러한 전문 지식을 갖추려면 미용이라는 직업에 더욱 깊은 관심을 가지고, 여러 방면으로 이해하고 전문적인 지식을 습득하기 위한 부단한 노력을 해야 한다.

미용인은 미용실에서 화학약품으로 제조된 많은 제품을 만지고 사용하고 있다. 이렇게 늘 만지고 사용하고 있는 모발 제품의 특성과 모발에 적용되는 원리를 올바로 알아야 하는 것이 전문 미용인의 자격을 갖추는 기본적인 요소가 된다. 최근 미용사는 있어도 전문적인 모발 및 두피관리사, 가모관리 등의 필요성이 절실히 요구되고 있다는 의미이기도 하다.

## 1 퍼머넌트 웨이브의 역사

퍼머넌트 웨이브란 자연스런 모발에 대해서 물리적, 화학적 방법을 가해, 모발의 구조와 상태를 오랫동안 웨이브 상태로 변화시키는 것을 의미하고, 헤어 스타일을 완성시키기 위한 하나의 수단으로써 이용된다.

인간의 아름다워지고자 하는 욕구는 무한하다. 그렇기 때문에 고대 이집트인들은 막대기를 이용하여 진흙을 바르고 햇빛에 말려 웨이브를 얻으려고 노력하였다. 이렇게 직모에 영구적인 웨이브를 형성시킨다는 것은 정말 획기적인 일이 아닐 수 없다.

최초의 퍼머넌트 웨이브(Permanent Wave)는 기원전 3000년경 고대 이집트에서 찾아볼 수가 있다. 고대 이집트인들은 나일강 유역의 알칼리성 진흙을 이용하여 모발에 바른 후 나무 막대에 감아 태양에 말려서 모발에 웨이브(Wave)를 만든 것으로 퍼머넌트 웨이브의 시초라 할 수 있다. 이집트에 알칼리성 성분인 토양이 직사광선의 열을 받아 모발에 화학변화를 일으켜 웨이브가 형성된 것으로 추측되고 있다.

그리스, 로마 시대에는 단백질의 변성을 이용한 물과 수소, 산소 등을 이용하여 불로 데운 철 막대기로 웨이브를 만들었다. 퍼머넌트 웨이브 기법이 오랫동안 지속되다가 19세기경에는 석유램프를 이용하여 열을 가하여 모발에 웨이브를 만들게 되었다고 한다.

오늘날의 퍼머넌트 웨이브가 실용화된 것은 20세기부터이다.

1875년 프랑스의 마셀이 아이롱(Iron)을 이용하여 웨이브를 만들었으며, 이 방법으로 얻어진 웨이브는 일시적인 것으로 머리를 감거나 수증기의 접촉에 의해서 웨이브가 없어지게 되는 결점이 있었다.

1905년경 영국 런던에서 사교계의 유명한 미용사였던 찰스 네슬러는 붕사와 같은 알칼리제가 모발의 화학변화를 일으켜 웨이브를 영구히 지속시키는 데 효과가 있다는 것을 발견하였다. 알칼리성 수용액으로 적신 모발을 막대기에 감아 이것에 열을 가하여 퍼머넌트 웨이브를 얻는 것에 성공하였다. 이 방법은 단지 긴 모발에만 시술이 가능하였으며 두피에서 말기 시작하여 모발 끝으로 말아가는 방식으로 스파이럴식 웨이브 형태였는데 긴 모발에만 시술이 가능하였다.

그 후 짧은 모발에도 퍼머넌트 웨이브 시술이 가능한 크로키롤식을 1925년 죠셉 메야가 고안해 냈다. 최초의 네슬러(Nessler) 방식에 의한 퍼머넌트 웨이브는 불안전한 기구를 사용하였다. 웨이브가 형성되기까지는 많은 시간이 소요되었다.

네슬러는 퍼머넌트 웨이브 약품의 처방을 비밀로 했기 때문에 대대적인 보급은 되지 않았다. 그 후 많은 과학자들은 이 네슬러 방식을 기초로 해서 사용한 약품뿐만 아니라 가열 기구에 대해서도 많은 연구를 거듭했기 때문에 1920년대부터 퍼머넌트 웨이브는 급격히 유행하였다.

1930년대는 전기를 사용하지 않는 가열 방식으로 약품의 화학반응에 의해서 얻어진 반응열을 이용한 기계적 퍼머넌트 웨이브가 고안되었다. 약품의 화학반응에 의해서 얻어진 퍼머넌트 웨이브는 위험한 가열 기구를 사용하는 번거로움이 해소되어 세계적으로 널리 보급되었다. 열을 가하지 않고 퍼머넌트 웨이브를 형성시키는 약품 개발이 계속적으로 연구되었다.

1930년경 미국의 록펠러 연구소에서 모발은 약한 염기성 용액에 의해 상온에서 쉽게 변화시킬 수 있다는 연구가 퍼머넌트 웨이브의 시초이다. 모발은 이황화 결합이 의해서 3차원적 구조를 갖고 있으며, 실온에서도 퍼머넌트 웨이브를 얻을 수 있는 가능성을 선보였다.

1936년 영국의 화학자 스피크먼(J. B. Speakman)은 아황산 수소나트륨을 이용한 실온 40°C 정도의 온도에서 퍼머넌트 웨이브가 얻어지는 것을 발견하여 실온에서도 퍼머넌트 웨이브를 얻을 수 있게 되었다.

알칼리와 열에 의한 퍼머는 케라틴 단백질의 구조를 변형시킴과 동시에 고열을 가했기 때문에 모발 손상이 컸다. 하지만 제2차 세계대전 후 현재의 콜드 웨이브가 나오면서 쇠퇴해 갔다.

실온에서 퍼머넌트 웨이브가 형성되었고 시술 시간도 길지 않는 콜드 퍼머넌트 웨이브(Cold Permanent Wave)제는 제1제 중의 치오글리콜산이 케라틴 분자인 시스틴 결합을 환원 절단하고 제2제의 브롬산염 등이 산화되면서 모발 본래의 결합인 시스틴 결합으로 돌아오는 원리였다. 사용해 오던 가열 퍼머에 비하면 케라틴 변성이 적어 모발 손상이 적었다. 그 후 모발의 케라틴 화학구조가 해명되어 시스틴 결합을 절단하는 연구가 계속되었다.

이때 처음으로 고구르란 학자가 티오글리콜산과 케라틴의 화학 반응을 학계에 발표하였다. 그 후 많은 학자들이 실온으로 모발의 시스틴 결합을 절단할 수 있는 약품에 대해서 연구를 계속한 결과 티오글리콜산(Thioglycolic Acid)의 제조 방법이 비교적 간단하면서 보건위생상 무해하고 냄새가 비교적 적으며, 효과적인 웨이브를 얻을 수 있는 점에서 콜드 퍼머넌트 웨이브제로서 적당하다는 것을 확인했다. 그 후 1947년 미국의 FDA(식품의약품국)에 의해서도 인증을 받았다.

제2차 세계대전 후 경제적 성장과 함께 콜드 퍼머넌트 웨이브제가 대량 생산되어 대중화되었다. 1950년대에 이후부터는 완전히 콜드 퍼머넌트 웨이브로 대중화되어 현재에 이르고 있다. 1970년대 초부터는 헤어 커트 붐이 일면서 퍼머넌트 웨이브 기법도 변화되었다. 현재 사용되는 퍼머넌트 웨이브란 이 콜드 퍼머넌트 웨이브를 말한다.

오늘날 퍼머넌트 웨이브 기술은 미용기술 중에서도 커다란 비중을 차지하는 분야가 되었고, 많은 과학자에 의해서 전문적인 연구가 계속 진행되고 있다.

## 2 퍼머넌트 웨이브의 형성 원리

퍼머넌트 웨이브의 원리는 모발의 구조와 물리·화학적 성질과 밀접한 관계를 갖고 있음을 알 수 있다. 그러므로 퍼머넌트 웨이브의 형성 원리를 이해하기 위해서는 모발의 구조, 물리·화학적 성질을 알아야 한다.

모발의 단면은 3층 구조로 되어 있으며, 바깥층에서부터 모표피, 모피질, 모수질의 구조로 되어 있으나 퍼머넌트와 염색에 중요한 역할을 하는 부분은 모발의 대부분을 차지하고 있는 모피질이다.

모발의 80~90%를 구성하고 있는 모피질(Cortex)은 탄성이 풍부한 섬유상의 단백질인 경케라틴(Keratin)으로 구성되어 있다. 경케라틴(Keratin)은 각종 아미노산이 결합하여 이루어진 폴리펩티드(Polypeptide) 쇄상이 연결지어져 있고, 다른 단백질에 비해 유황(S)의 함유량이 많다.

### 1) 퍼머넌트 웨이브란?

'영구적인 물결'이란 뜻으로 자연 상태의 모발에 물리적 · 화학적 방법을 사용하여 모발의 구조나 형태를 변화시켜 웨이브의 형태를 오래도록 유지하는 방법의 하나이다. 퍼머넌트 웨이브의 형성에는 물리적인 작용과 화학적인 작용이 모두 이루어진다.

물리적 작용으로는 모발의 탄성을 응용하는 것으로 웨이브 형성을 위해 '로드'라는 기구에 물리적인 힘을 가해 모발을 감으면서 모발에 적당한 긴장감을 주는 것을 말한다. 로드에 모발을 감아서 굴곡이 생기므로 와인딩 시 굴곡에 의해 안쪽과 바깥쪽이 늘어남의 차이를 말한다.

### 2) 웨이브의 화학적인 작용

퍼머넌트 웨이브 제품은 제1제와 제2제로 나누어져 있다.

모발에 제1제를 도포하게 되면 모발의 시스틴(S−S) 결합이 절단된다.

이때 제1제인 환원제의 작용으로 절단된 시스테인(−S)이 수소원자와 결합하여 2개의 시스테인 잔기(−SH HS−)가 만들어진다. 제1제는 티오글리콜산과 암모늄이 주원료인 알칼리성을 가진 제품으로 제1액의 구성 성분인 알카리성 용액(암모니아수)이 모발을 팽윤 · 연화시켜 웨이브 형성이 쉽고 부드러운 조건을 만들어 준다. 1액 성분 중 티오글리콜산이 단단한 모발의 시스틴 결합을 끊어서 환원작용에 의해 일시적인 웨이브를 형성시킨다.

제2제의 산화작용 – 퍼머넌트 웨이브 제1제의 환원작용에 의해 매우 불안정한 물질인 시스테인(SH–HS)은 공기 중의 산소(O)에 의해서 산화되어 원래의 시스틴 구조로 돌아와서 α–케라틴의 상태로 변화되는 것을 산화작용이라고 한다.

1제 또는 1액의 제1제인 화학약품에 의해서 환원되어 절단된 모발이 제2액의 산화작용에 의해 다시 재결합하여 새로운 시스틴(S–S) 결합으로 반 영구적인 웨이브가 형성되는 것이 퍼머넌트 웨이브의 원리이다.

## 3 퍼머넌트 웨이브의 원리

### 1) 퍼머넌트 웨이브의 작용

퍼머넌트 웨이브의 형성에는 다음의 2가지 중요한 작용이 이루어진다.

① 물리적인 작용 : 웨이브 형성을 위해 로드 기구에 물리적인 힘을 가해 모발을 감으면서 모발에 적당한 긴장감을 준다. 로드에 모발을 감아서 굴곡이 생기도록 해줌 : 와인딩 시 물리적인 힘에 의해 굴곡이 안쪽과 바깥쪽의 늘어남의 차이 생김(물리적인 작용)

② 화학적인 작용 : 제1액의 환원작용에 의해 모발의 시스틴(cystine) 결합의 절단과 제2액의 산화작용에 의해 시스틴의 재결합으로 웨이브가 형성된다.

- 제1액 도포 : 1액의 구성 성분인 알칼리성 용액(암모니아수)
  모발을 팽윤시켜 웨이브 형성이 쉬운 부드러운 조건 만들어 줌(화학적인 작용)
- 제1액 중 치오글리콜산이 단단한 시스틴 결합 끊어(환원작용에 의해)

웨이브 형성하는데 일시적으로 웨이브를 형성시킴(화학적인 작용)

- 제2액 도포 : 제2액의 산화작용에 의해서 시스테인 재결합으로 일시적으로 형성해 웨이브를 영구적인 웨이브로 형성시킴(화학적인 작용)

### 2) 모발의 구조 및 퍼머넌트 웨이브의 원리

모발의 물리, 화학적인 성질을 이용해 형성되는 퍼머넌트 웨이브의 원리를 이해하기 위해서 시술자는 모발의 구조와 모발에 대한 과학적인 기초 지식이 필요하다. 모발은 모표피, 모피질, 모수질 3개의 층으로 이루어져 있으며 그중 모피질은 퍼머넌트 웨이브의 형성에 중요한 역할을 한다.

모발의 주성분은 케라틴(keratin) 단백질이며, 18가지의 아미노산이 구성되어 있다. 이 아미노산들은 주된 결합인 펩타이드의 결합에 의해 강하게 결합되어 있으며, 측쇄로는 수소 결합, 시스틴 결합, 염 결합, 소수성 결합에 의해 매우 단단한 구조로 이루어져 있다.

이들 측쇄 결합 중 2분자의 시스테인이 결합된 시스틴 결합(-S-S)은 퍼머넌트 웨이브의 형성에 직접 관여하는 결합으로 케라틴이 구조적으로 단단하고 안정된 구조를 이루도록 하는 데 큰 역할을 한다.

모발 케라틴은 알칼리성 용액에는 약한 성질이 있어 퍼머넌트 웨이브의 제1액인 알칼리 용액에 의해 모발의 모표피가 열리고 모발이 팽윤하게 되어 로드의 모양대로 웨이브를 형성하기가 용이한 상태가 된다.

또한, 퍼머넌트 웨이브의 제1액에 함유되어 있는 치오글리콜산은 단단한 결합인 시스틴의 결합을 환원 절단(-SH HS-)시켜서 모발이 로드의 모양대로 구부러지기 쉽도록 도와주는데, 이때 로드의 바깥 부분 모발은 더 강하게 잡아당겨져 β-케라틴화 되어 많이 늘어나게 되고 안쪽의 모발은 조금 늘어나게 되는 차이를 보이게 되므로, 이렇게 모발의 당겨짐의 대, 소의 차이와 로드의 굵기에 의해서 웨이브가 형성된다.

여기에 퍼머넌트 웨이브의 제2액인 과망간산칼륨의 산화작용에 의해서 구부러진 모양대로 시스테인이 가까운 측쇄의 시스테인과 다시 재결합(-S-S-)되어 시스틴이 되므로서 영구적인 웨이브를 형성하게 된다.

## 4 퍼머넌트 웨이브 로션의 종류

고객에게 퍼머넌트 웨이브를 이용하여 아름다운 헤어 스타일을 형성시키기 위해 헤어 디자이너는 퍼머넌트 웨이브 로션의 종류에 따른 구성 성분과 모발과의 작용 원리를 바로 인지하여, 원하는 컬을 얻고 모발의 손상을 최소화시킬 수 있도록 해야 한다. 퍼머넌트 웨이브 용액은 1욕식, 2욕식, 3욕식으로 나눌 수 있다.

### 1) 1욕식 콜드 웨이브

1욕식은 한 종류의 용액만을 사용하여 웨이브를 형성시키는 방법으로 치오글리콜산 암모늄이 주원료로 사용되어 시스틴 결합을 환원시키고 공기 중의 산소에 의해 자연적으로 산화작용이 이루어지도록 하는 방법이다. 이 방법은 시간이 너무 많이 걸리고 웨이브 형성력이 약해 업소용으로 부적당하다.

### 2) 2욕식 콜드 웨이브

현재 가장 많이 쓰이고 있는 퍼머넌트 웨이브 약액으로 제1액과 제2액으로 되어 있다.

#### ① 제1액

제1액은 치오글리콜산(thioglycolic acid) 또는 그 염류로 제조된 것과 시스테인을 주성분으로 제조된 것이 있다.

▶ 치오글리콜산(thiohlycolic acid) 제제

제1액 중요 성분인 치오글리콜산과 그 염류가 이용되며 이것에 알칼리제를 가한 알칼리성 용액이다. 우선 알칼리성 성분에 의해 모발의 큐티클이 열리며 약액의 침투를 용이하게 하여 팽윤시킨다. 침투된 치오글리콜산은 시스틴 결합을 환원 절단하는 역할을 한다. 퍼머넌트 웨이브 용제인 치오글리콜산의 농도는 약 2~7%이고 pH는 4.5~9.6이 이용된다.

▶ 시스테인(Cysteine) 제제

치오글리콜산(thioglycolic acid) 대신 모발과 동일한 아미노산인 시스테인(cysteine)을 이용하여 모발을 환원시키는 방법이다. 시스테인은 모발 중의 아미노산인 시스틴이 환원되어진 물질로 모발과 동일한 물질이므로 모발과 친화력이 있어 모발 손상을 줄일 수 있으며, 모발 중에 남아 있어도 모발이 손상되지 않는다는 장점을 가지고 있다. 그러므로 손상된 모발에 사용하면 효과적이다. 시스테인 제제 퍼머넌트 웨이브 용액은 치오글리콜산(thioglycolic acid)보다 환원력이 떨어져 진행 시간이 길고 웨이브의 강도는 약하게 형성되는 편이나 퍼머넌트 웨이브 후 모발은 부드럽고 탄력 있는 웨이브가 형성된다.

② 제2액(neutralizer)

제2액에는 브롬산나트륨($NaBrO_2$)과 브롬산칼륨($KBrO_3$)의 3~5% 수용액을 산화제로 사용한다. 또한, 과산화수소($H_2O_2$)가 사용되기도 하며, 이때 농도는 2.5% 이하로서 pH 2.5~4.5가 사용된다. 과산화수소를 사용할 경우는 시간을 정확하게 시술한 후 충분히 헹구어 주어야 한다.

제2액의 원리는 제1제의 환원작용에 의하여 절단되었던 시스틴(cystine) 결합(-SH-HS-)을 제2액의 산화작용에 의해서 다시 시스틴(cystine)(-S-S-)으로 재결합시켜 주므로 웨이브를 고정시켜주는 역할을 한다.

제조업자들은 제1액 퍼머넌트 웨이브 로션에 맞는 제2액을 생산하므로 한 개의 포장 박스에 제1액과 제2액이 같이 들어 있는 것이 보통이다. 따라서 될 수 있으면 제1액과 제2액은 같은 포장에 들어 있는 것을 사용하는 것이 효과를 높이는 방법이 된다.

### 3) 3욕식 콜드 웨이브

- 제1액 : 모발을 팽윤시키기 위해서 와인딩 전에 활성 퍼머넌트 웨이브 용액을 바른다.
- 제2액 : 2욕식의 제1액과 같은 환원작용을 한다.
- 제3액 : 산화제로 2욕식의 제2액과 같다.

## 5 퍼머넌트 웨이브 로드의 종류

퍼머넌트 웨이브 로드는 무척 다양하여 일반 로드와 독특한 웨이브를 형성하는 특수 로드가 있다. 퍼머넌트 웨이브 로드의 선택은 성공적인 퍼머넌트 웨이브를 디자인하는 데 있어서 매우 중요하다.

퍼머넌트 웨이브 로드의 종류

### 1) 일반 로드의 종류

일반 로드에는 각이 지거나 홈이 파여진 오목한 형과 일자형이며 매끄러운 로드가 있는데, 전자가 후자보다 웨이브의 형성은 더 강하게 형성되나 웨이브가 매끈한 것은 부족하다.

### 2) 특수 로드의 종류

특수 로드에는 로드의 모양에 따라 스파이럴, 트위스트, 다이렉트, 스트레이트, 미네럴 펌 기구 등이 있으며 그 밖에도 여러 종류가 있다.

## 6 퍼머넌트 웨이브 전 두피와 모발 진단

퍼머넌트 웨이브를 하기 전에 고객의 두피와 모발을 조심스럽게 진단해 보는 것은 매우 중요하다. 이러한 전문적인 진단은 다음과 같은 사항들을 가능한 한 정확히 알아보려는데 있다.

### 1) 두피의 건강 상태

두피는 매우 자세히 검사를 해야 한다. 두피에 찰과상이나 염증의 유무를 정확히 파악하여, 발견되었을 경우에는 두피의 상태가 호전될 때까지 퍼머넌트 웨이브 시술을 미루도록 한다. 특히 퍼머넌트 웨이브 전 샴푸 시에는 두피의 상처가 생기지 않도록 각별히 조심해서 샴푸를 행한다.

### 2) 모발의 건강 상태

고객의 모발 건강 정도는 강한 햇빛과 바람에 노출된 정도, 고객이 사는 지역의 기후, 고도, 습도 등의 자연적인 조건과 모발 시술의 결과 등에 따라 달라지는데 퍼머넌트 웨이브 전 정확한 모발의 진단이 필요하다.

굵고 건강한 모발인 저항성 모의 경우는 퍼머넌트 웨이브 용액의 강도가 보다 강한 것을 사용하여 효과를 높이도록 하고, 건강도가 낮은 손상 모발은 다공성의 모발이기 때문에 퍼머넌트 웨이브 후 더욱 심한 손상을 일으키게 되므로 모발의 손상 정도를 정확히 판단하여 그에 알맞은 손상된 모발용 약액을 선정하되 적절한 프로세싱 타임과 퍼머넌트 웨이브 후의 조심스런 케어가 필요하다.

### 3) 모발의 결

모발의 굵기라든지 직모, 곱슬모, 축모 등의 모발 종류에 따라 뻣뻣함, 부드러움, 거침 등의 결이 결정되는데, 결에 따라 퍼머넌트 웨이브 형성이 다르게 된다. 같은 굵기의 모발이라도 건강한 모발은 손상된 모발보다 웨이브 형성 시간이 길 뿐만 아니라 퍼머넌트 웨이브 후 손상 모발의 웨이브가 더 곱슬 하게 형성된다.

곱슬머리의 경우 모발의 곱슬한 정도에 따라 퍼머넌트 웨이브 후 결정되어 나오는 웨이브의 굵기 또한 다르게 형성된다.

### 4) 탄력성

모발의 신축성을 의미한다. 건강한 모발일수록 탄력성이 커서 퍼머넌트 웨이브 후에도 컬이 탄력 있게 형성되어 웨이브가 오래 지속될 수 있다.

## 7 퍼머넌트 웨이브의 시술

### 1) 준비물

- 고객용 : 퍼머넌트 웨이브 가운, 퍼머넌트 웨이브 보, 타월
- 약액 및 도구 : 퍼미넌드 웨이브 용액, 보호용 크림, 로드, 엔드 페이퍼, 꼬리빗, 고무 밴드, 퍼머넌트 웨이브용 스틱, 어플리케어터(퍼머넌트 웨이브 용액 병), 고무장갑, 솜 또는 거즈, 비닐 캡, 2액 받침대, 샴푸, 린스
- 기구 : 퍼머넌트 웨이브 웨이빙 촉진기, 히팅 캡, 타이머, 이동식 정리대

## 2) 시술 순서 및 시술 방법

퍼머넌트 웨이브는 많은 손질이 필요한 작업이다. 그럼에도 단계마다 적절한 시술 방법과 세심한 주의를 필요로 하는 전문성이 요구된다. 만일 이러한 부분이 결여된다면 모발 손상의 직접적인 원인이 될 뿐 아니라 원하는 디자인이 연출되지 않는다.

### (1) 전처리

#### ① 샴푸(shampoo)

될 수 있는 대로 퍼머넌트 웨이브 직전에는 샴푸를 피하는 것이 좋으나, 해야 할 경우에는 손톱이 두피를 자극하지 않도록 손가락의 부드러운 부분으로 마일드한 샴푸를 하도록 각별히 주의한다.

#### ② 헤어 트리트먼트(hair treatment)

손상되어 있는 부분에 영양 크림으로 트리트먼트 후 시술한다.

#### ③ 유화(relaxing)

모발이 굵고 아주 건강한 발수성 모발의 경우 모표피에 피지 성분이 많고 모표피가 밀착되어 있어 틈새가 없기 때문에 퍼머넌트 웨이브 용액을 잘 흡수시키지 못하므로 원하는 컬을 얻으려면 특수 활성제를 도포하여 퍼머넌트 웨이브제의 흡수를 도와 웨이브의 형성이 용이하도록 유화의 과정을 거친다.

### (2) 웨이브 프로세스(Wave process)

#### ① 블로킹과 섹셔닝

퍼머넌트 웨이브 시의 블록킹은 퍼머넌트 웨이브 디자인에 따라 모발을 로드에 효율적으로 와인딩하기 위해 두상을 구획하는 것이다. 블록킹은 로드의 크기와 종류 및 퍼머넌트 웨이브의 디자인에 따라 다르게 된다.

섹션 또한 퍼머넌트 웨이브의 디자인에 따라 수평, 세로, 사선, 삼각, 사각 등의 형태로 와인딩의 방향을 설정하며 로드의 길이보다 작게 하는 것이 효과적이다. 짧은 머리이거나 모발 숱이 적은 고객은 지그재그 섹션으로 와인딩 하면 퍼머넌트 웨이브 자극으로 섹션 라인이 뚜렷하게 생기는 것을 막을 수 있는 장점이 있다.

#### ② 로드 선택

로드의 굵기에 따라 퍼머넌트 웨이브 후 헤어 스타일이 결정되므로 알맞은 로드를 고르는 것은 성공적인 퍼머넌트 웨이브를 위해 기본적인 일이지만 매우 중요하다. 로드의 굵기는 최종적인 컬을 결정하므로 헤어 디자이너는 고객에게 퍼머넌트 웨이브를 하고자 하는 기구를 미리 예측하여 결정한 후에 고객의 모발 탄력성, 굵기, 강도, 질감, 길이 등이 참고하여 적절한 로드를 선택하는 것이 좋다. 그 밖에 모발에 알맞은 약액 선정, 적절한 온도 및 시간, 와인딩 방법의 선택은 퍼머넌트 웨이브의 성공과 실패에 직접적인 원인이 된다.

#### ③ 제1액 도포

와인딩 전에 제1액을 도포한 후 와인딩이 끝나면 다시 제1액을 균일하게 도포해 주는 방법이 일반적이며, 워터 래핑(water wrapping)이라 하여 모발에 적당한 수분을 준 다음 와인딩 한 후에 제1액을 도포하는 방법도 있다.

두 가지의 방법에는 각각 장단점이 있다. 전자의 경우는 제1액이 모발에 작용하는 시간이 길어진다는 단점이 있으나 골고루 잘 도포된다는 장점이 있으며, 후자는 제1액의 작용 시간이 같아지게 되어 와인딩 하는 시간만큼 시간이 단축되므로 모발의 손상을 줄일 수 있다는 장점이 있으나, 제1액이 와인딩한 모발 끝부분까지 고르게 스며들지 않아 모발 끝 부분의 퍼머넌트 웨이브 형성이 완전하지 못할 경우도 있다.

④ 와인딩(widing)

와인딩은 로드에 모발을 감는 것으로 적당한 텐션을 주면서 모발 끝이 꺾이지 않도록 매끄럽고 깨끗한 와인딩이 되도록 한다.

너무 모발을 강하게 잡아당겨서 시술하면 고객이 불편할 뿐만 아니라 모발에 손상을 초래하기 쉽다. 와인딩 시 사용되는 퍼머넌트 웨이브 종이(end paper)는 다공성이어야 한다. 이것은 모발 끝의 꺾임을 방지하고 매끈한 웨이브를 형성시키기 위해서 사용하는데, 엔드 페이퍼를 한 장으로 사용하는 경우와 스트랜드의 앞면과 뒷면의 한 장씩 2장을 이용하여 와인딩 하는 방법, 한 장의 엔드 페이퍼를 반으로 접어서 사용하는 방법 등이 있다.

와인딩 방법은 수평 말기, 수직 말기, 사선 말기, 돌려 말기, 벽돌쌓기, 볏집 쌓기 등 여러 방법이 있다. 고무밴드로 고정할 때 너무 강하게 당긴다든지 두피 쪽에 너무 바짝 붙여 고정시키게 되면 모발이 꺾이거나 고무줄에 부분적으로 눌려 모발이 손상되는 요인이 된다.

와인딩 방법

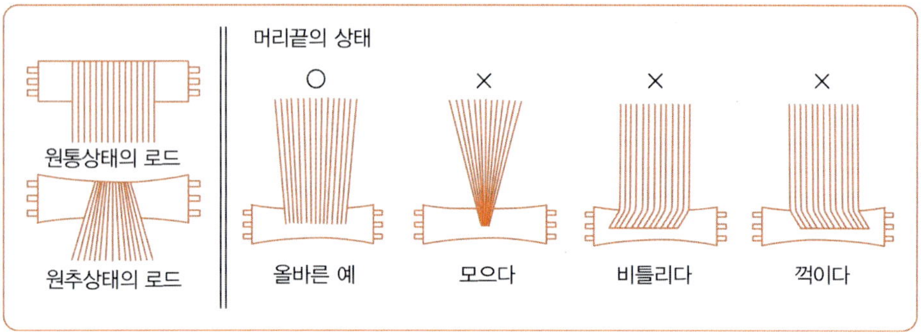


로드와 머리끝 와인딩 방법

⑤ 스틱 꽂기

모발에 고무줄 자국이 생기지 않도록 두피 가깝게 눌려진 부분을 스틱으로 꽂아준다. 한 번에 세 개 이상의 로드에 한꺼번에 꽂게 되면 두피가 아프게 되므로 주의하도록 한다.

⑥ 타월 및 코튼 두르기

퍼머넌트 웨이브 용액이 흐르는 것을 방지하기 위하여 햄 라인이 타월이나 코튼으로 둘러 준다.

⑦ 제1액 재도포

와인딩 된 로드 위에 1액을 다시 도포한다.

⑧ 비닐 캡 씌우기

두피에서 발생하는 열을 이용하여 퍼머넌트 웨이브의 작용을 촉진시키고 모발에 도포된 퍼머넌트 웨이브 용액의 산화를 막기 위해 비닐 캡을 씌운다.

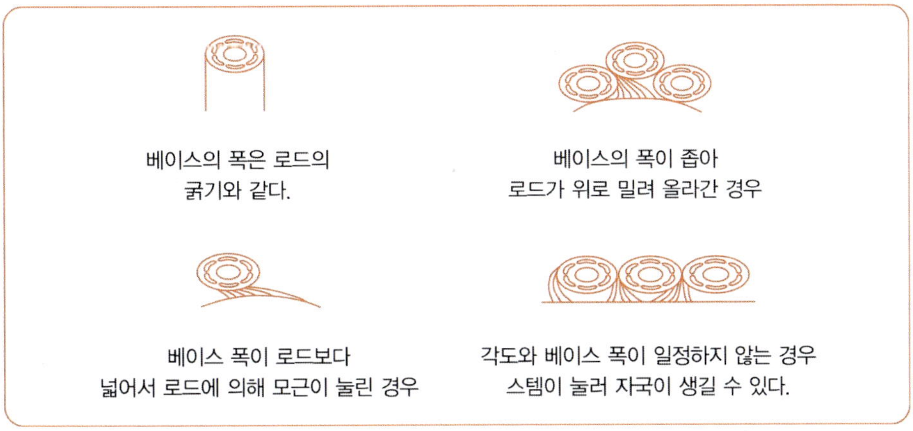


베이스 폭과 각도

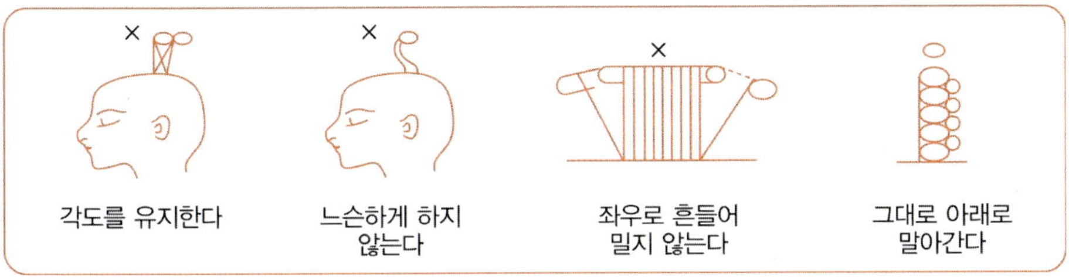


와인딩 시 주의 사항

### ⑨ 프로세싱 타임 결정

프로세싱 타임은 제1액 도포 후 비닐 캡을 씌우고 나서부터 제2액을 도포하기 전까지의 퍼머넌트 웨이브 작용 시간을 말하며, 퍼머넌트 웨이브 촉진기 사용 시간과 자연 방치 시간을 모두 합한 시간이다.

프로세싱 타임을 잘 맞추어 주는 것은 퍼머넌트 웨이브 과정에서 매우 중요한 과정으로 시간이 짧으면 모발 웨이브 형성이 불완전하게 되고, 시간이 너무 지체되면 모발의 팽윤이 지나쳐서 본래의 모발로 회복이 되지 않게 되어 모발 손상의 큰 원인이 된다.

퍼머넌트 웨이브 촉진기는 보조기구로써 시간의 단축을 위해 사용하지만, 자연 방치의 시술 시간이 중요시 되어야 하며 너무 과도한 사용은 모발에 커다란 손상을 줄 수가 있다.

### ⑩ 테스트 컬(test curl)

테스트 컬은 프로세싱 타임을 결정하는데 중요한 역할을 한다. 이것은 모발에 도포된 제1액이 어느 정도 작용되었는가를 판단하기 위해서 웨이브이 형성 정도를 조사하는 방법으로, 퍼머넌트 웨이브 전 모발 진단에 의해서 예상했던 시간이 경과한 후 먼저 백부분에서 테스트 할 부분을 정하여 로드를 너무 잡아당기지 않은 상태에서 1~2회전 정도 풀어 보아 웨이브 형성 정도와 탄력성을 체크한 후, 원하는 컬이 형성되었으면 프로세싱 타임을 종료하고, 부족 시에는 시간을 다시 예측하여 결정한 후 재와인딩 하여 프로세싱한다. 이때 컬의 형성이 너무 부족할 때는 1액을 한 번 더 도포해야 할 경우도 있을 수 있다.

### ⑪ 중간 린스

원하는 웨이브를 얻었을 때 제1액의 작용을 정지시키고 제2액의 산화작용을 활성화 시키기 위해서 제1액을 물로 헹구어 내는 과정을 말한다.

중간 린스를 하는 이유는 이미 도포된 1액에 2액을 그대로 도포하였을 경우, 1액의 환원제와 2액의 산화제가 혼합되어 2액의 산화작용에 영향을 미치게 되어 웨이브의 고정 효과가 감소되고 역할을 끝낸 1액의 잔재로 인해 모발 손상의 원인이 되기 때문이다. 중간 린스 후에는 반드시 로드의 물기를 제거해 주어야 한다.

### ⑫ 제2액 도포

제2액은 1액에 의해서 형성되어진 웨이브가 풀어지지 않도록 고정시켜 주는 역할을 하므로 도포할 때는 로드 하나하나에 정성을 들여 도포해야만 원하는 컬을 얻을 수가 있다. 가끔 2액 도포에 실패하여 애써 시술한 퍼머넌트 웨이브가 부분적으로 만족스러운 컬이 형성되지 않는 경우가 있다. 2액을 도포하는 도중 흘러내린 용액은 재사용하는 일이 없도록 한다. 중간 린스 후 완전히 제거되지 않았던 1액 혹은 물로 인해 희석되었을 가능성이 높아 2액의 작용이 떨어질 수 있기 때문이다.

2액의 반응 시간은 15~20분인데 2회로 나누어 도포하는 것이 산화 과정에 효과적이다.

#### ⑬ 로드 오프(rod off)

컬이 완성된 후 로드를 제거하는 과정을 말하며, 이 과정에서 시술자는 고객에 대한 상당한 배려가 필요하다. 퍼머넌트 웨이브의 전 과정을 거치는 동안 고객은 두피의 긴장감, 퍼머넌트 웨이브 약제에 의한 막연한 두려움, 긴 시술 시간 등에 의해 피로해지므로 보다 정성이 담긴 손길로 로드를 제거해 주도록 한다. 두피의 당김으로 예민해져 있을 때에 거친 손동작으로 인해 로드에 머리카락이 걸려 따갑다든지, 모발이 뜯기는 느낌을 받게 되면 매우 불쾌해져서 신뢰감을 잃게 되는 경우가 있기 때문이다.

### (3) 후처리

로드를 제거한 후 퍼머넌트 웨이브제를 완전히 헹구어 내고 산성 린스를 사용하여 모발의 pH가 정상(pH 4.5~5.5)이 되도록 돕는다. 퍼머넌트 웨이브 후 체크 커트가 필요할 수 있다. 또한, 트리트먼트 제품을 사용하여 건조해진 모발에 수분과 영양분을 공급해 주고, 두피를 가볍게 눌러주어 혈액순환 및 로드에 의한 모발의 쏠림 등을 완화시켜 주도록 한다.

#### (4) 세팅이나 저온 드라이

퍼머넌트 웨이브 시술 직후에는 퍼머넌트 웨이브의 풀림 또는 모발 손상을 줄이기 위해 뜨거운 바람의 드라이어 사용은 피하고, 세팅 및 저온으로 드라이어를 사용하여 스타일링을 해 주도록 한다. 손쉽게 스타일링 하는 방법을 고객에게 알려주어 아름다운 형태를 유지할 수 있도록 하는 것도 중요하다.

#### (5) 퍼머넌트 웨이브 시술 카드 작성

시술 날짜, 모발 진단, 원하는 컬의 정도, 시술 방법, 약액의 종류, 프로세싱 시간 등을 상세히 기록하여 다음 시술 시 도움이 되도록 한다.

## 8 퍼머넌트 웨이브 용액에 의한 장애

### 1) 단모 및 탈모

퍼머넌트 웨이브 용액은 모발의 케라틴 구조를 변화시켜서 웨이브를 형성시키므로 그 시술 방법과 약액이 부적당하면 단모와 탈모를 일으킬 수 있다. 와인딩 시 고무밴드를 너무 강하게 해 주어 꺾이는 부분이 생긴다든지, 손상된 모발에 텐션을 너무 강하게 주게 되면 모발이 끊어지게 된다. 또한, 모발에 부적당한 약액을 사용했을 경우에는 모발이 퍼머넌트 웨이브 후 끊어지는 경우가 종종 있게 된다.

탈모는 와인딩 시 모근을 강하게 잡아 당겨진 부위에서 가끔 일어나는데, 모근부가 손상되지 않을 경우에는 다시 자연스럽게 자라나지만 그렇지 않을 경우 영구 탈모의 원인이 되기도 한다. 이러한 단모 및 탈모를 예방하기 위해서는 모발에 알맞은 약액의 신중한 선택과 올바른 와인딩 방법, 프로세싱 타임 등에 세심한 주의를 기울여야 한다.

### 2) 피부 손상

피부가 예민한 사람의 경우에는 강하게 와인딩 된 부분이라든지 1액이 흘러 고여 있는 부분에 자극이 가해지면 쓰라리거나 빨갛게 부어오르거나 심하면 염증이 생기기도 한다. 따라서 약액이 흐르면 타월에 의해 자극이 되지 않도록 최선의 배려를 해야 한다.

또한, 늘 퍼머넌트 웨이브액을 다루어야 하는 미용 시술자의 손이나 손가락에 피부장애가 일어나기도 하므로 시술 시에 고무장갑을 착용하고, 시술 후에는 손을 깨끗이 씻고 피부가 건조해지지 않도록 핸드크림을 발라주거나 파라핀 마스크를 하는 것이 좋다.

## 9 퍼머넌트 웨이브 용액 사용 시 주의사항

퍼머넌트 웨이브 용액은 여러 가지 화학약품으로 제조하므로 피부와 모발에 자극을 주는 물질이 포함되어 있다. 따라서 퍼머넌트 웨이브 시술 상에 있어서 세심한 주의를 기울여야 한다.

① 안면, 헴라인 부분, 목덜미 부위 등의 예민한 부분에는 보호용 크림을 발라 약액이 흘러내리지 않도록 한다. 만일 흘러 묻었을 경우에는 물에 적신 거즈나 탈지면으로 즉시 닦아낸다. 눈에 들어간 경우에는 속히 식염수로 씻어내도록 해야 한다.

② 두피나 목덜미 부위에 상처나 염증이 있을 경우는 손상 부위가 완전 치료될 때까지 시술을 금해야 하며, 출산 전후, 병후에는 탈모의 위험이 있으므로 피하는 것이 좋다.

③ 퍼머넌트 웨이브 직전 얼굴 부분이나 목 부분의 털을 면도하거나 뽑는 것이 삼가야 한다.

④ 퍼머넌트 웨이브 용액은 공기와 광선, 열 등에 화학적인 변화를 일으키기 쉬우므로 사용 후 남은 용액은 버리도록 하고, 남은 용액 중 사용하지 않은 용액은 밀폐하여 냉암소에 보관하도록 해야 한다.

⑤ 시술자는 옷에 대한 배상의 책임이 있으므로 실크나 모직 옷은 벗고 손님 가운을 착용토록 하여 퍼머넌트 웨이브 용액이 옷에 묻지 않도록 주의를 기울여 시술해야 한다. 만일 용액이 옷에 묻었을 경우에는 빨리 물로 씻어내도록 한다.

## 쉬어가기

### [눈 이야기] 속눈썹 퍼머와 염색 : 각막 다치면 빨리 안과 찾아야

대부분 사람들은 자신의 인상을 좌우하는 눈을 좀 더 아름답게 보이기 위해 많은 공을 들인다. 그러나 예쁜 것만 추구하다가는 눈에 해로울 수 있음을 알아야 한다.

길고 숱이 풍성하고 마치 바비인형처럼 끝이 예쁘게 위로 말려 올라간 속눈썹은 대부분의 여성들이 원하는 바일 것이다. 마스카라(화장품) 등으로 한껏 꾸며는 보지만 동양인은 눈썹이 직모인 사람이 많아 곱게 위로 말려 올라간 속눈썹을 만들기란 쉽지 않다. 이를 위해 '속눈썹 고데기'라는 기구를 사용하거나 '속눈썹 퍼머'를 비롯해 일부는 위험한 모험을 감행하기도 한다. 다 쓴 마스카라의 철심이나 바늘, 철사 등을 라이터로 달궈 화장할 때마다 파마 하듯 눈썹을 위로 들어 올리는 것이다. 그러나 이때 실수로 철심이 눈에 닿아 급히 안과를 찾는 여성들이 있다.

각막을 데는 환자들을 심심치 않게 볼 수 있다. 바로 눈앞에 있는 물체를 볼 때는 거리 예측이 어렵기 때문이다. 거울을 보면서 화장을 할 때는 자칫 불에 달궈진 철심이 눈 안에 닿기가 십상이다. 각막은 열에 매우 약하기 때문에 철심의 온도가 높지 않아도 직접 닿으면 화상을 입을 수 있다. 눈에 화상을 입으면 각막에 허옇게 상처가 생긴다.

육안으로는 잘 보이지 않지만 안과에서 형광물질을 눈에 떨어뜨린 후 현미경으로 보면 각막 표층 살점 일부가 떨어져 나간 것을 볼 수 있다. 각막이 다치면 통증이 심하고 이물감이 생기고 눈물이 줄줄 흐른다. 눈이 퉁퉁 붓기도 한다. 이때는 눈을 감고 안대를 착용해 눈을 깜박이지 않도록 한 뒤 가급적 빨리 안과를 찾아야 한다. 적절한 치료를 받고 세균 감염이 되지 않도록 주의하면 쉽게 회복할 수 있다.

눈썹을 예쁘게 말아 올리는 것뿐 아니라 눈썹을 여러 가지 색깔로 염색하는 사람들이 많아졌다. 머리색을 갈색, 노란색, 붉은색 등으로 자유자재로 바꾸는 사람은 머리색에 맞춰 눈썹이나 속눈썹을 염색하기도 한다. 전문 미용실에서 손쉽게 할 수 있는 속눈썹 염색은 비록 눈 전용 염색제를 사용한다고 하지만, 눈에 들어가면 좋을 리 없다. 특히 머리 염색약을 속눈썹에 사용하는 것은 절대 금물이다.

강한 암모니아 성분이 함유된 머리 염색제는 비록 눈에 들어가지 않더라도 자극을 준다. 염색제가 눈 안에 들어가면 각막에 상처를 입혀 결막염을 일으키거나 두통, 시력 저하의 원인이 되기도 한다. 속눈썹은 안구와 밀착해 있기 때문에 아무리 주의 깊게 염색을 한다 해도 염색약이 눈에 들어갈 확률이 크다. 따라서 눈썹 염색은 피하는 것이 바람직하며 섣불리 집에서 혼자 염색하지 말아야 한다. 속눈썹을 염색했다면 염색제가 눈에 들어가지 않았더라도 생리 식염수로 눈을 씻어준다.

소량이라도 눈에 들어간 경우 흐르는 물로 약 15~20분 깨끗이 씻어낸다. 염색 후 눈이 충혈되고 가려운 증상이 나타나면 함부로 비비지 말고 흐르는 물에 응급조치를 끝낸 후 가까운 안과를 찾아 검진을 받아보는 것이 좋다.

박영순 · 윤호병원안과원장 · 의학박사 www.pluslasik.co.kr

제 7 장

# 헤어 컬러링 및 탈색

1. 헤어 컬러링의 역사
2. 모발 염색
3. 모발 탈색

제7장

# 헤어 컬러링 및 탈색

## 1 헤어 컬러링의 역사

고대 이집트에는 흰머리를 위한 처방으로 검은 암소의 피와 거북이 등껍질 그리고 새의 목 부분을 재료로 하여 기름에 익힌 것을 사용하였다고 한다. 그리고 모발 염색을 위한 방법으로는 새끼 사슴뿔을 기름에 데운 것과 게의 담즙, 운하에서 잡은 올챙이를 말려서 기름에 넣고 빻은 것, 그리고 고양이의 자궁과 새의 알을 함께 기름에 데운 것 등이 사용됐었다고 전해진다.

중동아시아 및 앗시리아인은 화장품, 모발 염색제를 사용하는데 있어서는 이집트인 못지않았다고 하며 남녀 모두 눈썹과 속눈썹을 까맣게 칠하거나 염색을 하고 눈에는 분말의 안티모니아로 아이라인을 그려 넣었다고 한다. 아스르바니 팔왕은 기원전 7세기에 살았는데 진하게 화장하고 향수를 뿌렸으며 페르시아 왕자들은 헤나로 수염, 두발, 그리고 눈썹을 물들였다고도 한다.

수염에 컬을 하고 기름을 바르고 때로는 가짜 수염을 덧붙여서 더 길게 보이게 했으며, 햇빛이 탈색 효과가 있다는 걸 알고 있어서 아테네에서 특별이 만든 연고로 머리를 감은 후 아무것도 쓰지 않은 채 오랜 기간 햇볕에 앉아서 아름다운 금발머리가 되기를 기다렸다고도 한다. 고대 로마에서는 그리스인과 마찬가지로 코 위에서 만나는 눈썹이 아름다움의 표시라고 생각했다고 하며, 눈썹을 짙게 만들기 위해 로마인들은 안티모니, 납, 검댕이로 만든 것을 사용하였다고 한다. 납은 공기 중의 산소에 의해 산화되면서 점차적으로 색상이 어두워졌으며, 납을 머리카락에 바르고 빗질을 한 후 방치시켜 모발을 염색하였다고도 한다.

중세의 여인들이 얼굴에 화장을 하고 머리를 염색했지만, 남자들과 시인들 사이에서는 자연미가 대세로 찬미 되었었으며, 헤어 스타일은 화장의 변화보다 더 빨리 변하고, 초기 프랑크 법에는 여성의 머리를 엉클어서 그녀의 오보(obbo, 모자의 종류)가 땅에 떨어지면 많은 벌금을 물었다 하고, 여성들이 머리를 자른다는 것 자체가 중대사였다고 한다.

앵글로색슨족은 무슨 이유에서인지 푸른 머리를 선호하는 경향이 있었으며, 그 당시 장식에 일관성 있게 남녀 모두의 머리가 푸른색으로 칠해져 있는 것으로 봐서 실생활에서는 염료나 분말로 염색되었으리라 추정되고 있는 것이다.

아프리카 펠라타족 여인들은 헤나 잎으로 손가락과 발가락을 싸서 물을 들였고, 안티모니 황화물로 눈꺼풀에 화장을 하고 인디고(indigo)로 머리카락을 염색한 후 노란색, 자주색, 푸른색으로 치아를 물들였다.

1548년 이탈리아의 수도사이자 문인이었던 휘랜주올라(Firenzuola)는 《여성의 아름다움에 관한 대화》라는 책을 출판하면서 르네상스 시대의 이상적인 미인에 대해 상당히 정확하게 묘사를 해주었다. 여기서 모발에 대한 묘사는 "모발은 꿀벌과 같이 금빛으로 반드시 가는 금발이어야 하며, 태양의 빛나는 빛과 번쩍임과 같이 물결치고 풍성한 숱을 지녀야 한다."라고 했다.

베네치아 여성들은 금발머리를 좋아했던 성향이 있어서 솔라나(solana)라고 불리는 캡이 없는 모자를 쓰고 온종일 햇볕 아래 나가 앉아 있었다. 그들은 매일같이 모발을 부식성 용액에 흠뻑 적시고 가장 더운 시간에 3~4시간 밖에 나가 앉아 있었다고 하며 이것이 베네치아풍의 붉은 금발 색조인 것이다.

1595년 스티븐고슨은 그 시대상을 표현한 중에 "곤두선 머리털로 불타는 듯한 머리를 가진 이들"이라는 것이 있다. 여기서 불타는 듯한 머리들이라는 것은 여왕의 빨간 머리 가발에 어울리도록 물들인 것인 듯하다. 그 당시 모발 염색제가 사용되었고 1602년 휴 플랫은 그의 독자들에게 30분 만에 머리칼이나 수염을 밤나무 색으로 염색하는 법을 지도하기도 했다고 한다. "황과 함께 구워서 가루로 만든 납과 생석회를 같은 분량으로 물에 섞어서 약간 묽게 개시오! 이것을 머리털이나 수염에 바르고 잘 문지른 후 15분간 마르도록 두시오! 그리고 깨끗한 물로 여러 번 씻고 마지막으로는 비누와 물로 헹구시오! 그러면 매우 자연스런 색이 나타날 것이요. 이렇게 하면 피부는 염색되지 않지만 머리는 염색된 채로 상당히 오래 지속 될 것이오."라고 되어 있다.

그 외에도 여러 문장의 표현을 보면 염색이 아주 일반화된 것을 알 수 있다. 16세기 은을 모발 염색에 사용하였는데, 은이 햇볕에 노출되었을 때 산화되어 색상이 검게 변화하는 화학반응의 원리를 이용한 것이라고 한다.

17세기에는 남자머리의 길이가 격심한 논쟁의 핵심이 되었던 시기라고 하며 짧은 머리를 한 청교도들이 치렁치렁한 기사들을 향하여 수치심을 자극하고 손가락질하는 것으로 일어났다. 신대륙에 도착한 청교도들은 어떤 남자라도 긴 머리를 하고 다니는 것은 비윤리적인 습관이며 수치스런 것이라고 주장했다고 한다.

1670년부터 1685년 사이에는 얼굴이 넓고 토실토실한 것이 유행했으며 둥그스레한 붉은 입술에 큰 눈, 짙은 눈썹과 짙은 머리색, 그리고 이중 턱을 한 얼굴이 인기였다. 17세기의 남성들은 금발머리 여인을 선호하지 않았으며 빨간 머리 또한 좋아하지 않았다. 검은색이나 밤색 머리에 어울리는 피부색을 갖춘 사람을 찾았다고 한다. 18세기 초반 유럽에서는 여자들의 헤어 스타일이 머리 위에 천을 3층, 4층으로 쌓아 올리고 두꺼운 리본을 수도 없이 길게 늘어뜨려 1야드 높이로 쌓아 올렸으며, 모발을 덮는 이 장치는 가짜 모발과 섞어서 만든 것이라고 한다. 이들 모발은 이같이 혼합된 것을 감추기 위해 파우더를 많이 뿌렸다고 하며 다이아몬드, 진주, 노랑, 초록, 빨간 돌들로 만들어진 것으로 모발에서 2~3인치 튀어나와 있는 큰 머리핀들로 머리를 장식했다.

1785년 발행된 《The Toilet of Flora》 기록에는 모발 염색에 대한 설명으로 "모발의 색을 바꾸려면 머리를 샘물에 가서 씻고 주석 기름에 빗을 담가서 햇볕 아래에서 빗어야 한다."라고 했고 "하루에 3번씩 하면 늦어도 8일 안에는 모발이 검은색이 된다"라고 되어 있다. 이 책에는 '아마(亞麻) 빛으로 머리를 염색하는 액'에 대한 제조법이 포함되어 있으며 모발을 여러 가지로 다루는 법, 즉 염색하는 법, 염색을 제거하는 법, 계속 유지시키는 법 등이 실려 있다.

19세기 들어서도 여전히 모발 염색은 계속 진행되었으며, 19세기 말 모발을 위한 화장품은 얼굴에 사용된 화장품보다 빨리 받아들여졌다고 한다. 페르시아에서는 여성들이 모발과 눈썹을 물들이고 몸에 여러 가지 환상적인 무늬를 채색했다고 한다. 또한, 손톱은 헤나로 붉게 염색하고 속눈썹에는 안티모나로 아이라인을 그려 넣었으며, 터키에서도 늙은 남자들이 수염을 염색하고 늙은 여인들도 헤나를 이용하여 모발을 염색했다고 한다. 1863년에는 파리의 모네 회사가 파라페닐렌디아민을 발견하여 동물섬유를 염색하였으며 1883년 Haussman이 인조 합성 염료제로 사용 허가를 얻어 사용하게 된 것이 현대 염색의 시초라 할 수 있다. 이 염색제들은 기본이 염기성이고 암모니아수로 되어 있어 현대 사용되는 것과 유사한 특징을 지니고 있었다고 한다.

20세기에는 금발, 짙은색, 백발 등 다양한 색상이 유행했으며 1920년대 이전 인조 합성 염모제는 흰머리 커버용이었다. 1931년 미국에서는 초록의 뉘앙스가 인기를 끌면서 미국 여성의 75%가 염색을 했고 특히 핑크빛 오랜지가 인기였다고 한다. 1940년 블리치와 일시적인 염모제 사용이 일반화되어 1980년대에는 보색 테크닉과 하이라이트 테크닉 등 20세기의 모발 염색은 모델, 배우들이 헤어 스타일의 모발 색상에 영향을 입혀 점차 대중적이 되었다. 현대로 들어서며 메이크업에서의 눈과 입술, 그리고 피부색과 모발 색상이 어울리는 토탈 패션을 강조했다.

21세기는 클리닉 시대로 자연으로 돌아가려는 모든 운동이 인간의 머리카락에도 적용되며 점차 여성들보다 남성들에게도 컬러의 이미지가 의식되고 있음을 알 수 있다. 가정에서 행해졌던 컬러 시장이 전문점으로 제공받을 수 있는 시스템으로 구축되는 시기로 지구촌의 모든 국가가 자연보호에 관심이 고조되고 자연에 대한 의식이 높을수록 컬러에 대한 의식 또한 상승, 헤어 스타일에서 부자연스러운 모습보다는 자연의 흐름과 역행하지 않는 질서와 인간존중을 가진 동양적인 미가 21세기 세계의 미로 부각되고 있다.

## 2 모발 염색

### 1) 모발의 색

#### (1) 색의 3속성

우리가 색채를 보고 느끼는 요인에는 세 가지가 있다. 그 하나는 빛의 파장 자체를 나타내는 것으로 색상 요인이고, 두 번째는 밝고 어두운 정도를 나타내는 명도 요인이며, 세 번째는 색 파장의 순수한 정도를 나타내는 채도 요인이다. 우리는 어떤 색상을 지각할 때 항상 이 세 가지 요인을 함께 느낀다.

색상은 물체의 표면에서 선택적으로 반사되는 색 파장의 종류에 의해 결정되며 빨강 · 주홍 · 노랑 · 초록 · 파랑 · 보라 등으로 구분된다. 색상은 순수한 색일수록 현저하게 드러나므로 지각하기가 쉽다. 그러나 여러 가지 색이 혼합된 경우에는 색상이 강하게 드러나지 않아 지각하기가 쉽지 않지만, 무채색인 흰색 · 검은색 · 회색을 제외한 모든 색은 순색이 지닌 색상을 조금이라도 지니고 있다. 약한 색상을 지각하는 능력은 많은 훈련을 필요로 하며 빛의 스펙트럼에서 뚜렷하게 구분되는 색상은 빨강 · 주홍 · 노랑 · 초록 · 파랑 · 보라 등의 기본 색상이지만, 각 색상의 사이에는 점진적으로 변화되는 무수한 색상이 존재한다. 섬세한 색채 작업을 위해서는 100가지 이상의 색상으로 구분해 볼 수도 있지만, 여러 가지 색체계에서 일반적으로 통용되는 색상의 수는 대략 40

가지 정도이다. 스펙트럼으로부터 전개된 많은 색상들의 위치한 변화를 쉽게 이해할 수 있도록 하기 위해 서로 인접하도록 둥근 고리의 형태를 배치한 것을 색상환이라고 부른다.

40가지 색상환

명도는 물체의 표면이 모든 빛을 흡수하면 검은색으로 보이며, 우리는 이 검은색을 어둡다고 느낀다. 이처럼 빛이 반사하는 양에 따라 색의 밝고 어두운 정도를 느끼는 것이 명도이다. 명도는 우리가 색을 보고 느끼는 밝고 어두움의 정도를 말하지만, 주어진 광원을 중심으로 반사의 정도를 말할 때에는 명도를 밝기라고도 표현한다. 같은 명도의 색이라도 주어진 광원이 밝고 어두운 정도에 따라 명도가 다르게 느껴지기도 한다. 최고 채도의 순색은 각기 다른 명도를 갖는다. 노란색은 가장 밝게 느껴지고, 다음은 주홍의 순서이며, 빨강과 초록은 중간 정도의 밝기이고, 보라와 파랑은 어둡게 느껴진다.

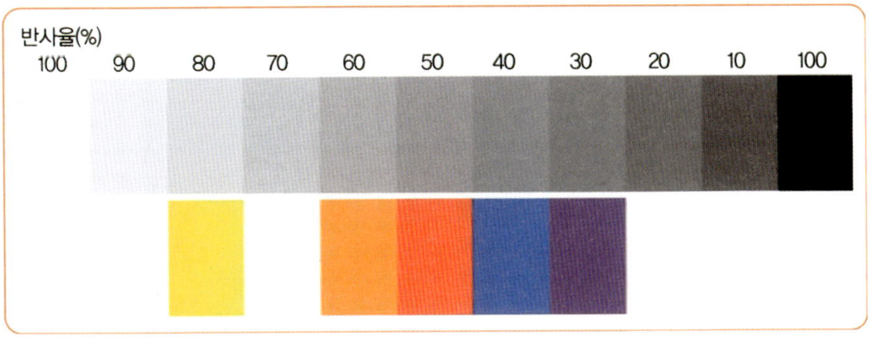


반사율

채도는 색 파장이 얼마나 강하고 약한가를 느끼는 것이 채도이다. 그것은 여러 가지 색 파장이 혼합되어 물체의 표면에서 흡수되거나 반사하는 양에 따라 다르게 느껴지는 것으로 특정한 색 파장이 얼마나 순수하게 반사되는가의 정도를 나타낸다. 따라서 채도는 순도(saturation) 또는 강도(intensity)라고도 표현한다.

같은 색상과 같은 명도에서 채도의 차이

같은 색상과 같은 명도에서 채도의 차이 색채는 이와 같이 세 가지 속성을 지니고 있어서 우리가 어떤 색채를 지각할 때는 항상 이 세 가지 요인에 의해서 다른 색과 구별하게 된다. 즉 밝은 회청색, 어두운 벽돌색, 중간 밝기의 베이지색 등으로 색을 표현하는 것은 색채에 대해 지각된 삼속성이 내용을 어휘로 나타내는 것이며 색상만으로는 색의 느낌을 전달할 수 없다.

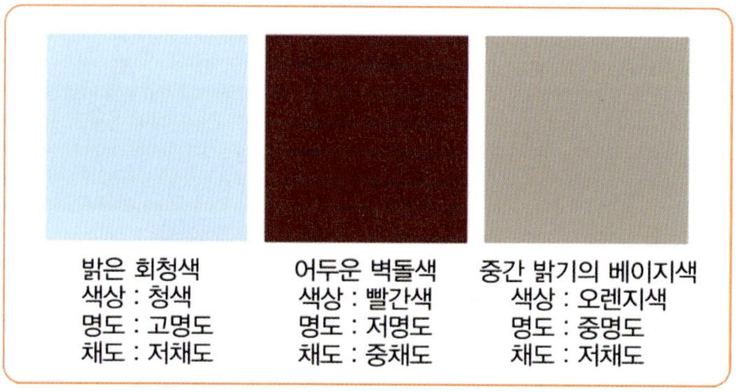


명도의 차이

| 구 분 | 내 용 |
|---|---|
| 색상 | 유채색은 색감과 성질을 달리하며, 그 특성을 뚜렷이 감지할 수 있다. 빨강·파랑·노랑·주황 등의 이름으로 구별되는 색의 요소이다. 색상환에서 서로 마주 보고 있는 색을 보색관계에 있다고 하며 모발 염색 시에 반사색의 중화에 적용된다. |
| 명도 | 시각적으로 느낄 수 있는 색의 밝기 정도이다. 유채색과 무채색은 모두 밝음과 어두움을 갖고 있다. |
| 채도 | 색의 순도이며 색의 선명도 즉 색의 강도를 말한다. 채도가 높은 색을 청색, 채도가 낮은 색을 탁색이라고 하며 청색 중에서도 가장 채도가 높은 색을 순색이라고 한다. 색의 삼원색인 빨강, 파랑, 노랑은 각 색상의 순색이다. |

색의 3속성

### (2) 색의 단계

미용에서 활용하는 염색의 빛깔은 색채학적인 면에서 응용이라고 볼 수 있다. 색상환에서의 기본 색조인 삼원색 빨강 · 노랑 · 파랑을 중심으로 2차색인 주황 · 초록 · 보라를 활용해 모발의 색을 바꿔줄 수 있다. 또한, 반사색이 고객이 원했던 것보다 강하거나 반사색이 고객의 마음에 들지 않을 경우, 색상환의 보색을 사용하여 반사색을 중화시킬 수도 있다.

염모제를 개발하는 회사들은 세계적으로 사용되는 색의 표기가 다양하다는 사실에 입각하여 모발의 색을 검은색에서 백금색까지의 10단계로 나누어 국제적으로 통용되도록 하였는데, 이는 모발의 염색 시에 기본색과 반사색의 선택에 도움을 주며, 색을 표현하는 언어 체계가 세계적으로 다르다는 측면에서 매우 유용하게 사용된다. 반사색의 경우는 소수점 이하의 숫자로 표시하는데 예를 들어 웰라사와 로레알사의 염모제 5.3의 경우 금빛이 도는 반사색을 갖고 있는 밝은 갈색이라고 표현할 수 있지만, 번역자와 각국의 색깔 체계에 따라 다르게 표현될 수 있다. 그러나 5.3의 염모제가 갖고 있는 색의 뉘앙스는 같은 것일 수밖에 없다.

1.00 : 검은색
2.00 : 아주 어두운 갈색
3.00 : 어두운 갈색
4.00 : 갈색
5.00 : 밝은 갈색
6.00 : 어두운 황갈색
7.00 : 황갈색
8.00 : 밝은 황갈색
9.00 : 아주 밝은 황갈색
10.00 : 백금색

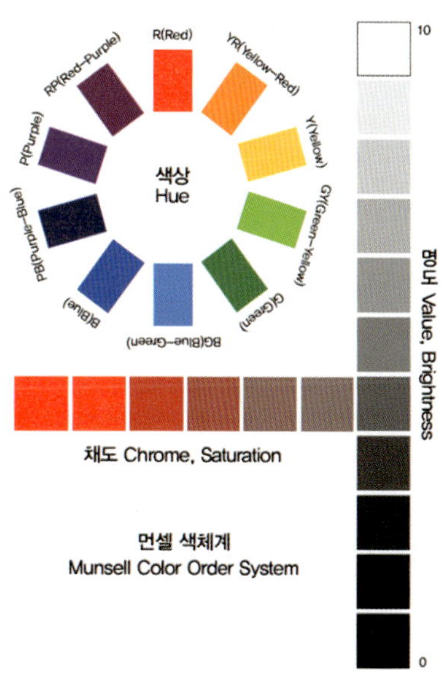


먼셀의 색체계

모발의 자연색은 멜라닌 색소의 양과 분포에 따라 결정되는데 모발의 자연색은 색의 불투명도에 따른 색의 단계와 색의 광도의 다양성에 따른 반사색에 의하여 특정 지어진다.

모발의 기본색은 여러 가지 색의 복합인 갈색으로 나타나며, 짙은 색의 모발은 적갈색에서 검은색까지의 색소로 반사색은 주로 차가운 색 계통인 잿빛으로 나타난다. 밝은색의 모발은 노란색에서 주황색을 지나 붉은색까지의 색소로 구성되며 반사색은 따뜻한 색으로 나타낸다.

#### (3) 모발의 반사색

모발은 삼원색의 각각의 다양한 혼합에 의해 형성된 반사색을 갖고 있는데 햇빛이나 조명 아래 색이 선명하게 빛난다. 반사색은 모발의 기본색의 톤을 변형시킬 수는 없으나 시각적으로 모발을 더 밝게 또는 더 짙게 보이도록 한다. 반사색의 숫자 체계는 염모제 제조회사마다 조금씩 차이가 있다.

모발은 금빛 반사색을 갖고 있을 경우에는 약간 밝게 보이고, 잿빛 반사색을 갖고 있을 경우에는 약간 어둡게 보인다. 즉 시각적으로 차가운 색 계통의 반사색은 1/2톤 정도 짙게 보이고 따뜻한 색 계통의 반사색은 1/2톤 정도 밝게 보인다.

#### (4) 염색의 필요성

색채 문화의 발달과 패션의 토탈화 등으로 디자인에 생명력과 활동감을 부여하고 개성 시대의 자기표현을 위한 이미지 변신화와 정기적인 고객의 유치를 위해서 염색이 필요하다.

### 2) 염색 시술 전 기초지식

### (1) 헤어 스타일과 염색

일반적으로 고객이 모발의 색을 바꾸고자 할 때 헤어 디자이너는 고객의 개성, 직업, 얼굴 모양, 취향, 나이, 그리고 무엇보다도 고객이 갖고 있는 헤어스타일을 고려해야 한다. 짙은 색은 딱딱해 보이므로 커트의 선이 분명하고 주름살이 없거나 젊은 여성들에게 어울린다. 밝은색은 보다 부드럽게 보이므로 선이 부드러운 커트 스타일에 어울린다. 그러나 선이 부드러운 커트 스타일의 경우, 밝지만 반사색이 뚜렷한 색으로 개성을 연출해 볼 수도 있다. 파란빛, 붉은빛, 보랏빛, 구릿빛 등의 강렬한 반사색은 시선을 집중시키므로 신중하고 조용한 사람에게는 권하는 것을 피한다. 얼굴의 윤곽에 따른 모발의 색을 살펴보면, 개성을 살리기 위해서는 짙은 염색과 강렬한 반사색을 주지만, 부드럽게 하기 위하여 밝은색의 금빛 등의 무난한 반사색을 모발의 색을 바꾸어 준다. 얼굴의 윤곽이 부드러운 사람은 어떤 색의 모발과도 잘 어울린다.

짙은 색의 모발을 갖고 있는 고객에게는 무조건 밝은색으로 바꾸기보다는 짙은 색을 살리면서 파란빛이나 보랏빛이 감돌도록 하는 염모제의 사용이 선호되고 있다. 또한, 본래의 모발색은 그대로 유지시키면서 잿빛 · 금빛 · 붉은 빛 · 구릿빛 · 보라빛 등의 반사색을 바꾸어 개성을 연출해 주기도 한다. 여성들은 모발의 색을 다양하게 바꿈으로 자신의 이미지에 변화를 주고자 하고 있다.

테크닉 면에서 보면, 모발의 색을 전체적으로 바꾸는 것은 이미 예전의 일이며, 가정에서도 충분히 할 수 있는 시술이기도 하다. 이러한 점에서 모발의 색을 바꾸기 위한 여러 가지 테크닉이 개발되었는데, 염색 시 테크닉은 무조건적으로 모발 전체에 염모제를 도포하는 것이 아니라 밝은색의 염모제 또는 탈색제를 에필라쥬 된 커트 스타일을 더욱 돋보이게 하기 위하여 부분적으로 머리 가닥에 삼각형의 형태로 도포하는 발레이야쥬 기법이 선호되고 있다. 이는 모선 끝에 붓끝과 같은 모양의 효과를 줄 수 있다. 혹은 모발을 홈뜨기처럼 떠서 염모제 혹은 탈색제를 도포하여 모발에 악센트를 주거나 자연스러운 입체감을 주는 메츄의 기법이 많이 사용되는데 많이 알려져 있는 하이라이트와 같은 맥락인 메슈(meche), 발레이야쥬(balayage) 기법은 가정에서 할 수 없는 독특한 디자이너들만의 영역이며 보다 아름다운 헤어 스타일을 창출할 수 있는 것이기도 하다. 얼굴의 윤곽과 모발의 색은 딱딱한 느낌의 각진 얼굴은 개성을 살리기 위해 짙은 염색, 강렬한 반사색으로 부드럽게 하며, 밝은 염색, 금빛의 반사색을 사용한다. 부드러운 선을 갖고 있는 얼굴은 어떤 색의 모발과도 잘 어울린다.

백모량과 모발의 색은 고객의 백모량의 70%를 넘으면 잘 어울리지 않더라도 본래의 모발보다 밝은색으로 염색하도록 한다. 이렇게 하면 백모가 다시 자랐을 때 이전의 염색과 부분과 대조를 조금이나마 줄여줄 수 있다.

### (2) 패치 테스트

패치 테스트는 산화염색으로 모발의 색을 바꾸기를 원하는 고객의 피부에 대한 알레르기 반응 검사이다. 최초의 산화염색 시 염색 시술 48시간 전에 반드시 행하여야만 한다.

패치 테스트 순서는 팔의 안쪽 또는 귀 뒤쪽 머리카락이 난 주변의 피부를 알코올이나 에테르로 적신 솜으로 소독한다. 다음으로 염색제와 산화제를 소량 취해서 정해진 용법대로 조제하여 위의 부위에 동전 크기로 바른다. 그리고 자연 건조시킨 후 씻지 말고 48시간 동안 방치한다.

패치 테스트의 결과는 네거티브 반응에 대해서는 피부에 아무런 증상이 나타나지 않는다. 이런 경우는 모발의 염색이 가능하고 시술 도중에 다음의 경우가 생기면 즉시 염색을 중단하고 씻어내도록 한다. 두피가 콕콕 찌르는 듯이 아플 경우, 눈에 통증이 있을 경우, 이마와 목 부분이 붉어질 경우, 불편함 등이 있을 경우 중단한다.

포지티브 반응은 피부가 붉어지고, 가렵고, 부종과 수포 등이 생길 경우 모발에 염색을 하여서는 안 된다.

### 3) 염색의 종류

#### (1) 영구적인 염색

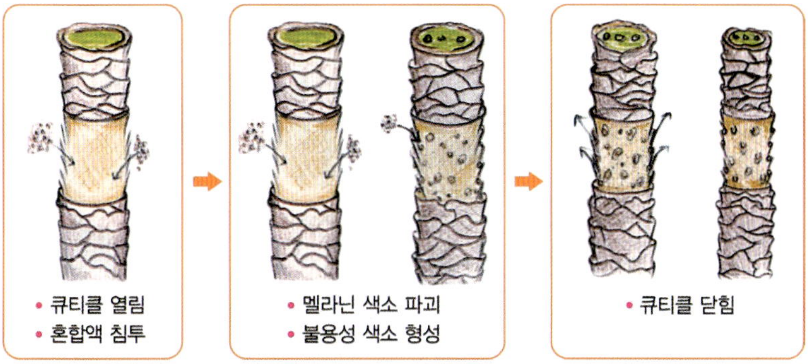


염색 과정

영구적인 염색의 목적은 백모 염색, 본래의 모발 색보다 짙은 염색, 재염색, 1톤에서 3톤 정도 밝은 염색, 클래식하거나 빈티지한 반사색을 준다.

영구적인 염색의 특성은 모발의 자연색소 위에 작용하여 인공색소로 바꾸어 주며, pH는 약 알칼리이성이며, 모발 본래의 색을 되찾을 수 없고 모발의 물리적인 특성이 근본적으로 바뀌어서는 안 되며, 외부적인 요인에 의해 변질되어서는 안 된다.

영구적인 염색제의 구성 성분은 산화제와 반응하게 될 염색소, 색소 점착제, 암모니아, 기초제 또는 매개체, 계면활성제, 항산화제, 향료 등이 포함된다.

암모니아의 역할은 모표피에 작용하여 모발을 팽창시키며, 케라틴을 유연하게 하여 염색소와 산화제가 모발 안으로 침투하기 쉽도록 하며, 산호의 발생을 쉽게 하고, pH를 결정짓는다.

산화제의 역할은 인공 염색소와 결합하여 점차적으로 모발의 염색을 진행시키며, 자연색소 또는 인공색소가 밝아지게 하도록 돕고 산화제는 과산화수소수가 사용된다. 영구적인 염색의 완성은 자연색소와 인공색소의 궁극적인 결합이며, 영구적인 염색 후에는 데카파쥬를 한다 해도 모발 본래의 색을 결코 되찾을 수 없으며, 영구적인 염색 시 인공색소는 모표피와 모피질 안으로 완전히 스며든다. 염모제의 축적은 모발의 상태와 방치 시간에 따라 다소 차이가 나며 모발 내부로 스며들면서 조금씩 감소한다.

염색 시술 준비는 시술 바로 직전에 염모제와 산화제를 조심스럽게 섞으며, 염모제와 산화제의 혼합 비율은 제품회사의 매뉴얼에 따른다.

영구적인 염색 시술 방법은 염색 시술을 하기 위해서는 우선 모발 전체를 4등분 후 프론트 포인트에서 네이프 포인트까지의 정중선을 나누고, 귀에서 귀까지의 측중선을 나눈다. 영구적인 염색 시술 시 샴푸를 하지 않는 이유는 분비된 피지가 강한 약액으로부터 두피와 모발을 보호해주기 때문이다. 시술 순서는 백모량에 따라 다르며, 백모량이 50% 이상일 때는 흰머리가 많이 분포되어 있는 부분부터 시술한다. 백모량이 50% 이하일 때는 정수리 부분에서 목덜미 부분까지를 먼저 시술한 후 앞부분을 시술한다.

페이스 라인의 유난히 가는 모발은 보통의 4등분 블로킹에서 페이스 라인의 모발을 남겨 놓은 후 마지막에 시술하며, 방치 시간은 열을 가하지 않을 경우 최소 30분이고 전열 기구를 사용하였을 경우 최소 15분이다. 밝게 염색할 경우와 백모 염색이 잘 안 될 경우 방치 시간을 더 둔다.

알롱쥬망(allongemnet)은 남아 있는 염모제를 전체적으로 다시 한 번 발라주고, 필요한 만큼 섞어준다. 모발 위에 약간의 물을 뿌린 후 필요한 만큼 마사지하듯 섞어주고, 손가락이나 빗을 이용하여 모선 부분과 모발 중간 부분에 염모제가 잘 스며들도록 빗질해 준다.

유화(emulsion)는 모발에 완전한 염색이 되게 하고 윤기를 주기 위해 필요한 간단한 시술이다. 따뜻한 물로 유화시킨 후 염모제를 헹구어 낸다. 방치 시간은 필요 없고 유화시킨 후 충분히 헹구어 준다.

산성 샴푸로 염모제를 완전히 헹구어 낸 후 산성 린스나 트리트먼트로 후처치해 준 다음 산성 제품을 사용함으로써 큐티클을 다시 닫아주며, 알칼리성 잔여물을 중화시키고 산화작용을 중지하고 착색이 잘 고정되도록 해준다.

### (2) 반영구적인 염색

반영구적인 염색의 목적은 시간의 흐름에 따라 염색 시술 전의 모발 본래의 색을 되찾게 해주며, 모발에 강렬한 반사색을 보여주고 한 톤 정도 밝고 어둡게 염색한다. 백모를 30%까지 커버하고, 퍼머넌트를 한 직후에 시술이 가능하며, 영구적인 염색 또는 탈색을 한 직후에 시술이 가능하고, 모발의 색을 단기간 동안 변화시키고 싶을 때 반영구적인 염색을 한다.

반영구적인 염색의 특성은 특별한 준비 없이 바로 사용할 수 있으며, 산화제가 필요 없고 모발이 색소를 변형시키는 것이 아니라 첨가하는 것이며, 모발의 케라틴과 친화력이 있고 4~6번의 샴푸 후에 사라지며 모발을 밝게 할 수 없다. 산성과 염기성이 있고 모발이 새로 자라나는 부분에 대하여 걱정할 필요가 없으며 케라틴을 변화시키지 않는다.

반영구적인 염색제의 구성 성분인 용해제는 염색소를 용해시키고, 양이온 계면활성제는 착색을 가능하게 하며 염색소는 반사색을 준다. 거품제는 염색제의 사용을 편리하게 하고 촉매작용 촉진제는 모발섬유를 부드럽게 해주며 모발을 매끄럽게 하여 잘 빗겨지도록 하는 성분이다.

반영구적인 염색의 완성은 반영구적인 염색 시 인공색소가 모표피층 안으로 침투하므로 보다 오랫동안 염색을 유지할 수 있다. 모발은 음이온을 띠는데, 모발이 상할수록 더욱 음이온성을 띠게 된다. 반영구적인 염모제와 일시적인 염모제는 양이온을 띠고 있다. 상반된 두 이온이 서로 잡아당김으로써 염색소가 착색되는 것이다.

반영구적인 염색의 시술 방법은 샴푸를 한 다음 물기를 잘 닦아낸다. 시술 순서는 백모량이 많으면 앞부분부터 염색제를 도포하고 자연 모, 염색 모, 퍼머넌트한 모발 등은 뒷부분부터 염색제를 도포한다.

방치 시간은 백모량이 많으면 15~45분 정도이고 그 이외의 경우에는 10~15분 정도이다. 염색제를 유화시킨 후 충분히 헹군 다음 샴푸제를 사용하지는 않으며 산성 린스나 트리트먼트 크림으로 후 처치를 해준다.

### (3) 일시적인 염색

일시적인 염색의 목적은 색이 흐리고 윤기 없는 머릿결에 반사색을 주며, 백모를 조금 감추어 준다. 백모의 머릿결에 팬터지한 반사색을 주고, 탈색 후 노란 반사색을 없애주며 영구적인 염색의 색을 일시적으로 개선한다.

만족스럽지 못한 염색의 뉘앙스를 수정하고 염색 후 다음 염색까지의 새로 자란 부분에 대한 색을 유지시킬 수 있으며, 퍼머넌트 후 모발의 색을 선명하게 해주고 탈색한 모발에 반사색을 준다.

일시적인 염색의 특성은 시술이 간편하고, 모발의 멜라닌 색소를 변형시키지 않으며, 모발섬유에 도포되면 일시적으로 착색되고, 다음 샴푸 시 색은 사라진다.

모선의 손상에 관계없이 모발 전체에 일률적으로 도포하며 빗질, 마찰, 땀, 빗물 등에 의해 지워지지 않고 빗질하기가 쉬우며, 샴푸를 한 후 젖은 모발 위에 도포하는데 세팅, 브러싱 등 모든 모발 손질 전에 시술할 수 있다.

일시적인 염색의 구성 성분인 염색소는 다른 염색제의 구성 성분과 같으며, 용해제는 염색소의 용해를 쉽게 하고, 알코올은 빠르게 건조시키는 역할을 하며, 유연제는 빗질하기 쉽게 하는 데 필요하다.

일시적인 염색의 완성은 일시적인 염색 시 인공색소가 모표피의 바깥쪽에 도포되어 있다가 다음 번 샴푸 때 떨어져 나가게 되며 모발은 본래의 색을 되찾게 된다.

일시적인 염색의 종류는 액상 타입의 염색제, 세팅 시 사용되는 로션 타입의 촉진제, 브러싱에 사용되는 로션 타입의 촉진제, 컬러 무스, 젤, 파우더, 컬러 스프레이가 있다.

일시적인 염색의 시술 방법은 샴푸를 한 후 모발이 물기를 잘 닦아내고 모발을 잘 나누어서 약액을 고루 도포하며, 방치 시간이 필요하지 않고 헹구어내지 않는다.

### 4) 모발 염색의 시술 기법

#### (1) 백모 염색

백모 현상은 모발 내부의 멜라닌 색소가 급격히 감소되는 것이다. 백모 염색은 매우 까다롭기 때문에 만족스런 결과를 얻기 위해서는 백모의 양을 잘 파악하여 알맞은 제품을 선택해야 한다. 백모 염색 시 반사색을 원할 경우, 백모량에 따라 반사색을 갖고 있는 염모제를 백모 커버용과 적절히 섞어서 사용해야 한다.

염모제와 산화제의 비율은 제품회사의 설명서에 따르며, 백모량이 50%를 넘으면 염색이 잘되도록 하기 위하여 염색 전에 모르당사쥬를 한다. 페이스라인 부분의 백모는 염색이 잘되지 않는다.

#### (2) 염색 기법

모발 진단은 모발 본래의 색과 염색 모발의 색에 대한 조화로 처음 염색 시 새로 자란 부분의 모발의 길이 재염색은 모발의 상태와 백모 염색은 백모량의 조사와 두피의 상태에 따라 다르다.

패치 테스트 결과 최초의 영구적인 염색 시술 시 48시간 전에 반드시 실시하여야 하며 그 결과에 따라 염색 시술의 가부를 결정한다.

염색 시술 시 필요 도구는 방수성의 염색보, 짙은 색의 수건, 이동식 정리대, 고무장갑, 염모제, 과산화수소, 계량기, 염색붓, 보울, 모발 보호제, 염색용 샴푸 및 린스, 꼬리빗, 굵은 빗, 핀셋, 타이머, 전열기구 등이 있다.

염색제의 도포 순서는 멋내기 경우에는 쇼트(short)는 원터치로 20~30분 정도 자연 방치하며, 세미롱은 두피로부터 2~3cm 떨어진 부분부터 도포한 후 모근 부분에 도포하며 롱의 경우 모발의 중간 부분부터 도포한 후 모선에 도포한다. 마지막으로 모근 부분에 도포한다.

기염부의 수정 방법은 퇴색이 조금 있을 때 사용 후 남은 약액 도포 후 10분간 방치하고, 퇴색이 심한 경우 사용 후 남은 약액에 퇴색 정도에 따라 약액을 섞어 도포 후 10분간 방치한다. 퇴색이 거의 없을 때는 물 스프레이 후 빗질하여 10분간 방치한다.

흰머리 염색 시 주의사항은 빗질하지 않는다. 충분한 시간과 충분한 양 사용과 흰머리가 많은 곳부터 도포하며, 기본색을 흰머리의 양만큼 섞어준다.

모르당사쥬(mordancage)란 최초의 모발 염색 시, 또는 염색이 잘 안 되는 모발 위에 과산화수소를 도포하여 모발을 연화시켜서 염모제와 잘 반응하도록 하는 것이다. 모르당샤쥬의 목적은 모발의 큐티클을 열어주고 팽창시키며, 모섬유를 염모제에 민감하게 반응하도록 해주며, 염모제가 모발 안으로 쉽게 투입되도록 해준다.

시술 방법은 샴푸하지 않고 과산화수소수 20~30볼륨을 두피로부터 2~3cm 떨어진 부분의 모발에 붓으로 도포하고 5분 정도 전열기구를 사용하여 열을 가한다.

# 3 모발 탈색

## 1) 모발 탈색의 정의 및 원리

모발 탈색은 모발에 존재하는 멜라닌 색소를 산화시킴으로써 모발을 밝게 하는 것이다. 탈색에 의한 모발의 기조색은 모발이 가진 자연색이 점진적으로 밝아짐에 의해 얻어지는 다양한 색의 변화로, 원하는 모발색의 톤과 반사색에 따라 탈색의 정도를 결정한다.

모발 탈색 시 암모니아는 큐티클에 작용하여 모발을 팽창시키고 과산화수소가 산소를 발생시킬 수 있도록 촉매작용을 한다. 과산화수소가 분해되면서 발생된 산소는 모발의 멜라닌 색소를 산화시켜 밝게 하며 모발의 저항성을 약화시킨다.

## 2) 모발 탈색의 목적

자연모의 색을 매우 밝게 하며 원하는 모발 색을 얻기 위한 재염색의 바탕인 기조 색을 얻기 위함이다. 탈색 후 재염색은 기조 색에 인공색소를 합치는 것이며, 기조 색을 중화하면서 반사색을 나타나게 하는 색 또는 색의 혼합을 찾는 것이다.

## 3) 모발 탈색의 조제 방법

기본 탈색은 탈색제와 과산화수소수 6% 비율은 1(10g)과의 3(30㎖)을 사용하며, 샴푸 블리치는 탈색제+과산화수소수+샴푸제+미온수의 비율을 1(10g) : 3(30㎖) : 0.6(6㎖) : 6(60cc)를 사용한다.

### 4) 모발 탈색제의 종류

액상 탈색제는 모발에 대한 탈색작용이 빠르고 탈색된 정도를 알기 쉽다. 원하는 시간 내에 탈색을 완성할 수 있으나 지나치게 탈색될 우려가 있다.

호상 탈색제는 탈색제 도포 시 양의 조절이 쉬우며, 시술 도중에 과산화수소수가 건조될 염려는 없으나 탈색 정도를 파악하기 힘들다.

분말 탈색제는 탈색의 정도를 가장 밝게 할 수 있으며, 방치 시간이 짧으나 지나치게 탈색될 우려가 있고 잘못 도포했을 경우 얼룩이 생길 수 있으며 두피를 자극하고 모발을 건성화시킬 우려가 있다.

### 5) 모발 탈색의 시술 방법

모발을 정중선과 측중선으로 4등분 한 후 탈색제와 산화제와의 혼합은 시술 바로 직전에 하고, 탈색제의 도포는 정수리 부분과 더 짙은 부분의 모발에 먼저 한다.

신생부의 모발이 2cm 이하는 신생부에만 도포하고, 신생부의 모발이 2cm 이상은 두피에서 2cm 떨어진 모발의 중간 부분에 먼저 도포하고 방치 시간을 둔 후 모선부에 도포, 마지막으로 모근부에 도포한다.

방치 시간이 끝나면 유화시킨 후 충분히 헹구어 주고 염색 전용 샴푸와 린스를 사용하며 재염색의 경우에는 샴푸제를 사용하지 않고 충분히 헹구어 내어 모발을 건조시킨 다음 염모제를 도포한다.

## 쉬어가기

### 탈색 · 염색 · 파마 동시에 하면 모발에 치명적

갈색이나 브라운 톤 등 원래 모발보다 밝은 색상으로 염색할 때는 탈색부터 한다. 탈색은 검은색 머리카락의 색소를 다 빼내는 작업이다. 탈색할 때는 과산화수소를 알칼리 용액에 섞어 사용한다. 하지만 탈색은 염색보다 모발 손상이 더 심하다. 동성제약 조봉림 연구원은 "탈색은 모발 속 케라틴 단백질 구조를 파괴시켜 멜라닌 색소를 빼는 과정"이라며 "큐티클층이 손상되고 모발에 구멍이 생긴다."라고 말했다. 탈색된 모발을 확대해 들여다보면 큐티클층의 비늘이 벗겨지고, 가장자리가 부서져 뾰족하다. 탈색된 모발이 쉽게 끊어지는 이유다. 또 습도에 민감하게 반응해 날씨에 따라 모발 상태가 변한다. 구멍 속으로 대기 수분이 쉽게 침투해 건조한 날씨에는 모발이 쉽게 엉킨다고 설명했다.

가정에서 탈색할 때는 화상에 주의해야 한다. 탈색에 사용하는 과황산암모늄, 과황산나트륨, 과황산칼륨은 실온보다 높은 온도에서는 발열 현상이 일어나기 때문이다. 탈색제를 바르고 모발에 열을 가하는 전열 캡 등을 무리하게 사용하면 두피에 화상을 입을 수 있고, 탈모로 이어지기도 한다.

금발로 염색하려면 모발을 탈색한 뒤 다시 색깔을 입혀야 한다. 탈색 · 염색 · 파마를 동시에 하는 사람도 있는데 모발에 치명적이라며 4~5개월에 걸쳐 나눠 해야 한다고 권한다.

제8장

# 헤어 세팅(Hair Setting)

1. 헤어 세팅의 정의와 목적
2. 헤어 세팅의 도구
3. 헤어 세팅의 방법과 종류

제8장

# 헤어 세팅(Hair Setting)

## 1 헤어 세팅의 정의와 목적

세트(set)는 두다, 놓다, 자리 잡다, 넣다, 끼우다, 세우다, 고정시키다 등의 사전적 의미를 가지고 있다. 세팅은 명사로서 둠, 놓음, 둠의 의미를 가지고 있으며, 미용에서의 헤어 세팅은 헤어 스타일을 고정적으로 형성한다는 의미로서 모발의 일정한 형태를 만들기 위한 기술이다.

세트(set)의 본래 의미는 '특정의 위치, 상태에 두는 것'의 의미이며, 미용용어에서는 조형하다는 의미를 부여할 수 있다. 헤어 세팅은 헤어 스타일을 형성하고 고정한다는 의미로 모발의 일정한 형태를 만드는 기술이다.

헤어 세팅에 의한 웨이브 형성에는 열을 이용한 것과 수분을 이용한 것이 있다. 열에 의한 웨이브는 마셀 아이론, 블로 드라이어, 전기 헤어 세팅기를 사용하고, 수분을 이용한 것은 핑거 웨이브나 플라스틱 세팅기를 사용하는 것이다. 그리고 헤어 세팅은 롤러와 아이론, 블로 드라이, 핀 컬 등을 적절히 사용하여 아름다운 웨이브를 만드는 효과를 얻기도 한다. 지나친 열을 사용할 경우에는 웨이브의 손상을 초래할 수 있다.

헤어 세팅에는 오리지널 세트(original set)와 리세트(reset)의 2가지 prosess로 나눌 수 있다. 여기에 헤어 스타일의 형태를 만드는 처음의 세트를 오리지널 세트라고 한다.

## 2 헤어 세팅의 도구

### 1) 세팅 롤러

롤러의 크기와 형태는 롤러는 약 여섯 종류가 있으나, 주로 사용되고 있는 것은 대 · 중 · 소로 나누어진 세 종류가 일반적이다. 그리고 원통형의 롤러는 일반적인 롤러 컬을 내기 위해 사용하고, 원뿔형의 롤러는 둥근 머리 형태에 알맞은 것으로, 양 끝 부분에 움직임이 느껴지는 컬의 효과를 내기 위한 도구이다.

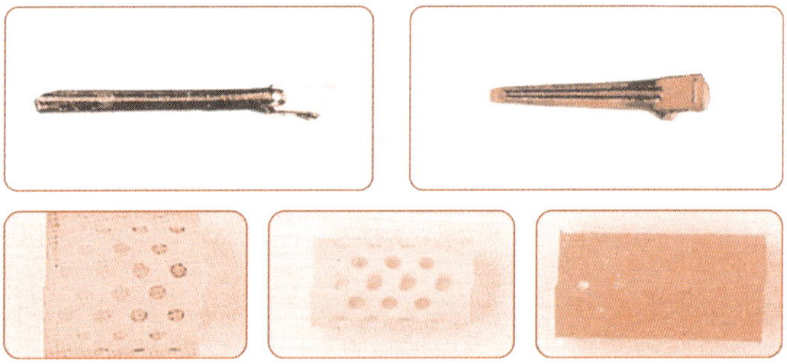

세팅 롤러

롤러의 원둘레 크기에 따라 슬라이스의 폭이 달라진다. 슬라이스 형태에 따른 롤러의 선택은 롤러 와인딩을 하기 위해 원통형 롤러를 사용한 직사각형 모양의 슬라이스와 원뿔형 롤러를 사용한 삼각 모양의 슬라이스가 있다. 롤러 와인딩 폭은 롤러 전체 길이의 약 4/5 정도가 적합하다. 롤러 섹션의 폭은 롤러의 지름길이 정도가 적당하다.

롤러 컬에 사용되는 세트 빗(set comb), 꼬리 빗(ret tail comb) 등은 용도에 따라 볼륨을 주거나 머리카락을 빼내는 데에 사용한다. 헤어 브러시는 경질의 빗살을 선택하여야 두피까지 빗질하기 쉽다.

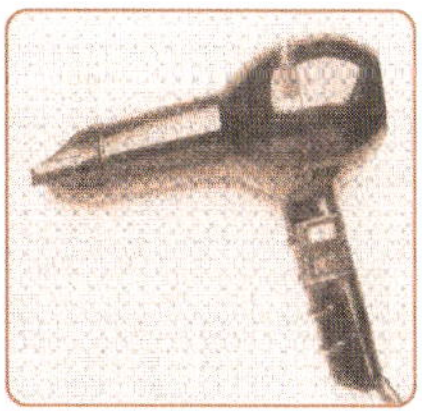

헤어핀과 클립(hair pin and clip)은 세팅을 할 때 고정시키거나, 웨이브를 줄 때 사용하는 것이고 헤어핀은 열린 핀과 닫힌 핀을 사용하며 목적에 따라 크기와 종류를 다양하게 준비한다.

헤어 드라이어는 모발의 스타일을 완성하는 데 필요한 도구이다. 바람의 온도, 즉 열풍 및 냉풍을 조절할 수 있도록 되어 있다.

헤어 아이론을 열을 이용해 일시적으로 모발에 컬과 웨이브를 형성시키는 기구로서 전기 가열식 아이론과 일반 가열식 아이론이 있다.

세트 로션(set lotion)은 세트 시 모발을 일정한 형태로 고정시키는 정발제이다.

헤어 스프레이(hair spray)는 모발에 피막을 만들면서 스타일을 고정시켜 주는 정발제로, 리셋(reset) 시에 주로 사용한다.

후드 드라이어는 롤러 세팅 후 롤러 컬의 형성을 돕기 위하여 사용하는 기기로써 후드 드라이어는 아래쪽에서부터 흡입되는 찬 바람이 후드 드라이어 안쪽의 모터를 통과하면서 뜨거운 바람으로 바뀌게 된다. 가늘고 숱이 없는 모발은 약한 열을 주고, 강하고 컬이 없는 모발은 충분한 수분을 주어 말아 감기를 하고 강한 열을 주면 탄력 있는 컬이 형성된다.

## 3 헤어 세팅의 방법과 종류

### 1) 오리지널 세트(Original set)

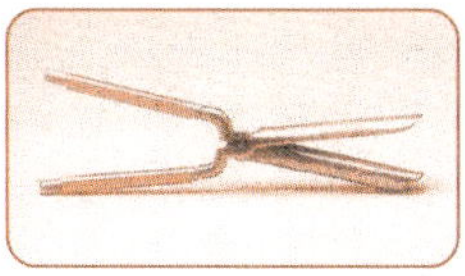
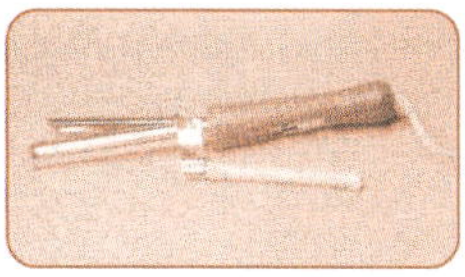

오리지널 세트를 만드는 방법과 완성된 형태에 따라 헤어 파팅(hair parting), 헤어 셰이핑(hair shaping), 헤어 컬링(hair curling), 롤러 컬링(roller curling), 헤어 웨이빙(hair waving)으로 나뉜다.

### (1) 헤어 파팅

오리지널 세트의 한 요소인 헤어 파팅은 모발을 얼굴형, 머리 흐름, 디자인에 따라서 나누는 것으로 가르마를 가르는 것부터 스타일 디자인까지 가장 기본적인 시술 방법이다. 적절한 헤어 파팅은 얼굴형의 단점을 보완해 주고 장점을 강조한다. 파트는 기본적으로 9종류가 있다.

헤어 파팅(hair parting)

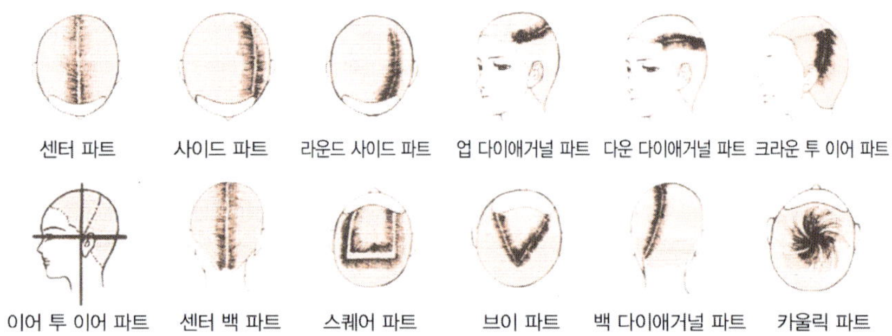


- 센터 파트(canter part) : 전두부의 헤어라인 중심에서 두정부를 향한 직선가르마로 앞가르마를 말한다.
- 사이드 파트(side part) : 얼굴을 정면에서 봤을 때 두발을 옆쪽으로 나누는 것으로 옆 가르마를 뜻한다.
- 라운드 사이드 파트(round side part) : 가르마의 선이 곡선으로 된 옆 가르마를 말한다. 즉 옆 가르마의 선이 곡선을 그린 것을 가르키며 줄여서 라운드 파트라고도 한다.
- 업 다이애거널 파트(up diagonal part) : 사이드 파트의 가르마 선이 뒤쪽

으로 갈수록 위로 올라가는 것을 가리킨다.

- 다운 다이애거널 파트(down diagonal part) : 머리카락을 사이드 파트로 나눌 때 가름선이 뒤쪽으로 가면서 대각선으로 비스듬하게 내려가는 것을 말한다.
- 크라운 투 이어 파트(croun to ear part) : 두상의 크라운에서 시작해서 귀까지 두발을 수직으로 나누는 것을 가리킨다.
- 이어 투 이어 파트(ear to ear part) : 귀에서 귀까지라는 뜻인데, 귀에서 정수리를 거쳐 다른쪽 귀까지 이어지는 것을 말한다. 즉 이어 투 이어 라인에 따라 한쪽 귀에서 두상의 꼭대기를 가로질러 다른 한쪽의 귀까지 이어지는 선을 기준으로 두발을 나누는 것을 말한다.
- 센터 백 파트(center back part) : 두상 뒤쪽의 모발을 가운데 가르마 타는 것을 가리킨다. 즉 두상 꼭대기에서 목덜미까지 이어지는 선을 중심으로 해서 두발을 나누는 것을 말한다. 센터 파트는 얼굴을 앞에서 봤을 때 가운데 가르마를 타는 것이고, 센터 백 파트는 얼굴을 뒤에서 봤을 때 가운데 가르마를 타는 것을 가리킨다.
- 스퀘어 파트(square part) : 네모, 두발을 네모 모양으로 나누는 것을 가리킨다. 두발을 이마의 양쪽 각진 곳에서부터 사이드 파트한 뒤 두상의 꼭대기 부분에서 이마의 페이스 라인과 수평으로 나누는 것을 말한다.
- 브이 파트 : 두발을 알파벳의 'V'자 모양으로 나누는 것을 뜻한다. 두발을 가를 때 가르는 선이 이마 양쪽에서부터 시작해 두상의 맨 윗부분에서 교차되도록 'V'자 형태로 가르는 것을 말한다.
- 백 다이애거널 파트(back diagonal part) : 두상의 정상 부분에서 시작해서 후두부를 비스듬하게 가르는 것을 말한다.
- 카우릭 파트 : 카우릭은 소가 핥은 듯이 일어선 머리카락으로, 머리에 생긴 가마를 중심으로 자연스러운 머리의 흐름에 따라서 두발을 나누는 것을 가리킨다. 가마를 중심으로 두발을 머리 흐름에 따라서 사방으로 가르

는 방법이기 때문에 노 파트(nopart) 상태가 된다.

### (2) 헤어 셰이핑

셰이프(shape)의 사전적 의미는 모양, 형상, 자태, 모습 등으로 셰이핑(shaping)은 형태를 만들어 간다는 의미로 해석할 수 있다.

따라서 헤어 셰이핑은 모발의 형태를 만들어 가기 위해 헤어 스타일의 흐름을 만든 것으로 컬과 웨이브를 형성하기 위한 기초 단계이다.

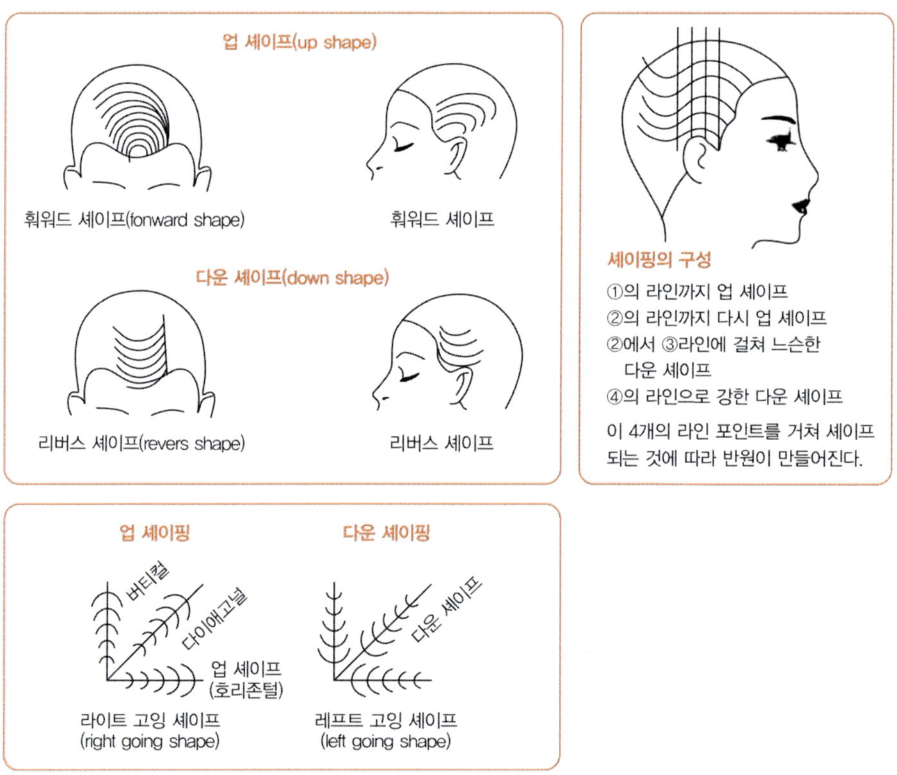


셰이핑 종류와 구성

모발의 형상, 탄력, 조재의 조건에 따라 목적에 맞는 형을 만들고 위치, 방향, 폭, 형태 등을 만들어 낼 수 있도록 빗을 정확히 다루는 연습을 해야 한다.

세이핑을 하기에 앞서 모발이 엉키지 않도록 정성껏 정발하도록 하며, 헤어 셰이핑은 빗는 각도에 따라 업 셰이핑(up shaping)과 다운 셰이핑(down shaping)으로 분류하며, 셰이핑의 각도에 따라 모발의 전반적인 볼륨과 방향이 결정된다. 이와 같이 헤어 셰이핑은 헤어 세팅의 가장 기본적인 요소라 할 수 있다. 헤어 셰이핑 → 헤어 세팅 → 코움 아웃의 과정을 거쳐야만 완벽한 헤어 스타일을 연출할 수 있다.

### (3) 헤어 컬링

컬(curl)의 사전적인 의미는 '고불고불하게 하다, 굽이치게 하다'라는 의미다. 미용에서는 소용돌이 모양의 흐름을 만드는 것을 헤어 컬링이라고 하며, 웨이브를 만들어 모발 끝에 움직임을 준다. 컬은 빗는 방향, 당기는 힘, 컬의 시작 지점, 컬의 크기 등 여러 가지 요소에 의해 변화된다. 따라서 컬의 명칭과 요소, 종류를 자세히 알아두어야 한다.

#### ① 컬의 각 부분 명칭

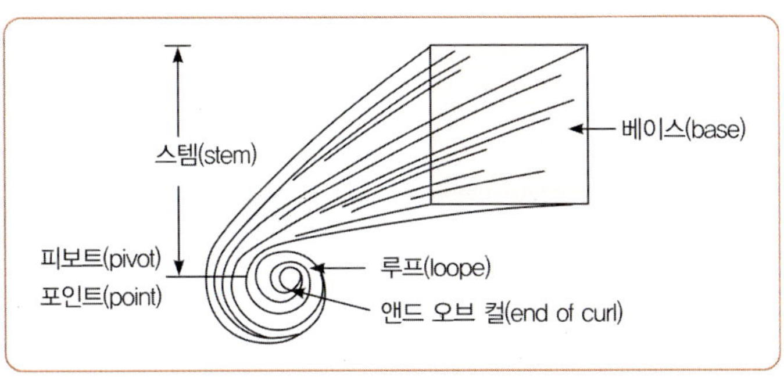


컬의 각 부분 명칭

베이스(base)는 '기본', '토대' 등으로, 시술을 위해 나눈 머릿단의 두피 부분이다. 컬을 만들기 위한 스트랜드의 뿌리에 해당하기도 한다.

스템(stem)은 원래는 '줄기'라는 뜻으로, 커트나 퍼머넌트를 위해 들어 올린 머리카락 다발로, 일반적으로 머릿단의 밑동에서부터 컬이 시작되는 곳까지이며, 커트나 퍼머넌트를 할 때 "스템을 몇도 각도로 든다."라는 등의 표현을 하는데, 스템 각도는 머릿단을 두피로부터 들어 올린 각도을 말한다.

루프(loop)는 컬의 일부분으로 머릿단에 생긴 컬의 소용돌이 부분을 가리키며 '서클'이라고도 한다. 루프는 원래 '고리 모양'처럼 생긴 것을 의미한다.

피벗 포인트(pivot point)의 피벗은 '중심축', '회전하다'는 뜻으로, 머릿단에서 컬이 시작되는 지점을 가리킨다.

엔드 오브 컬(end of curl)은 컬의 마지막 부분으로, 컬 상태로 만들어진 모발의 제일 끝 부분이다.

### ② 컬을 구성하는 요소

헤어 셰이핑은 앞으로 만드는 헤어 스타일을 고려해서 머리의 흐름을 가지런히 한다.

스템의 방향과 각도는 모발의 움직임을 좌우한다. 컬을 만들 때 스템의 방향과 두피의 각도에 의해 크게 수직선, 수평선, 대각선상으로 나누어서 구분할 수 있다. 스템의 각도에 따라 컬의 종류와 뿌리에서의 볼륨의 정도가 달라진다. 두피에 대한 모발의 각도에 따라 볼륨을 얼마만큼 살릴 수 있는지가 결정된다.

- 0°의 각도 : 각도가 작을수록 뿌리까지 감을 수가 없게 되며 컬을 쉽게 세울 수 없다.
- 90°의 각도 : 두피로부터 수직의 각도로 모발을 감아 가며 로드는 뿌리의 바로 위에서 마무리되어 컬을 세울 수 있으며 컬의 탄력도가 가장 크다.

• 135°의 각도 : 각도가 클수록 뿌리를 많이 감을 수 있으며 볼륨을 많이 살릴 수 있는 반면 탄력성은 떨어진다.

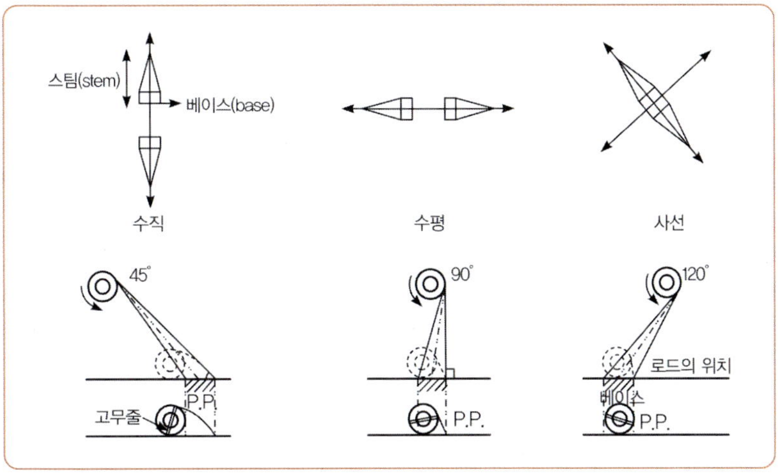


스템의 방향과 각도

슬라이싱은 모발을 엷게 나누어 잡는 것으로 정확한 슬라이싱은 헤어 시술의 기능이다. 슬라이스 폭과 컬과의 관계는 슬라이스 폭에 따라 로드의 마는 방법과 컬의 세우기가 변한다. 얇은 슬라이스는 로드 폭보다 슬라이스 폭이 작으므로 근원까지 말 수가 있으므로 단단히 세워져 볼륨이 강하다. 두꺼운 슬라이스는 슬라이스의 폭이 두껍기 때문에 뿌리를 균일하게 감을 수가 없고 뿌리 부분에 이상한 차가 생긴다.

텐션은 컬을 아름답게 하고 모발에 긴장감을 주어 시술 후 웨이브에 탄력을 만든다. 이것은 컬을 완성시키는데 있어서 가장 기초적이면서도 어려운 시술이다. 텐션을 약하게 주면 웨이브가 탄력이 없고, 강하게 주면 모발이 부서진다. 따라서 적당한 텐션을 주어야 함으로 기초 기술을 익히는 사람들은 텐션의 중요성을 인지하고 꾸준한 노력을 해야 할 것이다.

루프의 크기는 건조한 모발을 말았다가 풀어 두면 원래 상태로 돌아가는 성질이 있는데, 이것을 모발의 형상 탄력이라고 한다. 그러나 물로 적셔 컬을 하면 원래 상태로 돌아가는 힘이 약해져 버리며 이것을 이용해 컬을 만든다. 만약 건조한 모발이 형상 탄력을 100으로 한 경우, 물로 적셔 컬을 만들고 드라잉하면 형상 탄력에서 70%가 컬 상태로 있으려고 하고, 30%가 역방향으로 작용해 뻗으려고 한다. 젖은 상태에서 시술한 루프의 크기에 따라 웨이브의 크기가 달라지므로 시술 시 디자인에 따라 루프의 크기를 적절히 조절하는 것이 중요하다.

베이스는 컬 스트랜드의 밑부분에 해당되는 부분으로 미리 일정한 형태의 크기로 만들어지는 경우와 헤어, 셰이핑한 곳에서부터 슬라이스해서 베이스를 잡아가는 경우가 있다. 전자에 의한 방법을 스트랜드 컬, 후자에 의한 컬을 셰이핑 컬이라 부른다.

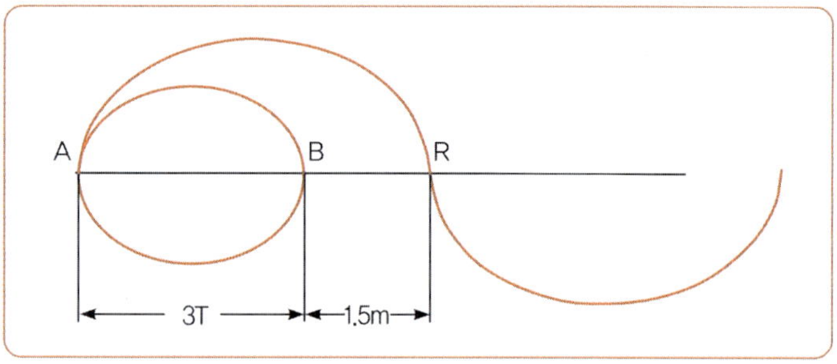


직경 3m의 컬의 웨이브

스퀘어 베이스는 균등한 컬로서 모발 중간에 탄력이 있는 동일 방향의 웨이브를 내는 것에 적합하다.

오브롱 베이스(oblong base), 트라이 앵귤러 베이스(triangula base), 아크 베이스(arc base) 등이 있다. 평행사변형은 메이폴 컬, 리프트 컬을 이용하여 모발 끝에 탄력을 주는 웨이브 상태로 마는 경우에 적합하다.

모발 끝의 취급 방법은 컬을 마는 시작점의 위치에 따라 머리끝에서 말아 머리끝이 안쪽으로 될 경우와 바깥쪽으로 될 경우 등이 있다. 머리끝이 안쪽으로 될 경우 머리끝의 웨이브 폭이 좁고 근원으로 갈수록 웨이브의 폭이 넓어지며, 끝이 바깥쪽으로 될 경우는 머리끝 쪽의 폭이 넓고 근원에 갈수록 좁게 된다.

### ③ 컬의 종류

컬의 상태에 의한 종류는 스템이 두피에서 서 있는 것, 두피에 편평하게 되어 있는 것으로 크게 두 종류로 나눈다. 전자는 스탠드 업 컬 (stand up curl), 후자는 플래트 컬(flat curl)이라 한다.

스탠드 업 컬(stand-up curl)은 루프가 두피에 90° 각도로 세워져 있는 것으로 볼륨을 살리기 위해 이용된다.

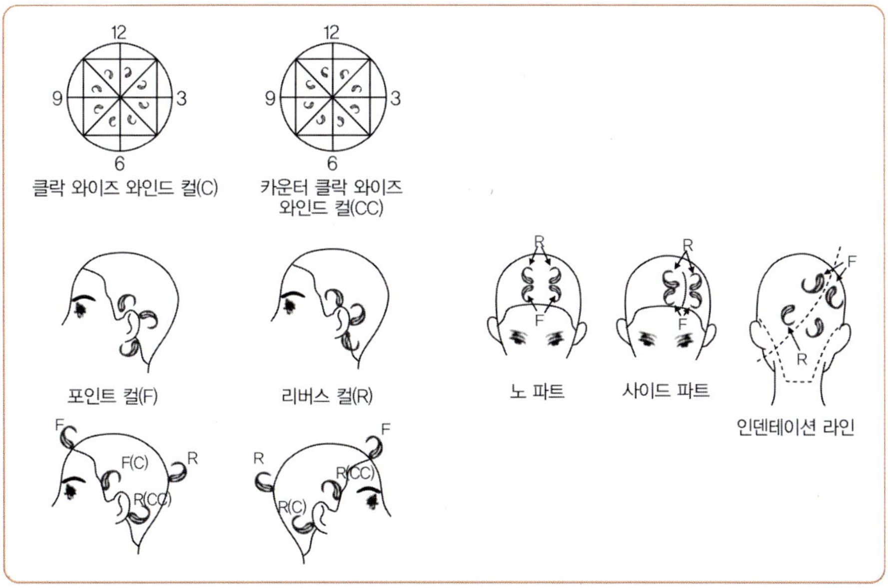


리버스 컬

플래트 컬(Flat curl)은 루프가 두피에 0° 각도로 납작하게 형성된 것이며, 컬의 말린 방향에 의한 종류는 오른쪽, 왼쪽의 방향에 따라 나눈 것과 귓바퀴를 기준으로 나누는 방법 두 가지가 있으며 서로 연관성이 있다. 두부의 사이드 방향, 즉 오른쪽 사이드, 왼쪽 사이드 부위에 따라 차이가 있으므로 이 두 가지 형태를 구별할 수 있도록 주의해서 보아야 한다.

클락 와이즈 와인드 컬(clock wise wind curl)은 컬의 말려진 방향이 오른쪽 방향으로 되어 있는 것으로 C컬이라고 한다.

카운터 클락 와이즈 와인드 컬(counter clock wise wind curl)은 컬의 말려진 방향이 왼쪽 방향으로 되어 있는 것으로 CC컬이라고 한다.

포워드 컬(forward curl)은 컬의 말려진 방향이 귓바퀴 방향으로 말려져 있는 것이고, 리버스 컬(reverse curl)은 컬의 말려진 방향이 귓바퀴 반대 방향으로 말려져 있는 것이다.

### (4) 롤러 컬

롤러 컬은 원통의 롤러를 사용해서 만들며, 롤러의 크기와 모양에 따라 자연스럽고 부드러운 웨이브를 만들어 다양한 스타일을 연출할 수 있다. 일시적인 세팅 방법에 속하는 롤러 컬은 퍼머넌트 웨이브 후에 자연스럽고 부드러운 컬을 만드는데 사용되며, 롤은 스트레이트 퍼머넌트 시에도 짧은 모발에 볼륨을 주기 위해 사용된다. 또한, 웨이브가 없는 모발 스타일 시에 볼륨과 일시적인 컬을 위해 사용한다.

롤러 컬의 특징은 양감 및 자유로운 움직임과 편리함을 만들 수 있으며 큰 입체감이 있는 움직임을 얻을 수 있다. 롤러가 원통형이기 때문에 수직, 수평, 경사 등 자유로이 이미지 라인을 정할 수 있다. 마는 방법에 의해 변화 있는 웨이브 구성이 가능하며, 롤러 컬의 배열에서 한 개의 흐름이나 부풀림의 연관성을 얻을 수 있다. 마는 방법과 마무리 방법으로 부분 특징을 살릴 수 있으며 리셋에 있어서 다양한 변화를 만들 수 있다.

롤러 컬의 요소는 슬라이싱, 베이스, 스템의 방향과 각도, 텐션, 롤러의 크기, 롤러와 롤러의 접속, 머리끝의 취급 방법 등으로 헤어 컬링의 요소와 같다. 롤러 컬의 종류는 롤러 컬의 스템의 상태와 와인딩의 각도에 따라서 다음과 같이 나눌 수 있다.

논스템 롤러 컬(non stem roller curl)은 일단 모발을 전방 45° 각도로 셰이프하여 모발 끝에서부터 말아 나간다. 롤러는 베이스의 중앙에 위치하여 크라운에 많이 사용되며 스템이 거의 롤러에 감겨져 있으므로 논 스템 롤러 컬이라고 불리며 가장 볼륨감이 있다.

하프 스템 롤러 컬(half stem roller curl)은 스트랜드를 베이스에 대하여 약 90° 각도, 즉 수직으로 잡아 올려 셰이프하고 말아 간다. 논스템 롤러 컬에 비해 볼륨감이 작다.

롱 스템 롤러 컬(long stem roller curl)은 스트랜드를 후방 약 45° 각도로 셰이프하여 말아 감으며 스템이 베이스로부터 길어서 롱 스템 롤러 컬이라고 불린다.

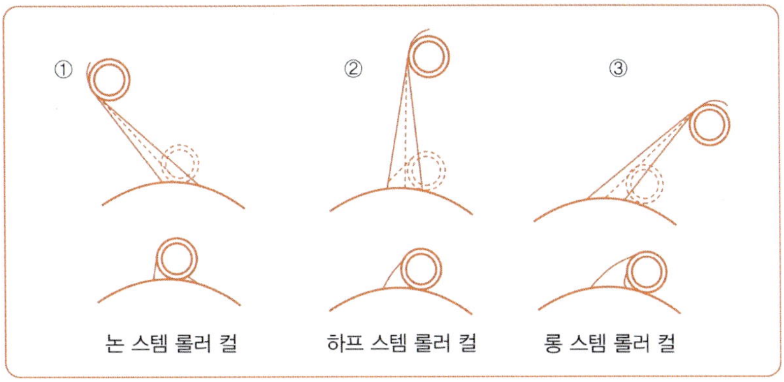


롤러 컬의 종류

## (5) 헤어 웨이빙

헤어 스타일에서 사용되는 선의 형태가 물결 모양을 이루었을 때 이것을 웨이브라고 한다. 따라서 물결 모양을 S자 모양으로 만드는 작업을 웨이빙이라

하며, 웨이브를 만드는 방법에 따라 핑거 웨이브, 컬 웨이브, 마셀 웨이브로 나눈다.

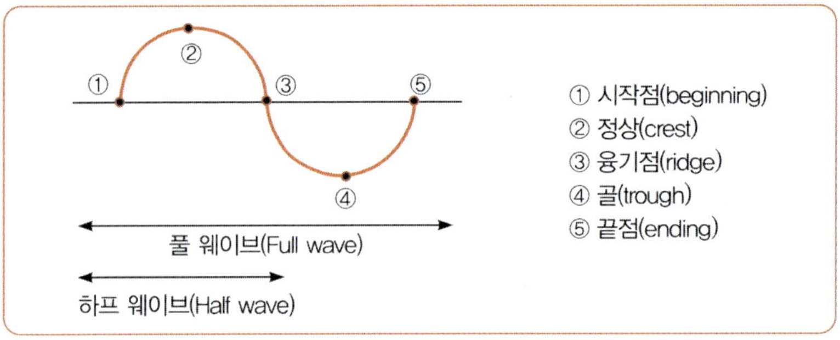


헤어 웨이빙

웨이브를 만드는 방법에 의한 분류는 마셀 웨이브와 핑거 웨이브, 컬 웨이브로 분류된다. 먼저 마셀 웨이브는 마셀 아이론을 사용하여 아이론의 열에 의해서 형성되었다. 핑거 웨이브는 세팅 로션 또는 물을 사용해서 모발을 적시고 세팅 빗과 손가락으로 형성하며, 컬 웨이브는 컬링 로드를 사용하여 형성한다.

웨이브의 위치에 따른 종류는 다음과 같다.

버티컬 웨이브(vertical wave)는 웨이브 흐름을 수평으로 만드는 것을 말한다. 웨이브의 시작 지점과 끝 지점을 연결해 보면 수직의 위치에 있어 버티컬 웨이브라고 부른다.

호리존탈 웨이브(horizontal wave)는 웨이브이 흐름이 수직으로 되어 웨이브의 시작 지점과 끝 지점을 연결해 보면 수평의 위치에 있기 때문에 호리존탈 웨이브라고 부른다.

다이애거널 웨이브(diagonal wave)는 웨이브의 흐림이 사선의 방향으로 웨이브의 시작 지점과 끝 지점을 연결해 보면 사선의 위치에 있으므로 다이애거널 웨이브라고 한다.

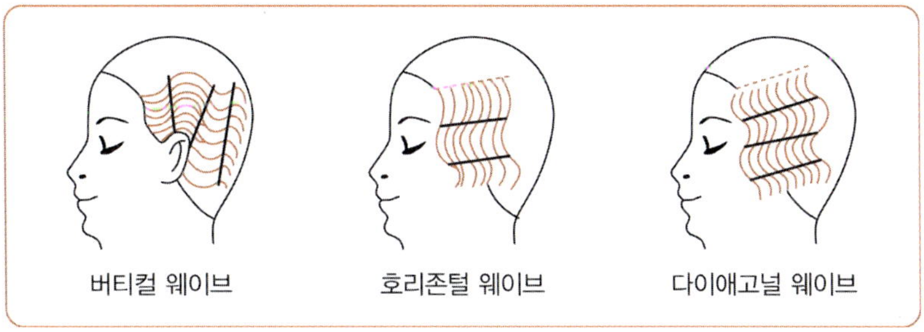


웨이브의 위치에 따른 분류

웨이브의 형상에 따른 종류는 다음과 같다.

와이드 웨이브(wide wave)는 고저가 뚜렷한 웨이브이며, 섀도 웨이브(shadow wave)는 고저가 뚜렷하지 못한 웨이브로 와이드 웨이브와 반대의 개념이며, 내로우 웨이브(narrow wave)는 웨이브 폭이 좁고 느슨한 웨이브이고, 프리즈 웨이브(frizz wave)는 밑부분은 느슨하고 머리끝만 웨이브 된 것이며, 소프트 웨이브(soft wave)는 웨이브가 곱슬머리와 같은 파상으로 된 것이다.

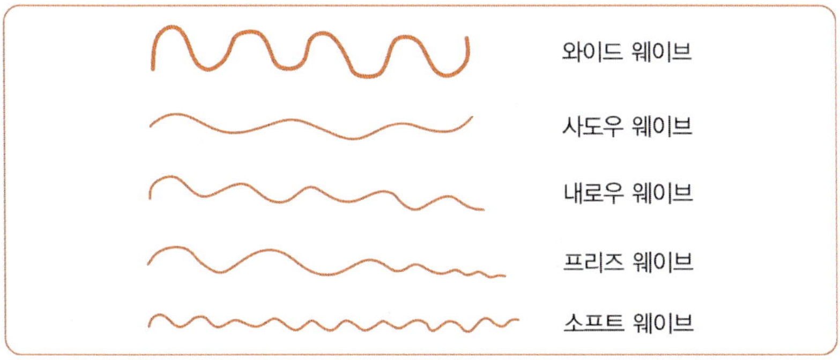


웨이브의 형상에 따른 분류

웨이브의 대소는 약액의 강약이 아닌 로드의 굵기에 의해 결정되므로 얻고자 하는 웨이브에 적합한 로드를 선정해야 한다.

### (6) 핑거 웨이브

손가락, 세팅 로션이나 물을 사용해 손으로만 웨이브를 만드는 것을 가리킨다. 핑거의 3대 요소는 크레스트(crest), 리지(ridge), 트로프(trough)이며, 비기닝(beginning)은 웨이브의 형성에 대한 첫 방향 설정인 웨이브의 흐름을 말한다.

포워드 비기닝은 '포워드'는 '앞쪽으로'라는 의미로 머리카락을 얼굴 쪽으로 흘리는 것으로 웨이브의 방향을 귓바퀴 방향으로 한 것을 의미한다.

리버스 비기닝은 '반대', 역으로 '뒤쪽으로'라는 뜻으로 머릿단을 얼굴의 뒤쪽으로 방향을 잡는 것으로 웨이브의 방향을 귓바퀴 반대 방향으로 한 것을 의미한다.

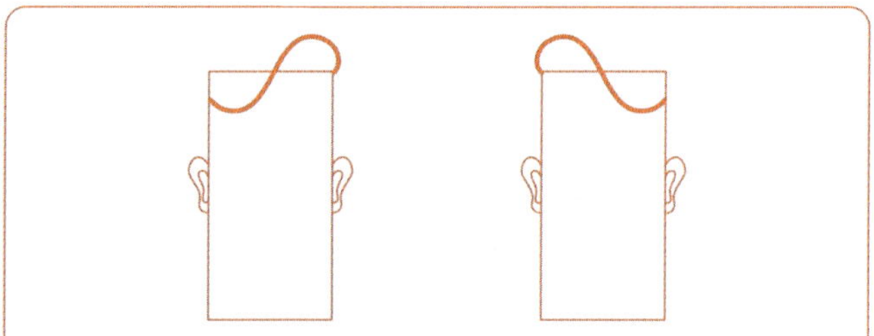


리버스 비기닝

엔딩(ending)은 핑거 웨이브의 끝맺음으로 두피에서 벗어난 두발을 핀컬이나 웨이브로 고정 처리하는 과정이며, 포워드 엔딩은 양 측면에서 모아진 웨이브의 끝 방향이 포워드 핀컬이나 포워드 웨이브의 형태로 고정된 것이며, 리버스 엔딩은 양 측면에서 모아진 웨이브의 끝 방향이 리버스핀 컬이나 리버스 웨이브의 형태로 고정된 것이며, 알토네이트 엔딩은 양 측면에서 모아진 웨이브의 끝 방향이 서로 다른 형태로 고정된 것을 말한다.

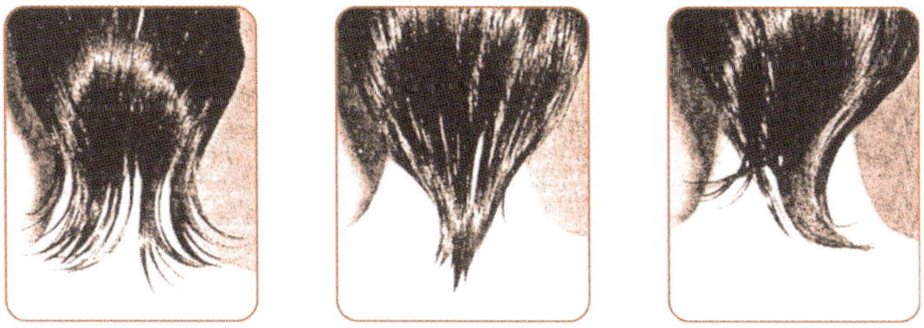

포워드 엔딩 리버스 엔딩 얼터네이트 엔딩

알토네이트 엔딩

핑거 웨이브의 종류는 다음과 같다.

덜 웨이브(dull wave)의 덜은 '분명하지 않다'는 뜻으로, 머릿단에 낸 웨이브의 물결 모양이 뚜렷하지 않고 느슨한 웨이브를 가리킨다.

로우 웨이브(low wave)의 로우는 '낮다'는 뜻으로, 머릿단에 생긴 웨이브의 높이가 낮은 것을 말하며 물결 모양이 부드럽고 둥근 모양을 가진 완만한 웨이브이다.

하이 웨이브(high wave)의 하이는 '높다'는 뜻으로, 웨이브의 리지가 높은 것을 의미이다.

스월 웨이브(swirl wave)의 스월은 '소용돌이'를 뜻하며, 소용돌이치는 형상으로 만들어진 웨이브를 가리킨다.

스윙 웨이브(swing wave)의 스윙은 '흔들리다'는 뜻으로, 흔들리는 것처럼 큰 움직임을 내는 웨이브를 말한다.

### 2) 리셋(코움 아웃)

기초 세트를 빗과 브러시 등을 이용하여 헤어 스타일의 분위기를 연출하는 것으로 헤어 스타일의 끝맺음으로 이해하면 된다. 코움 아웃은 그 자체가 하나의 기술이다. 이것은 오리지널 세트를 매끄럽게 매만져서 의도했던 헤어 스타일의 형태와 흐름을 자연스럽게 만들어내고 이를 오래 지속시키기 위한 것으로써 미적 감각이 필요하다.

헤어 스타일을 완성하기 위한 도구로 빗과 브러시가 사용된다. 시술 과정을 크게 브러싱, 코밍, 백 코밍으로 나눌 수 있다.

### (1) 브러싱

오리지널 세트에 의해 구성된 오리지널 패턴에 맞춰서 빗으로 먼저 빗은 다음, 그 모발 선이 매끄럽게 될 때까지 브러시로 모발을 브러싱하여 일차로 마무리한다.

브러시를 모발에 넣을 때는 힘을 약하게, 뺄 때는 강하게 한다. 한 번의 브러싱 동작은 정확하면서도 중요하게 속도를 가해서 실시한다.

### (2) 코밍

브러시로는 표현되지 않는 작고 중요한 부분은 코밍에 의해 이루어진다. 예를 들면 파팅이나 백 코밍을 하는 경우, 모발의 표면을 갖추거나 모발의 결을 정리하는 경우, 또는 모발 끝을 정돈하는 경우 등에 이용된다.

### (3) 백 코밍

백 코밍이란 빗을 스트랜드의 뒷면에 직각으로 넣고 모근을 향해 빗을 내리누르듯이 빗질하여 머리털을 세우는 것이다. 브러시에 의한 것을 백 브러싱 또는 러핑이라 하는데 시간 활용으로 긴 머리에 효과적이다.

백 코밍이나 백 브러싱의 모발을 손상시키기 쉬우므로 최소한으로 제한하여 행한다. 백 코밍에는 3가지 타입이 있는데, 다음과 같다. 모발을 똑바로 세우기 위해 모근에만 깊게 백 코밍하는 타입과 모발에 볼륨을 주거나 헤어 스타일이 오래 지속될 수 있도록 단단한 기초를 만들기 위해서, 또는 모발이 자연스럽게 연결되도록 하기 위해서 근원에서 모발 끝쪽으로 옮겨 나가면서 스트랜드 전체에 백 코밍을 하는 타입, 모발 끝 부분에 둥그스름한 느낌을 내기 위해서 왼손으로 모발을 잡아당겨서 스트랜드의 중간 부분에서 모발 끝까지 백 코밍하는 타입이 있다.

백 코밍 시 모발의 각도에 따라 볼륨과 질감이 달라진다. 볼륨을 크게 낼 경우에는 모발을 두피에 대하여 135°의 각도로 올려 백 코밍하며, 여러 곳에 볼륨이 필요할 때는 두피에 대해 90°로 잡아 시술한다. 또 볼륨보다는 질감을 표현하고자 한다면 45°로 방향을 잡아 시술한다. 중요한 것은 어떤 경우에도 빗과 모발은 수직의 관계를 유지해야 한다는 것이다.

### (4) 뱅

이마에 걸리도록 잘라서 내린 앞 머리카락을 말한다. 일명 '애교머리'라고도 한다. 뱅의 종류는 다음과 같은 것들이 있다.

#### ① 플러프 뱅(fluff bang)

플러프는 머리카락 끝이 헝클어져 있으면서 부풀어 오른 모양을 가리키고, 뱅은 잘라서 이마에 내려뜨린 앞 머리카락을 말하며, 잘라서 이마에 내려뜨린 앞 머리카락의 끝을 헝클어뜨려서 부풀어 오르게 만드는 것을 말한다.

#### ㉯ 롤 뱅(roll bang)

롤은 둥글게 만들다는 것으로 이마에 걸려 있는 앞부분의 머리카락을 둥글게 만 형태를 가리킨다.

㉰ 웨이브 뱅(wave bang)

웨이브는 물결 모양의 머리 형태로, 잘라서 이마로 내린 앞 머리카락에 물결 모양의 형태를 말한다.

㉱ 프렌치 뱅(french bang)

뱅으로 하는 부분의 두발을 위로 빗질하고 두발 끝을 헝클어진 모양으로 부풀리는 뱅을 말한다.

㉲ 프린지 뱅(fringe bang)

프린지는 여성의 이마 위의 앞머리로 이마의 가르마 가까이에 만든 작은 뱅을 가리킨다.

## 쉬어가기

### 남자들이 좋아하는 내추럴 웨이브 스타일

전지현처럼 길고 차분한 생머리에 대한 열광은 20대 초반의 남자들에게나 통하는 이야기. 커플 매니저들의 말에 의하면, 20대 후반 이후의 남자들은 로맨틱하고 참해 보이는 웨이브 헤어 스타일을 한 여성에게 가장 호감을 느낀다고 한다. 웨이브 헤어 스타일은 우아해 보이게 해주면서도 발랄한 느낌의 스타일링을 할 수 있다는 것이 장점. 또 길이에 따라 다양한 스타일로 변신이 가능하다.

웨이브를 줄 때 각각 컬을 다르게 내추럴한 분위기를 낼 수 있다. 긴 생머리의 경우 끝 부분만 살짝 샤기 커트한 뒤 웨이브를 연출하면 세련되어 보인다. 머릿결이 손상된 상태에서 파마를 부스스하고 지저분해 보일 수 있으므로 주의하면 된다. 클리닉 제품으로 머릿결에 영양을 공급하고, 효과적으로 스타일링 하는 것이 중요할 것입니다. 또한, 남성들은 단정하고 깔끔한 스타일의 단발 헤어도 선호하는 편. 똑똑하고 당차 보이기 때문인데, 이때 볼륨을 과장되게 넣거나 지나치게 큰 헤어 액세서리를 하는 것은 절대 금물이다.

헤어 스타일을 결정할 때 가장 중요한 것은 자신에게 얼마나 어울리는가 하는 점이다.

예를 들어 둥근 얼굴형에 볼륨 있는 웨이브 헤어는 둥근 얼굴을 더욱 강조할 수 있다. 이런 얼굴형은 웨이브 헤어 대신 턱선 정도의 짧은 커트나 단발 스트레이트가 잘 어울린다. 유행 스타일을 무조건 따라 하기보다 자신에게 어울리는 스타일을 파악하는 것이 중요하다.

### 효과적인 손질법

① 샴푸 후 타월 드라이한 후 모발 전체에 보습 스프레이를 고루 뿌려 준다.

② 3~4등분 한 모발을 손가락으로 꼬아가며 드라이어의 찬바람을 이용하여 두피를 위주로 말려 준다.

③ 모발이 어느 정도 마르면 모발 끝을 반복해서 가볍게 쥐었다 놓으며 컬을 살려 준다.

④ 소프트한 왁스를 모발에 발라 세팅하면 탄력 있고 예쁜 컬로 마무리될 것이다. 자연스러운 머릿결을 연출하려면, 굵은 일자 빗을 사용, 내추럴 웨이브는 자다 나온 듯 부스스해 보일 수 있으므로 주의하면 된다. 브러시를 이용한 무리한 빗질은 자제하고, 손가락을 이용해 가볍게 쓸어내리거나 굵은 일자 빗으로 살살 빗질하는 것이 좋은 것이라고 할 수 있다.

### 촉촉한 상태에서 보습 스프레이 뿌리기

웨이브 헤어는 스트레이트 못지않게 건강한 머릿결이 우선되어야 우아한 스타일이 살아난다. 단 영양제의 과도한 사용은 모발을 무겁게 만들어 웨이브 컬이 잘 살지 않을 수 있으니 주의해야 한다. 머리카락이 완전히 마르기 전에 보습 스프레이를 충분히 뿌리고 찬바람으로 말리면 윤기 있는 컬을 오래 유지할 수 있다.

제9장

# 블로우 드라이 & 업 스타일

1. 블로우 드라이의 개념과 역사
2. 아이론(IRON)
3. 업 스타일(Up-Style)

제9장

# 블로우 드라이 & 업 스타일

## 1 블로우 드라이의 개념과 역사

### 1) 블로우 드라이(Blow Dry) 개념

블로우 드라이(blow dry)란 헤어 스타일링을 하기 위한 가장 기본적이면서도 완성도가 높은 중요한 테크닉으로 열과 바람을 이용해 모발을 건조시키고 형태를 보완하거나 새로운 형태로 연출을 꾀하는 작업이다. 한 번의 작업으로 젖은 모발을 건조시키고 스타일링까지 할 수 있는 테크닉으로서 시간이 절약되며 헤어 스타일을 아름답게 연출해 준다. 블로우 드라이는 최소의 작업으로 최대의 효과를 주고 부드럽고 자연스러운 헤어 스타일을 구성해 주며, 다른 도구의 병용에 의해 효과는 더 커진다. 살롱에서 핸드 드라이(hand dryer)와 브러시(brush) 등을 사용하여 고객의 만족한 헤어 스타일을 창조해 나가는 마무리 작업이다. 퍼머, 커트, 염색 시술 등의 형태가 만들어진 스타일을 마무리하기 위하여 미용 업무에서의 가장 기본적이면서도 완벽함을 요구하는 중요한 테크닉으로 블로우 드라이 시술의 3대 요소인 Natural Acrive Clean의 이니셜을 딴 NAC(나크)라는 약자로 표현하기도 한다.

### 2) 블로우 드라이(Blow Dry) 역사

드라이 시술은 1966년 프랑스에서는 브러싱이라는 이름으로부터 시작되었다. 1970년대에 롤카 미용실의 소유자인 모와누 부인에 의해서 브러싱(brushing)이라는 이름으로 특허를 내었고, 그해의 CIC 바로셀로나 대회에서는 아방가르드로 칭해졌으며, 이와 동일한 시기에 영국에서는 비달 사순에 의해서 적극적인 사회 참여로 인한 많은 젊은 여성들 사이에 간편하고 자연스러운 소재인 커트 앤 블로우 드라이가 인기를 얻기를 시작했다.

우리나라에서의 블로우 드라이의 시술은 1960년대 중반 이후 급격히 보급된 현대 미용의 테크닉이다. 헤어 스타일에 관한 관심은 1900년도를 전후로 외국의 문명이 유입되면서 시작하였다. 지식층에서 일본이나 그 밖의 여러 나라에 유학하면서 남성의 상투, 여성의 쪽 진 머리가 실용적이 아니라는 것을 깨닫게 되어 긴 머리를 자른 것이 현대 미용의 시초이다.

1933년 처음으로 미용실이 생겨나 극히 일부 층에서만 이용하였는데, 이러한 변화는 여성들의 사회 참여와 함께 급속도로 확산되었다. 그리고 헤어 스타일을 구사하기 위한 아이론만 의존해 오던 것을 1970년대에 일본을 통하여 드라이어가 도입되었으며, 아이론이 모발에 나쁜 영향을 끼치게 됨을 인식하면서 1980년대에 드라이어 사용이 확산되어 오늘날에 이르렀고, 현재는 어느 가정에서나 일반화된 미용 기구의 하나라 할 수 있다.

### 3) 블로우 드라이의 목적(Mechanism)

커트와 퍼머 등의 시술만으로는 부족한 면을 보완해주는 것으로서 스타일링의 완성도를 높이고, 연출하고자 하는 이미지를 손쉽고 빠르게 테크닉으로 헤어 스타일의 아름다움을 최대한 표현하는 것이다.

모발에 물이 닿으면 모발 내부의 측쇄결합 중 수소결합이 일시적으로 끊어지게 되고 모발이 마르면 다시 재결합이 이루어진다. 이 모발의 결합이 약해진 틈을 타 열과 바람을 이용해 모발의 수분을 증발시키고 다시 결합이 이루어지기 전에 새로운 형태를 잡아주면서 건조시키면 그 형태 그대로 결합이 고정된다. 다시 말해 모발을 스트레이트로 펴거나 컬을 만들 수 있다. 그러므로 다른 형태의 스타일을 형성시키기 위해서는 반드시 모발에 적당한 수분을 골고루 공급해 주어야 한다.

### (1) 모발과 열의 관계

건조한 모발은 열에 비교적 강하지만, 젖은 모발은 열에 의해 측쇄의 가수분해 또는 케라틴 구조의 변화 등에 의해 손상을 받는다. 즉 수분에 의해 절단된 측쇄는 본래 상태로 돌아가려 하지 않고 새로운 결합으로서 수소결합을 형성한다.

화약약품(산, 알칼리)으로 팽윤, 연화된 모발에 열을 가하면 케라틴 구조가 변화되어 간충 물질이 빠지거나 훼손을 촉진시켜 손상을 준다. pH가 높거나 알칼리 농도가 높은 퍼머제 또는 모발에 알칼리, 산화제가 묻은 상태에서 아이론으로 드라이한다는 것은 저온에서 약액을 사용하는 콜드퍼머보다도 시술 중에 적어도 30% 이상의 수분을 기초로 처리되고 있다. 여기에 열을 주면 약 70℃에서 케라틴 구조에 변화를 일으키기 시작한다. 이러한 시술 처리 과정에서의 모발은 70℃의 온도에서 케라틴 구조는 변화되기 시작하여 100℃ 이상이면 모발은 변형되고 130℃ 이상이 되면 타기 시작하며 190℃이상이 되면 탄화한다. 이와 같이 모발의 열에 의한 변화는 함수율이 높은 만큼 저온에서도 영향을 받는다. 그러므로 아이론이나 블로우 드라이기를 사용하는 경우 될수록 모발의 함수량을 적게 해야만 모발의 손상이 방지되므로 될 수 있으면 모발은 타월 드라이하여 물기를 닦아낸다.

### (2) 열기구의 적정 온도

블로우 드라이의 경우 드라이기의 사용 각도나 거리에 따라 차이는 있지만 대개 90℃ 전후가 적합하다. 아이론으로 스타일을 구사할 경우 120~140℃이며 열 퍼머일 경우 모발에 PPT 제품을 코팅 시킨 후 젖은 모발을 80~90% 건조시켜 스타일을 구사해야 하므로 180℃ 정도의 온도로서 사용된다. 아이론은 열기구 중 가장 뜨거운 열을 사용하는 기구이므로 신속한 시술이 어려울 경우 기구가 모발에 닿는 시간을 줄이거나 온도를 약간 더 낮춘다. 전기 세팅기의 경우는 130~140℃ 정도 온도의 세팅기로 와인딩한 후 10분 전후로 세팅 롤러의 몸체가 식으면서 웨이브가 고정된다.

### 4) 블로우 드라이의 종류

블로우 드라이는 헤어 드라이와 각각의 브러시를 이용해 헤어 스타일을 만든다. 헤어 스타일 연출의 효과가 가장 크다.

핑거 드라이는 브러시 대신 손가락을 이용하여 방향감을 주며 스타일을 형성하는 것으로 건강한 모발이나 부드러운 모발에 자연스러운 흐름을 줄 때 사용하는 방법이다.

램프 드라이는 적외선 램프를 이용해 스타일을 형성시키는 것으로 새로운 형태로의 변화보다는 트리트먼트 된 모발에 윤기를 더하는 것이다.

내추럴 드라이는 타월 드라이 후 무스 등의 제품을 이용하여 자연스러운 스타일을 연출한다.

### 5) 블로우 드라이에 필요한 도구와 사용법

#### (1) 블로우 드라이어(Blow Dryer)

핵심 부분인 팬과 팬을 작동시키기 위한 모터, 발열기인 니크롬선으로 이루어져 있다. 드라이어 안의 팬 회전에 의해 생긴 바람이 니크롬선에 의해 데워지고 데워진 바람이 출구로 내 보내지게 된다. 따라서 필요에 따라 적절히 변환 스위치를 조작하면 열풍, 온풍, 냉풍으로 조절해 가며 사용할 수 있는 기구이다.

블로우 드라이의 사용상 주의점은 다음과 같다. 시술이 편리하도록 작동은 간편하고, 가볍고 안정성이 있어야 하며 모터 소리가 크지 않아야 한다. 전기 사용량이 적으면서 효과적으로 작업할 수 있는 고성능으로서 기기의 안정성은 물론 사용 기간이 길어야 한다. 바람 출구 부분인 노즐은 고객의 두피, 얼굴, 목으로 향하지 않아야 하며, 시술 시 전기선은 고객의 어깨나 얼굴 등에 닿지 않도록 주의해야 한다.

두피에 열이 너무 가까이 닿지 않게 해야 하며 팬에 머리카락이 빨려 들어갈 우려가 있으므로 주의해야 한다. 필터에 먼지가 끼지 않도록 보관에 주의하며 정기적으로 먼지나 이물질을 제거해야 한다.

### (2) 블로우 드라이의 주요 요소

습도(humidity)는 적당한 수분이 있는 상태에서 드라이를 시작하여 드라이를 끝난 후에는 모발 자체의 수분이 10~14%가 남아 있어야 한다. 수분이 없는 건조한 상태에서 드라이를 하게 되면 건조 후에도 남아 있어야 할 모발 자체의 수분이 건조되므로 모발 손상의 원인이 된다.

적당한 수분량(%)

| 구분/종류 | 모근 | 모간 | 모선 |
|---|---|---|---|
| 염색 모, 극손상 모 | 10% | 35% | 50% |
| 웨이브 모, 손상 모 | 10% | 25% | 40% |
| 스트레이트 모, 정상 모 | 5% | 15% | 30% |

블로우 드라이의 종류별 습도

텐션(Tension)은 모발을 윤기 있게 드라이하기 위해서는 항상 롤 브러시를 회전해야 하며 고르게 힘이 들어가야 한다. 롤 브러시 회전 시 모발이 롤에 끼어 잘 빠지지 않을 경우 롤 브러시를 회전 반대 방향으로 반 바퀴 풀어서 빼준 다음 다시 그 부분에서 브러시를 회전시키면서 드라이해 나간다.

온도 (Temperature)는 블로우 드라이 스타일링 시 드라이어의 열이 지나칠 경우 모발의 수분량이 과도하게 소비되어 모발이 거칠어지게 되고 윤기를 잃기 쉽다. 드라이 시작 시 프론트 부분은 말리고 시술에 들어가더라도 네이프 부분을 드라이하는 동안 자연 건조되기 때문에 수분 조절이 가능하다.

속도(Speed)는 모발의 흐름을 정리하기 위해 행하는 드라이는 빠르게 진행하는 반면, 모발의 윤기를 내기 위해 행하는 브러시 회전은 천천히 여유 있게 시술한다.

각도(angle)는 미용의 모든 테크닉 커트, 펌, 드라이 등에 있어서 각도의 개념은 모두 중요하다. 사람의 두상은 둥근 구의 형태를 띠고 있으므로 두상의 위치에 따라 각도가 달라지기 때문에 각도의 개념을 잘 이해하고 있어야 한다.

### (3) 블로우 드라이 사용법

손잡이를 쥐는 방법은 온도조절 장치를 작동하고 각도 조절과 상하로의 움직임을 용이하게 할 수 있도록 유동성 있게 드라이어의 손잡이를 잡는다. 주로 모발의 건조 시 또는 스타일의 거리 등에 적용된다.

노즐을 쥐는 방법은 드라이어의 사용이 충분히 익숙해진 후에 사용하여 대상의 높이가 높은 경우 작업이 용이하여 어깨와 손가락에 무리가 적으므로 대부분 선호한다.

### (4) 블로우 드라이(blow dry) 스타일링 시 유의 사항

모발에 때나 먼지, 기름기가 많은 모발, 린스나 트리트먼트제의 세척이 덜

된 모발은 샴푸 후 스타일링에 들어간다.

블로우 드라이 스타일링 시술 시에는 모발의 실에 따라 적당한 수분이 있는 상태에서 시작하여 드라이가 끝난 후에도 모발 자체의 수분 10~15% 정도가 남아 있어야 한다.

드라이어 열풍의 방향은 항상 시술자를 향하도록 하며, 고객의 두피에 열풍이 가지 않도록 주의한다.

패널의 양이 적으면 힘을 덜 받고, 양이 많으면 패널의 각도가 일정하지 않을 수 있음으로 섹션의 양은 적당하게 조절해야 한다. 패널은 모아 잡지 말고 평행으로 잡는다.

## 2 아이론(IRON)

### 1) 헤어 아이론의 역사

제일 처음 아이론의 기구를 사용한 것은 고불거리는 웨이브를 내기 위해 컬러미스(Calamis)라고 부르는 아이론과 같은 기구를 사용한 것은 로마 시대였다.

그리고 아이론이라는 명칭을 지닌 기구가 나온 것은 1880년 프랑스 파리에서 미용 견습생인 마셀 그라또우(Marcel Grateau)가 그의 어머니에게 자연스러운 웨이브의 헤어 스타일을 구사하기 위해 새로운 미용 기구인 헤어 아이론을 개발하였는데, 철을 소재로 한 둥글게 홈이 파인 자루와 그 자루를 감싸주는 또 하나의 자루를 만들어 불에 달구어 사용하였다.

그리고 이 기구를 자신이 개업한 미용실에서 사용함으로써 전 세계에 알려졌다. 제이 하딩이라는 여배우가 헤어 아이론을 이용한 새로운 헤어 스타일을 널리 알렸으며, 웨이브의 지속 시간이 3주 정도였다고 한다. 1920년 르네랑보

(Rene Rambaud)에 의해 고불거리는 컬에서부터 웨이브를 구사하는 것에 초점을 맞췄고, 20세기 후반에 이르러서는 보다 더 다양한 기구들이 개발되어졌으며, 여성들 사이에 스스로 웨이브를 구사할 수 있었으며 퍼머넌트 웨이브가 급진적으로 발달함에 따라 헤어 스타일의 빠른 변화에 일익을 담당하게 되었다.

우리나라는 경술국치 이후부터 핸드 드라이어의 도입기 이전인 1970년대 후반까지 뷰티 살롱에서 주로 재래식 헤어 아이론인 마셀(marcel)과 컬(curl)로 헤어 스타일을 구사하였으나 가격이 너무 높아 1주일 이상 머리를 감기 않았다고 한다. 이때 일본이나 중국 등 각지에서 공부를 하고 돌아온 신여성 등에 의해 미용이 보급되기 시작하였으나, 일본에서 미용을 배워온 오엽주 여사가 1933년 3월에 서울 종로의 화신백화점 내에 우리나라 최초의 화신미용원을 개설하면서 헤어 스타일의 변화가 더욱 확산되었다. 그 후 일본인들이 건너와 미용학교와 많은 미용실을 개설하였는데, 이 시기에 우리나라에 마셀 아이론이 도입된 것으로 보인다.

아이론은 블로우 드라이가 도입된 1970년대 이전까지 여성들 사이에 사랑받으며 꾸준히 이용되다가 블로우 드라이의 확산과 함께 1970년대 후반부터 화열식 아이론인 마셀 아이론의 기술이 점차 쇠퇴해갔다. 그러다가 1990년대 후반에 열을 이용한 스트레이트 펌이 유행하면서 전열식 아이론인 플랫 아이론이 각광받기 시작하였다. 그 이후 전열식 아이론 기를 이용한 헤어 스타일링이 급속하게 확산되면서 굵기가 다양한 컬링 아이론과 넓이가 다양한 플랫 아이론이 빠르게 보급되었다.

현재 일시적 헤어 스타일링 연출은 아이론를 이용하는 경우와 드라이기를 이용한 블로우 드라이가 함께 공존하고 있다.

지금은 편리한 전기 아이론이 개발되어 일정한 온도를 유지하며 사용할 수 있게 되었다. 전기 아이론의 종류도 매우 다양해지고 전기 아이론을 이용한 여러 가지 헤어 스타일의 표현 테크닉도 많이 개발되었으며, 그 기능이 퍼머넌트 웨이브에까지 영향을 미치게 됨에 따라 헤어 아이론(hair iron) 기구가 일반화되면서 각각의 가정에서도 구비하여 거의 매일 사용하고 있다.

### 2) 개요와 정의

아이론의 사전적 의미를 살펴보면 철, 쇠라는 의미와 함께 단단하고 강한 것, 철제 기구란 뜻을 가지고 있다. 아이론은 일시적인 세트로 헤어 스타일링을 하기 위한 기본적인 기술이며 완성도가 높고, 아이론의 고열을 이용해 모발의 모표피를 압착시켜 윤기를 최대화시키며 수소결합과 염결합의 원리를 이용해 스타일의 형태를 보완하거나 새로운 형태로 연출할 수 있는 작업으로 정의할 수 있다. 반드시 건조되어 있는 모발에 스타일링 하여야 모발 손상을 최소화할 수 있다. 아이론은 블로우 드라이보다는 다소 경직된 느낌이나 지속성 있는 헤어 스타일을 구성해주며 윤기 면에서는 최대의 효과를 얻을 수 있다.

아이론의 기본 기술은 펴기(Straight), 안말음(In curve), 바깥말음(Out curve), 볼륨 C컬(Volume C curl), 웨이브(S curl)가 있다. 이상의 5가지 조합으로 디자인이 창작된다.

아이론으로 스타일링 할 때는 아이론의 온도와 회전 각도, 속도를 필요에 따라 적절히 이용하는 기술이 필요하다.

끝으로 아이론은 고열을 이용해 일시적으로 연출하고자 하는 헤어 스타일의 이미지를 비교적 빠르게 만들 수 있으며, 최대한의 윤기와 탄력성, 그리고 지속성 있는 헤어 스타일링을 표현하는 것이다.

### 3) 아이론의 원리

아이론의 고열에 의해서 일시적으로 모발의 구조에 변화를 주어 스타일링을 형성하는 방법으로서 모발 내부의 측쇄결합 중 수소결합과 염결합을 이용한 것으로 모발 내부 결합수의 수소결합은 고열에 의해 수분이 감소하면서 재결합 배열을 이루게 된다. 염결합 또한 고열에 의해 결합이 끊어졌다 다시 재결합 하게 된다. 이러한 원리를 기본으로 아이론의 고열을 이용해 모발의 수분을 감소시키면서 물리적인 힘을 가해 새로운 형태의 모양을 만든다. 이때 수소결합과 염결합의 재결합으로 새로운 형태가 만들어져 고정되며, 그 형태 변화는 스트레이트, 웨이브, 컬이 된다.

그러므로 아이론으로 한 번 스타일링에 실패한 모발은 다른 형태로의 전환이나 스타일링을 형성시키기 위해서는 반드시 적당한 수분을 공급한 후에 건조시켜서 다시 해 주어야 한다.

### 4) 아이론의 명칭과 기능

그루브(groove)는 홈이 파여 있는 부분으로 프롱이 모발을 들어 올려 볼륨과 웨이브를 만들며, 프롱(prong)은 쇠막대기 모양으로 된 프롱이 그루브와 함께 형태를 변화시키고, 컬은 마셀을 컬이 감싸주는 기구로 강한 웨이브를 만들며 손잡이는 그루브와 프롱이 연결되어 있는 부분이다.

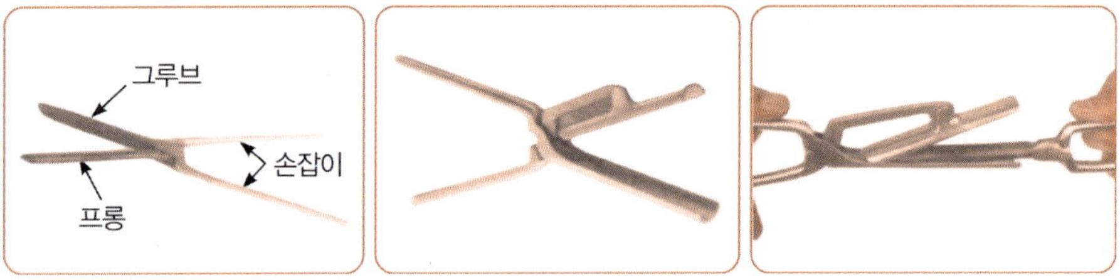


### 5) 아이론의 종류

컬링 아이론은 전통적인 스로브 아이론으로 기구를 직접 불 위에 올려놓는 것이며, 전열 헤어 아이론은 전기나 가스로 인해 자동으로 전열이 되는 것이고, 증발식 전열 아이론은 전기나 가스가 자동으로 전열되면서 증기가 나오는 것을 말한다.

매직 아이론은 스트레이트의 긴 모발을 펼 때 사용한다. 볼륨 매직기는 볼륨과 웨이브 질을 만들 때 사용하며 플랫 아이론은 여러 가지 기구 모양으로 되어 있어 다양한 형태를 연출할 수 있다.

아이론의 온도는 120~140°가 적당하며, 가열 테스트가 필요하며 물을 놓고 식힐 때 물이 튀면 열의 온도가 강한 것이다. 티슈를 사용하여 아이론으로 집었을 때 누렇게 되거나 갈색으로 변하면 기구를 회전하여 식혀 준다. 또는 물을 적셔진 수건을 사용할 수도 있다.

컬링 아이론의 장점은 긴 모발과 짧은 모발의 경우 뿌리까지 볼륨을 줄 때이며, 모발의 양이 적은 사람은 웨이브를 만들 때 사용한다. 또한, 제품을 사용하지 않아도 스타일 연출이 가능하다. 단점은 초보자인 경우 온도 조절이 어려우며, 잡는 법과 작동 방법에 많은 시간이 소요된다.

매직 아이론의 장점은 자동으로 온도 조절이 되므로 초보자가 사용하기에 편리하다. 단점은 짧은 모발에 볼륨을 주거나 버진 헤어에 강한 웨이브 연출하기가 어렵다.

매직 아이론의 적정온도는 건강 모발의 경우 170~180℃ 사용하되 기술이 필요하며 동작이 빨라야 하며, 보통 모발의 경우 150~160℃ 로 온도를 유지하며, 약한 모발은 130~140℃로 온도를 유지한다. 아이론을 사용할 때는 손상된 모발, 염색, 탈색, 백모 등에 따라 온도를 조절하여 사용하고, 건조된 모발에 300℃ 정도의 열을 가하면 분해되고 130~150℃ 이상에서는 모발 변색이 시작된다. 습한 모발은 70℃ 이상에서 변성이 나타난다.

## 3 업 스타일(Up-Style)

### 1) 정의와 목적

업 스타일이란 머리를 높이 빗어 올려 위에서 마무리하고 목선을 드러내는 여자의 머리 모양 또는 여자의 머리 꾸밈새라고 정의한다.

보통 업 스타일이라 하면 올린머리만을 생각하기 쉽다. 그러나 사전적 의미를 살펴보면 정확하게 '이것'이라고 정의를 내리기가 쉽지 않다. 업 스타일은 우아함과 여성스러움을 로맨스로 표현하는 예술 형식이다. 넓은 의미로 업 스타일이란 입체적이고 미적 아름다움의 표현과 창출을 위한 헤어 스타일의 한 분야이다.

일반 헤어 스타일에 비해 테크닉과 디자인이 강조되고 조형 감각이 요구되며, 헤어 디자이너로서 업 스타일의 기본 베이직을 많은 시간과 반복되는 연습을 통하여 경험과 경력이 되었을 때 예술적이고 조화미가 넘치며 고객이 원하는 스타일로 작품의 완성도를 높일 수 있다. 또한, 업 스타일은 우리 고유의 한복 문화와 맞물려서 결혼식, 회갑연, 명절, 파티 등 격식을 갖춘 모임이 많아지면서 가족과 단체로 고객의 수요가 점점 많아지는 추세이다.

어느 시대를 막론하고 헤어를 아름답게 꾸미고자 하는 인간의 욕구와 관심은 시대의 흐름과 함께 사회 문화의 변천과 맞물려 변모와 발전을 거듭해 왔으며, 경제성장과 여성들의 사회 활동이 많아지면서 더욱더 여성의 외면적 아름다움이 두들어지게 표현되고 있다. 특히 17~18세기 프랑스를 중심으로 사교계의 대표 인물이었던 부인들의 이름이 붙여진 퐁탕주(Pontange) 스타일, 퐁파드루(Pompudour) 스타일 등은 그 시대상을 보여주는 문화로 자림매김하여 유행되어 왔다.

의복이 화려해지면서 헤어 스타일 역시 화려해졌으며 의복이 단순해지면 헤어 스타일 역시 단순해짐을 알 수 있다. 우리나라의 고전머리 트레머리는 고전한복에 잘 어울리고 큰머리는 대례복과 같은 행사용 의복에 사용되어 전체적으로 의상과 헤어는 같이 조화미가 어우러져 있다. 이런 스타일을 우리가 생각하고 있는 긴 머리를 적당한 부위에 묶어 틀어 올려 스타일을 하고 액세서리로 장식을 하는 것도 있지만, 현대에 들어서 여성들이 사회생활에 참여를 많이 하면서 헤어 스타일이 다양화되어 있다.

때와 장소에 따라 업 스타일이 필요할 때는 짧은 헤어에도 컬을 이용하거나 가체나 피스 등을 응용하여 고객이 만족할 수 있는 창작 업 스타일이 다양하게 이루어질 수 있다. 업 스타일은 모발을 이용하여 고객이 어느 장소에 갈 것인가를 먼저 파악하고 고객의 얼굴형과 장단점을 잘 보완하여 외형적 실루엣의 밸런스를 잘 맞추었을 때 아름다운 업 스타일을 완성할 수 있다.

이러한 업 스타일은 때와 장소에 우아함과 여성스러움, 로맨스를 묘사하는 예술 형식으로 입체적이고 심미적인 아름다움의 표현과 창출을 위한 헤어 스타일링의 한 분야라고 할 수 있다.

기능적인 면에서도 다른 매뉴얼에 비해 디자인이 강조되고 뛰어난 조형 감각이 요구됨으로 미용 분야에 대한 다양한 경험과 일정한 경력이 쌓아졌을 때, 풍부한 감성과 기술적인 테크닉의 조화를 이루어 작품의 완성도를 높일 수 있는 특징을 갖기도 한다.

업 스타일은 팜프두르 스타일을 계기로 고전 업 스타일과 서양 업 스타일이 혼용되어 사용되고 있다. 머리심을 이용하여 높게 올리거나 부풀리고자 하는 곳에 덧붙여 롤을 만들어 감아 올라가는 기법과 본 머리만으로 백콤을 넣어 확장된 업 스타일을 창출하는 기법을 말한다.

짧은 머리에 무거운 가체 대신 컬러링 된 가벼운 피스를 만들어 액세서리와 함께 부착하여 화려하게 연출하는 방법도 현대 업 스타일에 사용되는 기법 중의 하나이다.

업 스타일이 다시 인기를 얻고 있는 이유는 최근까지 각종 드라마와 영상매체를 통해 느슨하게 머리를 땋아 헝클어지듯 몇 가닥 빼놓거나 자연스럽게 묶어 올려 패션 핀으로 장식하는 세미 업 스타일이 선보여지면서 큰 유행을 하게 되었다.

### 2) 업 스타일 도구 및 기구

백콤용 빗(Back Comb)의 재질은 딱딱하면 탄력이 없어 백콤이 이루어지는 과정을 손끝으로 느끼기가 어렵고, 너무 부드러우면 백콤을 시술하기가 용이하지 못하기 때문에 탄력과 강도가 어느 정도 있는 재질의 빗을 사용한다.

꼬리빗(Rattail Comb)은 쥐의 꼬리처럼 가는 자루가 붙어 있는 빗으로 일반적으로 테일 콤(tail comb), 링 콤(ring comb) 등으로 불리는데, 자루 부분은 파트를 나누거나 머리 묶음을 나눌 때 사용된다.

스타일링 빗(Styling Comb)은 오발 빗이라고도 한다. 빗살이 상어 이빨처럼 생겨서 백콤 처리에 용이하다. 빗의 꼬리 부분에는 포크처럼 생긴 살이 4~5가닥 달려 있어 모발의 흐름과 볼륨을 주고자 할 때 쓰인다.

브러시(Brush) 모류 정리에 주로 이용되며 크기와 형태가 여러 종류가 있으나 업 스타일 디자인에 사용되는 브러시는 부드러운 재질로 제작된 것이 주로 이용되고 있다.

쿠션 브러시(Cushion Brush)는, 롱 헤어인 경우 사용되어지며, 사용할 도구의 형태나 소재에 따라 완성될 디자인의 질감이나 형태가 달라지게 된다. 그러므로 브러시의 역할은 선과 면, 광택과 볼륨 등을 표현하는데 매우 중요하므로 신중하게 선택하여 사용할 수 있는 감각이 필요하다.

스타일링 브러시(Styling Brush)는 머리 면을 균일하게 브러싱할 수 있고, 부분의 머릿단을 정확하게 브러싱하여 연출시킬 수 있는 장점이 있다. 특히 S자로 구부러진 브러시는 슬라이스 선의 안쪽이라든지 네이프, 귀 윗단, 앞이마 언저리 부분 등을 균일하게 브러싱할 수 있는 장점이 있다.

돈모 롤 브러시(Pig-bristle Roll Brush)는 백 코밍된 머리카락의 볼륨을 유지하며 표면의 질을 정교하고 광택 있게 정리할 수 있는 밀도가 촘촘한 돈모로 이루어진 브러시다. 그 모양은 S자의 형태나 수평의 형태 등 다양한 모양이 있다. 빗살이 깊이 들어가지 않은 형태를 선택하여 사용하는 것이 바람직하다.

핀(Pin)의 사용법과 핀의 역할은 사용 목적에 따라 핀의 선정과 사용 방법을 정확히 알아야 하고, 스타일의 형태를 유지하는 데 있어 핀의 크기나 압력 정도에 따라 효과적으로 핀을 사용한다면 핀의 숫자가 훨씬 줄어들고 시간도 절약할 수 있다.

대핀은 강한 소재로 이루어져 많은 양을 확실하게 교정할 수 있고, 보비핀은 가장 많이 사용하는 핀으로 대, 중, 소로 나뉘어 있다.

U핀은 많은 양의 모발을 감춰지는 부분에서 꺾어 고정하거나 부드러운 질감을 표현한다. 싱과 망을 고정하거나 U핀의 형태를 바꾸어 다양한 목적으로 사용한다.

갈고리핀은 일반적으로 마무리 단계에서 삐쳐 나오는 머리를 정리하거나 임시 고정되 U핀을 뽑아내고 대신 갈고리핀을 꽂는다. 이 핀은 U핀의 양끝을 5mm 정도를 꺾어서 사용하기도 한다.

핀클핀은 모양이나 웨이브 연출 후 모양이 흐트러지지 않게 하기 위해 일시적으로 고정하는데 사용하며, 플랫핀은 완성 단계에 있는 머리형을 완벽하게 고정시키는데 사용하는 핀으로서 머리의 표면에 자국이 남지 않는 것이 특징이다.

핀셋은 블로킹을 나눈 머리 다발을 고정하기 위해 사용하고 웨이브 클립은 컬을 연출하는 데 있어서 S컬의 릿지를 세우는 데 사용한다.

왁스(Wax)는 주로 헤어라인의 면을 정리할 때 사용하며 연결 시 머리가 흐트러지는 것을 방지하고 촉촉하고 윤기 있는 면을 완성하게 해준다.

스프레이(Spray)는 면의 연결과 정리, 백콤의 고정, 볼륨, 형태의 고정 등에 사용되는데 수분이 많은 액체형의 초강력 스프레이보다는 재수정이 가능한 미세한 입자의 스프레이를 사용하는 것이 기본이며, 지나친 스프레이의 사용은 머리가 너무 딱딱해지고 네추럴한 감이 없을 뿐 아니라 인위적인 디자인을 초래하므로 최소한의 스프레이 사용으로 최대의 효과를 얻을 수 있는 테크닉이 필요하다.

싱은 업 스타일의 볼륨감과 입체감을 높이기 위해 모발에 첨가하고 감싸서 보조 머리로 이용한다. 업 스타일의 디자인에 따라 싱의 모양도 다르게 준비된다.

삼각형은 싱을 만들 수 있는 재료를 가지고 먼저 살며시 펼쳐 가면서 삼각형 모양이 나오도록 형태를 만들며, 초생달형은 먼저 둥글게 펼쳐서 한쪽 면부터 감아가면서 양쪽 끝을 가다듬어 초생달 형태가 나오도록 만든다.

둥근형은 싱의 재료를 넓게 펼쳐서 우선 각이 생기지 않도록 둥글게 둘레를 가다듬어 도톰하고 둥근 형태로 만든다.

망(Net)은 머리 다발을 고정하거나 시뇽을 둘러싸서 흐트러짐이 없는 스타일을 연출할 때 사용한다. 그리고 길이가 짧은 감이 있어서 모발 끝이 삐쳐 나올 우려가 있을 때나 쪽 진 머리 부피를 작게 할 때에도 유용하게 쓰인다. 모량이 많아서 핀 고정이 어려워질 때에도 망을 씌어서 하게 되면, 보다 쉽게 안정감을 얻는 데 도움이 된다.

고무밴드(Rubber Band)는 탄탄하고 정확한 베이스를 만들거나 머리를 묶을 때 필요하다. 탄탄하게 묶어 감아 돌릴 때 전체 모발 표면이 뒤틀리지 않도록 주의해야 한다. 또 고무줄을 돌리기 전에 묶음 다발 끝이 끼어들어 가지 않도록 포니테일을 잡은 손가락 끝에 여러 번 롤링해서 잡은 다음 고무줄을 돌려 묶으면 안전하면서도 단단한 묶음을 할 수 있는 것이다.

헤어핀은 그 자체는 기능적이지만 사용하는 방법에 따라 디자인을 구성하는 데 중요한 역할을 할 수 있다.

수직 고정법은 가장 기본적인 핀의 고정 방법이다. 머리가 긴 경우 컬이나 시니온을 만들려면 무겁게 된다든지 크기가 커지기 때문에 머리 다발을 둥근 상태에서 꺾는다든지 공간을 주고 둥근 하부에서 실핀을 꼽고 머릿결에 대해서 수직으로 고정하고 남은 머리를 처리하는 방법이다. 또는 일정한 방향으로 머리를 고정시키기 위해서 사용하는 테크닉이다.

수평 고정법은 둥그런 두형에서 가로로 길게 핀을 꽂아야 할 경우에 사용하며 긴 보비핀보다는 짧은 스몰핀이 더 용이하다. 핀과 핀이 서로 1cm 정도씩 겹쳐지며 붙도록 일직선 상에 핀을 꽂아주며 마지막에 꽂는 핀은 반드시 반대 방향에서 하나 꽂아주어 정리한 모발이 흐트러지지 않게 한다.

감추기 고정법은 상부와 하부의 머리 다발을 안정시키기 위해서 1개의 실핀을 사용하여 상하를 꿰매듯이 핀 처리하는 방법이다. 또한, 한 면을 틀어서 다른 한 면을 고정시키고자 할 때 사용하거나 양면을 틀어 붙일 때, 롤 디자인에서 롤을 고정할 때 사용하기도 한다.

겹치기 고정법은 핀을 두 개 이상을 사용하여 서로 겹쳐 꽂는 방식으로 탄탄하게 고정시켜 머리 다발의 안정을 꾀하거나 머리 다발에 양감을 주기 위해서 사용하는 것이 특징이다. 겹치기 고정법은 핀 사용 방법에 따라 L자형 기법, X자형 기법, W자형 기법 등으로 나눌 수 있다.

L자형 기법은 L자형이 되도록 2개의 실핀을 고정함으로써 탄탄하게 고정시키는 방법이다.

X자형 기법은 U핀 한 개를 먼저 꽂은 다음 반대 방향에서 크로스가 되도록 또 다른 한 개의 U핀을 꽂아 X자형으로 만들어준다.

W자형 기법은 W자형 핀 꽂기는 면을 고정할 때 토대가 약하거나 많은 모량으로 고정력이 떨어질 때 W자형으로 핀과 핀이 물리게 하여 꽂아주는 방식이다.

### 3) 업 스타일 디자인 요소

#### (1) 형태(Form)

형태는 헤어 디자인의 모양을 나타내며 윤곽 선이나 실루엣에 의해 결정되어진다. 이것은 모양, 크기, 방향의 구성 요소들로 이루어져 있고, 이 구성 요소들은 완성된 스타일을 변화시킬 수 있는 중요한 역할을 한다.

모양(Shape)은 형태 내에서 뚜렷한 형체를 만들어 주는 구체화된 형태라고 할 수 있으며, 각 모양의 크기는 디자인의 분위기에 영향을 줄 수 있으며 형태의 성격을 가장 강하게 시각화해주기도 한다.

방향(Direction)은 어떤 디자인 내의 모양이나 볼륨의 위치에 의해 이루어진다. 디자인 내에서 머리의 방향은 움직임을 뜻하며 디자인의 역동성에 중요한 역할을 한다.

위치(Position)는 모양이나 크기 방향에 따라 상호 조화에 영향을 미치며 각각의 얼굴형에 맞추는 수단으로 유용하게 사용될 수 있다. 또한, 포인트의 위치 이동에 따라 다양한 이미지 변화를 창출할 수 있다.

### (2) 질감(Texture)

질감은 어떤 표면의 모양으로, 우리 주위의 모든 것에서 볼 수 있으며 매끈한(Unactivated) 질감과 도드라진(Activated) 질감으로 구분 지어질 수 있다. 컬의 기법이나 양은 결과적으로 나타나는 질감에 영향을 미친다. 예를 들어, 고리로 말거나, 돌돌 감은 머리나 스트레이트 된 머리는 매끈한 표면 모양을 만들어 준다. 반면, 땋거나 꼬거나 컬이 진 머리는 도드라진 표면을 만든다. 이러한 표면의 질감은 하나의 작품 속에서 단독으로 사용되기도 하고 두 가지의 질감이 적절하게 혼합되어 활용되기도 한다.

### (3) 색상(Color)

깊이, 면적, 질감의 착시 현상을 일으키는 디자인 요소이며 컬러는 디자인 내의 특정한 강조 부분으로 시선을 이끌어 줌으로써 방향을 내포하기도 한다.

어두움 대 밝음은 컬러가 어두운 모발과 밝게 컬러링한 머리에 시술했을 경우, 어두운 머리 색상은 전반적인 형태에 주의를 집중시키는 반면, 밝은 색상은 형태 내의 각각의 모양에 시선을 이끌어 준다.

머리 색상 혼합은 디자인에 크기를 더해 주며 질감에 착시 효과를 주어 미묘한 색상의 변화는 웨이브의 방향을 강조해 줄 수 있으며, 각각의 모양을 분리시킴으로써 흥미를 더해 주기도 한다.

### 4) 디자인의 시각 원리

업 스타일은 예술 형식과 마찬가지로 형태, 질감, 색상의 배열과 패턴으로 디자인의 시각 원리를 사용한다. 이러한 디자인의 법칙에 대해 알고 있으면 디자인을 분석할 때 쓰이는 대화 시스템을 구축할 수 있다.

#### (1) 균형(Balance)

디자인의 시각적 혹은 실제 무게감에 의한 안정감을 뜻하며 대칭이거나 비대칭일 수 있다. 균형 잡힌 디자인을 계획할 때는 크기, 모양, 질감, 그리고 색상 사이의 비례적인 관계를 고려해야 한다.

대칭(Symmetry)은 중심선이나 중심축의 양쪽에 크기와 모양이 똑같이 위치하고 실제 무게감도 똑같이 분배되는 통일 원리로서 작용하는 성질로 정돈성은 조용하게 관찰된 상태에서 바르고 정리된 느낌이며, 안전성은 정적이면서 편안하며, 단순성은 섞인 느낌이 없으며 깔끔한 느낌이다.

비대칭(Asymmetry)은 시각적 균형에 좌우되며, 실제 무게감은 중심선을 기준으로 양쪽에 고르지 않게 위치하여 변화 원리로 작용하는 성질이며, 비정돈성은 질서를 잃은 느낌으로 긴장을 완화시키는 효과가 있고, 운동성은 생동감, 활동성이 있으며, 복잡성은 뒤얽히고 섞인 듯한 느낌이 있는 것이다.

#### (2) 진행(Progression)

비례적인 단계의 연속적인 시리즈를 말하는 것으로 방향 변화와 짜임새의 활동성, 길이, 색상에 대한 연속성 등을 인식시켜야 한다.

(3) 반복(Repetition)

반복은 일종의 거울과 같다. 거의 똑같은 어떤 두 대상의 모양, 짜임새, 색상, 방향 혹은 모발 길이의 단위가 동일하게 연결되는 것을 말한다.

(4) 교대(Alternation)

교대는 두 개 혹은 그 이상의 단위가 연속적으로 반복되는 것으로 변화를 수반하고 원래 상태를 다시 회복하는 형태이다.

(5) 대조(Contrast)

서로 반대되는 특질의 단위들, 즉 두 가지 색상, 크기, 짜임새 등이 서로 대조될 때 주위의 관심과 흥미 있는 긴장감을 형성할 수 있다.

(6) 강조(Accent)

디자인의 초점이나 주된 흥미에 관련되며 긴장감을 갖게 한다.

### 5) 업 스타일 결정의 고려사항

디자이너는 실제로 시술하기에 앞서 고객의 업 스타일 디자인을 창의적으로 구상할 수 있어야 한다. 고객에게 가장 잘 어울리는 디자인을 구상하기 위해 디자이너는 스타일의 목적이나 다양한 상황들을 파악하고 인지해야 한다.

이러한 이유로 디자인을 구상하고 결정하는 데에는 여러 가지 고려해야 할 중요한 사항들이 있다.

(1) 얼굴 모양(볼륨과 포인트 위치 조절)

사각형의 얼굴은 개성이 강하면서 원심적 감각의 사각 얼굴이므로 그와 반대되는 둥그스런 느낌을 갖는 구심적인 볼륨으로 한다.

삼각형의 얼굴은 얼굴의 볼륨이 구심적인 감각으로 상부에 양감을 낸다.

역삼각형의 얼굴은 얼굴 볼륨이 구심적 감각으로 얼굴 상부에 둥그렇고 부드러움을 표현한 것과 같은 실루엣이 된다.

마름모형의 얼굴은, 볼륨을 구심적 감각의 변화로 풍부하게 해서 얼굴을 입체적으로 둥그렇게 느낄 수 있도록 형을 만든다.

긴 타원형의 얼굴은, 정적이면서 전체적으로 가늘고 길게 느껴지는 얼굴형이므로 모발의 볼륨을 원심적으로 표현하고 주선을 수평 느낌으로 잡아 길이를 끊는 인상을 주어 얼굴을 작아 보이게 한다.

둥근형의 얼굴은 구심적 감각의 둥근 얼굴에 대하여 역으로 원심적 감각의 볼륨이 맞다.

### (2) 신체 구조(체형, 헤어라인, 네이프, 구레나룻)

체형에 따른 헤어 스타일은 키가 크고 마른 체형, 키가 크고 뚱뚱한 체형, 키가 작고 마른 체형, 키가 작고 뚱뚱한 체형으로 구분되어 헤어 스타일이 결정된다.

구레나룻의 위치는 귀의 중간까지, 귀의 길이와 거의 같게, 귀의 길이보다 길게 결정된다. 모발의 조건은 모발의 길이, 탄력, 모양, 커트 상태, 웨이브 등으로 구분된다.

머리 길이에 따른 업 스타일 연출은 Short, Medium. Long Hair Styling로 구분된다. 행사 내용은 결혼식, 약혼식, 발표회, 잔치, 모임 등이며, 의상은 한복, 드레스, 양장으로 구분되며, 장소와 시간은 계절, 야외, 교회, 식장, 호텔 등으로 구분되어 헤어 스타일이 결정된다.

계절에 따른 헤어 스타일은 봄, 여름, 가을, 겨울에 따라 헤어 스타일이 다르게 연출된다.

연령, 이미지에 따른 업 스타일은 Romantic, Elegant, Cute, Natural lmage 등으로 구분된다.

기타 개인적인 스타일 센스와 취향, 최근 유행 패턴 경향 등 여러 가지 트랜드를 반영하는 스타일이 있다.

### 6) 업 스타일 테크닉 분류

#### (1) 시간적 조건의 영향에 따른 블로킹

시간에 쫓기는 바쁜 고객이 왔을 때 시술자는 전문 디자이너로서 고객의 머리를 빠르게 해낼 수 있는 대처 능력이 요구된다. 그러기 위해서는 고객의 머리 조건을 먼저 파악해야 하고 블로킹의 수가 적어야 만이 빠르게 작품을 완성할 수 있는 기본 방법이다.

#### (2) 작품 디자인의 영향에 따른 블로킹

특정한 날, 특별한 행사, 그리고 독특한 의상에 잘 맞는 자신만의 아름답고 개성 있는 멋진 작품을 기대하며 넉넉한 시간을 두고 미리 미용실을 찾는 고객이 가끔 있다. 최고의 아름다움을 표출할 수 있는 작품 완성으로 가기 위해서는 고객의 모발 조건을 먼저 파악한 뒤에 정교한 블로킹에서부터 한 가닥씩 필요한 부위에 올려줌으로써 그날의 그 자리에 잘 맞는 아름답고 안정감 있는 업 스타일 완성이 가능하기 때문이다.

### 7) 백콤의 필요성

백콤(Back-comb)은 모발을 크게 부풀려 줌으로써 아름다운 면과 선을 만든다. 머리 다발의 펼쳐짐, 가벼움, 움직임 등의 풍부한 표정을 만들기 위해서 사용되며 목적과 효과를 충분히 계산해 나가면서 조작하는 일이 중요하다.

백콤 시 머리 다발의 근원은 부풀음, 두께, 크기를 바꾸기 위한 백콤이고, 머리 다발의 중간은 표면의 뉘앙스를 바꾸기 위한 백콤이며, 머리 다발의 끝은 머리 다발의 방향을 결정하기 위한 백콤이다. 필요한 부위마다 고르게 똑같이 넣는 연습이 필요하다.

#### (1) 각도(Angle) 개념적 백콤

백콤은 각도에 따라서 볼륨의 차이는 크게 달라진다. 보통 90도를 기준으로 하여 90도 이상(많은 볼륨), 90도 이하(적은 볼륨)로 볼륨을 조절한다. 스트랜드의 가로 넓이는 5cm, 세로 폭은 2~3cm로 해서 디자인에 따라 높고 낮음의 각도 개념을 이해하면서 시술해 나간다.

#### (2) 방향(Direction) 지시적 백콤

백콤 작업이 잘못되게 되면 오히려 업 스타일을 하는 데 있어서 방해 요인이 될 수 있다. 왜냐하면, 테크닉 디자인에 따라 손에 잡힌 한 가닥의 스트랜드를 보내고자 하는 위치가 어디인지를 먼저 예상하고 그쪽 방향으로 향해 끌고 가면서 백콤 작업을 해나가야 하기 때문이다. 업 스타일이 매끄럽게 처리된 것을 질감으로 느낄 수 있는 것이다.

#### (3) 필요(Need) 조건적 백콤

업 스타일을 하는데 있어서 전체적으로 백콤해 나간다는 것은 있을 수 없다. 모발 조건에 따라 두상의 골격에 따라 또는 작품의 디자인에 따라 백콤은 필요한 부위에만 들어가는 것이 바람직하다고 본다.

### 8) 토대의 종류

토대(Base)란 집을 받쳐주는 주춧돌과 같이 디자인의 베이스, 기초가 되는 것을 말한다. 업 스타일의 디자인은 토대를 만들어서 시작하고 토대의 위치에서 마무리가 끝난다고 할 만큼 중요한 의미가 있다.

토대는 두상과 모량, 모질의 조건, 그리고 디자인을 고려해서 넓이, 높이, 위치를 결정한다. 디자인에 필요한 모량 외에는 토대에 포함해 처리하는 데, 양이 많을 경우 땋기를 하여 요철이 생기지 않도록 펴서 고정한다. 숱이 적을 경우에는 백콤이나 싱으로 보충하여 높이와 면적을 조절한다. 토대 위치에서 항상 핀이 자리하기 때문에 느슨하지 않게 토대가 만들어져야 한다.

토대는 T.P, G.P, B.P, N.P에 위치하며 디자인에 따라 다양한 포인트에 위치할 수 있다.

### (1) 묶음 토대

모량이 많을 경우에 백콤을 넣지 않고 타이트하게 묶은 모근을 토대로 한다. 타이트한 모발에 의지하여 핀이 고정되기 때문에 묶음이 약하면 모발이 느슨한 만큼 핀이 느슨해져 토대의 역할을 할 수 없다.

백콤 토대는 시농의 프론탈 타입에 많이 응용된다. 토대 부분의 모량이 많을 경우에는 땋고, 보통일 경우에는 백콤하여 핀이 자리할 부분과 기본 실루엣을 잡는다.

### (2) 핀 토대

토대를 만들 수 있는 모발이 확보되지 않거나, 특정 부위에 핀이 꽂힐 수 있는 자리를 만들기 위하여 두피 백콤을 한 후 보비핀을 X자로 꽂아 핀이 위치할 수 있도록 한다.

### (3) 머리 다발을 교차시킨 토대

머리 다발 부분 중 한 가닥을 떼어내어 다발의 모근 부위를 교차되도록 감아서 머리 다발 자체를 힘 있게 만드는 토대를 말한다.

꼬기, 땋기를 하여 돌려 감는 토대는 토대를 만들어야 하는 위치에서 그 부분의 머리를 두 가닥, 혹은 세 가닥으로 꼬거나, 땋기를 하여 여러 번 돌려 감아서 탄탄하게 토대를 만드는 것이다.

#### (4) 꼬기(Twist)

꼬기는 머리 가닥을 한쪽 방향으로 계속 돌려서 밧줄 같은 모양을 나타내는 기법을 말하며, 크기와 길이에 따라 다양한 변형을 가져올 수 있다.

1가닥 또는 2가닥의 머리 가닥으로 시계 방향이나 시계 반대 방향으로 꼬아서 디자인에 맞게 어느 위치에 고정을 했을 때 꼬기의 텐션에 따라 분위기가 달라 보인다. 꼬기는 두상의 어느 위치에나 시술 가능한 기법이다.

#### (5) 매듭(Knot)

매듭은 하나 또는 두 개의 머리가닥으로 사슬처럼 묶어주는 기법을 말한다. 한 가닥의 매듭의 크기는 작은 것에서부터 큰 것에 이르기까지 다양하게 연출될 수 있는데, 두상의 어느 부위에나 놓여질 수 있으며 자연스런 볼륨감을 얻을 수 있다. 매듭을 엮을 때 머리 가닥의 방향은 얼굴형과 헤어 스타일에 영향을 미친다.

### 9) 도구와 기구를 이용한 업 스타일 디자인

#### (1) 스틱을 이용한 업 스타일 디자인

스틱을 사용하는 목적은 볼륨 포인트를 조절하고 모발 흐름이 같은 방향으로 흐르면서 나타나는 단조로움을 스틱으로 면을 꺾어 그 흐름의 방향을 다이나믹하게 반전시키는 데 있다.

스틱을 이용한 업 스타일 디자인

### (2) 면을 이용한 업 스타일 디자인

노출되는 부분에 면을 넓혀 가리거나 쪽 스타일, 돔(dome) 스타일을 연출할 때 넓은 면적을 만들어 내는 방법으로 깔끔하면서 신속한 연출이 특징이다.

면을 이용한 업 스타일 디자인

### (3) 모류의 방향에 따른 업 스타일 디자인

#### ① 베이스와 섹션의 모류 잡기

섹션은 어떤 포인트를 향하여 모속의 방향을 갖게 된다. 베이스에 대하여 어떠한 모류를 갖는가에 따라 면적과 반복 겹침으로 나타나는 면의 질감에 변화가 나타난다. 섹션이 중복되면서 각각의 섹션의 흐름이 그대로 살아나 면의 질감을 잘 나타낸다. 슬라이스 라인이 잘 나타내 준다.

모류의 방향에 따른 업 스타일 디자인

### ② 모류의 방향 유도

업 스타일의 머리 흐름은 직선이지 않으며 직선처럼 보여도 모두 곡선의 흐름을 갖는다. 직선에서 곡선으로 변화하려면 직선의 어느 위치에서 꺾임이 발생한다. 이때 꺾임의 행위로 빗살을 끼워 잡거나 솜바닥으로 눌러 잡아 방향을 틀어준다. 방향이 크면 'C'가 강하게 나타나게 반복되면 웨이브가 형성된다.

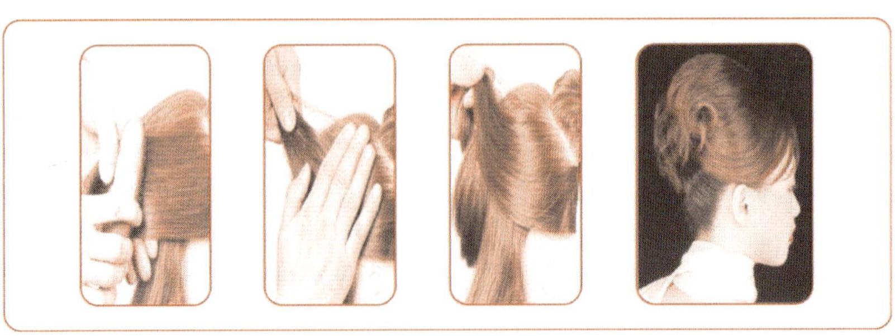

평면상의 모류 잡기

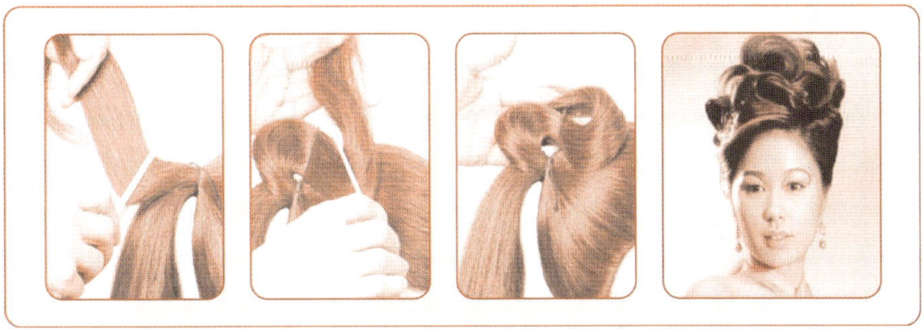

반복을 통한 웨이브 잡기

### ③ 그 외의 표현 기법

반복적인 작업에 따라 일정한 형식을 갖게 되면서 보다 효과적인 작업이 이루어진다. 이러한 효과적인 작업은 지금까지 설명한 기법 외에 땋기, 꼬기, 매듭, 링롤, 꺾기 등의 다양한 방법들이 있으며 디자이너의 개성이나 기술, 연출 습관, 기법 외에 영감을 통해 다양하게 연출할 수 있다. 땋기만으로 스타일이 이루어지기도 하고 다른 기법과 어우러지기도 한다.

꼬기

두상 전체의 강한 흐름을 갖는 꼬기는 젊고 발랄한 이미지를 나타낸다.

면을 이루고 나온 끝머리에 묶듯이 하여 나타난 매듭을 포인트로 활용한다.

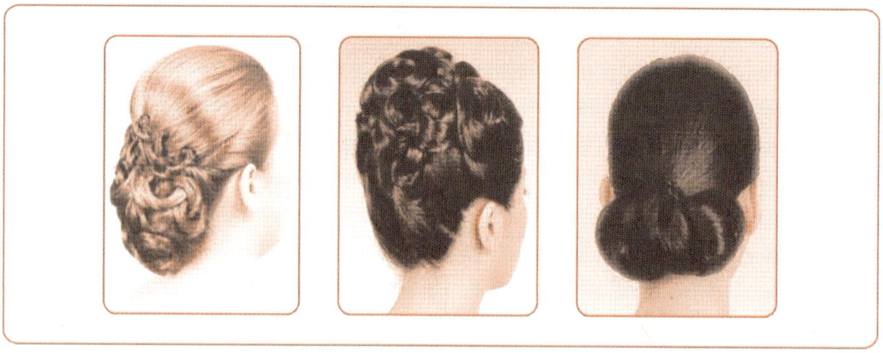

매듭

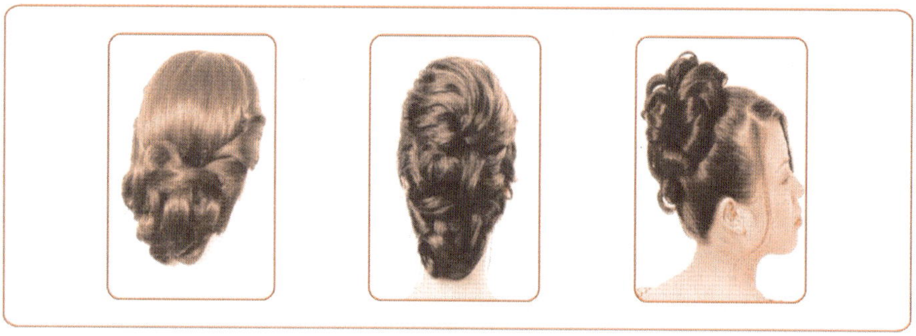

롤 기법

### 10) 고리(Loop) 만들기

고리는 머리 가닥을 조가비 모양으로 접거나 구부리거나 동그랗게 하여 곡선 모양으로 두상의 어느 한 위에 고정시키는 기법이다. 고리는 여러 모양으로 변형시킬 수 있는 장점을 가지고 있는데, 한 가닥으로 한 개의 고리를 만들거나 한 가닥으로 두 개의 고리를 만들어 크기와 모양을 다양하게 연출할 수 있다.

### 11) 업 스타일 디자인 법칙에 사용된 상징 기법들(기본 테크닉)

업 스타일의 디자인에 쉽게 다가가기 위해서는 디자인 법칙에 사용되는 상징 기호들을 인식할 줄 알아야 한다. 이것은 롱 헤어 디자인에 필요한 것이기도 하지만, 오늘날 업 스타일의 개념은 긴 머리에만 사용되는 것이 아니므로 짧은(short), 중간(medium), 긴(long) 헤어에 있어 고객의 욕구에 맞게 언제든지 디자인을 창출할 수 있도록 그 기법을 익혀야 한다. 업 스타일의 디자인 법칙에 사용된 상징 기법들은 땋기, 꼬기, 매듭짓기, 겹치기, 고리 만들기, 말기 등이 있다.

#### (1) 땋기(Braid)

땋기는 나이에 관계없이 다양하게 연출할 수 있는 기법이다. 또한, 입체적인 효과를 주기 위해서 패턴화된 모양으로 업 스타일에 많이 사용되고 있다. 세 가닥 기법을 기준으로 5가닥, 7가닥, 9가닥 등 여러 가지 크기와 형태로 디자인을 창작할 수 있다.

#### (2) 겹치기(Overlap)

겹치기는 두 개의 머리 가닥을 서로 반대쪽 가닥 위로 겹쳐서 십자 겹침 효과를 얻는 기법이다. 위로 겹치기와 아래로 겹치기가 있는데, 겹치기는 우선 빗질을 매끈하게 하여야 하고, 늘어지는 효과를 만들기 위해 두피 면에 대한 시술 각을 인식하고 있어야 한다. 다른 테크닉과 혼합하여 사용하면 대조적인 질감을 얻어낼 수 있다.

#### (3) 말기(Roll)

말기는 머리 가닥 자체 내에서 볼륨감 있게 싸이고 감겨지는 것을 말한다. 업 스타일 디자인에서 롤의 대표적인 스타일은 소라형 업 스타일이다. 소라형 업 스타일은 목선 위에서 수직형으로 감겨 올라가는 것으로 대체로 원통형이나 원뿔형의 모양을 하고 있다. 또한, 롤은 수직 롤과 헤어라인에 평행한 윤곽롤이 있는데 두상의 어느 선을 따라서든 감을 수 있다. 롤이 감기는 방향은 시계 방향과 시계 반대 방향 모두 가능하다. 롤의 크기는 대체적으로 머리 길이에 따라 결정되어 지지만, 긴 머리로는 볼륨감을 더 많이 얻어낼 수 있고, 짧은 머리로도 백콤밍에 의한 볼륨감을 얻어낼 수 있다.

롤은 평상시에도 긴 머리를 간단하게 말아 올리는 실용성이 가미된 업 스타일의 상징 기법으로 생머리나 퍼머넌트 머리, 세팅 머리에도 다양하게 창출될 수 있고, 때와 장소와 관계없이 누구나 할 수 있는 스타일이다.

### 12) 업 스타일을 통한 얼굴형 보완

헤어 스타일은 입체적인 형태인 정면, 측면 또는 후면 등 어디에서 보느냐에 따라 윤곽선이 달라 보인다. 헤어 스타일의 윤곽선은 얼굴의 인상을 달라 보이게 하는 중요한 요소로 얼굴의 장점을 부각하고 결점을 보완하며 얼굴형에 따라 볼륨을 달리하여 형을 잡고 질감을 나타내도록 연출한다.

얼굴 형태로는 달걀형, 원형, 장방형, 사각형, 삼각형, 역삼각형, 마름모형 등으로 나누어지며, 노멀 스타일에서는 달걀형을 기준으로 작업이 이루어진다.

형을 이루는 작업에서는 가로와 세로 폭을 조절하여 달걀형을 만들고 미묘한 질감과 곡률에 따라 심리적 영향을 유도하여 이미지를 연출한다.

사각형의 얼굴은 턱선이 각이 지고 의지가 강해 보이며 개성적이지만 여성스러움이 덜한 특징을 가진다. 따라서 커트에서는 얼굴형을 감싸듯 쏟아지는 느낌의 헤어 스타일로 머리끝을 가볍게 터치해 턱선에 이르도록 하는 것이 포인트이다.

업 스타일에서는 포인트를 상위에 두고 페이스 라인의 가닥을 떨어뜨려 턱선을 보완하는 것이 이상적이며, 달걀형을 따라 측상과 두상을 강조하고 턱 라인은 모발로 방향을 잡는다.

사각형의 얼굴 보완

역삼각형의 얼굴은 역삼각형의 얼굴은 이마 폭이 넓고 턱이 뾰족한 특징을 가진다. 양턱의 선이 좁은 얼굴형으로 톱 부분을 조금 높게 하고 큰 뱅으로 이마를 좁게 하며, 사이드는 양볼의 윗부분에 양감을 많게 하고 결점을 보완하는 것이 이상적이다. 측두부를 억제하고 하단을 강하여 턱선을 보완한다.

역삼각형의 얼굴 보완

삼각형의 얼굴은 이마가 좁고 아래턱 부분이 넓은 특징을 가지기 때문에 상대적으로 넓게 보이는 턱 부분을 좁게 느껴지도록 하는 것이 중요하다.

윗머리에 볼륨감을 주고 층을 주어 이마를 가려주면 층진 헤어 스타일로 턱의 라인이 드러나더라도 귀여운 느낌이 든다.

이마를 드러내거나 가운데 가르마는 피하는 것이 좋다. 빈약해 보이는 상부의 얼굴형을 보완하기 위해 상위 업 스타일이 유리하며 측두부를 강조하여 연출한다. 뱅을 두고 측상을 강조하며 턱 라인을 가릴 모류를 잡는다.

삼각형의 얼굴 보완

마름모형의 얼굴은 양볼의 광대뼈가 튀어나온 형으로 일명 다이아몬드형이라고도 하며 이마와 턱 부분의 폭이 좁은 것이 특징이며, 삼각형과 역삼각형의 연출 포인트를 살려 측두부는 하관을 강조한 스타일을 연출한다.

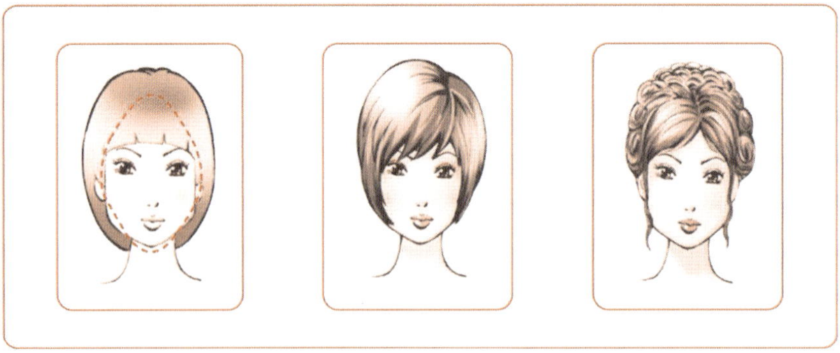

마름모형의 얼굴 보완

윗부분과 아래턱을 각각 넓게 보이도록 하는 디자인이 필요하며, 뱅을 내려 이마를 가리고 측두부에 볼륨을 잡고 목선에 머리를 비껴나게 윤곽을 잡는다.

둥근형의 얼굴은 동양인에게 가장 많으며 얼굴 골격이 둥글고 넓이와 길이가 거의 동일한 특징을 가진다. 따라서 윗머리는 세우고 옆머리는 붙여 볼륨감을 줄여 세로로 길어 보이게 하는 것이 중요하다.

질감을 깔끔하게 잡으면 얼굴형이 두드러지기 때문에 자연스러운 질감을 잡는 것이 유리하며, 업 스타일의 포인트를 상위에 두어 달걀형의 윤곽을 나타낼 수 있게 연출하며, 뱅을 두고 깔끔한 윤곽 라인보다는 흐트러진 라인으로 달걀형에 따라 폭보다 방향과 볼륨을 강조한다.

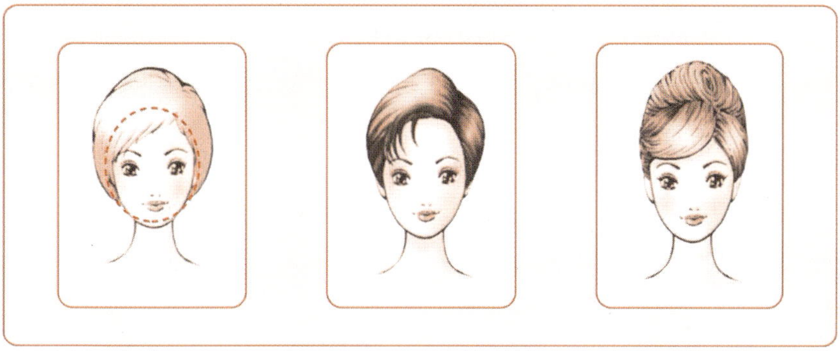

둥근형의 얼굴 보완

## 쉬어가기

마음과 신체는 밀접하게 서로 연관되어 있다. 예를 들면 운동을 하면 정신적으로도 상쾌한 기분이 되고 스트레스 해소에도 큰 효과가 있다. 반대로 스트레스가 쌓이면 머리나 어깨가 딱딱해지고 두통이 생기거나 위와 장의 상태가 나빠지는 등 신체의 여기저기에 이상한 징후가 나타난다.

일반적으로 일이 바쁘거나 뭔가에 신경 쓰고 있을 때는 몸 상태를 잊어버리기 쉽다. 특히 스트레스 상태가 심하게 되면 몸은 반복해서 SOS 신호를 보내는 데도 불구하고 그러한 몸 상태를 깨닫지 못하는 경우도 있다. 로하스는 마음과 신체의 균형 잡힌 생활을 유지하는 것을 중시한다. 현대인의 병이라 할 수 있는 스트레스에 대한 극복으로 정신적 건강을 추구함으로써 마음과 신체의 건강을 조화롭게 유지해 가는 것이 로하스를 말하는 진정한 건강이다.

### 스트레스의 내성을 높인다

빠른 속도로 진행되는 현대 생활, 만원 버스나 지하철 속에서 흔들리며 출퇴근, 매일 바쁘게 해치우듯 처리하는 일, 인간관계, 돈, 건강 등 스트레스를 느끼는 원인에는 여러 가지가 있다. 눈만 뜨면 피곤이 쌓이고 딱딱한 어깨는 거의 만성화가 되었다.

스트레스란 '외부로부터의 자극에 적응하고자 하는 반응'이다. 같은 자극을 받아도 그에 대한 반응에는 개인차가 있다. 그러나 나쁜 스트레스는 사람의 마음에서 건강을 빼앗는다. 그 상태가 오래가면 자율신경에도 변화가 나타나 신체적으로 병을 부르게 된다. 스트레스의 내성을 높여 셀프 컨트롤의 방법을 몸에 익히면 항상 안정된 기분으로 매일을 보낼 수 있게 된다.

스트레스를 느끼는 커다란 원인 중 하나는 본래 컨트롤할 수 없는 것을 컨트롤하려는 데 있다. 이를테면 자기 이외의 타인에 대해 "저 사람은 ~해야 한다."라고 생각하더라도 남을 자신의 생각대로 바꿀 수 없다. 마찬가지로 과거에 일어난 일도 바꿀 수 없다. 있는 그대로를 받아들이며 바꿀 수 있는 것은, 자신이 컨트롤할 수 있는 범위 내에서 자기 자신이 먼저 바꾸어 가고자 할 때 마치 버드나무와 같이 유연하게 스트레스의 내성을 몸에 익히게 된다.

## 마음의 건강 진단

신체에 관해서는 적어도 1년에 한 번 정기적인 건강검진을 받는 사람은 많다. 하지만 마음에 관해서는 어떠한가? 유럽이나 미국과 같이 아무렇지 않게 심리 상담이나 치료를 받는 습관은 우리나라에서는 아직 낯설다.

심리 상담을 받는다 해도 실제로 우울증과 같은 증상이 나타나야 겨우 받는 정도다. 우리나라도 연간 자살자가 만 명이 넘을 정도로 정신적 건강 상태가 심각한 상황에 놓여 있다.

바쁜 일상 속에서 스트레스는 점점 더 많이 쌓이고 있다. 심리 상담은 자신의 마음 상태를 객관적으로 살펴봄으로써 자신의 마음의 징후를 캐치할 수 있는 지표다. 마치 에스테틱에 가듯이 가벼운 마음으로 상담을 받아본다. 신체의 산화에는 항산화 물질이 효과가 있듯이 마음의 쓸쓸함에는 정기적인 상담이 효과적이다.

## 릴렉스를 위한 5분

로하스 라이프를 위해 매일 릴렉스의 시간을 가지는 것은 매우 중요하다. 일을 시작하기 전이나 휴식 시간 등 조금씩 시간을 내어 마음을 릴렉스하는 습관을 가지는 것은 스트레스의 수위를 낮추고 집중력을 높이는 효과가 있다. 취침 전에도 릴렉스 후 잠자리에 들면 보다 빨리 숙면의 세계로 들어갈 수 있다.

릴렉스법을 실천할 때 좋아하는 아로마 향을 사용하면 보다 나은 효과를 얻을 수 있다. 일과 중 자신에게 맞는 릴렉스 방법을 가지는 것도 효과적이다. 예를 들면 음악을 들으며 허브차 마시기 등 일하는 틈틈이 자기 나름의 규칙을 만들면 기분전환을 할 수 있으며 단시간에 릴렉스 효과를 얻을 수 있다.

## 스마일과 소프트 아이

산타모니카에서 열린 '제10회 로하스 포럼'의 강연회에서 매우 멋진 말을 접했다. 그것은 '소프트 아이', 부드러운 시선이라는 의미이다. 마음을 담아 따뜻하게 상대를 보는 것이다. 긴장되고 초조한 마음으로는 아무래도 상대에 대한 시선도 부드럽지 못하며 매서워 보이기 쉽다.

소프트 아이로 하루를 보내기 위해서는 온화하고 행복한 마음으로 보내는 것이 불가결, 이것은 로하스 라이프의 기초가 되는 감정이입이다. 로하스 라이프에 화난 얼굴은 어울리지 않는다. 항상 싱글벙글 미소를 멈추지 않고, 주위에도 웃는 얼굴로 행동한다. 미소는 면역력을 높인다는 연구결과도 있다. 또 점원이 미소로 손님을 접하는 것만으로도 판매가 크게 높아지는 가게도 있다.

미소를 띤 채로 화를 내려고 해보자. 잘 안 될 것이다. 기분이 좋기 때문에 미소를 짓게 되는 것이 아니라 미소를 짓기 때문에 기분이 좋아지는 것이다.

출처 : LOHAS(Simply Natural Living)

# 제10장

# 메이크업과 이미지 메이킹

1. 색채 이론
2. 뷰티 메이크업(Beauty Make-up)
3. 메이크업의 기초 이론
4. 메이크업의 실제

제10장

# 메이크업과 이미지 메이킹

## 1 색채 이론

메이크업(Make-up)이란 어떠한 것을 더해서 긍정적 이미지로 만들어 낸다는 의미이다. 즉 저마다 얼굴의 특징을 살려 수정 보완하여 아름다움을 창출해 내는 것이 메이크업 아티스트가 할 일이다. 색채가 사물의 식별을 가능하게 하고 그 특징을 간파할 수 있게 하지만, 한편으로 인간의 감정에 가장 직접적으로 호소하는 성질을 지니고 있다. 우주의 모든 물질은 빛이 있는 한 고유의 색채를 지니며, 사물의 색채는 우리 시각을 통해 감지된다.

현대인은 누구나 자기 나름대로 개성을 갖고 싶어 한다. 그래서 의상이나 미용, 화장법, 건축물에 이르기까지 독특한 색채를 원한다. 색의 우연한 효과를 기대하고 사용하는 것은 있을 수 없는 일이다. 색을 소홀히 다루면 모든 예술적 의미가 결핍되는 결과를 초래할 수 있는 규율에 지배되고 있기 때문이다. 또한, 색은 여러 가지 측면에서 고려되어야 한다. 이러한 측면들은 서로 관련이 있고 어느 한 가지 특출한 것은 없다.

또한, 메이크업의 행함은 색채의 필수불가결의 기능으로 행해진다. 빛과 눈이 색상과 채도, 명도를 결정짓는 두 가지 인자이다. 색채와 색채의 작용, 빛의 변화에 따른 색의 변화를 자세히 살펴보고자 한다.

색은 본질적으로 빛이기 때문에 색채를 붙잡을 수는 없다. 메이크업, 미술, 의상 등 여러 분야에서 색채의 중요성을 깨닫고 색채 효과와 색채 감각을 이해하는 것을 필요로 한다.

체임버(chambers)와 물튼(moulton)이 "색이란 많은 사람들이 제일 먼저, 그리고 가장 강하게 반응하는 디자인의 요소"라고 설명한 것과 같이 중요한 요소로써 취급되었으며, 한때는 미술의 표현 수단으로만 사용했던 시대도 있었다. 색채는 인간의 감정을 자극하는 효과가 있으며 색에서 받는 인상은 색에 따라서 모두 다르다. 오랫동안 사용되어온 색채 용어는 색채에 있어서의 상징적 모습을 실제보다 한층 더 표면적으로 만들고 있다. 그 예로 기독교 부흥 이후 노란색을 황이라 하여 경계하고, 종교예술에서도 금지될 만큼 감정이 치우쳐졌다. 또한, 주왕조 시대에는 금색이나 은색이 왕족의 색이었으며, 그 이후 몇백 년 동안은 검정과 빨간색이었다. 이집트에서도 빨간색이 최고의 색이었다. 클레오파트라도 짙은 빨간색을 즐겨 사용하였다고 한다. 하위층의 여성은 엷은 색조의 매티큐어를 사용할 수밖에 없었다.

많은 문헌이 색채의 심리학적 상징성을 발전시켜 왔으며, 보는 사람의 주관에 따라 개인적 차이도 많지만 어느 정도 일반에 통하는 보편성을 생각할 수가 있다. 다음은 주요 색상과 무채색에 관한 특성이다.

### 1) 색의 특성

빨강(Red)은 모든 색채 중에서 가장 강한 채도와 가장 큰 매력을 지니고 있다. 자극성이 강하고 흥분과 열광적이며 호전적인 정열을 나타내나 성격이 다른 색과 접촉하면 극히 유연성을 띤다. 원시 예술과 고전 예술에서 가장 많이 사용되었고, 문화적으로 진보했던 유럽인은 외연적 억압을 일으키는 색이라 하여 편견이 심하나 일본 민족에게는 최고 선호색이다.

노랑(Yellow)은 모든 색상 중에서 가장 많은 광채를 내는 색이며, 이와 같은 이유로 황금이나 돈 등을 상징한다. 시각적 노란색은 검은색에 의해 가장 돋보인다. 이 색은 모든 가시색 가운데 명도가 가장 높은 색이며 뾰족하고 날카로운 느낌을 준다. 독일의 생리심리학자 뤼셔(Luecher)는 그의 저서 《컬러 테스트》에서 노랑을 좋아하는 사람은 억압에서의 해방을 추구하는 사람이라 하였다. 이 색이 부조화로 사용될 때는 질투심을 표현한다. 가장 밝고 광채가 나는 노란색은 천국, 왕국, 초경험적 현상, 지식, 이해를 상징한다.

주황(Orange)색은 분명 스펙트럼 상의 색임에도 사람들은 빨강과 노랑의 혼색으로 지각한다. 이 색은 기본적으로 대지와 많은 연관을 가지며 대부분의 포유류가 이와 비슷한 색을 가지고 있다. 주황은 시각적으로 날카로운 영상을 낳고 스스로 시각에 적응한다. 뤼셔의 《컬러 테스트》에서 주황은 욕구, 욕망을 표현하고 의지의 힘을 나타내며, 어두운 피부색에 잘 어울린다. 부드러운 오렌지색은 복숭아색, 살구색, 산호색으로 변한다. 또한, 여성적이며 우아한 기분을 자아낸다.

파랑(Blue)은 빨간색이 활동적인데 비해, 파랑은 늘 수동적이고 차갑고 겨울의 자연력과도 닮은 표현력을 지니며, 그것이 절정에 달하면 암흑을 표현하는 경향이 있다. 해트윅은 청색을 자주 쓰는 경우는 정서에 대한 자제력과 억제력을 지적하다.

녹색(Green)은 감정적 효과에 있어서 중성적이며 능동적이기보다는 수동적인 경향으로 흐른다. 녹색은 식물의 색이 주류를 이루며 햇빛에 의해 생기는 엽록소의 색이다. 또한, 결실이 많은 풍만성과 충족감, 정적과 희망이 녹색의 표현 가치이며 지식과 신앙의 융합이며 상호 침투인 것이다. 녹색의 색조 변화의 범위는 매우 넓고 대비 효과의 변화에 수반하여 여러 가지 표현 가치가 생긴다.

보라(Purple)색은 무의식을 나타내는 색으로서의 신비적이고 인상적이며 강압적, 위협적이다. 보라색은 적 · 청의 혼합색이라 독특한 이미지보다는 이들 두 색의 특징을 계승하고 있는 편이다.

갈색(Brown)은 적색의 솟아오르는 생명력이 약해진 수동적이고 감수성이 풍부한 감각적인 색으로 본다. 갈색을 육감적으로 느끼는 것이 이러한 이유 때문이다. 뤼셔의 《컬러 테스트》에서 육체적으로 평온한 사람은 갈색의 카드를 거의 의식하지 않는다 하였다. 갈색은 문 그로우(moon glow)나 선라이트(sunlight) 계통의 피부색 모두에게 잘 어울린다.

흰색(White)은 회색과 검은색과 비교하여 볼 때 적극적이며 자극적이다. 백색은 순수함을 준다. 파랑과 접해 있을 때 그것은 상쾌하고 신선한 느낌을 준다. 흰색은 유별나게 이중의 특질을 갖는다. 한편으로는 최고의 충족 상태에서 모든 색채가 첨가될 수 있는 모든 중요함의 통합체이고, 다른 한편으로는 색상의 결여, 즉 생명의 결여 상태이다. 흰색은 아직 생존해 본 일이 없는 순수자의 순결을 가지고 있으며, 생명이 끝나 버린 사자의 허무함을 가지고 있다.

회색(Gray)은 전혀 자발성이 없는 성격이다. 회색은 우유부단의 상징이며, 모호하고 중립적 상태를 표현한다. 이 색은 가장 대중적이며 부드러운 것으로 대체로 흑색이나 백색보다 더 선호된다.

검은(Black)색은 억제하고 압박하며 엄숙하고 심원한 성질을 갖고 있다. 검정은 어떠한 색에 대해서도 강한 영향을 갖으며 그 색의 채도를 높여준다. 또 어둠을 상징하는 색이기도 하다.

### 2) 색채 조화

1704년 뉴턴은 그의 저서 《광학》에서 광학과 물체 색에 대해 발표하였으며, 괴테는 1810년 색순음, 명도순음, 색채의 대비 현상, 색채의 감정 효과 등에 대한 연구결과를 발표했다. 뉴턴은 물리학적 면에서, 괴테는 심리학적 측면에서 오늘날 색채 연구의 기초를 이루었다고 할 수 있다. 색의 조화란 서로 이질적이고 반대적인 색깔의 단위를 의미한다. 약 대비(대비가 약한 색깔)는 조화의 긴장감이 적다고 할 수 있다. 큰 대비를 통해서 긴장감과 조화가 크게 작용한다고 할 수 있다. 큰 대비는 검정, 흰색 도는 회색이며 명암의 차이를 나타낸다. 두 가지 조화된 색깔은 크기(면적)의 상관관계에 영향을 받는다. 단지 메이크업 아티스트가 화장이나 가발 사용 시 분장을 행할 경우 최대한 색상 작용을 인식해야 한다. 그럼에도 불구하고 화장이나 머리 색깔이 의상과 무대 화면과의 조화를 이루지 못하는 경우도 있다. 장거리의 경우는 조명, 광원의 강도를 고려해야 한다. 분장의 눈은 착시 효과를 적절히 이용하는 데서 출발되었다. 다양한 색채를 표현해 내는 컬러 TV로 넘어옴에 따라 의상 색, 배경색, 소도구 등을 둘러싼 모든 물체의 색들이 서로 영향을 미치게 되었다. 따라서 색채 간의 조화가 필요하게 되었고 색채 조화는 컬러 TV에서는 중요한 문제가 되었다. 얼굴 메이크업에 있어서도 색상의 하모니가 잘 이루어져야 한다. 예를 들면 눈과 볼 터치는 차가운 색, 입술은 따뜻한 색으로 메이크업의 색상 조화를 이루도록 하는 것이 필요하다. 색상의 하모니에 있어서 겨울에는 따뜻한 색이, 여름에는 차가운 색상이 주조를 이루어야 한다. 이 밖에 평상시의 메이크업은 화려하지 않고 차분한 느낌이 풍기도록 따뜻한 색을 사용하는 것이 좋으며, 반대로 밤의 메이크업에서는 차가운 느낌을 주는 것이 지적이면서 강한 이미지 전달 효과를 가져다 준다. 조화된 메이크업은 컬러 필름과 컬러 TV의 경우 피부와 중성의 배경에 두어야 한다. 그것은 특히 잘못된 조명을 통해서 동시 대비를 야기시키고, 얼굴을 더욱 번들거리게 할 수 있다. 조화의 원리는 모든 것이 서로 맞아 들어가는 전체로서 색채 구성을 가지게 한다.

### 3) 빛과 색

가시광선과 색은 가시광선과 색인 간의 색각은 넓은 스펙트럼을 갖는 전자기파인 빛의 특정 영역에 대해서만 감지할 수 있다. 인간이 느낄 수 있는 빛을 가시광선이라고 부르며, 파장이 대략 400~700nm 사이의 빛이다.

주요 속성의 특정한 색을 나타내는 것은 색상, 채도, 명도가 있다. 색상은 빛의 파장과 밀접한 관련을 갖게 되며 채도는 빛의 선명도, 명도는 빛의 밝기를 나타내는 지표이다.

빛의 삼원색(가산혼합)과 색의 삼원색(감산혼합), 눈은 망막에 있는 간상세포와 원추세포를 통해 색을 느낀다. 눈에는 서로 다른 빛에 더 잘 반응하는 세 종류의 원추세포가 있다. 이들 원추세포는 각각 노랑부터 주황색, 녹색, 파랑의 파장에 가장 잘 반응하며 각각의 원추 세포는 반응 정도에 단백질의 일종인 옵신을 분비하여 시신경을 자극한다. 이것이 색의 특성 중의 하나인 삼원색의 생리학적인 바탕이다.

삼원색과 색의 혼합 삼원색은 가산혼합과 감산혼합에서 기본이 되는 색이다. 각각의 혼합 방식에 따라 다른 색들은 삼원색의 적절한 비율로 표현된다.

빛의 삼원색

### 4) 먼셀의 20색상환

빨강과 주황을 혼합하면 다홍이다. 그렇게 10색상 사이에 다시 10색상이 자리를 잡으면 20색상이 된다.

이러한 20색상이 명도와 채도에 따라서 다양한 색을 파생시키게 된다. 예를 들어 빨강 하나만 해도 밝은 분홍에서부터 어두운 갈색에 이르기까지 다양한 색이 나오게 된다. 이렇게 다양한 색 이름을 부르자면 여러 가지 혼선이 생기게 된다.

그렇게 하여 이루어진 것이 표준 색표의 기호이다.

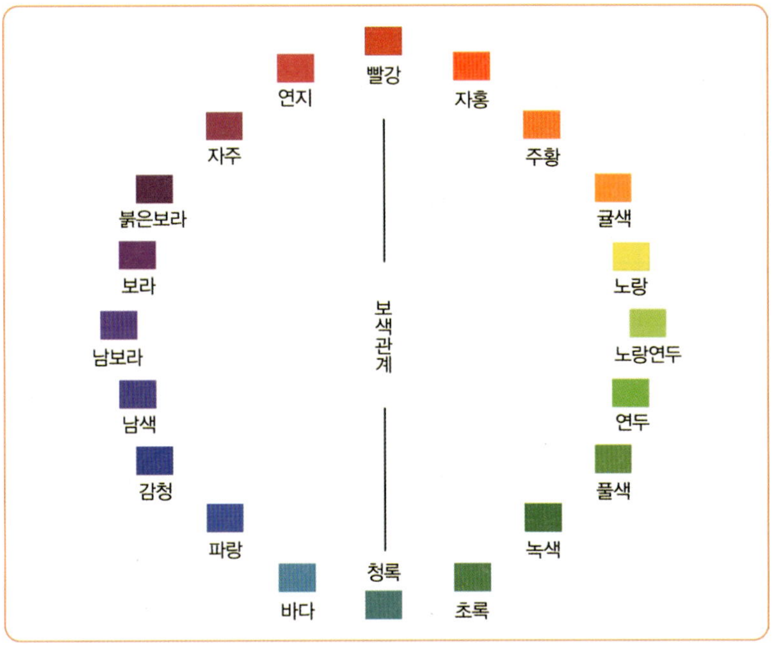


먼셀의 20색상환

20색상의 순색을 기준으로, 기본 10 색상에 해당되는 색상에는 이름 앞에 5를 붙이고, 나머지 10색 이름 앞에는 10을 붙인다. 기호를 넣는 방법은 색상 H(Hue), 명도 V(Value), 채도 C(Chroma)순이다. H V/C가 되는 것. [예를 들어 빨강은 → 5R 4/14]

아래 20색상환의 그림에서 보면 빨강과 청록, 마주 보는 두 색의 관계를 보색관계라고 표시하고 있다. 두 색뿐만이 아니라 이렇게 서로 마주 보는 색은 모두 보색관계에 있다. 원의 중심점이 지나도록 직선을 그었을 때 마주 보는 관계를 말한다.

| 색 | 순 | 표준색표의 기호 | | 색상이름 | 기본 5색 | 기본 10색 | 기호 | 계통색이름 |
|---|---|---|---|---|---|---|---|---|
| | 1 | 5 | R 4/14 | 빨강 | ○ | | R | red |
| | 2 | 10 | R 5/14 | 다홍 | | | yR | yellowish Red |
| | 3 | 5 | YR 6/14 | 주황 | | ○ | YR | yellow red(orange) |
| | 4 | 10 | YR 7/14 | 귤색 | | | rY | reddish Yellow |
| | 5 | 5 | YR 8.5/14 | 노랑 | ○ | | Y | Yellow |
| | 1 | 5 | Y 8/12 | 노랑연두 | | | gY | greenish Yellow |
| | 1 | 5 | GY 7/10 | 연두 | | ○ | GY | Green Yellow |
| | 1 | 5 | GY 6/12 | 풀색 | | | yG | yellowish Green |
| | 1 | 5 | G 5/10 | 녹색 | ○ | | G | Green |
| | 1 | 5 | G 5/10 | 초록 | | | bG | Bluish Green |
| | 1 | 5 | BG 5/10 | 청록 | | ○ | BG | cyan |
| | 1 | 5 | BG 5/10 | 바다색 | | | gB | greenish Blue |
| | 1 | 5 | B 4/10 | 파랑 | ○ | | B | Blue |
| | 1 | 5 | B 4/10 | 감청 | | | pB | purplish Blue |
| | 1 | 5 | PB 3/10 | 남색 | | ○ | pB | violet |
| | 1 | 5 | PB 3/10 | 남보라 | | | bP | bouish Purple |
| | 1 | 5 | P 3/10 | 보라 | ○ | | P | Purple |
| | 1 | 5 | P 4/12 | 붉은보라 | | | rP | reddish Purple |
| | 1 | 5 | RP 4/12 | 자주 | | ○ | RP | magenta |
| | 1 | 5 | RP 4/14 | 연지 | | | pR | purplish Red |

표준 20 색상 표준색표의 기호

## 2 뷰티 메이크업(Beauty Make-up)

### 1) 메이크업의 정의

아름다움이란 인간의 미의식이 작용하면서부터 선별되어 온 것으로 그 시대의 사회 · 문화 가치관에 따라 변화하는 인간 주관이 보편적인 법칙이라 할 수 있다. 이러한 맥락에서 볼 때 메이크업(make-up)이란 선천적인 자신의 용모를 그 시대, 그 문화권 내에서 필요에 의해서 선호되고 선택된 "미의 개념에 적합하도록 수정, 보완해서 꾸미는 일"이라 할 수 있을 것이다. 즉 메이크업의 의미는 특수한 조형적 재료의 사용이나 각본상의 인물 묘사를 목적으로 하지 않으며, 각 개인이 지닌 개성을 아름다움으로 표현하고 단점을 보완하는 작업 과정이며 흔히 뷰티 메이크업(beauty make-up)이라 규정한다.

일반적으로 메이크업은 원활한 사회적 활동과 임무 수행에 도움을 주어야 하며 개인이 지니고 있는 개성을 시간(Time), 장소(Place), 목적(Object)에 적합하도록 메이크업하여 전달자의 감정적 측면을 만족시키며, 좋은 이미지 전달로 원만한 인간관계를 보상받게 되는 것을 목적으로 하는 것으로써 뷰티 메이크업이라 한다.

메이크업의 기술이 더욱 다양해지면서 선천적 얼굴에서 표현할 수 있는 가치 외에 분장술에 의해 수정 가능한 부분이 더 많아짐을 알게 되었고, 현대에 와서 '얼굴은 캔버스'라는 개념이 받아들여지고 있다. 즉 현대적 의미의 메이크업은 TV, 영화, 광고, 연극, 무용, 오페라 등 대중매체의 활발한 보급과 관련 분야의 분장 전문인이 등장하기 시작하면서 그 폭이 확대되었다. 특히 무대, 영화, TV에서의 메이크업은 다양한 특수 조형기법을 사용해 배우의 캐릭터를 창출하고 있다. 캔버스로서의 얼굴을 작품화하는 과정을 메이크업의 가치를 단순한 기술이 아니라 그것 자체를 예술의 장르로 발전시키고 있다. 따라서 메이크업의 표현 범위는 체계적이고 무한정하며 외형적 변형뿐만 아니라 인간의 행위, 사상, 감정까지도 이미지 업(image up)하고 있다.

현재 사용되고 있는 메이크업이란 용어는 조립, 구성 등의 의미와 화장, 화장품의 의미로도 사용되고 있다. 현대에 메이크업과 같은 뜻으로 사용되는 용어인 coxmetic은 그리스어의 코스메티코스(cosmeticos)인 '잘 정돈하다'의 의미로서 오늘날 화장품 또는 피부관리, 화장의 의미로 이어졌다.

### 2) 메이크업의 분류

메이크업은 분야와 그 특성에 따라 다음과 같이 분류할 수 있다.

| 분 야 | 특 징 |
| --- | --- |
| 뷰티 메이크업 | 일상생활에서 에티켓을 위한 내추럴 메이크업과 웨딩 메이크업, 인물 미화에 중점을 둠 |
| 광고 메이크업 | 광고 사진이나 CF 촬영 시에 하는 메이크업, 작품 인물의 성격을 표현함 |
| 무대 메이크업 | 쇼, 무용, 패션 쇼 등의 무대 공연 시에 하는 메이크업, 작품 인물의 성격을 표현함 |
| 드라마 분장 | TV 드라마나 연극에서 역할의 성격 표현을 목적으로 한 메이크업, 인물의 미화보다는 특정 성격의 인물을 창조하는 데 중점을 둠 |

메이크업의 분류

### 3) 메이크업의 제품

#### (1) 메이크업의 베이스(Make-up Base)

메이크업 베이스는 피부의 피지를 억제하여 파운데이션의 밀착감을 증진시키고 메이크업의 지속성을 높인다. 종류는 젤 타입은 청량감과 피지 억제 효과가 있어 파운데이션의 밀착감을 높이며, 크림 타입은 컨트롤 컬러로 붉은 얼굴은 녹색계, 검은 얼굴은 청색계, 생기 없는 얼굴은 보라색계로 선택하고, 건강한 얼굴로 표현할 때는 갈색계, 화사한 얼굴로 표현할 때는 핑크계를 선택하여 피부색을 조절한다. 메이크업 베이스는 피부 톤을 조절하며 파운데이션의 밀착감을 높인다.

#### (2) 파운데이션(Foundation)

유분과 수분, 색소의 양과 질, 제조 과정에 따라 여러 종류로 분류되며 피부의 질감, 피지 분비량 등에 따라 선택되고 이에 따라 표현된 효과도 달라진다.

파운데이션의 종류는 펜슬 타입은 안티스틱(antistick)이라 하며 주근깨, 점 등을 커버하고, 스틱 타입은 컨실러(concealer)라고 한다. 기미, 점 등 부위가 넓은 잡티를 커버하고 유화형(emulsion)은 리퀴드(liquid) 파운데이션이라고 하며, O/W형의 파운데이션으로 안정성이 없으며 화장의 지속성이 낮다. 여드름, 피지 분비가 많은 피부에 적합하다.

유성형(anhyrous)은 크림 파운데이션 또는 그리스 페인트(grease paint)라고 하며, 매끄러우면서 안정성이 있어서 지속성이 우수하다. 커버력이 우수하여 무대 분장용으로 적합하다.

케이크 파운데이션(cake foundation)은 투웨이 케이크(two way cake)라고 하며, 퍼프(puff)를 물에 적셔 사용할 때 분제가 유화되면서 밀착감과 퍼짐성이 우수하여 여름철에 사용한다. 마른 퍼프를 사용할 때 화장의 지속성이 높아서 지성 피부와 발한 작용이 많은 피부에 적합하다.

파운데이션의 기능은 자외선, 바람, 온도 변화로부터 피부의 보호막을 형성하며, 균일한 피부 색조로 형성하여 부분 메이크업의 색감과 효과를 높여준다.

또한, 피지 분비량에 따라 선택된 파운데이션 타입은 피부를 중성 타입으로 유지 또는 유도시킨다.

### (3) 분(Powder)

파운데이션의 미끄러짐과 번들거림을 방지하여 대기 중의 오염으로부터 피부를 보호하여 지속성을 높인다. 블루밍 효과로 화사함과 우아함을 더해주며 종류는 분말형(loose powder)과 고형(Compamct powder)이 있다.

### (4) 아이 섀도(Eye shadow)

눈의 색상, 명암 표현을 위한 재료이며 현재 다양한 색상과 입체 표현을 위한 색상이 개발 보급되고 있다. 섀도를 선택할 때에는 피부색, 각 개인이 갖는 이미지 색, 메이크업 테마, 조명 등을 참고로 하여 결정한다.

섀도의 종류로는 밀착력은 우수하나 지속성과 색의 중첩 효과를 얻을 수 없는 크림 타입과 색의 중첩 효과가 뛰어나고 지속성이 우수한 케이크 타입, 크림 타입과 케이크 타입의 중간 형태인 크리미(creamy) 타입이 있다.

### (5) 립스틱(Lipstick)

눈화장과 조화되는 색감 화장의 완성 단계로써 색상을 선택할 때에는 나이, 인종, 건강 상태, 기호, 유행 등을 참고로 하여 결정하며, 립스틱 색상은 볼 화장 색상과 동색 · 유사색 계열을 선택하여 조화를 이룬다.

### (6) 아이라인(Eye-line)

아이 섀도 화장 후 눈을 뚜렷하고 선명하게 해주는 재료로써, 대체로 검은색이 사용되며 아이 섀도의 악센트 컬러(accent color)를 아이라인 색상으로 선택하는 경우도 있다.

### (7) 마스카라(Mascara)

속눈썹의 색상을 진하고 길어 보이도록 표현하기 위한 재료이며 눈화장의 완성도와 입체감을 높인다. 케이크형과 롤형이 있다.

### (8) 눈썹 펜슬(Eyebrow pencil)

막대 모양으로 눈썹을 그리기 위한 재료이다. 펜슬의 성분인 착색료 카본(Carbon)은 지방 흡수력이 강하므로 오랫동안 사용할 경우에는 눈썹 탈모의 원인이 되기도 한다.

## 3 메이크업의 기초 이론

### 1) 얼굴 분석

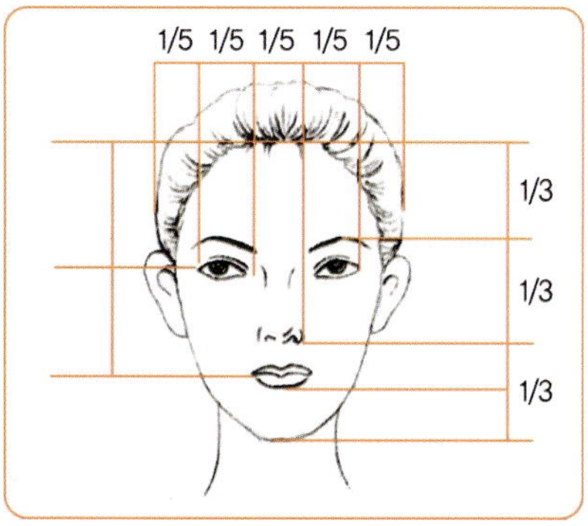


시대에 따라 아름다움의 척도와 미인상도 변화되어 왔다. 현대의 표준형 얼굴의 프로포션(proportion)을 익힘으로써 각기 다른 얼굴을 표준형으로 유도시켜 균형미를 표현하여 화장의 최대 효과를 얻을 수 있다.

### 2) 피부 표현

피부 미인이란 균일하고 아름다운 피부색으로 안정감 있게 표현되었을 때 부분 메이크업의 색감은 더욱 돋보인다고 할 수 있다.

피부 표현은 메이크업 베이스 크림, 파운데이션, 가루분 등을 피부 타입에 맞게 선택하여 바름으로써 균일하고 깨끗한 피부색과 원하는 질감을 얻고 피부를 보호함에 목적이 있다.

#### (1) 얼굴 형태별 명암 표현 화장

명암의 최대 효과를 활용하여 강한 조형미를 얻을 수 있다. 예를 들어 눈의 깊은 음영을 표현하고자 할 때 어두운 색상만으로는 만족스러운 음영을 얻을 수 없으며, 어두운 색상이 표현된 주변을 밝은 색상을 사용하였을 때 어두운 색상은 더욱 깊은 효과를 얻을 수 있다.

밝은색과 어두운색은 자연스럽게 조화되는 음영을 나타내며 이것이 명암의 기초 원리이다. 명암은 색이 서로 연관성 있게 이어져 있을 때 효과적인데 어둡고→약간 어둡고→약간 밝고→가장 밝은 순으로 연결되는 것이 자연스럽다. 이것이 명암의 블렌딩(blending)이다. 강한 명암은 경쾌함을, 약한 명암은 자연스럽고 침착함을 표현할 수 있다. 특히 피부 명암을 표현할 때 주의할 점은 피부 그림자 색과 비슷한 실제 피부색을 선택한다.

원형은 낙천적이고 발랄함이 느껴지는 반면 동안으로 인해 엘레강스한 분위기를 연출하기 어렵다. T존 라이트 컬러로 얼굴의 중심을 높게 표현하며, 볼과 턱 부분은 섀도 컬러로 음영을 주어 좁게 표현하고, 눈밑 부분의 라이트로 얼굴의 눈과 이마의 확대 효과를 높이고, 눈썹은 올라간 활형 · 사선형으로 표현하여 아이 섀도는 단일 색으로 길고 올라간 형태로 펼쳐 발라 전체적으로 한색 및 어두운색 계열을 사용하여 성숙한 분위기를 연출한다.

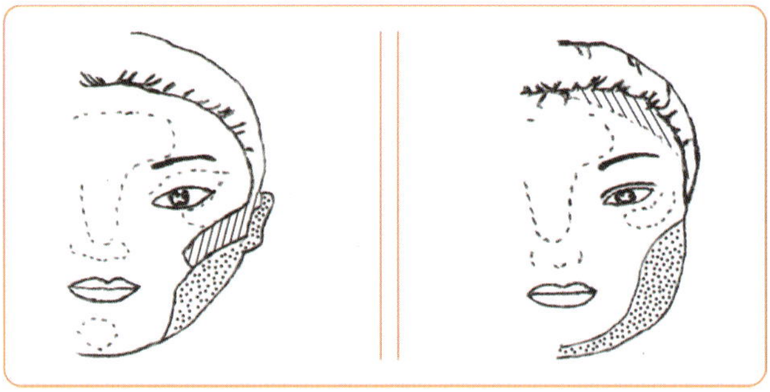

원형과 사각형

사각형은 얼굴의 폭과 길이가 같으며 턱선이 뚜렷하다. 의지가 강해 보이고 행동적이면서 자발적으로 보이지만 여성다움과 상냥함이 부족해 보인다. 피부색을 어둡게 표현하여 전체적인 얼굴이 축소된 느낌을 표현하여, 각진 부분에 음영 색을 발라 부드럽고 여성적인 느낌을 연출하며, 얼굴의 수직 부분에 라이트 컬러로 표현하여 긴 형의 얼굴로 유도하며 눈썹 미간을 넓게 시작해서 갈매기형으로 표현한다. 전체적으로 어둡고 선명한 색조를 선택하여 눈 또는 입술 한 부분에 포인트 메이크업을 한다.

마름모형은 대체로 마른 체형에 많이 나타나는데, 얼굴에 살이 없어 광대뼈가 돌출되어 보이며 현대적이고 이기적으로 느껴지는 반면 냉담하고 신경질적으로 보인다. 얼굴의 각진 부분(광대뼈, 턱 끝)은 부드러운 갈색으로 섀도 컬러로 표현하며 부드러운 느낌을 연출하여 관자놀이, 광대뼈 아랫부분은 라이트 컬러로 표현하고 볼륨감을 연출하며 눈썹의 앞머리 부분을 강조, 올라간 곡선형으로 표현하여, 전체적으로 밝고 따뜻한 색조를 선택하여 온화한 분위기를 연출한다.

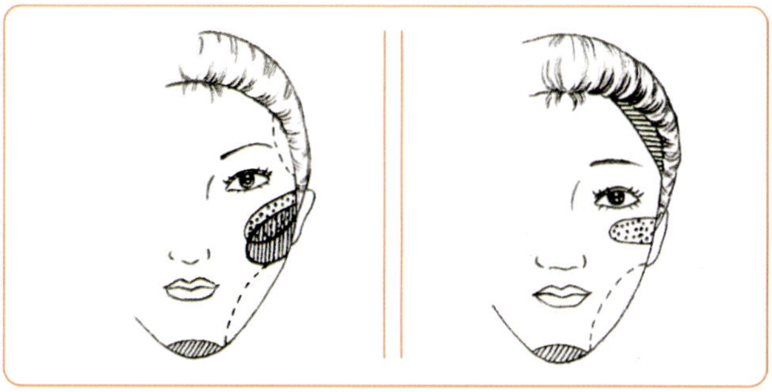

마름모형과 역삼각형

역삼각형은 이미 폭이 넓으나 볼에서 턱이 이루는 부분이 좁아서 불안정해 보이는 반면 청순하고 활기 있는 모습으로 보인다. TV나 사진 등의 영상물에 좋은 얼굴이다. 광대뼈 아래 라이트 컬러로 표현하여 귀엽고 청순함을 강조한다. 이마 가장자리는 섀도 컬러로 표현하거나 헤어 스타일로 커버하고, 눈썹은 수평형 또는 아치형으로 표현하며 끝이 올라간 형은 피한다. 전체적으로 산뜻하고 밝은 색채로 신선하고 건강미 있게 표현한다.

삼각형은 턱의 윤곽이 뚜렷해서 산뜻함과 여성다움이 결여되어 보이고 우울한 인상을 느끼게 한다. 눈과 이마 전체를 라이트 컬러로 표현하여 얼굴 윗부분의 확대 효과를 유도한다. 또한, 콧등, 턱 끝 등 라이트 컬러로 표현하여 높게 표현한다.

귀에서 턱에 이르는 가장자리 부분을 섀도 컬러로 강하게 표현한다. 눈썹과 눈의 모양을 강하게 올라간 형으로 표현하여 아래로 처진 형은 피한다.

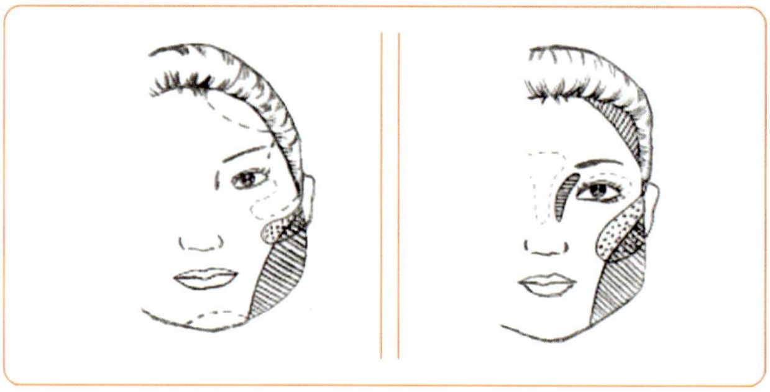

삼각형과 장방형

장방형은 턱선이 길고 골격이 굵은 얼굴형이다. 신중하고 의지가 굳으며 적극적이고 믿음직스럽게 보이지만 여성다움과 감성적인 면이 부족하게 보인다.

큰 얼굴형을 커버하기 위하여 가장자리에 강하게 섀도 컬러로 표현하고 원형의 여성다운 느낌을 강조하며, 코 벽은 섀도 컬로 표현으로 코를 길어 보이게 표현한다. 콧등은 라이트 컬러 표현으로 이지적인 느낌으로 유도하며, 볼 화장은 화사한 색감을 선택하여 수평형 또는 하트형으로 여성다움을 강조한다.

긴형은 좁고 길며 갸름한 얼굴형으로 침착하고 성숙한 느낌의 고전적인 부위기를 나타내는 반면 소극적이고 생동감이 결여되어 보인다. 이마 끝과 턱 끝은 섀도 컬러로 표현하고 코를 중심으로 얼굴의 중앙 부위는 라이트 컬러로 표현하여 광대뼈와 볼에 볼륨감을 표현한다. 눈썹은 갈색, 회색의 부드러운 색상을 선택하며 굵은 수평형으로 표현한다. 볼 화장은 파스텔 톤의 색조를 선택하여 수평형으로 넓게 표현한다. 전체적으로 밝고 따뜻한 오렌지 · 핑크 계열의 색조를 선택하여 발랄하고 건강하게 연출한다.

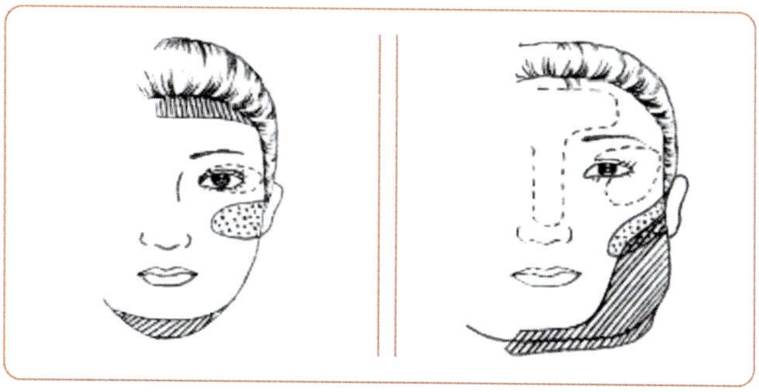

긴 형 및 턱이 비대한 형

턱이 비대한 형은 비만한 사람에게 볼 수 있으며 40대 여성들에게서 많이 나타나는 얼굴형으로 안정되고 풍만하며 위엄 있는 인상이다. 이 경우 목과 얼굴의 경계선이 분명하지 않을 수도 있으므로 목도 얼굴의 일부분이라 생각하고 목에도 파운데이션을 바르고 턱에 탄력이 생기도록 마사지를 실시한다.

얼굴 아랫부분은 섀도 컬러로 표현하여 턱 부분의 축소 효과를 얻을 수 있지만 대부분이 턱과 목, 몸까지 비대한 경우이므로, 단지 섀도 컬러만으로 얼굴을 작게 보이는 것은 적절하지 못하므로 체중 조절로 얼굴이 작아 보이게 하는 것이 이상적인 방법이다. 콧등과 이마는 높고 확대되어 보이도록 라이트 컬러로 표현하여, 눈의 가장자리에 라이트 컬러 표현으로 눈 주변과 관자놀이 부분이 확대되어 보이도록 한다. 입술은 선명한 색을 선택하고 원래 형태보다 크게 표현하며, 전체적으로 내추럴 톤으로 연출한다.

### (2) 피부 상태에 따른 피부 화장법

기미, 주근깨 피부는 크기와 농도를 파악하여 그 위치와 범위에 따라 적합한 것을 선택하며, 기미, 주근깨보다 밝은색의 안티스틱과 컨실러를 선택하여 스펀지나 손가락으로 두들겨 바르고 투웨이 케이크로 마무리한다.

기미, 주근깨 색과 피부색과의 중가 색상의 파운데이션을 선택하여 건강한 갈색으로 표현한다. 파운데이션을 발라 피부가 촉촉하게 표현되어 광택이 있으며 약간의 기미, 주근깨는 광택에 의한 착시 효과로 보이지 않는다.

밝은 색상의 입술 화장은 눈 주위의 기미, 주근깨를 약하게 보이도록 하며, 얼굴 전체의 기미, 주근깨는 눈과 입술 화장을 선명하게 강조하면 약하게 보인다.

흠 자국이 있는 피부는 볼이나 코끝이 오렌지 껍질같이 파여 있을 경우 적합한 것을 선택한다. 흠 자국이 있는 표면은 리퀴드, 크림 타입 파운데이션은 적합하지 않고 투웨이 케이크 또는 가루분을 사용하여 가벼운 피부 표현을 한다. 피부색보다 밝은색의 리퀴드형 파운데이션을 사용하여 피부의 패인 부분을 메우며, 그 부분이 어둡게 보이지 않도록 한 후 피부색 톤 또는 어두운 톤의 파운데이션을 사용한다. 광택이 많은 파운데이션을 엷게 발라서 반짝이는 광택 효과로 흠이나 자국이 선명하게 보이지 않게 착시를 유도한다.

붉고 탁한 색의 피부는 피부색보다 밝은색의 파운데이션 선택을 피하고, 피부색 또는 잡티의 색에 근접한 색의 파운데이션을 선택하여 엷게 표현한다.

붉은 피부색이 강하게 보일 경우는 컨트롤 컬러 또는 메이크업 베이스 녹색 계열을 선택하여 사용하며, 파운데이션은 베이지색 계열을 선택한다. 옐로우 계열이 함유된 파운데이션은 모든 잡티에 효과적이다.

건강함을 잃고 거칠고 노화된 피부는 충분한 휴식과 영양 조절로 건강을 회복하도록 노력하고, 적절한 피부관리로 피부 신진대사를 원활히 회복시키며 피부 영양 공급에 노력하여 핑크 계열 파운데이션을 선택 사용하며, 특히 주름이 심한 부위는 엷게 표현한다.

메이크업베이스 핑크 계열을 선택하여 사용한 후 밝은 오렌지, 핑크계의 광택 있는 파운데이션을 사용하여 엷게 표현하며, 부분 메이크업은 건강함을 느끼게 하는 자주색계의 아이 섀도와 장밋빛 립스틱을 사용하여 표현한다.

### 3) 부분 메이크업

#### (1) 눈화장(Eye Make-up)

동양인의 눈은 서양인에 비해 눈두덩이 넓고 두툼하며 눈동자의 움직임을 쉽게 느끼기 어려울 뿐 아니라 감정 판단이 어렵다. 이렇게 감성적임이 부족하고 섬세함을 느낄 수 없는 반면 조용하고 정적인 위엄과 침착함을 느낄 수 있다. 이에 비해 서양인의 눈은 크고 눈꺼풀이 얇으므로 눈동자의 움직임이 쉽게 드러나 자신의 감정이 잘 표현된다. 외향적이고 솔직하며 자신을 자신감 있게 표현하는 점을 가지고 있다.

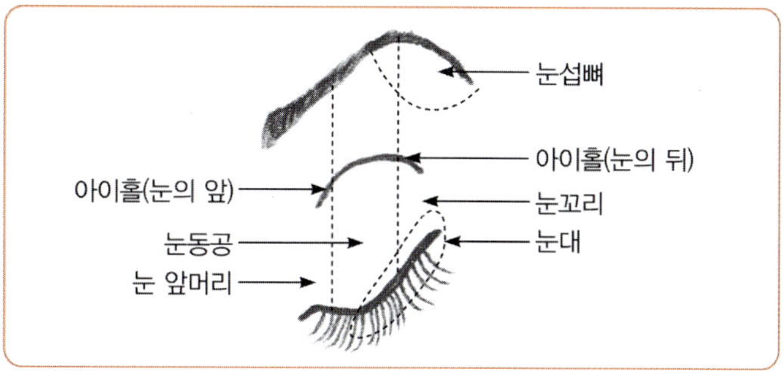


눈의 부분별 명칭

눈 주위의 피부는 민감하므로 눈화장 재료는 엄격하게 검증된 제품을 선택하고, 브러시의 선택과 시술할 때의 힘 조절도 유의해야 한다. 눈화장은 음영 표현을 위한 아이 섀도 화장, 뚜렷한 눈 모양을 위한 아이라인 깊이 있는 눈 표현을 위한 마스카라, 눈썹 화장을 통해 완성된다.

아이 섀도(eye shadow)는 눈두덩에 색감의 재료를 이용해 음영의 색, 강조의 색을 표현하며 깊은 눈, 건강한 눈, 뚜렷하고 선명한 눈 등 의도하는 대로 나타내어 메이크업 테마에 맞게 표현한다.

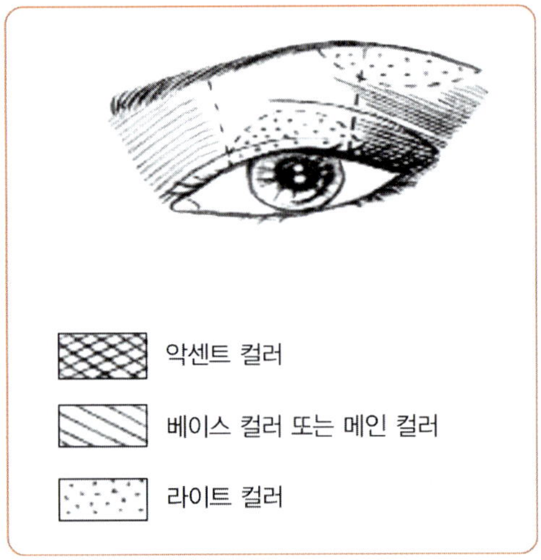


아이 섀도의 기본형

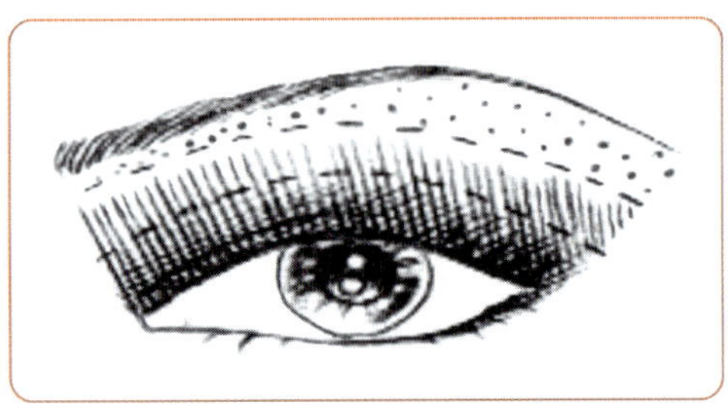

아이 섀도의 응용

동양적인 눈의 표현을 더욱 강조하며 수평상의 눈으로 표현하고자 할 때 시술되며 색과 색의 중첩 포인트이다.

홀 라인이 없는 시술법은 입체적인 음영 표현은 불가능하며 눈과 눈썹 사이의 눈두덩이 좋은 경우에 효과적이다. 여러 색상이 사용되지 않아 깨끗하고 맑은 느낌으로 표현된다.

악센트 컬러는 개성이 강조되는 색으로 터치의 부분은 흔히 눈꼬리에 해당하며 의상의 색, 소품의 색, 환경 색 등과 코디네이션을 이루도록 유의해서 선택한다.

베이스 컬러는 돌출과 후퇴의 색으로 눈두덩에 발려지는 색상이며, 동양인의 경우 후퇴의 효과가 있는 자연 갈색 계열이 사용된다.

베이스 컬러 또는 메인 컬러는 악센트 컬러의 표현력을 증진시키며 그 결과 화려함, 건강함을 더욱 효과적으로 표현한다.

라이트 컬러는 눈을 조형적으로 분석하여 입체감을 더욱 돋보이게 할 수 있는 부분을 찾아 밝은 색상으로 표현한다. 갈색 계열의 사용 부위와 연결되는 부위에 사용하여 음영을 효과적으로 높인다. 아이보리색, 밝은 핑크색 등이 해당된다.

하이라이트 컬러는 돌출 부분 중에서 산뜻함, 경쾌함을 더할 수 있는 부위에 밝은색을 사용하며, 흔히 속눈썹 위 라인, 눈 앞머리, 눈꼬리 쪽 눈매 표현에 효과적이다.

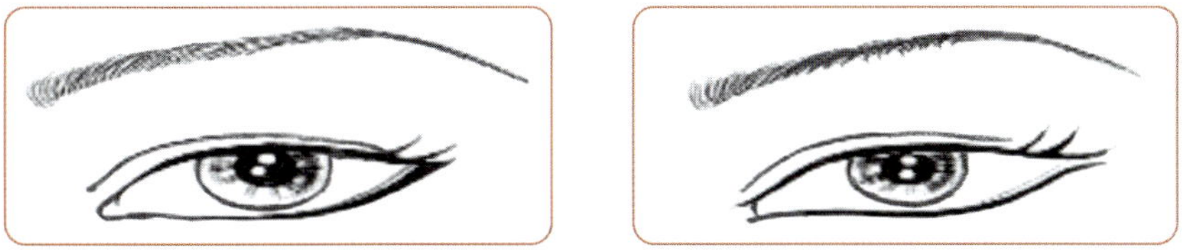

아이라인 기본형 및 작은 눈의 경우

아이 라이너(Eye liner)는 음영진 눈을 뚜렷하고 선명하게 표현하여 눈화장의 효과를 증진시켜 더욱 아름답고 매력적인 눈으로 표현하기 위한 시술이며, 사용 색상에 따라 표현된 부위기는 다르다. 대체로 검은색이 사용되고, 그 외에 군청색, 보라색, 갈색 등으로 표현한다. 액상 라인을 그릴 때는 팔꿈치를 고정시켜 흔들리지 않도록 해서 그리며 가장자리는 자연스럽게 가늘어지도록 끝처리 하며, 속눈썹 가까이 그릴수록 자연스러운 눈으로 표현된다.

눈의 민감한 부분인 속눈썹을 마스카라 액으로 커얼링과 코팅하여 짙고 길어 보이게 표현하기 위한 눈화장의 마지막 과정이다. 섀도 화장만으로 표현되지 않는 자연적인 입체감을 통해 깊고 매력 있는 눈으로 완성시킨다.

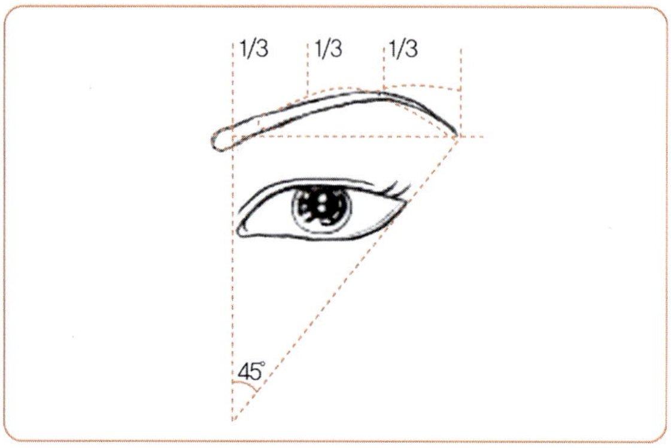


눈썹의 기본 형태

눈썹은 얼굴의 가장 위쪽에 위치하고 있어 얼굴의 인상을 좌우한다. 또한, 눈썹은 형태를 쉽게 바꿀 수 있는 특징이 있다. 메이크업의 전체적인 조화를 이루도록 형태를 결정한다.

눈썹의 앞머리는 앞머리가 얼굴 중심의 안쪽으로 위치한 경우 완고하고 경직된 인상을 느끼게 하며 귀엽고 화려하게 보이고자 할 때 표현한다. 눈썹의 앞머리가 얼굴 중심의 바깥쪽으로 위치한 경우 어린아이처럼 순수하고 온화하게 보이며 코믹(comic)하게 보이는 경우도 있다.

눈썹의 산은 일반적으로 눈썹 길이의 2/3에 위치한다. 눈썹 산이 앞으로 위치한 경우 각진 얼굴형, 긴 얼굴형 등에 적합하여 부드럽고 완만해 보이도록 한다. 눈썹 산이 뒤쪽으로 위치한 경우 넓은 얼굴형, 턱의 윤곽이 강한 얼굴 등에 적합하여 부드럽고 야위어 보이도록 한다.

눈썹 꼬리와 눈썹의 종류는 다음과 같다.

각진형은 둥근 얼굴에 어울리며 현대적인 세련미, 이지적임을 느낄 수 있다. 아치형은 긴 얼굴이나 골격이 강한 얼굴에 어울리며 우아하고 여성스러움을 느낄 수 있다. 올라간 활형은 둥근 얼굴과 턱선이 비만한 얼굴에 어울린다.

활형은 코와 얼굴 형태가 긴 경우에 적합하며 수평형의 착시 효과도 둥근 느낌을 표현해 준다.

처진 아치형은 역삼각형 얼굴에 어울리며 슬퍼 보이거나 귀여움을 느낄 수 있으며 기본형은 모든 얼굴에 어울리는 편이다.

### (2) 코 화장

코 화장은 얼굴 중 눈, 입술, 볼은 동적인데 비해 코는 움직임이 거의 없으나 얼굴의 중심에 있어서 중요한 요소이다. 즉 코가 낮으면 평면적 느낌이 강하고 코가 높으면 입체적 느낌이 강하며 코의 높이에 의해 얼굴의 넓고 좁음이 좌우된다.

긴 코의 경우는 눈 앞머리의 섀도와 자연스럽게 코 벽 음영을 연결하여 시작점을 정하고 자연 갈색계를 사용하여 코의 1/3 길이까지 섀도한다.

짧은 코의 경우는 눈썹의 아래 앞머리부터 코 벽 음영을 시작하여 코의 2/3 길이까지 콧등의 폭을 좁게 수직으로 섀도한다.

넓은 코의 경우는 콧등은 아이보리, 코 벽과 콧방울은 갈색계를 사용하여 콧등의 폭을 좁고 높아 보이게 한다. 코 벽은 자연스러움을 잃지 않도록 주의하여 갈색계로 섀도한다.

한쪽으로 치우친 코의 경우는 치우친 콧방울과 코 벽 쪽으로 자연 갈색을 많이 발라서 균형을 맞추며, 반대로 콧방울과 코 벽은 밝은 피부색을 발라 균형을 이루도록 한다.

### (3) 입술 화장

입술 화장은 입술은 움직임이 많은 부분이므로 메이크업을 할 때 세심한 주의가 필요하며 위, 아래 입술의 조화 있는 외형선을 단 한 번에 그리는 것이 중요하다. 입술 화장의 재료 타입으로 가장 보편화된 형태는 스틱형으로 색상과 질감의 종류가 다양하며, 입술에 직접 바르기도 하지만 립 브러시를 사용해 입술 외형을 그리는 것이 매력적이고 깨끗한 입술로 표현하는 데 효과적이다.

주름진 입술

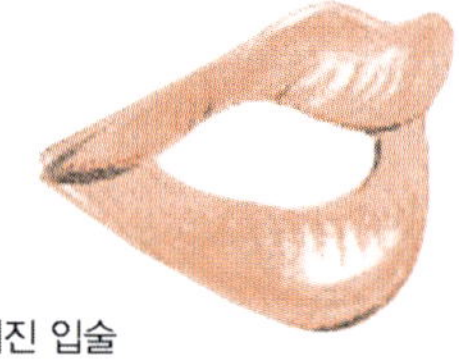
처진 입술

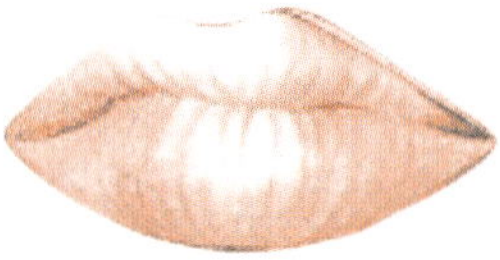
좌우대칭이 되지 않은 입술

평평한 입술

표준 질감(standard texture)은 색상의 변화가 없고 약간 윤기가 있어 보이며, 윤기 있는 질감(glossy texture)은 펄이 들어 있어 인공조명에서 더욱 아름답게 빛나 보이므로 밤 화장에 적당하다. 밀착감이 좋아 지워질 염려가 없다. 펜슬 타입(pencil type)은 그림을 그리는 것처럼 사용하기가 매우 편리하므로 바쁜 여성층에서 선호한다. 심이 단단한 펜슬은 입술의 외형선을 그리는데 효과적이지만 입술의 건조함을 가져온다.

페이스 타입(paste type)은 용기에 담겨져 있으며 부드럽고 윤기 있는 상태이며 색상 표현보다 입술 보호 효과가 강하다.

좌우 대칭이 되지 않는 입술은 작은 부분 또는 큰 부분 중 얼굴에 적합한 쪽을 정한 후 수정한다.

평평한 입술은 입술의 외형선은 어둡고 선명한 색상을 선택하여 진하게 그린 후 입술 중앙 부위는 밝은색을 바른다. 그 후 중앙 부위에 펄이나 광택이 있는 입술 화장 재료를 사용해 확대, 돌출의 효과를 증진시킨다.

처진 입술은 입술의 구각을 원래 위치보다 위로 잡아서 외형선을 그리며 입술 위에 수정한 윤곽이 잘 표현될 수 있도록 파운데이션, 가루분을 세심하게 바른다.

주름진 입술은 립스틱의 사용감이 저하되고 주름 사이에 립스틱 색상이 흘러 모이는 현상이 생겨 촉촉하고 아름다운 입술로 표현되지 않는다. 평소 입술 마사지를 실시하고 외형선은 립스틱을 그대로 사용하며, 입술 중앙 부분은 영양 오일 또는 립 크림을 혼합해서 사용하여 촉촉함을 유지하도록 한다.

볼 화장은 볼의 피부를 생기 있게 표현하거나 어린아이의 볼처럼 발그레한 홍조를 표현하여 건강미와 여성스러움을 더해 주는 메이크업으로, 웃을 때 광대뼈의 근육 부분이 볼 화장의 적절한 위치이며 실제 건강한 피부색과 같은 색상을 선택하여 표현한다. 볼 화장은 실제 볼보다 축소의 착시 효과를 가져와 눈과 코의 형태를 실제보다 커 보이게 한다.

| 볼의 형태 | 볼의 화장법 | 정면 수정 | 측면 수정 |
|---|---|---|---|
| 표준형 | 광대뼈의 헤어라인 부분에서 얼굴의 안쪽 코끝을 향해 사선으로 바른 후, 광대뼈 탑 부분까지 자연스러운 타원형의 곡선을 그리듯 표현한다. |  | 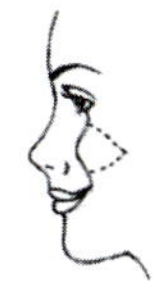 |
| 변화 없고 평평한 볼 | 귀밑머리 부분에서 턱선까지 갈색계 섀도 컬러를 이용하여 사선으로 시술하여 축소시킨 후, 광대뼈 헤어라인에서 얼굴 중앙으로 수평상으로 밝은 색을 사용한다.<br>명암의 효과로 볼의 형태가 나타나도록 한다. |  |  |
| 광대뼈가 나온 볼 | 광대뼈의 가장 돌출된 부분과 헤어라인이 만나는 부분에서 갈색계 섀도 컬러를 바르기 시작해서 얼굴 중앙을 향해 사선으로 바른 후 광대뼈의 위, 아래를 타원형으로 그리듯이 표현한다. |  |  |
| 살찐 볼 | 눈 아래 부분에서 광대뼈 관자놀이까지 밝은색으로 바른 후 볼의 가장자리에 사선으로 갈색계 섀도 컬러를 바르며 턱선까지 섀도 커러를 사용하여 표현한다. |  |  |

볼의 화장법

# 4 메이크업의 실제

## 1) 메이크업 전 준비물

### (1) 메이크업실의 조건

갖추어진 환경이나 늘 사용하던 곳에서 메이크업 시술을 할 때가 많다. 그러나 좁은 공간이나 무대 뒤편 좁고 어두운 곳에서 메이크업을 시술할 경우도 있을 것이다. 충분히 작업할 수 있는 공간을 어떠한 조건과 주위 환경에 적응하면서 확보하여야 한다.

보통 모델이 편안히 앉을 수 있는 상태에서 메이크업 재료를 사용하기 편리하게 진열할 수 있는 공간과 움직일 수 있는 공간이 확보되면 조명을 점검한다. 조명은 모델의 얼굴에 그림자를 만들지 않아야 하며 텅스텐(tungsten) 조명이 좋다. 거울과 모델과의 거리는 약 1cm 정도가 적당하며 한 단계 시술 때마다 거울에 보이는 모습을 확인하면서 완성한다.

## 2) 메이크업 실제

메이크업을 실시하기 전에 피부 상태를 점검한다. 건 · 중 · 지성에 따라 메이크업 베이스를 선택하고 이에 따라 파운데이션 유형도 달라진다. 파운데이션을 양볼 이마, 콧등, 턱에 분량을 나누어 묻힌 후 스펀지를 사용해 펼치기, 문지르기, 두들기기 순서로 얼굴 전체에 골고루 바른다. 특히 베이스 컬러 파운데이션, 섀도 컬러 파운데이션, 라이트 컬러 파운데이션이 교차하는 곳은 두들기고 펼치고 두들기며 경계선이 생기지 않도록 유의한다.

가루분은 면 퍼프에 충분한 양을 묻혀 턱, 볼, 이마, 볼의 순서로 가장자리를 눌러 바른다. 퍼프에 잔여분을 이용해 움직임이 많은 눈, 코, 입에 바른다.

이러한 동작을 2~3회 반복하여 바르며 퍼프를 이용해 두들기듯이, 털어내듯이 동작하여 블루밍 효과를 증진시킨다.

얼굴형에 따라 가장자리에 음영을 주고 T존과 눈 밑 부분은 밝게 표현하여 입체감을 더해 준다. 이때 경계선이 생기지 않도록 유의하며, 아이 섀도는 베이스 컬러를 눈 전체에 펼쳐 바르며 라이트 컬러, 악센트 컬러의 순서로 진행한다. 베이스 컬러를 펼쳐 바를 때는 중·대형 브러시의 넓은 면을 사용하고 강조나 선을 표현할 때는 소형 브러시의 좁은 면을 사용하여 반복적으로 누르듯이 발라서 악센트로 표현한다.

아이라인은 눈의 형태에 따라 라인형을 결정한 후 눈썹 뿌리에 근접하여 그린다. 펜슬 타입은 지속성이 약하므로 아이라인 색과 동색 계열의 섀도를 이용하여 한 번 더 문지르듯이 그리고 마스카라는 위에서 아래로 쓸어내린 후 아래에서 위쪽으로 Z형을 그리듯이 쓸어올린다. 속눈썹의 뿌리에서부터 마스카라 액이 묻도록 하며 이러한 동작은 이는 컬이 잘되도록 돕고 속눈썹 끝이 엉겨 붙는 것을 방지한다.

눈썹은 앞머리 부분에 섀도를 이용하여 음영과 선의 효과를 동시에 표현하고 눈썹의 올이 표현되도록 주의한다. 눈썹의 중앙 부위는 펜슬 타입으로 한 개의 면으로 표현하며 블록을 예상한 후 부드럽게 면을 채운다. 이때 펜슬은 끝이 넓거나 둔탁한 형이 좋다. 눈썹의 꼬리는 가늘고 날카로운 선이 되도록 표현하고 펜슬은 끝이 뾰족한 형이 좋다.

입술에서도 파운데이션과 가루분을 바른 후 립스틱 색상과 동색 계열의 펜슬로 외형선을 그린다. 립스틱을 바른 후 티슈를 이용하여 입술 위를 누른 후 그 위에 가루분 면 퍼프를 눌러서 립스틱이 흘러내리는 현상을 방지한다. 한 번 더 립스틱을 바른 후 립 그로즈 또는 펄을 발라 윤기의 볼륨을 증진시키며, 소형 브러시를 사용해 선을 그리고, 중형 브러시를 사용해 입술 중앙을 바르고, 이 때 외형선이 지워지지 않도록 하며 입술 중앙으로 외형선 색을 끌어내듯이 그러데이션 한다.

볼 화장은 온화하고 화사한 느낌의 색으로 헤어라인에서 색상을 끌어내듯이 얼굴 중앙을 향해 바른다. 이때 자연 갈색을 혼합해서 사용하면 얼굴형의 축소 효과도 볼 수 있다. 귀밑머리 라인에서 사선으로 브러시 방향을 잡은 후 얼굴 중앙과 턱선을 동시에 향하면서 바른다. 그런 다음 홍조 또는 볼 뼈 강조 등을 한다.

1m 정도의 거리에서 거울을 본 후 다음 사항을 점검하면서 마무리 화장을 한 다음 확인할 사항은 좌우 대칭을 확인하고 피지 분비로 부분적으로 번들거림, 지워지거나 번짐이 있는지를 보며 전체적으로 조화를 확인한 후 가루분 퍼프로 얼굴 전체를 바른 후 눈 밑, T존을 밝게 표현하고 얼굴 가장자리의 음영표현을 점검하며 조형미와 젊음, 개성이 표현되었는지 확인한다.

## 쉬어가기

### 나만의 이미지를 연출하자

요즘에는 연예인뿐만 아니라 정치인도 대중에게 호감을 줄 수 있는 인상을 만들기 위해 이미지 메이킹을 필수로 생각한다. 취업에서 면접의 비중이 커지는 사회적 분위기 때문인지 일반 사람들 또한 이미지 메이킹에 신경을 쓰고 있다. '자신의 이미지를 상대방 또는 일반인에게 각인시키는 일'이라 설명된 이미지 메이킹이란 과연 무엇일까?

대부분 사람들은 이미지 메이킹이란 돋보이는 부위를 부각시키는 것이라 생각하는 경향이 있다. 광대뼈와 턱이 매끈하면서 작고 갸름한 얼굴형을 가진 한예슬, 크고 세련된 눈이 매력적인 김태희, 굴곡 없이 오똑한 코가 돋보이는 한가인과 전체적으로 도톰한 입술을 가진 송혜교. 우리는 이들을 '미인'이라 칭한다. 그런데 과연 사람들이 부위별로 선호하는 그 모습 하나 때문에 우리는 그들이 '예쁘다'고 말하는 것일까?

연예인 지망생들이 나에게 이미지 컨설팅을 의뢰할 때마다 나는 그들에게서 부각될 수 있는 것과 오히려 이미지를 깎아내릴 수 있는 것을 동시에 찾아본다. 원래 돋보이던 것을 강조하는 것도 중요하지만, 부족한 것은 숨기고 보완하는 작업 또한 중요하기 때문이다. 요즘은 이미지 메이킹을 해야 한다는 이유로 많은 이들이 성형수술에 혈안이 되어 있다. 물론 얼굴형, 눈 크기, 코 높이 등이 이미지 메이킹에 중요한 작용을 하지만 사람의 이미지를 결정하는 요소에는 표정과 자세, 걸음걸이, 그리고 메이크업이나 헤어 스타일, 의상 등도 포함된다는 사실을 잊어서는 안 된다. 만약 청순한 이미지의 얼굴을 소유하고 있다면 자연스러운 메이크업과 헤어 스타일, 그리고 차분한 말과 행동 또한 같이 보일 수 있어야 한다.

좋은 이미지를 위한 여러 요소들을 갖추는 일이 그리 쉬운 일은 아니다. 연예인이나 정치인들에게는 개인의 특성에 맞게 이미지를 만들어 주고 지속적으로 관리해 주는 담당 이미지 컨설턴트가 있는 경우가 대부분이지만, 일반인이 이미지 컨설턴트의 도움을 받기에는 어려움이 따르는 것이 사실이다. 스스로 자신의 이미지 메이킹을 할 때 가장 간단한 방법은 나와 비슷하다고 여겨지는 연예인 한 명을 정해서 따라 해보는 것이다. 객관적인 시각으로 나와 닮은 연예인 모델을 선택하여 표정을 똑같이 해보고, 메이크업이나 의상을 주의 깊게 관찰하여 응용해 보자. 한 달 후 당신은 거울에 비친 센스 넘치고 멋진 자신의 모습을 발견할 수 있을 것이다. 인터넷에 떠도는 연예인 변천사 사진을 우리도 한 번 만들어 보자.

제11장

# 화장품학

1. 화장품의 정의
2. 화장품의 역사
3. 화장품의 분류
4. 기능성 화장품

제11장

# 화장품학

## 1 화장품의 정의

### 1) cosmetics의 어원

'Cosmeticos' 희랍어에 어원을 두고 있으며, '잘 정리하다', '잘 감싸다'라는 의미 'Cosmos'에서 유래가 되었으며, 'Cosmos', 'the order of universe, Kosmeticos' 우주의 명령을 받아 아름다운 것을 더욱 아름답게 가꾸어 보기 좋게 하는 기술이라는 의미가 있다.

### 2) 화장품의 정의

화장품의 정의는 2000년 7월 1일부터 시행되고 있는 「화장품법」 제2조 1항을 보면 "화장품은 인체를 청결 또는 미화하고, 피부 또는 모발을 건강하게 유지 또는 증진하기 위하여 인체에 사용되는 물품으로서 인체에 대한 작용이 경미한 것"으로 정의하고 있다. 다만, 이러한 사용 목적 이외에 의약품의 사용목적을 겸하여 사용되는 물품은 예외로 한다."라고 규정되어 있다.

즉 화장품이란 의약품과는 달리 어떤 질병을 치료하거나 예방하는 목적으로 사용하는 것이 아니다. 그저 정상인이 피부의 아름다움과 건강을 위하여 매일 사용하는 것이기 때문에 무엇보다 안전성이 고려되어야 하고 사용상 부작용이 있어서는 안 된다.

| 국가 | 정의 |
|---|---|
| 일본 | 인체를 청결하게 미화하여 매력을 더하고 용모를 변화시키거나 피부 혹은 모발을 건강하게 유지하기 위하여 신체에 바르거나 뿌리거나 그 밖에 이와 유사한 방법으로 사용되는 것으로 인체에 대한 작용이 적은 것을 말한다. |
| 미국 | 인체의 구조, 기능의 변화 없이 청결 또는 아름답게 하고 매력을 촉진하여 외모를 변형하기 위하여 인체에 적용되는 물품을 말한다. |
| 유럽 | 인체의 바깥 부분 또는 치아 및 구강 점막을 청결히 하고, 향취를 부여하고, 또는 건강한 상태로 유지시키거나 보호하고 용모를 변화시키거나 체취를 억제하기 위해 사용되는 것을 말한다. |

국가별 화장품의 정의

최근 기능성 화장품이라고 하여 많은 피부과 질환에 효과가 있는 것처럼 과대 선전되어 사회적 물의를 일으킨 예가 많이 있는데, 위에서 언급한 것처럼 실제 화장품 자체가 피부질환을 치료할 수는 없고 치료 목적으로 사용되는 것은 아니다. 그러면 왜 화장품을 사용하는 걸까? 화장품의 사용 목적은 피부의 청결, 미화를 위해서 또는 자신의 아름다워지려는 욕망을 만족시키기 위해서 사용하는 것이다.

화장품에 대한 정의는 「약사법」에서는 의약품, 의약 부외품, 화장품, 의료용구 등 네 가지로 분류되어 있다.

화장품은 "사람의 신체를 청결히 하고, 미화하고, 매력을 증가시키고, 용모를 변화시키고, 또는 피부 혹은 모발을 건강하게 유지하기 위하여 신체에 도포, 산포, 기타 이들을 유사한 방법으로 사용되는 것을 목적으로 인체에 대한 작용이 완화된 것을 말한다."

약 부외품은 "약용 치약, 방취 화장품, 염모제와 같이 인체에 대한 작용이 있더라도 작용이 완화하고 질병의 치료 또는 예방에 사용하지 않고 신체의 구조, 기능에 영향을 미치는 것과 같은 사용 목적을 겸하지 않은 것일 것"이라고 되어 있다.

기능성 화장품(functional cosmetics)은 효능, 효과가 강조된 전문적인 기능을 가진 것으로 이는 화장품과 의약부외품의 중간적인 성질을 가진다. 미백화장품, 노화 억제 화장품, 선택 제품, 자외선 차단제, 셀프 탠닝 등이 포함된다.

### 3) 화장품과 의약부외품, 의약품의 분류 및 차이

화장품은 사용 대상이 정상인이며, 인체를 청결하고 건강을 유지하기 위해 매일 또는 장기간에 걸쳐 반복적으로 사용하므로 사용상의 안전함은 물론이고 부작용이 절대로 허용이 되지 않는다.

의약부외품은 대상이 정상인이며 인체에 대한 작용을 완화하고, 질병 치료 또는 예방에 사용하지 않으며, 사용 목적이 신체의 구조 및 기능에 영향을 미치지 않는다. 구강 청정제, 치약, 제취 방지제, 제모제, 염모제 등이 있으며 이것은 부작용이 절대로 허용되지 않는다.

의약품은 질병을 가진 사람이나 동의 진단, 치료, 처치, 동물의 신체 구조 및 기능에 약리적인 영향을 주기 위한 목적으로 사용하며, 질병의 치료가 최선의 목적이므로 부작용을 일으킬 수도 있다.

| 구 분 | 화 장 품 | 의약부외품 | 의약품 |
|---|---|---|---|
| 사용 대상 | 정상인 | 정상인 | 환자 |
| 사용 목적 | 청결, 미화 | 위생, 미화 | 질병 치료 및 진단 |
| 사용 기간 | 장기간 지속적 | 장기간 또는 단속적 | 일정 기간 |
| 사용 범위 | 전신 | 특정 부위 | 특정 부위 |
| 부작용 | 없어야 한다. | 없어야 한다 | 어느 정도는 무방 |

화장품과 의약부외품, 의약품의 분류 및 차이

### 4) 화장품의 효능

노폐물 제거로 피부를 청결하게 하며 거칠어지는 것을 방지하며 살결을 가다듬는 것을 말한다. 피부에 수분 공급과 피부를 보호하고 건강하게 유지하는 기능으로 자외선으로부터 피부를 보호하고, 피부에 색조 및 입체감 부여한다. 또한, 모발을 청결하고 윤기와 탄력을 부여하여 건강하게 유지시키고 손상된 모발을 보호하고 모발을 보호해준다.

### 5) 화장품의 4대 요건

화장품은 장기간 지속적으로 인체 전체를 대상으로 사용되는 것이며 요건 중 안전성은 인체에 대한 부작용이 없어야 하며, 제조 단계에서 최종적 단계까지 전 과정에 걸쳐 안전성을 확보해야 하며, 안정성은 사용 기간 중 화장품이 변질, 분리되어서는 안 된다. 사용감이 우수하고 편리하며 피부에 잘 흡수되어야 한다. 유효성은 사용 목적에 맞는 효과가 있어야 한다.

| 구 분 | 요구 사항 | 관련 기술 |
|---|---|---|
| 안전성 | 무자극 , 무알러지, 독성, 이물 혼입, 파손 등 | 피부면역학, 경피흡수 |
| 안정성 | 미생물 오염방지, 분리, 변취 방지, 변질 | 계면화학, 미생물학 |
| 유효성 | 노화억제, 보습, 여드름억제, 보호, 미백, 육모자외선 차단, 세정, 색채효과 등을 부여 | 피부과학, 약리학, 생리학, 생화학 |
| 사용성 | 사용감(피부 친화성, 촉촉함, 부드러움 등) 사용 편리성(형상, 크기, 중량, 기능성, 휴대성),기호성(향, 색, 디자인 등) | 레올로지, 감성공학 |

화장품의 4대 조건 및 관련 기술

# 2 화장품의 역사

## 1) 화장의 기원

화장품에 대한 초기 기록은 이집트에서 찾아볼 수 있다. B.C 3000년경 티니스 왕조 시대의 죽은 왕과 함께 묻힌 화장품과 연고가 발견되었고, 기원전 1500년경에 사용된 콜먹과 안티몬 연필 및 나아드향 덩어리가 그려진 그림도 발견되었다. 투탕카멘 왕(기원전 1361~52)의 무덤에서는 향료를 담은 연고병이 발견되었다.

이 당시는 주로 성직자들이 이런 물질을 조제했으며, 화장품을 만드는 일은 비밀스럽고 존경받는 일이었다. 화장품 성분의 수와 종류는 단순하여, 이집트산 백리향과 오리가넘이 발라노스라는 물질과 함께 사용되었다. 그러나 기초 성분은 대부분 아라비아에서 전해진 몰약 · 유향 · 감송이었고, 편도와 올리브유는 물론 참기름도 향유로 사용되었다. 목욕탕은 고대 이집트에서 처음 사용된 것으로 보인다. 그리스 · 로마 시대에는 목욕탕이 더욱 정교해졌고, 피부를 부드럽게 하거나 색을 내기 위해 향유 · 연고 등을 사용하기 시작했다.

화장품은 천연 재료를 사용해 미를 가꾸려는 이집트 여인들에 의해 발달되어 클레오파트라 시대에 절정에 달했다. 이집트의 무덤과 회화를 보면 눈화장을 중시했던 것을 알 수 있는데, 이 화장법은 20세기 후반에 유행하는 눈화장과 매우 유사하여 눈두덩은 녹색으로 칠하고 눈꺼풀 · 속눈썹 · 눈썹은 안티몬으로 만든 콜먹으로 검게 칠했다. 그 밖에 헤나 물감으로 손톱 · 손바닥 · 발바닥을 염색했으며 빗과 청동거울도 사용했다. 유대 여인이 화장품을 사용한 기록이 있고, 《코란》 56장에도 눈화장에 대한 언급이 있다. 이를 요약하면 다음과 같다.

화장의 기원은 인류의 역사와 같다고 할 수 있으며, 출토품 등 역사적 기록으로 보면 구석기 시대로 추정할 수 있다. 알타미라 동굴 벽화에는 얼굴, 손에 붉은 화장 흔적이 있으며, 붉은 돌가루를 빻은 흔적이 동굴에 남아 있다. 고대 이집트 피라미드, 중국의 주나라 등지에서도 향장품을 사용했음을 문헌이나 왕의 분묘에서 발굴된 화장 도구를 통해서 미리 짐작할 수가 있다. 즉 식욕, 성욕과 아울러 화장의 욕구는 인간이 가진 본능적 욕구로 인간은 태고 적부터 신체의 아름다운 부분을 돋보이도록 하고 약점을 수정하여 감추고자 노력해 왔다고 할 수 있다

### 2) 서양의 화장품 역사

화장의 역사가 인류의 시작과 같이하는 것으로 볼 때 화장품의 역사는 그보다 훨씬 앞서 생겼을 것으로 추측한다. 원시 시대에 사용했던 화장품은 현재와 같은 의미의 화장품은 아니지만 그 기원이라고 볼 수 있다.

원시 시대는 본태설, 장식설, 종교설, 신체 보호설, 이성 유인설 등 주로 주술적, 종교적인 면에서 이용하였으며, 예로 분향인 향나무 등을 가열하여 향을 발하는 것으로, 연기를 쐼으로써 더러움을 씻고 재난을 막는다고 믿었다. 이러한 분향은 재해 방지, 계급, 신분 및 위엄성 표시하는 수단이 되었다.

고대 이집트(기원전 3200년경)는 인류 최초의 미를 위한 화장품의 사용은 기원전 7,500년경 이집트에서 시작되었으며, 이집트인들의 화장은 대부분 종교적인 의미를 지니고 있으며 향유, 머리 염색제, 퍼머제, 헤어 오일, 목욕기름을 사용하였고, 강열한 태양으로부터 눈을 보호하기 위해 눈가에 안료를 칠하는 습관이 있었다고 한다. 벽화에는 눈 아래쪽에는 초록색을, 눈썹에는 검댕이나 코올로 검게 칠하여 강렬한 화장을 하였다.

건조하고 더운 기후로부터 몸을 보호하기 위해 오일이나 향유를 사용하고 더위로부터 몸의 건조를 막고 병과 외부의 독충으로부터 몸을 보호할 목적으로 화장을 하였으며, 몸에 향과 향료, 여러 가지 장식 가발을 사용하였다. 화려한 치장은 이집트의 화장의 대명사이며 크레오파트라, 헤나, 리트머스, 백납

등을 피부에 발랐다고 한다.

그리스 시대는 화장법이 대단히 복잡했으며, 얼굴과 손만의 부분적인 것이 아니고 전신을 아름답게 하는 방법이 고안되었다. 얼굴에 백납, 석고, 백묵 사용, 눈은 검은색 코올로 강조하고 볼과 입술에는 단사(주황색 색조)를 발라 화장을 하였다. 종교의식을 위해 목욕 문화가 성행하였으며, 화장품의 기록을 체계화하였다. 임상학의 대부 갈렌(Galen), 물리학자 데모크리투스(cemocritus)] 갈렌에 의해 피부의 수분 증발을 막아주고 피부를 햇볕으로부터 보호해주며, 시원함과 청량감을 주는 콜드크림이 탄생되었다.

로마 시대는 왕족을 비롯하여 많은 대중들이 사치와 호사스러움을 즐기며, 남자는 사우나 목욕과 마사지, 향유가 성행, 면도의 시초가 되고 있으며, 여성은 우유, 포도주 등의 마사지와 볼과 입술을 붉게 칠하였다. 상류층 여인들은 하얀 피부를 흠모하였으며, 여인들의 얼굴에는 백납을 이용한 분을 사용하고 진한 눈화장이 성행하여 식물이나 꽃, 황토로 만든 흙가루를 기름에 섞어 사용하고 발달된 향유나 오일로 마사지를 하였다는 기록이 있다.

중세(7～12세기)에는 금욕주의로 화장을 제한하였으며, '목욕을 하지 않는 천년 향수'가 성행하였다. 십자군전쟁 이후 화장에 대한 관심 증가로 비누의 대중화가 이루어졌다.

르네상스 시대(13～16세기)에 엘리자베스 여왕은 화장품을 사용하여 흰 가면을 쓴 것처럼 창백하게 피부를 표현하고 눈화장을 강조하였으며, 향장과 향료 연구에 큰 발전을 이루었으며, 인도, 동양과 교류하여 알코올 증류방법에 의한 향수가 발달하였다. 화장의 대중화로 인해 루즈, 분, 포마드 등을 발랐으며, 이상적인 화장 기법으로 피부는 창백하고 투명하게, 이마를 넓게 보이게 하였고 눈썹을 없애고, 머리카락을 면도해 이마를 넓이고, 붉은 색조화장을 하였다고 한다.

바로크 시대, 로코코 시대(17～18세기)에는 화장용에 안료를 써서 얼굴을 희게 하거나 뺨을 붉게 하였으며, 흰 피부를 선호하여 흰 파우더, 백연을 사용하였으며, 모발에 포마드를 사용하고 향수 제조업이 프랑스를 중심으로 발달하였다.

1770년 귀족 윌리엄 야들리(William Yardley)는 영국 최초의 비누와 화장수 회사를 설립하였고 1800년 화학 향장업의 발달로 1800년 지금의 화장품이 등장하여 조발사와 미용사가 전성기를 이루던 시기였다.

근대(19세기)는 산업혁명으로 화장품 성분 제조술 발달로 품질 개선이 이루어졌으며, 화장에 있어서 청결과 위생이 강조되었으며, 화장품의 대중화와 목욕 성행 등 현대적 의미의 화장품이 등장하였던 시기이다.

1920년대는 보헤미안풍의 원색적인 색조로 눈매를 강조하여 흑색 코올로 눈화장을 짙게 하였다. 피부 톤은 밝고 투명하며, 볼터치나 노우즈 섀도는 거의 하지 않았다.

1930년대의 화장품은 기존의 스킨 위주에서 파우더, 립스틱, 아이섀도 펜슬 등 다양하며, 색조 네일 폴리시가 출시되었으며, 선탠 오일도 처음 등장하고 크림이나 네일 에나멜 등이 대중에게 유행하고, 1920년대와 반대로 정제된 아름다움을 표현하는 시기였다.

1940년대는 입체 화장법이 유행하고 아이섀도가 보급되었던 시기이다.

### 3) 우리나라의 화장품 역사

화장의 기원에 대하여 여러 가지 학설이 있지만, 잠정 결론은 인간의 생존과 동시에 비롯되었다는 주장이다. 우월감과 과시 욕구가 인간의 본능이므로 이를 충족시키기 위한 화장의 본능이다. 이 밖에도 보호를 위하여 혹은 종교적인 필요성에서 태곳적부터 화장은 시작되었다. 우리나라의 경우 북부 지방에 거주했던 읍루인들은 돼지기름으로 피부의 동상을 예방했다고 하며, 말갈인들은 오줌으로 세수했다고 한다. 피부를 희게 가꾸기 위하여 미백 효과가 큰 오줌으로 세안하는 미용법은 최근까지 산간 지방에서 활용하고 있다. 그리고 돼지기름은 피부의 부드러움과 동상 예방에 효과가 높아 200년경 로마 의사 가렌이 제조한 콜드크림의 원형도 돼지기름을 가공한 것이라 한다.

이보다 진보한 미용 사례가 단군신화에 나타나 있다. 단군신화에 따르면 한민족의 첫 주거지가 단목(檀木, 박달나무) 근처라고 하는데 이는 향나무인 박달나무를 신성하게 여기는 등 향료와 생활이 밀접함을 보여준다. 또 이 신화는 고조선 사회의 한국인들이 피부를 희고 아름답게 가꾸었음을 밝히고 있다.

환웅이 곰과 호랑이에게 준 쑥과 마늘은 우리나라 사람들이 오랫동안 애용해 온 피부 미백 효과였다. 민간에서 널리 행해진 미용 처방을 보면 쑥을 달인 물과 마늘을 삶은 물에 목욕했는데, 이 둘이 피부를 희고 건강하게 해주는 것으로 기대되었다.

한편, 짓찧은 마늘을 꿀과 혼합해 하룻밤 재웠다가 얼굴에 골고루 펴 바른 후 씻어 내어 미백 효과를 내고 잡티, 기미, 주근깨 등을 제거하는 오늘날의 팩과 같은 방법도 사용했다. 특히 혼인을 앞둔 처녀들은 반드시 쑥과 마늘을 이용한 목욕과 팩을 하였다고 한다.

신라에서는 백분(白粉)의 사용이 대중화되어 있었고 그 제조 기술이 상당한 수준이었다. 백분은 안면을 희어 보이게 하며 잔주름과 작은 흠을 위장시키는 장점이 있어서 한국인들이 1960년대까지 가장 애용해 온 화장품이었다.

백분 이상으로 대중화된 화장품은 연지다. 화장의 목적은 아름다운 부분은 돋보이도록 하고 약점이나 추한 부분은 감추거나 위장하기 위해서다. 한국인의 고정관념으로는 가장 젊고 건강한 연령은 15~16세이며, 이 무렵의 여성은 입술이 앵두 빛이고 뺨은 도화 빛이라고 한다. 따라서 젊음과 건강이 절정인 모습을 유지하기 위하여 연지를 발랐다. 이 연지는 홍화로 만들었다.

한편, 고구려인의 연지는 광물성인 주사(朱砂)로 만들었는데 이들의 연지는 고품질이었으리라고 추측된다. 신라인들이 제조한 화장품 중에 미묵(尾墨)이 있다. 미묵은 눈썹을 그리는 화장품이다. 조선 시대 여성들은 무려 열 가지나 되는 다양한 눈썹을 그렸다. 우리나라 여성들이 얼마나 눈썹 화장을 중시하였는지 짐작할 수 있다. 눈썹을 다듬기 위한 족집게는 삼국 시대의 출토 유물 중에도 있다.

삼국 시대 중 신라 시대에는 고분 벽화를 통해 당시 연지 화장이 보편화되어 있음을 알 수 있다. 흰색 백분을 사용하여 얼굴을 희게 보이게 하여 잔주름과 얼굴의 결점을 커버하고, 백분은 곡식으로 만든 가루로 쌀, 서숙과 같은 곡식의 분말 혹은 분꽃 씨앗의 분말, 조개껍데기를 태워 만든 분말, 백토, 활석의 분말 또는 동물의 뼛가루를 약간 혼합하여 만들어 흡착력과 퍼짐성이 떨어지는 단점이 있었다. 또한, 백분에 납을 첨가하여 화학적으로 처리하면 부착력이 좋아지고 쉽게 바를 수가 있었으며, 연분의 제조는 화장품의 발달사에 획기적인 대발명으로 평가되고 있다.

젊음과 건강한 모습을 나타내기 위해 입술과 볼, 이마에 붉은 색깔의 연지를 발랐으며, 연지는 홍화(잇꽃)와 돼지기름을 혼합하여 만들고 눈썹 화장에 미묵을 사용하는 등 화장품 제조가 발달하였다.

고구려 시대 6세기경 고분으로 추정되는 평남 용강 소재 쌍영총의 벽화를 통해 빰에 연지가 찍혀 있음을 보면 화장의 기록을 추정할 수 있으며, 고구려인의 연지는 신라와 달리 광물성으로 만들었으며, 고품질이었으리라고 추측된다.

백제 시대는 분은 바르되 연지는 바르지 않았다고 기록되어 있으며, 백제의 화장품이라든지 화장술에 대한 구체적인 내용을 밝힌 기록이 거의 없다.

고려 시대는 국가 정책으로 화장을 장려하고 화장을 가르친 시대였으며, 분대화장과 비분대 화장을 하였다. 이 시대 역시 가장 널리 사용된 화장품은 백분이었다. 납분이 제조되어 일부 계층에 한정되지만, 향료를 뿌리거나 바르기도 하였다.

조선 시대는 우리 고유의 전통적인 민족 의상과 화장술이 완성된 시기지만 유교학적 도덕 관념과 남성 위주의 사회 구조로 궁녀와 기생을 제외하고 화장을 하지 않았다. 백분, 연지, 화장수와 같은 화장품과 향낭이 사용되었으며, 기초화장은 꿀 찌꺼기로 영양 크림과 흡사한 효과를 내는 밀랍으로 팩 효과를 나타내었으며, 오이 꼭지로 손등이나 얼굴에 문지르고, 수세미 즙을 받아 화장수로 사용하었다. 이 시기는 일본으로부터 '화장'과 '화장품'이라는 미용 용어가 들어왔다.

1910년대에는 최초의 근대적 화장품인 박가분이 등장하였으며, 인체에 해로운 납 성분의 독성이 발견되었다.

1930년대 납을 사용하지 않은 서가분이 등장하고, 크림으로 구리무가 만들어졌다.

1945년대는 화장품에 많은 변화가 있었으며, 콜드크림, 바니싱 크림, 백분, 머릿기름, 포마드, 헤어토닉, 콜드 퍼머액, 향수 등이 등장하였다.

### 4) 현대 화장품 역사

1960년대는 화장품산업이 본격화된 시기는 다양한 제품들이 사용되었으며 백분, 콜드크림, 바니싱, 유액, 립스틱, 아스트리젠트, 마스카라, 오데코롱, 파운데이션, 네일에나멜, 포마드, 콜드 퍼머액, 염모제 등이 있다. 자연스러운 화장과 아이메이크업, 입술 화장이 유행하고 방문판매 도입, 화장품의 소비 증가가 이루어지던 시기이다.

1970년대는 메이크업 화장품이 확대가 되어 브랜드 중심으로 새로운 화장법이 소개되고 원색 계통 립스틱과 네일 에나멜이 등장하였다. 오데코롱 등의 향수가 각광을 받기 시작하였으며, '토털 코디네이트' 용어 등장으로 화장품과 화장 기술의 수준이 향상되는 시기였으며 화장품 용기의 고급화가 이루어졌다.

1980년대는 첨단 과학기술을 응용한 다양한 화장품 개발과 바이오 화장품 시대로 유해산소의 제거를 위한 노화 억제 화장품(anti-aging)과 무향, 무색소, 저방부제의 민감성화장품도 개발되었으며, 과거의 보습 및 피부 유연 효과 위주의 제품에 비해 피부에 안전하면서 기능성을 지닌 제품들이 개발되었으며, 퍼머넌트 웨이브(permanent wave)가 유행하였다.

1990년대는 환경이 중요시됨에 따라 식물성 성분들을 함유한 자연성 화장품이 대거 등장하고 머드팩, 레티놀(retinol)을 이용한 기능성 화장품이 각광을 받았다. 헤어 컬러링(hair coloring)이 유행하고 2000년에는 로하스(LOHAS) 친환경 화장품과 아로마테라피에 관심이 고조되는 시기이다.

## 3 화장품의 분류

화장품의 사용 부위, 사용 목적, 제품의 구성 성분, 형상 등에 의해 여러 가지로 분류된다. 기초화장품은 피부 보호 및 노화 예방에 초점을 두고 메이크업 클린징뿐 아니라, 손톱 미화를 위한 네일 제품도 포함된다. 바디 화장품으로 신체에 사용하는 화장품이 등장하고 두발 화장품, 방향 화장품 등 종류가 다양해지고 있다.

| 분 류 | 사용 목적 | 주요 제품 |
|---|---|---|
| 기초화장품 | 세안, 피부 정돈, 피부 보호 | 클렌징 제품, 화장수, 로션, 크림류, 팩, 에센스 |
| 메이크업 화장품 | 피부색 표현, 피부 결점 보완 | 파운데이션, 파우더, 메이크업 베이스, 립스틱, 아이섀도, 네일 에나멜, 마스카라, 아이라이너 |
| 모발 화장품 | 세정, 트리트먼트, 정발, 웨이브 형성, 염색, 탈색, 육모, 양모 | 샴푸, 린스, 트리트먼트 제품, 스프레이, 무스, 젤, 퍼머넌트제, 염모제, 블리치제, 육모제, 양모제 |
| 방향 화장품 | 향취 부여 | 퍼퓸, 오데코롱 |
| 바디 화장품 | 탈모, 제모, 피부 보호, 땀 억제, 세정 | 탈모제, 제모제, 선스크린, 선탠오일, 데오드란트, 바디클린져, |

화장품의 일반적 분류

| 구 분 | 내 용 |
|---|---|
| 소재 기술 | 미백, 주름개선, 자외선차단, 보습, 피지조절 및 여드름, 자극 완화, 항산화, 육모, 비듬, 피부흡수, 분체, 계면활성제, 고분자 화합물 |
| 제형 기술 | 유화, 가용화, 분산, 겔화, 리포좀, 마이크로캡슐, 피부흡수 및 안정화 |
| 평가 기술 | 효능 평가, 안전성 평가, 관능 평가, 방부력 평가 |

화장품의 주요 기술과 범위

## 4 기능성 화장품

### 1) 기능성 화장품의 어원적 정의

기능성 화장품은 화장품과 의약품의 중간적인 성격을 갖는 제품이라 볼 수 있다. 일반 화장품이 안정성을 강조한 제품인 데 비해 기능성 화장품은 안정성 이외에 특히 약리적 효능과 효과를 강조한 제품을 말한다. 기능성 화장품은 영어로 'Cosmetic + Medical(의료) = Cosmedical' 등으로 불리기도 한다. 코스메티칼이란 영어로 화장품을 의미하는 코스메틱과 의료를 의미하는 메디컬이 합쳐서 만들어진 말이고, 코스메슈티컬(Cosmeceutical)은 Cosmetic과 Pharmaceutical이 합성된 언어로 볼 수 있다. 따라서 기능성 화장품은 이전의 단순한 피부 보습, 피부 보호의 차원에서 벗어나 피부의 문제점들을 적극적으로 해결하는 데 도움을 주는 화장품을 말한다. 피부질환이 없는 건강한 사람이 피부의 상태를 건강하게 유지시켜 피부의 이상 및 노화를 지연시키거나 개선할 목적으로 사용하는 물품을 말한다.

### 2) 기능성 화장품의 법적 정의

「화장품법」 제정 및 시행 법률 제6025호 2000년 7월 1일 시행 화장품은 「화장품법 제2조 제1항」에 이렇게 기술되어 있다.

"화장품이라 함은 인체를 청결, 미화하여 매력을 더하고 용모를 밝게 변화시키거나 피부 모발의 건강을 유지 또는 증진시키기 위하여 인체에 사용되는 물품으로서 인체에 대한 작용이 완화한 것을 말한다. 다만, 「약사법」 제2조 제4항의 의약품에 해당하는 물품은 제외한다. 기능성 화장품(「화장품법」 제2조 제2항)이라 함은 화장품 중에서 다음 각 호의 1에 해당하는 것으로서 보건복지부령이 정하는 화장품을 말한다. 피부의 미백에 도움을 주는 제품, 피부 주름 개선에 도움을 주는 제품, 피부를 곱게 태우거나 자외선으로부터 피부를 보호하는데 도움을 주는 제품 등을 말한다."

| 종 류 | 제품 또는 성분 |
|---|---|
| 피부 미백에 도움을 주는 기능성화장품 | 닥나무 추출물, 아스코빌글루코사이드, 알부틴, 알부틴 로션, 알부틴액, 알부틴 크림, 에칠아스코르빌에텔, 유용성 감초 추출물 |
| 피부의 주름 개선에 도움을 주는 기능성 화장품 | 레티놀, 레티놀로션, 레티놀크림, 레티닐팔미테이트, 레티닐팔미테이트로션, 레티닐팔미테이트크림, 아데노신, 아데노신크림, 폴리에톡실레이티드레틴아마이드 |
| 피부를 곱게 태워주거나 자외선으로부터 피부를 보호하는데 도움을 주는 기능성 화장품 | 글리세릴파바, 드로메트리졸, 드로메트리졸트리실록산, 디갈로일트리올리에이트, 디소듐페닐디벤지미다졸테트라설포네이트, 3-(4-메칠벤질리덴)캄파, 멘틸안트라닐레이트, 벤조페논-3, 벤조페논-4, 벤조페논-8, 부틸메톡시디벤조일메탄, 비스에칠헥실옥시페놀메톡시페닐트리아진, 시녹세이트, 옥토크릴렌, 옥틸디메칠파바, 옥틸메톡시신나메이트, 옥틸살리실레이트, 옥틸트리아존, 이소아밀-p-메톡시신나메이트, 징크옥사이드, 티타늄옥사이드, 파라아미노안식향산, 2-페닐벤즈이미다졸-5-설폰산, 호모살레이트 |

기능성 화장품의 종류와 성분

## 쉬어가기

### 3대 영양소가 마음을 건강하게 만든다

마음과 신체는 별개라고 생각하기 쉽지만, 마음은 뇌가 만들어 내는 영상(이미지)이다. 그리고 뇌는 신체 장기의 하나로서 몸 전체와 연결되어 있다. 따라서 마음과 신체는 결코 분리해서 생각할 수 없으며, 신체를 건강하게 보존하는 것이 뇌의 건강을 유지하고 건강한 마음을 만든다.

신체를 유지하기 위해 기초로 되는 것이 3대 영양소다. 이것은 뇌의 영양으로 될 뿐만 아니라 마음을 건강하게 만드는 기본이 된다. 3대 영양소란 지방, 탄수화물, 단백질을 말한다.

이 중 지방은 에너지원이 될 뿐 아니라 세포나 호르몬을 만드는 원료로 된다. 탄수화물은 체내에서 분해되어 포도당으로 되고, 뇌의 에너지원으로써 이용된다. 단백질은 분해되어 그 구성 요소인 아미노산이 되어 뇌 전달 물질의 재료로 된다.

### 아침 식사는 중요한 에너지 보급

'뇌'라는 것은 에너지가 매우 많이 필요한 장기로, 에너지 보급을 조금이라도 소홀히 하면 바로 부족 상태가 되어 버린다. 포도당을 예를 들어보자. 체내에서는 글리코겐이라는 형태로 변화해 간장에 저장되어 있는데, 그 저장분을 뇌가 12시간이면 전부 사용해 버린다. 그래서 저녁 8시에 식사를 하고 나면 다음 날 아침 8시에 식사로 당질(탄수화물)을 섭취하지 않으면 뇌는 에너지 부족 상태가 되는 것이다. 역시 아침 식사가 중요하다는 것을 알 수 있다. 아침에 멍하니 일에 집중할 수 없고 기분이 안 좋아지는 사람은 뇌 에너지의 부족을 제일 먼저 의심해야 한다. 그리고 먼저 아침 식사를 거르지 말아야 한다는 것을 유념해야 한다.

### 비타민, 미네랄의 부족도 우울증의 원인으로

비타민, 미네랄이라는 영양소가 부족해도 우울 증상이 나타난다. 왜일까? 비타민, 미네랄의 주된 작용은 세 가지가 있다.

첫째는 에너지로 작용하는 포도당을 도와주는 일, 둘째는 아미노산을 전달 물질로 바꾸는 일, 나머지 하나는 스트레스 등에 의해 생기는 활성산소를 무(無)독성화하는 일이다.

활성산소는 뇌세포의 작용을 저해하고 뇌를 에너지 부족 상태로 만들기 때문에 방심해서는 안 될 커다란 적이다. 우울증이라면 전달 물질 중 한 종류인 세로토닌만이 부각되지만 사실은 3대 영양소나 비타민, 미네랄도 크게 관계되어 있다는 사실을 알 수 있다. 이들 영양소가 부족하거나 균형을 잃어버림으로써 뇌의 작용에 지장을 가져오고 '의욕이 생기지 않는다', '우울해진다', '집중할 수 없다'는 우울 증상이 나타나는 것이다. 항우울제를 복용해도 개선되지 않는 사람은 자신의 식생활을 되돌아보는 것은 어떨까.

# 제12장

# 피부미용

1. 피부미용의 개요
2. 피부관리의 역사
3. 피부의 구조
4. 피부의 기능과 유형

# 제12장

# 피부미용

## 1 피부미용의 개요

피부관리란 얼굴 및 전신의 피부를 대상으로 아름답게, 보다 건강한 피부로 유지하기 위해 과학적 이론을 토대로 손의 테크닉과 기계의 힘을 이용하여 예방 및 관리를 하는 것이다. 이에 피부 분석에 따른 스킨케어를 중심으로 바디 트리트먼트, 매니큐어, 페디큐어, 제모, 메이크업 등을 포함한다.

목적은 꾸준한 관리로 피부의 상태를 좋게 하고 활발한 피부 생리 기능을 회복시켜 건강하고 탄력 있는 피부를 유지시키거나, 또는 문제화된 피부의 경우 피부 생리와 피부 기능을 원상태로 회복시켜 피부 고유의 특징과 성질을 찾도록 도와주는 차원의 정상 피부 상태로의 개선과 건강한 피부 유지를 위한 것이다.

따라서 피부관리는 전문적 지식과 기술을 갖춘 피부미용 관리사에 의해 이루어져야 하며, 피부미용 관리사는 피부관리법의 목적과 효과, 사용하는 화장품, 기구 및 기기 등에 관한 원리가 정확하게 이해되어야 하며 고객 상담 능력이 선행되어야 한다.

또한, 피부 상태에 따른 피부관리 계획 작성 및 그에 따른 제품 선정과 숙련된 마사지 기술을 필요로 한다. 보통 피부관리는 상담, 피부관리, 홈 케어 조언 등의 절차를 통해 이루어지며 이 과정을 통해 고객에게 기술적, 정신적 만족감을 줄 수 있어야 한다.

### 1) 피부미용의 정의

피부미용은 피부질환을 앓고 있는 피부를 제외한 피부를 대상으로 안면 및 전신의 피부를 정확한 피부 분석을 통하여 화장품, 손의 테크닉, 미용기기 등을 이용하여 피부 상태를 개선해 건강하고 아름다운 피부를 보호 유지하는 것이다.

피부 및 인체의 구조, 기능, 생리작용에 대한 과학적인 지식을 바탕으로 관리사의 손을 이용한 다양한 수기법과 화장품, 미용기기 등을 이용하여 이루어진다.

피부관리사는 피부미용학, 피부학 및 해부생리학, 피부미용 기기학, 화장품학, 공중위생관리학 등에 대한 이론적인 지식과 안면, 전신에 대한 다양한 손의 테크닉을 습득하고 이를 실제 피부관리 과정에 적극 활용하여 임상경험을 축적함으로써 실기를 겸비한 전문 피부관리사로 성장할 수 있다.

### 2) 피부미용의 용어

피부미용(esthetic, cosmetic)이라는 명칭은 지금으로부터 약 200년 전 독일의 미학자 바움갈텐(Baumgarten)이 "미는 인간에게 만족과 쾌락을 주는 대상이며, 보는 사람의 마음에 달려 있다."라는 말에서 미에 대한 의미로 처음 사용되었다. 피부미용은 에스테틱(Esthetic)이라고 하며 '손질하다', '처치하다'라는 의미로 사용되며 에스테틱뿐만 아니라 코스메틱, 스킨케어, 피부관리 등 세계 여러 나라에서 다양하게 불리고 있다.

한국에서는 피부질환, 의학적인 영역을 제외한 피부에 대한 관리, 혹은 처리, 처치를 의미하는 용어로 피부미용, 피부관리, 에스테틱, 스킨케어, 코스메틱 등 다양하게 사용되고 있다. 미국에서는 Skin Care, 영국에서는 Cosmetic, 독일 Kosmetic, 일본 Esty, 프랑스 Esthetique 등으로 사용되고 있다.

코스메틱(Kosmetic)이란 '우주' 또는 '아름다운 조화' 또는 '치장'이라는 고대 그리스어인 'Kosmein', 'Kosmos'에서 유래된 단어로서 프랑스 어원은 에스테틱(Esthetic)이라고 한다. 피부관리 측면에서의 코스메틱은 피부가 지닌 문제들을 가능한 한 완전하게 다루어줌으로 피부미용의 문제를 해결함과 동시에 젊고 아름다우며 깨끗한 피부를 가꾸게 해준다는 뜻으로 사용된다.

코스메틱은 피부관리 측면 외에 신체적인 이상에서 유래하는 많은 심리적 문제점들을 신체적인 미의 창조와 유지를 통해 치유한다. 미의 유지를 위해서는 여러 가지 방법과 기구가 이용되는데 전신의 건강, 외적인 미의 유지, 식이요법, 올바른 음식의 관리, 체중조절 등이 있다.

### 3) 피부미용의 목적

피부는 연령, 건강 상태에 따른 내적 변화와 기후, 계절 등 환경에 따른 외적변화에 의해 끊임없이 영향을 받는다. 피부미용은 지속적인 피부관리를 통해 피부의 생리 기능을 원활하게 함으로써 건강하고 탄력 있는 피부를 유지하며, 문제성 피부의 기능을 회복시켜 정상적인 피부 상태로 개선함으로써 건강한 피부를 유지하는 것을 목적으로 한다. 그러므로 피부미용의 궁극적인 목적은 건강하고 아름다운 피부를 지속적인 피부관리를 통해 항상 보호, 유지하여 피부 노화를 최대한 지연시키는 것이다. 결론적으로 탄력 있는 젊고 아름다운 피부를 유지함으로써 자신감을 느끼고 좀 더 건강한 삶을 유지하기 위해서 피부를 관리하는 것이다.

피부관리의 방법의 케어는 먼지, 오염, 세균, 자외선 등의 외적인 환경으로부터 피부가 손상됨을 보호하고, 피부의 조기 노화를 예방, 지연하기 위해 피부관리 이론 및 피부관리 제품의 사용 방법과 테크닉이 필요하다.

Mannual Aesthetic은 손이 주체가 되는 관리 방법으로 고객에게 심리적인 안정감 및 관리의 상승 효과를 제공하는 것을 말하며, Lectric Aesthetic은 기계가 주체가 되는 관리 방법으로 피부관리를 위한 기계 원리 이해 및 다양한 기기에 대한 접근이 필요하다.

## 2 피부관리의 역사

### 1) 서양의 피부미용

고대의 화장 목적은 신에 대한 숭배, 주술적 효과, 신체 보호, 신분의 계층을 나타내는 수단으로 사용하였으며, 화장의 기원은 고대 파미르고원에서 향을 피워 시작하였으며, 신에 대한 숭배, 주술적 효과, 종교적 의미가 있었다고 한다.

이집트의 경우 고온다습한 기후의 영향으로 목욕법의 체계가 일찍부터 시작되었다. 클레오파트라는 진흙 등 각종 미용 재료를 개발해 사용하였으며, 우유로 목욕한 기록도 있다.

다양한 목적으로 향유을 사용 하고 피부 청결, 모발 청결, 장식의 효과, 마사지, 벌레나 햇빛으로부터 보호하기 위해 피부관리를 하였다. 피부관리 재료로는 올리브유, 아몬드유, 양모 왁스, 꿀, 우유, 밀가루 등의 천연 재료를 향유와 혼합하여 사용했다. 클렌징 크림으로는 식물기름과 라임, 향수를 사용하고, 각질 제거제로서는 나트론인 나일 강의 진흙, 수아부, 톱밥, 향유를 사용하였고, 마사지 재료로는 야생 카스트로 나무에서 추출한 오일을 사용하였다. 피부 건조를 예방하기 위해서는 사막 개미를 이용하였고, 자외선 차단을 위해서는 맨디시엄, 쌔그디라 사용한 것으로 나타나고 있다.

그리스는 건강한 신체에 건강한 정신이 깃든다고 믿었던 시기로 건강한 신체를 추구하였다. 히포크라테스는 의사로서 건강한 아름다움을 위한 요법을 연구하였으며, 건강과 아름다움을 위해 미용식, 일광욕, 특수 목욕, 마사지 등을 권장하였다. 냉수욕, 온수욕, 증기욕, 약물욕 등의 다양한 목욕 문화를 창출하였으며, 의약의 목적까지 지니는 천연 향과 오일 등을 이용한 마사지 요법이 성행하였다. 메이크업보다는 깨끗한 피부를 가꾸는 데 노력한 것으로 나타났다.

로마는 미용 관련 분야가 더욱 사치스러워졌다. 청결과 장식을 중요시하여 오일과 향수, 화장이 생활의 필수품으로 등장하였고 갈렌이라는 연고 제조가 시작되어 콜드크림의 원조가 되었다. 피부 이상증 및 노화 등을 방지하려고 노력을 하였으며, 공중목욕탕이 번성하여 위생적 기능과 사회적 기능을 동시에 실행되었다. 레몬즙, 오렌지즙, 포도주 등을 이용해 각질과 피지관리로 현대의 필링 효과를 위한 AHA의 원조가 되었으며, 염소 젖과 오일을 이용한 마사지법과 옥수수, 밀가루, 빵가루를 이용한 마사지법이 성행하였다.

중세는 기독교의 강력한 금욕주의로 미의 표현에 제약이 따르자 화장보다는 깨끗한 피부관리에 중점을 두고 약초를 끓인 물을 이용해 수증기를 쐬는 스팀 이용법을 활용하였으며, 현대의 아로마 요법의 기초가 되는 이 방법은 물 분자 크기보다 작은 수증기 분자를 이용하였기 때문에 피부 수분 공급에 매우 훌륭한 요법이다.

인도에서 페르시아 등지로 들어온 장미는 장미수, 장미유로 다양하게 사용되었으며, 아랍인들은 생리, 보건 연구를 진전시켰고 목욕, 식이요법, 운동, 마사지 등의 치료 효과를 강조하고, 아시아로부터 들어온 새로운 식물과 물질은 향수, 피부, 모발관리에 유용하게 사용하였으며, 십자군 원정기 때는 향수와 화장품이 극동으로부터 유럽에 전파되어 목욕 문화의 체계가 재정립되었다.

근세는 개인주의와 향락주의가 만연되어 화려한 의복과 과장된 화장을 하였던 시기이다. 백색 피부 선호, 미용 팩과 필링 효과 : 메카의 향유, 카카오, 기름, 고추냉이 기름을 이용하였으며, 여성은 세 가지 흰 것(피부, 치아, 손), 붉은 것(입술, 볼, 손톱), 검은 것(눈, 눈썹, 속눈썹)을 선호하였다.

르네상스 시대의 여성은 흰 피부에 화려함을 추구하였다. 몽테뉴는 희고 맑은 피부를 위한 크림과 팩에 대한 책을 저술하였다. 영국 엘리자베스 여왕의 화장법은 알라바스터 분말과 점토, 팩, 백납분 등 이용하였다. 이탈리아의 피에트로 데 빠드웨는 몸의 세정법과 분 바르는 방법 화장 기술이 발달하였고, 알코올과 그 증류 방법에 대한 기술 발전을 통해 곡물에서도 화장품 원료를 추출하였다. 화장수로는 알코올, 채소 농축액, 우유, 꿀을 혼합한 재료를 사용한 것으로 나타났다. 악취 제거용으로 과도하게 향수를 사용하거나 휴대하였으며, 스팀 미용법으로 라일락 꽃잎, 장미 등을 이용하였다.

바로크/로코코 시대(스웨디시 마사지 개발 시기) 독일의 의사 훗페란트는 젊음과 숙면을 위해 마사지를 권장하였으며, 체조 붐을 일으키며 운동요법을 강조하였으며, 클렌징 크림을 개발해 깨끗한 피부를 위해 화장을 지우는 작업의 중요성을 강조하였다. 이탈리아 베네치아 학파의 거장 티치아노의 '거울 앞의 비너스'가 미인의 기준이 되었으며, 고대 수사본들에 의해 로마 제국의 화장품 제조법과 미용법이 유럽에 전파되었으며, 젊은 부인들을 위한 지침서로 제모 기술이 개발되었다. 흰 피부를 위한 처방으로는 깃털을 뽑지 않은 제비를 우려낸 즙과 남자아기를 키운 유모의 젖을 권유하였으며, 18세기부터는 얼굴뿐만 아니라 머리까지 분장이 유행하였으며, 하얀 피부를 위한 관리가 성행되어 레몬과 달걀흰자가 사용되었다.

근대는 의학과 향장학을 분리하여 향장과 향료 연구에 큰 발전을 가져온 시기이다. 향장과 관련된 상업이 매우 활발해져 이발사, 미용사, 가발업 등의 미용 전문업이 출현하고 위생 관념을 중시하여 샤워실 또는 목욕실, 세정용 비누 사용이 일반화되었던 시기이다.

현대는 향장품의 종류가 다양하게 개발된 대량 생산, 대중화 시기이다. 1901년부터 마사지 크림, 샴푸, 손톱 에나멜 등이 유행하였으며, 1920년대는 미국이나 유럽에서 미용실이 성업, 화학물질을 이용한 펌이 시작되었다.

1930년 후반부터 자외선 차단제, 호르몬 크림의 제조, 프랑스의 바렛트 교수는 전기적 또는 기계적인 수단으로 경피 흡수 촉진제 등이 등장하고, 1950년대는 피부관리와 보호를 목적으로 한 제품 개발, 토털 뷰티숍이 번창하였다.

1960년대는 피부관리가 유행되어 다양한 제품이 출시되고, 1970년대는 피부관리의 관심 증대로 인한 과학적인 방법의 시술이 시작되어 현대는 자연 그대로의 피부 건강과 아름다움을 추구하는 것을 목표로 하였으며, 자연에서 추출한 원료, 피부과학을 토대로 생약학, 생화학, 전기학 등 과학기술을 피부관리의 수단으로 활용하기 시작하였다.

### 2) 한국의 피부미용 역사

고조선 시대의 피부미용은 백의민족의 청결 사상으로 흰 피부를 숭상하였으며, 쑥과 마늘을 미백 재료로 사용하고 피부 보호를 위해 돈고를 사용하였으며, 미백 효과를 위해 세안제로 오줌을 사용한 것으로 나타나고 있다.

삼국 시대의 고구려는 고분벽화의 여인들은 머리를 곱게 빗고 눈썹은 짧고 뺨에 연지 화장을 한 것으로 나타나고 있으며, 무인들은 머리카락을 뒤로 틀고 연지를 이마에 바르고 금당으로 머리를 꾸몄으며, 신분, 빈부의 구별 없이 치장에 열중한 것으로 나타나고 있다.

백제는 삼재도회(三才圖會)에 일본이 백제로부터 화장품 제조기술과 화장법을 배운 것으로 나타나고 있으며, 엷은 화장을 하였다는 기록이 있다.

신라는 영육 일치사상(靈肉一致思想)으로 화랑들도 화장을 하고 장신구로 장식을 하였으며, 불교가 전래되어 청정, 청결이 강조되어 목욕 대중화를 통한 목욕 용품이 발달하였다.

고려 시대는 청결 관념이 더욱 강조되어 목욕과 여러 가지 미용법이 발달하였으며, 안면용 화장품으로 면약(面藥)을 사용한 것으로 나타나고 있다.

조선 시대는 유교사상으로 고려 시대보다 단아해졌으며, 판매용 화장품이 제조되기 시작하였다. 피부의 청결을 중시하여 난탕, 삼탕에 목욕을 하였으며, 부분 목욕의 발달로 개인 전용의 세숫대야 문화가 정착되었다. 피부를 가꾸기 위하여 미안수, 미안법을 이용하였으며, 《규합총서(閨閤叢書)》에 면지법을 소개하고 있다.

개화기의 화장품과 신화장으로 외국에서 수입된 화장품이 빠르게 확산되었으며, 1916년은 박가분 제조·판매되었고 1920년은 가내 수공업 규모의 향장품이 다양하게 개발되었다. 1945년은 해방 후 콜드크림 생산과 1960년은 화장품 산업 발전, 화장품이 다양화되었고, 1980년은 피부관리 개념 도입이 되어 현재까지 이르고 있다.

## 3 피부의 구조

피부의 구조는 아래와 같이 크게 표피(Epidermis), 진피(Dermis), 피하조직(Subcutaneous fat tissue)의 3층으로 구분된다.

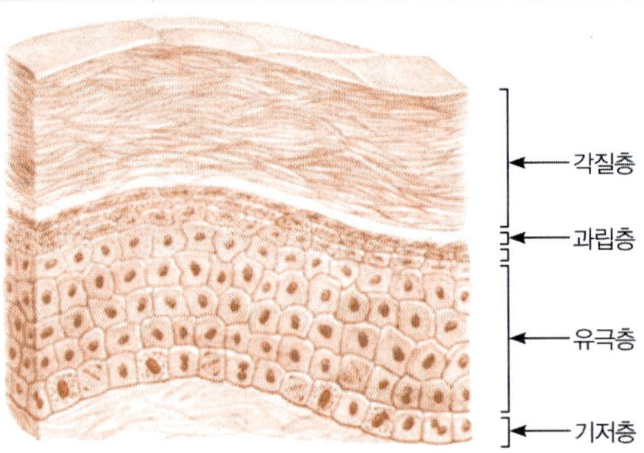


표피층의 구조

표피((Epidermis)는 매일 수백만 개의 세포들이 형성되고 있으며, 이들은 한 장소에 머무르지 않고 표피의 가장 바깥쪽으로 계속해서 밀려나오기 시작한다. 이때 밀려 올라오는 동안에 이 세포들은 점점 딱딱한 각질로 바뀌어 가게 된다. 표피의 세포는 기저층에서 처음 만들어지며 점차 표면으로 밀려나오면서 또한 모양과 기능이 변하게 된다. 표피는 주로 중층 편평 각화 상피로서 각질 형성 세포로 이루어져 있으며, 그 외에 멜라닌세포, 랑게르한스세포 및 머켈세포가 존재한다.

표피는 피부의 가장 외부에 위치하는 부분으로 편평상피세포가 중첩되어 각화되는 매우 얇은 조직으로 각질층, 투명층, 유극층, 기저층의 세포층으로 이루어져 있으며, 그 두께는 손바닥과 발바닥은 0.3~0.7mm이고 다른 부위는 0.1~0.3mm이다.

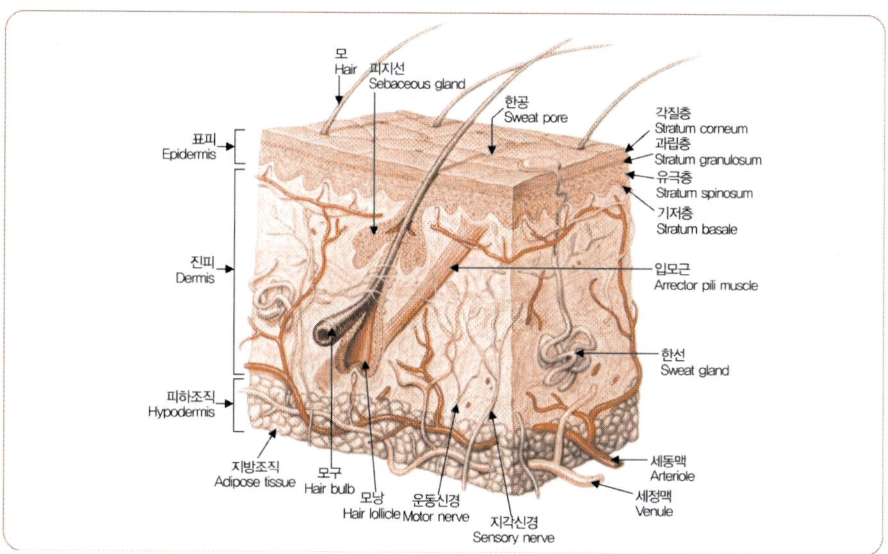


피부의 단면

### 1) 표피층의 분류

각질층(Keratinocyte, Horny layer)의 각질형성세포는 표피의 주요 구성 성분으로 표피의 바깥 부분에서부터 각질층, 과립층, 유극층 및 기저층의 4개 층으로 이루어져 있으며, 손·발바닥 부위에는 각질층과 과립층 사이에 투명층이 존재한다.

표피는 각화됨에 따라 기저층→유극층→과립층→각질층으로 모양이 변하게 되며, 이들 세포들은 모두 각질을 형성하는 과정에서 만들어진 세포이므로 각질형성세포라고 부른다. 수명은 약 28일이며, 인체의 피부 표면에서는 노화된 각질세포가 계속 떨어져 나가고 있으며 노화된 피부에서는 각질층이 떨어지는데 더 많은 시간이 걸리므로 각질층이 두꺼워지게 된다. 따라서 각질형성세포의 기능 저하는 죽은 세포가 더욱 늘어나게 하며 잔주름과 피부 거칠어짐의 원인이 된다.

20~25층의 납작한 무핵 세포로 구성되며 얇은 비늘 모양으로 떨어져 나간다. 10~20%의 수분이 함유되어 있고, 수분에 의한 팽윤성이 있으며, 외부 자극으로부터 피부를 보호하고 이물질의 침투를 막으며, 케라틴 58%, 천연 보습인자 38%, 지질 11%가 존재한다. 각질층은 다양한 환경과 산·알카리 등의 자극, 이물질의 침입으로부터 피부를 보호해 주고 열, 한랭, 전기에 대한 저항력이 크며, 수분 등의 내부 물질이 피부 밖으로 투과하지 못하게 방어하는 피부장벽의 역할을 한다.

투명층은 각질층 바로 아래에 있는 층으로 2~3층의 무핵의 선명하고 투명한 세포로 이루어져 있고, 엘라스틴이라는 반유동성 물질이 함유되어 밝고 투명하게 보이며 빛을 굴절시켜 빛을 차단하며 수분 침투를 방지하고 피부를 윤기 있게 해준다, 주로 손바닥이나 발뒤꿈치 등의 두터운 부위에 눈에 쉽게 띈다.

과립층은 유극세포에서 이행되어 온 과립세포로 구성된 세포군으로 보통 2~3층으로 구성되어 있다. 이 과립층은 외부로부터의 이물질 통과와 피부 내부로부터의 수분 증발을 저지하는 방어막이 있어 피부염이나 피부 건조를 방지하는 중요한 역할을 한다.

유극층은 표피 가운데서 가장 두꺼운 층이다. 살아 있는 세포로 구성되어 있고 유극세포 사이에는 림프관이 순환하고 있어 피부의 피로회복을 담당할 뿐만 아니라 세포 사이를 통해 노폐물 배출 등의 물질교환이 이루어지게 함으로써 피부의 혈액순환과 영양 공급에 관여하여 피부관리에 매우 중요한 역할을 한다.

기저층은 표피의 가장 아래층을 구성하며 진피와 접하고 있는 기저층의 세포 내에는 각질형성세포와 색소형성세포가 있다.

각질형성세포는 피부 겉면에서 떨어져 나가는 각질층을 형성하게 하는 세포이며, 색소형성세포는 피부 색상을 결정짓는 멜라닌 색소를 형성하는 세포이다.

### 2) 진피층(Dermis)의 분류

표피의 아래에 진피층이 있으며 주요 기능은 내재해 있는 많은 구조물들 혈관, 신경 등의 다양한 부속물을 지지해 주는 기질을 공급한다. 진피는 콜라겐, 탄성 섬유 및 세포간 물질들로 이루어져 있으며 콜라겐은 무리한 신장에도 피부가 찢어지지 않게 해준다. 탄성 섬유는 피부에 탄력을 주며 세포간 물질인 히알루론산(Hyaluronic acid)은 피부에 볼륨감을 준다. 진피층은 표피층보다 두꺼우며 눈꺼풀은 약 0.6mm에서 발바닥이나 손바닥 3mm 정도의 두께를 가진다.

피부 본래의 형태라고 할 수 있는 진피는 표피 두께의 약 15~40배 정도 되는 두꺼운 층으로 진피층은 구조상 유두층, 유두하층, 망상층으로 나눌 수 있는데 표피층처럼 구분이 확실하지는 않다. 진피층은 결합섬유인 교원섬유와 탄력섬유로 구성되어 있다. 결합섬유는 진피의 주성분으로 약 90% 이상을 차지하고 있고 탄력섬유는 약 2% 정도를 차지하고 있는데, 이 두 섬유는 상호 긴밀하게 관련되어 있다. 결합섬유는 기계적 외력이나 화학적 자극에 대해 강한 저항력을 가지고 있어 각질층과 함께 신체 내부를 보호하는 역할을 하지만 노화에 따라 늘어지고 기능이 저하된다. 피부에 탄력을 제공하는 탄력섬유는 노화되면 점차 수분이 줄어들고 규칙적이었던 배열도 흐트러져 용수철과 같은 작용이 감소하게 된다.

유두층은 표피돌기 사이에서 피부의 표면을 향해 융기된 부분이 유두층으로 섬유가 사이사이에 수분이 많이 함유되어 있다. 이 유두층의 수분은 미용상 피부의 팽창도 및 탄력도와 관계가 있다.

유두 하층은 밑바닥에 해당하는 곳으로 망상층과 이어지는 부분이다. 망상층은 진피층 중 가장 두꺼운 부분으로 길고 가는 그물 모양으로 되어 있으며 망상층은 결합 섬유와 탄력 섬유가 매우 조밀하게 구성되어 있는데 대부분이 결합섬유이다.

### 3) 피하조직(Subcutis)

진피와 근육, 골격 사이에 있는 부분으로 지방을 다량 함유하고 있어 피하지방조직이라고도 부른다. 피하조직의 두께는 부위에 따라 다르며 성별, 연령에 따라서도 차이가 심하다. 피하조직은 피부의 일부는 아니지만 매우 밀접하게 연관되어 있다. 높은 칼로리의 양분을 저장하여 전도에 의한 체내의 열 손실을 조절하고 피하지방은 대개 몸 전체적으로 피부와 근막 사이에 존재하나, 눈꺼풀과 남성의 생식기에는 없다. 단열층과 보호 쿠션으로 작용하며, 체온유지에도 중요한 역할을 하고 바로 소비될 수 있는 에너지의 저장고로서의 기능도 담당한다.

보통 사람의 경우 지방은 체중의 10% 정도이며 지지 기능과 얼굴의 윤곽을 결정하는 미용 기능도 가지고 있다. 이 층은 인종, 나이 그리고 개인의 내분비 정도와 영양 상태에 따라 다르며 보통 진피보다 두껍다. 피부 기저의 구조물에 느슨하게 연결되었으며, 피하조직에는 근육이 있고 혈관과 림프관들이 이곳을 통하여 피부와 물질교환을 하며 많은 한선, 모낭이 기저 부위까지 연장되어 있다. 여성호르몬과 관계가 깊어 여성의 신체 라인에 부드러움을 주며 열의 부도체이기 때문에 체내의 열이 외부 온도에 좌우되지 않도록 하며 충격을 흡수하여 몸을 보호하고, 영양 저장소의 기능이 있다.

#### (1) 잔주름과 깊은 주름

얼굴의 주름들은 얼굴의 표정을 만드는 기저 근육들이 반복적으로 점차 수축하여 형성된다.

얼굴 근육이 수축하면 피부는 따라 수축하지 못한다. 그러므로 주름이 형성되는 것이며 피부 노화를 초래하는 다른 요인들은 피부의 두께와 지방, 피부의 수분 함량, 콜라겐과 탄성 섬유의 분포와 비율, 그리고 결합 조직에서의 세포간 물질의 생화학의 변화 등이 있다.

## 4 피부의 기능과 유형

### 1) 피부의 기능

압력, 충격, 마찰로부터의 보호 기능으로 외부의 자극력에 대한 저항력을 지니고 있다. 맨 위에는 단단한 각질층으로, 아래층에는 두꺼운 지방조직으로 이루어져 있는 탓에 바깥으로부터 어떠한 압박이나 자극을 받더라도 이에 버틸 수 있는 저항력을 지니고 있다.

증발 조절은 기름샘의 역할로 피부에 지방 막을 형성하여 피부 건조를 방지하며, 땀이나 피지 등은 피부 면을 부드럽게 하여 몸을 보호한다.

세균, 미생물의 침입 시 방어 기능으로 피부 표면에 있는 지방의 막이 물의 침투를 막는 것과 아울러 산도가 높은 관계로 세균의 발생도 방지하여 면역체를 생성하는 곳의 기능도 지니고 있다. 또한, 피부의 각화 현상도 미생물의 침투를 어렵게 만든다.

화학적 영향으로부터의 보호는 피부의 산성막은 외적 자극으로 pH가 일시적으로 균형을 잃더라도 일정 시간 후에는 재생되어 피부를 보호한다.

광선으로부터 자외선을 흡수하여 우리 몸이 햇볕에 지나치게 노출되면 자외선이 몸 안으로 유입되어 해가 생기므로 피부가 자외선을 흡수하여 몸을 보호하기도 한다. 이와 같이 피부는 몸속이나 외부로부터 몸을 보호하는 작용을 지니고 있다

날씨에 의한 영향으로부터 표피의 무핵층은 외부의 변화에 통증 없이 대응하는데, 예로서 바람이 강한 바닷가의 사람들은 환경에 대한 피부의 반응으로 내륙의 사람들보다 자연적으로 두꺼운 각질층을 갖고 있다.

배설작용은 신체 내에서 만들어진 불필요한 물질을 피지나 땀을 통해 배설하는 작용을 하며 체온 조절작용은 우리 몸은 특별한 이상이 없을 시에는 일정한 체온을 유지하게 되는데 이것은 바로 피부의 작용에 의해서이다. 즉 피부는 몸 안의 열이 밖으로 빠져나가지 못하도록 방지하는 작용을 80% 정도 담당하고 있다. 그러나 피부 자체가 열을 전하는 것은 아니며 체외 기온과 반응하여 혈액을 순환하는 양이나 땀의 분비량을 조절하여 체온을 유지하는 것이다. 즉 체외 온도가 높으면 피부의 모세혈관이 확장되어 열이 밖으로 빠져나가고 땀이 다량으로 분출됨으로써 온도를 떨어뜨리게 된다. 반대로 체외 온도가 낮으면 피부의 모세혈관이 수축되므로 체온의 발산을 막고 땀 분비량이 적어지므로 체온이 내려가는 것을 막게 되는 것이다.

호흡작용은 피부는 폐호흡의 180분의 1보다도 적은 양이기는 하나 호흡을 한다. 피부가 호흡한다는 것은 피부 신진대사의 결과로 나오게 되는 탄산가스를 바깥으로 내보내고, 신선한 산소를 흡수하여 피부에 보충해 주는 것을 말한다. 따라서 호흡할 수 없게 통기성이 없는 것으로 몸 전체를 덮게 되면 살 수 없게 된다. 이처럼 피부는 호흡의 양은 극히 적으나 그 기능은 매우 중요하다고 할 수 있다. 더욱이 점차 나이가 들게 되면 피부가 하는 호흡의 양도 줄어들게 된다.

흡수작용은 피부에 몸속에 이물질이 들어오는 것을 막고 지방이나 수분에 용해된 물질을 흡수한다. 즉 수용성은 피부에 흡수되기 쉽지 않으나 알코올이

나 지방에 녹인 것은 흡수가 잘 된다.

감각작용은 피부 내에 있는 신경의 말단인 감각 소체에 의해 압각, 촉각, 통각, 온각, 냉각 등의 감각을 느껴 곧바로 다음 행동으로 옮긴다.

표정작용은 사람마다 특징을 나타내 줄 뿐만 아니라 희로애락의 표정을 연출해 낸다. 즉 화가 났을 때는 온몸의 피부가 빨갛게 되며, 아이들이 경기를 일으킬 때는 새파래지고, 부끄러울 때는 얼굴이 붉게 상기되는 등의 표정이 나타난다.

영양소의 교환 기관은 대사에 없어서는 안 될 에너지원인 지방을 피하에 보관하는 창고 역할을 담당한다. 프로비타민 D도 자외선의 영향을 받으면 비타민 D로 전환 및 활성화된다.

### 2) 피부의 유형

피부는 유분량과 수분량에 따라 지성, 건성, 중성, 복합성, 민감성, 이상성, 선병적, 노화 피부 등으로 나누어진다.

지성 피부는 피지의 분비가 많아 번들거림이 심하고 불결해지기 쉬우며 모공이 많이 열려 있는 상태이다. 화장이 지속적으로 유지되지 않으며 화장이 잘 받지도 않는 피부로서 거친 피부 결이다.

손질 방법은 피부 청결을 위해 세안에 신경 쓰고 무유성 크림을 사용하며 모공 수축을 위한 아스트린젠트를 사용하면 된다.

건성 피부 상태는 세안 후 당김이 심하며 피지 분비량이 적으며, 화장이 들떠 잘 받지 않고 잔주름에 의한 노화 현상이 쉽게 오는 피부이다. 손질 방법은 유분과 수분을 보충해 주어 항상 촉촉함을 유지하고 마사지용 팩을 자주 하여야 하며, 일광욕과 알코올 성분이 많은 화장품을 피하는 것이 좋다.

중성 피부는 가장 이상적인 피부로 부드러우며 탄력이 있고 촉촉한 피부이다. 피지 분비량이 적당하고 계절 변화에 민감한 피부이다. 손질 방법은 유·

수분의 공급이 균형 있게 유지되며 마사지용 팩의 사용도 꾸준히 하는 것이 좋다. 중성 피부는 외적인 요인에 의해 건성이나 지성 쪽으로 되기 쉬우므로 항상 꾸준한 손질을 해야 한다.

복합성 피부는 중성, 지성, 건성 중에 2가지 이상의 피부의 특징을 가진 피부이다.

민감성은 일반적인 사람의 피부와 달리 특정한 물질이 아님에도 반응을 일으키는 피부이다.

이상성 피부는 피부에 기미나 주근깨, 버짐 증상이 나타나는 피부를 말하며, 기미는 임신 중에 특히 두드려지며 칼슘, 철분, 비타민, 지방, 단백질의 부족으로 나타난다. 주근깨가 많은 피부는 되도록 햇볕을 쪼이는 것을 자제하며, 비타민 C의 섭취를 늘리고 외출 시에는 선크림을 바르거나 파운데이션과 분 화장을 한다.

기미의 악화 원인으로는 경구 피임약의 복용, 임신, 자외선에 노출, 내분비 이상, 정신불안과 스트레스 등이다. 기미의 완화 방법으로는 비타민 C와 환원 그류타치온를 사용하고, 자외선을 멀리하며 규칙적인 생활과 균형 잡힌 식사, 쾌적한 기분을 유지하는 것이 좋다.

선병적 피부는 피부색이 청백색으로 탄력이 적으며, 피부 안의 혈관이 비치는 약한 피부를 말한다.

노화 피부는 피부가 탄력을 잃고 건조하여 윤기가 없으며 주름이 생기는 피부이다. 피부의 기능이 떨어져 생기는 주름살은 노화 현상이며, 자연적인 노화를 내인성 노화라고 한다. 노화 원인 중 나이는 내부 인자이며, 피지 분비가 감소되는 것이 가장 큰 원인이다.

### 3) 계절과 피부

봄에는 자외선에 쉽게 피부가 갈색으로 되며 여드름과 뾰루지가 많이 나고 주근깨가 짙어지기도 한다. 봄에는 주로 레몬 팩을 사용하는 것이 좋다.

여름은 심한 자외선의 노출이 많으며 그로 인해 피부가 해수욕이나 선텐으로 인해 달아오르거나 화끈거리는 현상이 많다. 따라서 피지 분비량이 많은 계절이라 해초 팩과 감자 팩이 좋으며, 감자 팩은 피부 진정작용을 돕는다.

가을에는 피부의 노화를 촉진하는 계절로 오이 팩이나 핫팩이 적절하고, 겨울은 피부가 심하게 건조되며 혈액순환도 불안전하여 달걀 노른자 팩이 겨울의 피부에 좋다.

### 4) 피부의 pH

pH는 수소이온 농도를 말하는 것으로 혈액의 pH는 7.4로 약 알칼리이다. 따라서 피부의 pH 4.5~6.5의 약산성은 알카리성 세균으로부터 피부를 보호하며 피부의 pH는 땀샘과 피지선에서 분비되는 땀과 피지에 의해 생성되는 산성막에 의해서 결정된다. 성별, 인종, 연령에 따라 다르며 남자가 여자보다 산성이며 어린이나 노인 피부보다 20~30대의 피부가 산성이다. 표피 쪽은 투명층 아래에서 pH 4.5의 산성을 나타내지만 진피쪽은 pH 4.5~6.5의 약산성을 나타낼 때 가장 건강한 상태이다. 체내의 약 알칼리성을 유지하고 체외는 약산성을 유지하는 것이 좋다. 두피는 pH 4.8 정도이며 남자 피부는 pH 5.2, 여자 피부는 pH 5.8, 어린이 피부는 pH 6.5 정도이고 피부 조직은 pH 7.3 정도이다.

### 5) 피부의 영양

단백질과 피부는 진피의 망상층에 있는 결합조직과 탄력섬유 등은 단백질로서 단백질의 섭취는 피부미용에 필요한 요소이다. 각질, 털, 손톱, 발톱의 주성분은 케라틴 단백질이다. 쇠고기, 돼지고기, 생선, 버터, 달걀은 산성 식품이므로 알칼리성 식품인 채소, 과일류와 함께 섭취하는 것이 좋다.

비타민과 피부의 경우 비타민은 생리대사의 보조 역할, 성장 촉진, 면역 기능강화, 신경안정 등의 역할을 하는 영양소로 적합하다. 비타민은 피부의 기능상 중요하며 피부미용에도 중요하다.

수용성 비타민은 비타민 B 복합체($B_1$, $B_2$, $B_6$, $B_{12}$), 비타민 C, 비타민 H 등이다.

햇빛에 과민한 피부, 머리의 부스럼, 습진, 빨간 코, 입술 염증 시 주로 쓰이는 치료에는 비타민 $B_2$이다.

비타민 $B_1$은 수용성으로 결핍 시 피부의 윤기가 없어지고 피부가 붓게 된다. 부족 시 각기병이 발생하며, 쌀의 배아, 주로 돼지고기에 많다.

비타민 $B_2$는 수용성으로 리보플라빈이라 하며 미용과 영유아의 성장에 중요한 비타민이다. 부족 시 구순염, 구각염, 피로감, 콧등, 혀끝, 눈 주위가 빨개지는 현상이 보이며, 우유, 치즈, 달걀흰자 등에 많이 함유되어 있다.

$B_6$는 수용성으로 부족 시 비듬이 많아지고 입술에 염증이 생기며 효모, 밀, 옥수수 등에 많이 함유되어 있다.

$B_{12}$는 항산화작용 및 신경조직 기능의 정상적인 활동과 관련되어 있으며, 육류, 어패류, 달걀 등이 함유되어 있으며 비타민 C는 수용성으로 피부를 퇴색시키는 작용이 있어 기미, 주근깨 등의 치료에 쓰이며 피부 손상과 멜라닌 색소 형성을 억제한다.

또한, 결합 조직 재생을 촉진하는 피부 상처에 효과가 있으며, 부족 시 괴혈병, 빈혈, 피부는 청백색으로 변하며 과일, 채소 등에 많이 함유되어 있고, 항산화 비타민, 아스코르빈산으로 불린다.

지용성 비타민은 비타민 A, D, E, K이며, 비타민 A는 지용성으로 피부 각화에 중요, 과용 시 탈모를 유발하게 된다. 결핍에는 야맹증, 건성 피부, 각막연화 증세가 나타나며 달걀, 간유, 버터, 유색 채소, 뱀장어 등에 많이 함유되어 있다.

비타민 D는 프로비타민으로 자외선 조사에 의해 만들어져서 체내 공급, 뼈의 발육을 촉진시킨다. 부족할 경우 구루병, 골연화증이 유발될 수 있다. 버섯, 효모에 많이 함유되어 있으며, 자외선에 의해 피부에서 만들어지고 칼슘과 인의 흡수를 촉진하고 골다공증 예방에 효과적이다.

비타민 E는 호르몬 생성 및 생식 기능과 관계가 있으며, 항산화작용으로 노화 방지와 혈액순환을 촉진시키고 부족할 경우 불임을 유발한다. 두부, 유색채소에 많이 함유되어 있다.

### 6) 피부와 호르몬

피부와 호르몬은 특정 세포나 기관에서 만들어져 내분비선에 의해 체액 속으로 분비되는 화학물질이며 다른 장기의 기능에 특이한 작용을 하는 것이 특징이다.

남성과 여성호르몬은 남녀 모두에게 존재하며 여성호르몬은 모발 발육 촉진, 남성호르몬은 체모 발육을 촉진한다.

남성호르몬(Testosteron)은 고환에서 분비되는 테스토스테론으로 여성의 경우는 부신피질에서 분비된다. 사춘기 남성호르몬의 영향으로 피지선이 발육하고 각질층이 두꺼워져 지성 피부가 되기 쉽다. 남성이 여성보다 피부 결이 거칠고 지성인 경향이 많다. 음모와 겨드랑이털의 발육을 담당한다.

여성호르몬(Estrogen)은 유두, 음부의 색소침착을 일으키게 하는 호르몬이며, 동상의 치료에 사용되며, 갱년기의 피부 변화나 월경주기에 따른 변화는 난포호르몬의 분비나 황체호르몬의 분비와 관계가 있다. 갱년기의 여성에게 남성호르몬의 균형이 깨어져서 남성적 피부의 변화가 일어난다. 여성호르몬에는 난포호르몬과 황체호르몬이 있으며, 배란 후 분비되는 황체호르몬은 여성의 피부와 두피를 일시적으로 지성화시키기도 한다.

부신피질호르몬과 피부는 피부 색소의 침착과 관계가 있으며, 부신피질호르몬이 감소하면 피부 색소침착의 증가, 감수성이 상승하며 각질이 두꺼워지거나 모낭각화 등이 발생한다.

쉬어가기

현대의 피부미용 동향

① 프랑스

- 자격 제도 : C.A.P(certifieat daptitu-de professionelle : 직업교육자격증)제도 마련
- 미용사 자격 : CAP 취득(미용업무 수행)☞BP(직업교육 수료증 : 미용실 개업)
- 교육기관 : 미용직업 학교나 사설 학원에서 1~3년 동안 1,600시간 이상의 수업 이수 후 자격시험에 응시할 수 있음 ☞ 2년 이상 실무 수습 후 ☞ 경영자 과정 시험을 통과하면 독립하여 영업할 수 있음

② 영국

- 자격 제도 : 전문직업자격(NVQ : Natinal vocational qualification)
  일반 직업 자격(GNVQ : General National Vocational Qualification)
- 미용사 자격 : 직업교육 칼리지에서 이수 후 ☞ 테스트 합격(자격증 취득) ☞ 3년간 실무에 종사(미용사 등록부 등록)
- 교육기관 : 미용위원회(Hairdressing cluncil)가 인가한 기관

③ 독일

- 자격 제도 : 직업교육훈련기관에서 자격시험 운영
- 미용사 자격 : 2년제(개업 가능) 혹은 1년제(개업 불가능) 미용직업학교 과정 이수 후 ☞ 면허 시험
- 헤어와 피부, 메이크업, 네일 면허증 분리
- 교육기관 : 각급 직업교육 훈련기관

④ 일본

- 자격 제도 : 국가검정과 민간검정으로 대별
- 미용사 자격 : 교육기관에서 주간은 1년 이상, 야간은 1년 4개월 이상, 통신 과정은 2년 이상 이수 후 ☞ 자격시험 ☞ 1년간(220일 이상) 수련 과정 후 면허발급
- 교육기관 : 후생노동관이 지정한 미용사 양성 교육기관

⑤ 미국

- 자격 제도 : 주에서 발행하는 인증서로 해당 주에서만 인정
- 미용사 자격 : 각 주정부에서 인정하는 1~2년제 코스메톨로지 과정 이수(10개월간 1,600시간 정도, 별도 600시간 이상 스킨 케어 교육과정)
- 교육기관 : 미용직업학교

⑥ 한국의 피부미용

- 자격 제도 : 국가검정
- 피부미용사 자격 : 자격시험
- 교육기관 : 고등학교, 대학, 대학교, 학원 등

제13장

# 네일 아트

# 제13장 네일 아트

## 1 네일 아트의 개요

네일 아트는 손톱이라는 작은 공간 위에 아트 디자인, 캐릭터 등 다양한 문양을 디자인하여 패션을 즐기는 것을 말한다. 흔히 말하는 매니큐어를 뜻하는 네일 케어의 어원은 고대 라틴어 manus cure에서 유래되었다. manus가 손이란 뜻이고, cure가 care, 즉 손질과 관리를 의미하는 것이다. 다시 말해 네일 아트는 '손 관리'를 뜻한다. 건강해진 손에 좀 더 아름다워 보이기 위해서 색깔을 칠하는 컬러링(color ring), 나아가 디자인을 하거나 그림을 그리고 인조보석으로 꾸며주는 것을 통틀어 일컫는 말이다. 즉 다시 말해 네일 아트(Nail art)는 손발톱에 하는 화장을 총칭하는 용어이다.

### 1) 고대 네일의 유래와 역사

기원전 3000년경 고대 이집트에서는 손톱의 색깔이 신분을 나타내는 중요한 기준으로 여겨 헤나(henna)라는 관목에서 빨간색과 오렌지색을 추출하여 왕족은 짙은 색으로, 낮은 계층의 사람들은 옅은 색으로 손톱을 칠했다고 전해진다. 또한, 미라의 손톱에도 색상을 칠하거나 태양신에게 바치는 제사에도 사용하였다고 한다. 중국에서도 역시 특권층의 신분을 드러내기 위해 입술 연지를 만드는 '홍화'를 손톱에 바르기 시작하여 점차 벌꿀, 달걀흰자, 고무나무의 수액 등을 이용해 시대별로 다양한 색상의 손톱 용액을 만들어 사용했다.

특히 기원전 600년 중국의 귀족들은 금색과 은색을 즐겼고, 명나라 시대의 귀족들은 그 화려한 문화에 걸맞게 검정과 빨간색으로 상류층의 신분 과시와 미적 감각을 동시에 만족시켰다.

고대를 지나 중세 시대에 접어들어 손톱에 색을 입히는 일은 여성들만의 것이 아니었다. 유럽과 아시아에 걸쳐 수많은 전쟁이 일어나면서 전쟁에 나가는 군 지휘관들이 입술과 손톱을 같은 색을 칠함으로 용맹을 과시하며 승리를 기원했다. 또한, 섬세하고 화려한 치장으로 빠지지 않는 17세기 인도의 상류층 여성들도 손톱의 뿌리 부분에 문신하였다고 한다.

네일 아트의 유래를 살펴보는 것은 곧 '매니큐어'의 역사를 알아보는 것이라고 할 수 있다.

매니큐어라고 하면 일반적으로 손톱에 색을 칠하는 것을 말한다. 컬러링을 하면 보통 메니큐어를 말하고, 매니큐어는 곧 제품의 명칭으로 불리는 것이 일반화된 매니큐어의 정의일 것이다. 그러나 엄밀한 의미에서의 매니큐어란, 손톱의 정리, 다시 말해 손톱의 손질 및 관리법이라고 해야 할 것이다.

매니큐어의 시작에 관한 유래는 조금씩 다르지만, 이미 5000년 전부터 사용되어졌다고 한다. 매니큐어는 라틴어로 Manus(Hand)와 Cure(Care)의 합성어이다. 기원전 3000년의 고대 이집트와 중국에서 손톱 관리 기록을 볼 수 있다.

중국에서도 역시 특권층의 신분을 나타내는 수단으로 밀랍, 달걀흰자, 아교, 아라비아 고무를 섞어서 손톱에 색상을 칠했다. 기원전 600년에 중국 왕실에서는 금색 옷을 입고 손에 은색을 칠하였으며, 15세기의 명나라 왕조의 지배자들은 손톱에 빨강과 검은색의 칠을 했다. 이처럼 고대 이집트이건 중국이건 손톱에 붉은 물을 들이게 된 여러 가지 사연이 있으며, 계급과 신분의 차이가 그 대표적이지만 또 한편으로는 건강미와 주술적 의미를 나타내는 수단으로도 사용을 했다.

### 2) 근대 네일의 역사

- 1800년대 이후 – 네일 케어가 점차 대중화, 네일 끝이 표족한 아몬드형 네일 모양 유행
- 1885년 – 네일 에나멜 필름 형성제인 니트로셀룰로즈 개발
- 1910년 – 금속 네일 도구 등장
- 1925년 – 네일 폴리시 시장의 활성화
- 1930년 – 전기를 이용한 기구들이 등장하였으며 네일 에나멜, 리무버, 워머 로션, 큐티클 오일 최초 등장
- 1935년 – 인조 손톱의 정식 등장
- 1957년 – 네일 팁 사용 증가, 페디큐어의 시작
- 1970년 – 아크릴 네일 개발
- 1973년 – 네일 접착제와 접착식 인조 네일 개발
- 1976년 – 스퀘어 셰이프 유행, 네일 아트의 개념이 확립
- 1981년 – 에시, OPI, STAR 사에서 네일 전문 제품 출시
- 1982년 – 미국에서 파우더, 프라이머, 리퀴드 등의 아크릴릭 네일 제품 개발
- 1983년 – 미국에 네일숍 성행(약 13,435개)
- 1989년 – 네일 시장의 급성장
- 1992년 – 네일 산업의 본격화
- 1994년 – 라이트 튜어드 젤 시스템의 등장, 뉴욕 주 네일 테크니션 면허 제도 도입

## 2 네일 아트의 구조 및 기능

### 1) 네일의 구조

#### (1) 네일 루트(Nail Root : 조근)

손톱이 자라기 시작하는 부분으로 손톱의 근원이며 피부밑에 묻혀 있다 살아 있는 세포로 네일 베드의 모세혈관으로부터 산소를 공급받는다.

#### (2) 네일 바디(Nail Boby : 조체, 조판, Nail Plate)

손톱의 본체, 네일 플레이트라고도 하며 여러 층으로 구성되어 있으며 신경이나 혈관은 없다. 네일 베드의 보호작용을 하며 각질 세포로서 아랫부분은 연약하고 윗부분은 갈수록 강한 강도를 갖는다.

#### (3) 프리 에지(Free Edge : 자유연)

손톱의 끝 부분으로 피부와 떨어져 있어 네일 베드가 없이 잘라내는 부분이다.

#### (4) 네일 배드(Nail bed : 조상)

네일 밑에 위치하며 그 밑부분에 혈관과 신경이 분포하여 신진대사와 수분공급의 역할을 한다.

#### (5) 네일 메트릭스(Nail matrix)

네일 각질 세포의 생성과 성장을 조절하며 혈관과 신경, 림프관에 분포되어 있다. 매트릭스가 손상되면 네일 성장이 저해되는 원인이 되므로 주의한다.

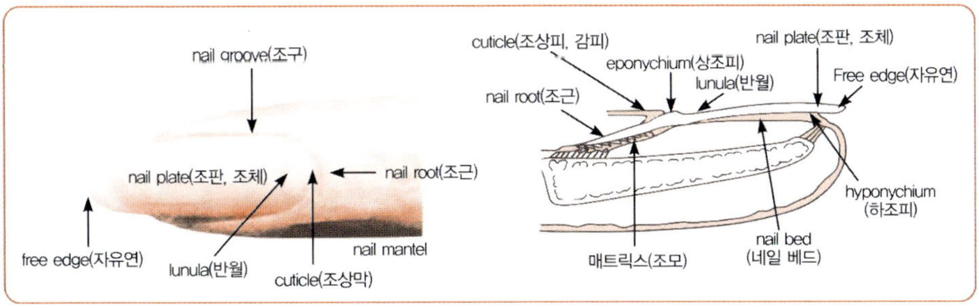


손톱의 구조

### (6) 건강한 손톱

손톱이 네일 베드에 강하게 밀착되어 있고 단단하고 탄력이 있어야 하며 12~18% 정도의 수분량 보유하고, 네일 바디에 결이 없이 매끄럽고 윤기가 있어야 한다.

핑크빛을 띠고 있으며 둥근 모양의 아치형을 형성하고 있으며 세균이 감염되지 않은 상태여야 한다.

### (7) 손톱의 성장

임신 9주째 태아에 처음 나타나며 20주째에 거의 완성되며 매트릭스에서 손톱의 세포를 생산하여 성장한다.

한 달에 3~4mm, 하루에 0.1mm 정도 자란다. 엄지손톱의 성장이 가장 느리고 중지손톱의 성장이 가장 빠르며 손톱이 빠지면 다시 자라는데 약 4~6개월 정도가 소요되며, 발톱은 손톱의 1/2 정도 느리게 자란다.

## 2) 네일의 기능

### (1) 손톱의 특성

아미노산과 시스테인이 많이 포함되어 있으며, 대략 12~18%의 수분을 함유하고 있다.

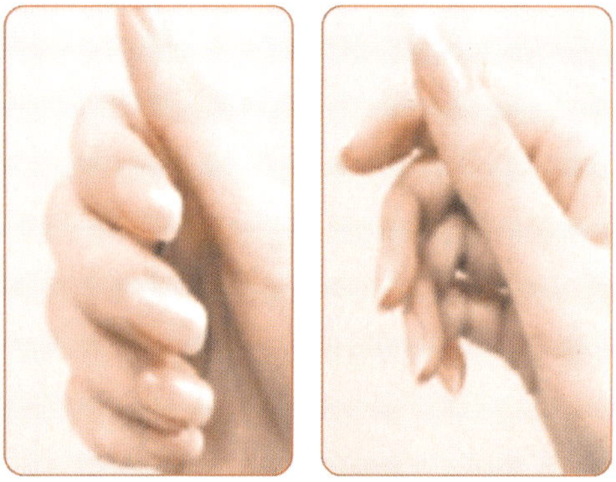

일반적인 손톱의 모습

네일의 손톱의 경도는 손톱에 함유된 수분의 양이나 각질 조성에 따라 다르다. 네일 바디는 산소를 필요로 하지 않으나 큐티클과 네일 루트는 산소를 필요로 하며 네일 베드의 혈관으로부터 산소를 공급받는다

손톱은 피부의 일부로 머리카락과 같은 단백질과 케라틴으로 만들어져 있으나 이미 손상이 있는 곳에 영양분을 공급한다고 해서 회복되는 것은 아니다. 손톱의 형상은 사람에 따라 다르며 성질도 다르다.

#### (2) 손톱과 발톱의 역할

손끝, 발끝 보호와 물건을 잡거나 긁을 때 또는 성상을 구별하는 기능을 가지고 있으며, 방어와 공격의 기능, 장식적 기능의 역할을 한다.

### 3) 손톱의 부조 현상

손톱이 손상을 입었거나 질병 또는 인체의 불균형으로 인해 발생하는 이상 현상을 말한다.

### (1) 시술 가능한 손톱

무른 손톱은 너무 얇거나 손톱 끝이 벗겨지며 영양 상태와 내과적 질병과 신경계통의 이상 시 발생한다. 거스러미 손톱은 큐티클 주위가 건조 시 발생하며, 변색된 손톱은 손톱의 색상이 황색과 검푸른색, 자색 등으로 나타나고 혈액순환이나 심장이 좋지 못한 상태이다. 조갑 비대증은 유전에 의해 손톱 끝이 두껍거나 네일 바디가 휘어진 모습이다.

가로 홈은 출산이나 염증이 있는 질병 또는 알코올 중독 등 원인이 되기도 하며, 세로 홈은 고열, 임신, 아연 결핍이 원인이 되기도 한다.

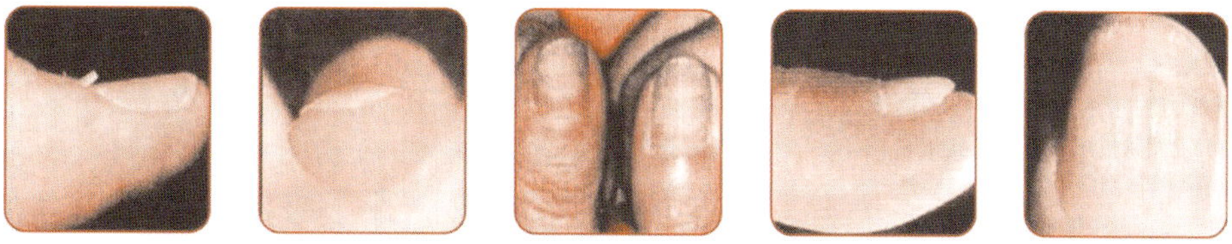

거스러미 손톱 | 무른손톱(에그쉘) | 변색된 손톱 | 조갑비대증 | 세로홈

시술 가능한 손톱

조갑 위축증은 윤기가 없어지고 오므라들면서 손톱이 부서져 없어지는 현상으로 내과적 질환으로 발생되며, 조갑 종렬증은 손톱이 세로로 갈라지고 찢어지는 현상을 나타낸다. 조내생증은 손톱이나 발톱의 구루브를 파고들며 자라는 현상으로 네모난 모양으로 셰이프를 잡는다.

조갑 익상편은 큐티클이 과잉 성장하여 손톱 위로 자라는 것을 말한다.

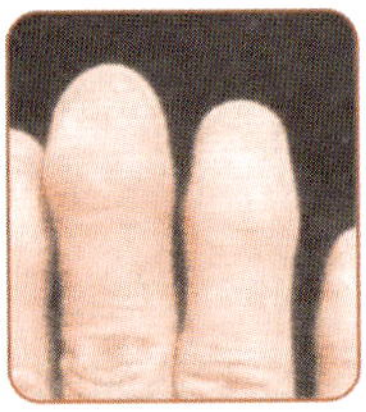

조갑위축증

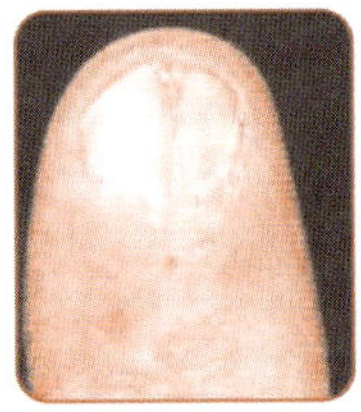

조갑종렬증

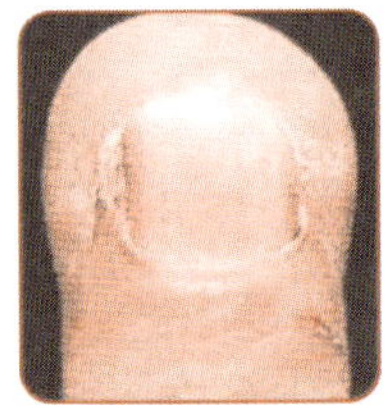

조내생증

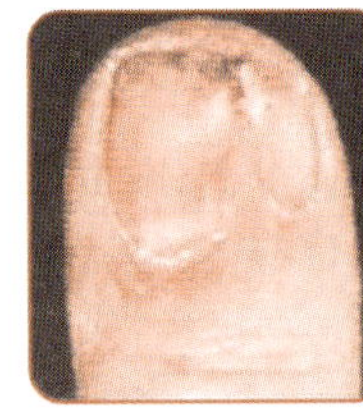

조갑익상편

시술 가능한 손톱

### (2) 시술이 불가능한 이상 손톱

사상균증은 자연 손톱과 인조 손톱 사이 틈에 균이 서식하며 누런색에서 점점 검은색으로 짙어지는 현상이며, 오니키아는 손톱 밑에 살이 감염되어 붉어지거나 고름이 생긴 경우로 네일 도구로 위생 처리하지 않고 사용했을 때 발생한다.

조갑구만증은 손톱이 두꺼워지며 구부러지고 때로는 손가락이나 발가락 끝까지 확장, 특히 발가락에 잘 생기고 염증을 일으켜 통증이 생긴다.

화농성육아종은 매우 심한 염증 상태로 손톱 주위에 붉은빛을 띠는 조직이 자라나 오는 현상이며, 파로니키아는 손톱 주위의 살에 박테리아가 감염된 상태로 부어오르며 살이 물러진다. 오니코마이코시스는 진균류가 손톱의 프리에지 부분으로 침투해 손톱의 성장을 억제한다.

## 3 네일의 도구 및 제품

### 1) 네일 소도구

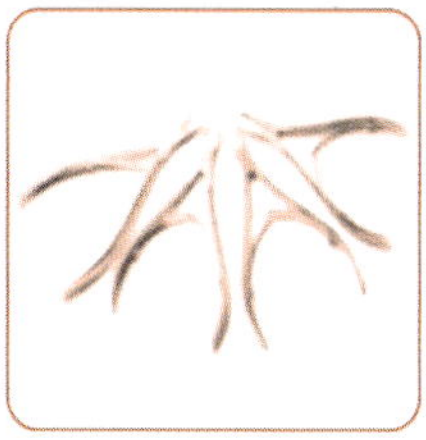

**큐티클 니퍼(cuticle nipper)**

네일 주위의 큐티클(거스러미나 굳은살)을 정리할 때 사용하며 네일 도구 중 가장 많이 쓰이며 감염되기 가장 쉬운 도구로 철저한 위생관리 필요

**네일 클리퍼(nail clipper : 손톱깎이)**

자연 네일과 인조 네일의 길이를 조절할 때 사용하며 실크나 아크릴 익스텐션을 커팅

**팁 커터(tip cutter)**

인조 팁을 손톱에 붙이고 난 후 원하는 길이로 자를 때 사용 하는 전문 도구

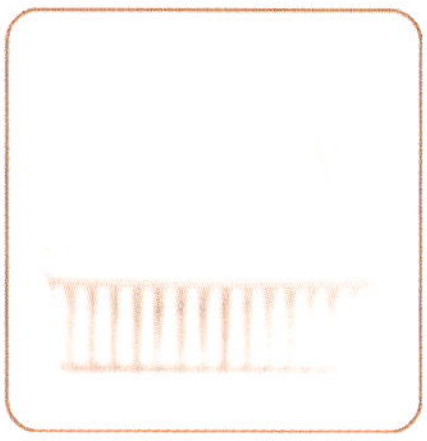

**네일 브러시(nail brush)**

솔, 더스트 브러시, 핸드 브러시라도 한다. 인조 네일 시술 시 먼지를 털어내는데 사용 또는 습식 매니큐어 시술 시 물에 담갔던 네일 세척 시 사용

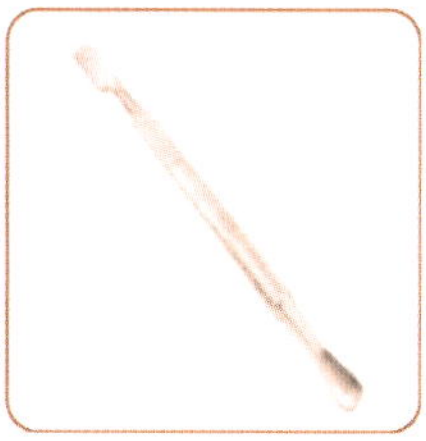

**푸셔(metal pusher)**

메탈 퓨셔, 스톤 퓨셔 등이 있으며 여러 가지 용도로 사용, 큐티클 푸셔 중 하나이며 45도 각도로 비스듬이 세워서 네일 주위의 굳은살이나 각질을 밀어 올리는데 사용

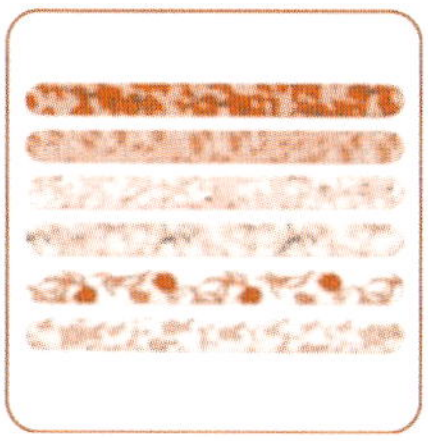

**파일(file)**

손톱 모양을 다듬거나 인조 네일을 다듬을 때 사용하면 면을 부드럽게 만들어 줄 때 사용, 보통 100그리트는 인조 손톱에, 150~180그리트는 자연 손톱에 사용

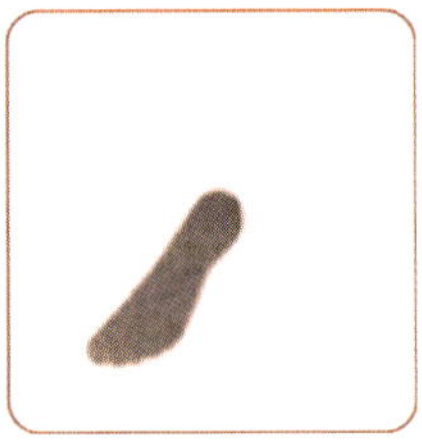

페디 파일(pedi file)

발바닥 굳은살을 제거할 때 사용

랩 가위(wrap scissors)

실크, 린넨, 파이버 글래스 등 천으로 만들어진 랩을 재단하는데 사용

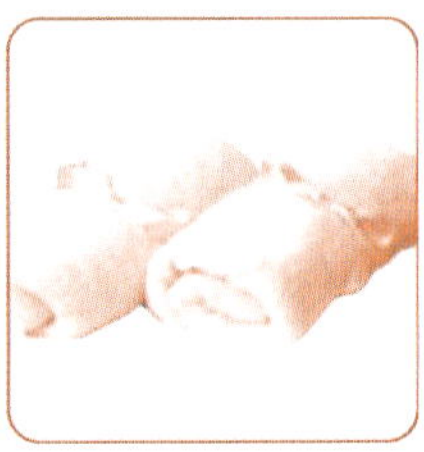

타월(towel)

매니큐어 테이블에 항상 청결한 수건을 깔아 놓아야 하며 마사지 전 · 후 소독된 타월 사용

오렌지 우드스틱(orange wood stick)

큐티클을 밀거나 글루 또는 젤을 네일 위에 얹을 때, 네일 주위 묻은 폴리시 제거 시 등 다양하게 사용

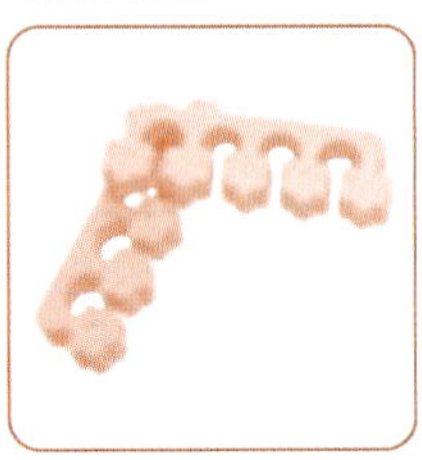

토우 세퍼레이터(toe separator)

페디큐어 작업 시 발가락을 분리 고정시켜 주는 기구

샌딩 블록(sanding block)

네일 표면의 울퉁불퉁 거친 면을 없애기 위해 기복을 매끄럽게 정리하고 유분 제거를 위한 버핑을 목적으로 사용

## 2) 네일 제품

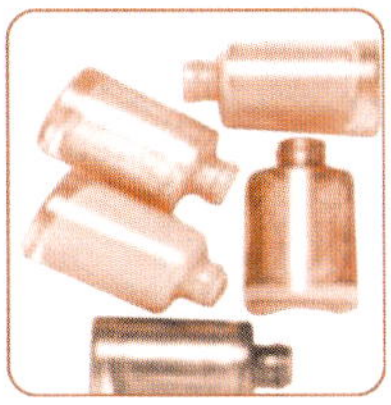

**네일 에나멜**

색상을 띠는 것으로 폴리시(polish) 라고도 한다. 보통 니트로셀룰로즈를 휘발성 용해액으로 녹인 것들이며 휘발성이 높다

**베이스 코트**

폴리시 전에 바르는 것으로 자연 네일의 보호와 변색과 오염을 방지하며 폴리시가 잘 접착되도록 도와줌

**톱 코트**

폴리시를 바른 후에 마지막으로 톱 코트를 발라줌으로써 광택과 에나멜을 보호해주며 쉽게 벗겨지지 않도록 폴리시 코팅막 효과

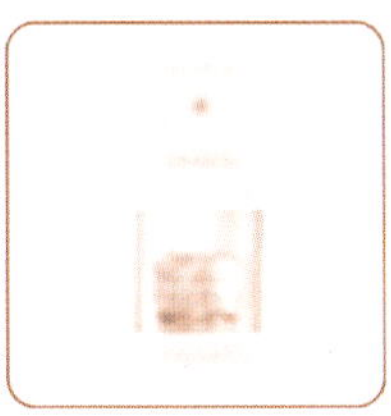

**큐티클 오일**

큐티클 정리 전 큐티클 주위에 바르는 것, 큐티클을 유연하게 해주고 유 · 수분 공급

**큐티클 리무버**

큐티클 오일보다 농도가 짙다. 큐티클이 아주 딱딱할 때 사용

**네일 폴리시 띠너**

폴리시를 묽게 해주는 유화시킬 때 사용하는 전문 제품

**네일 보강제**

자연 네일이 약할 때 사용, 찢어지거나 갈라짐 방지

**안티셉틱**

피부소독제, 시술하기 전 시술자와 고객의 손 소독에 사용

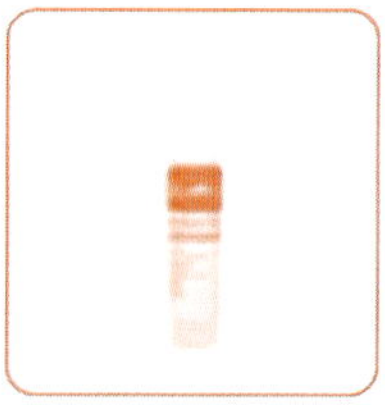

**글루 드라이어**

글루나 젤 도포 후 빠른 작업을 위해 말려줄 때 스프레이 사용

**글루**

랩이나 네일 팁을 접착하거나 샌딩 블록을 사용하기 전 사용

**젤**

접착력이 뛰어나며 끈적끈적하다. 랩이나 네일 팁을 오래 유지시키기 위해 보강할 때 사용, 글루 후 덧바름

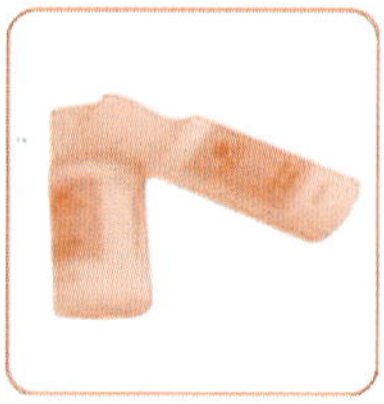

**필러 파우더**

랩이나 네일 팁이 갈라졌거나 떨어져 나간 부분을 메울 때 사용

**랩**

자연 네일이 갈라지거나 찢어질 때 또는 네일 팁을 붙인 후 쉽게 부러짐 방지, 랩 종류로는 실크(Silk), 화이버글라스(Fiberglass) 등

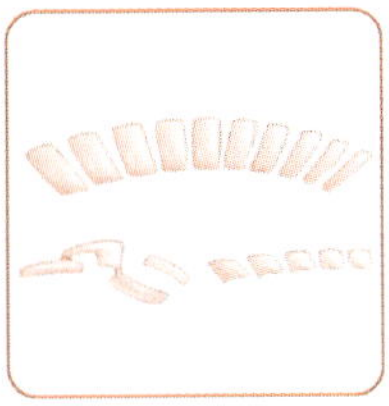

**네일 팁**

인조 네일로 짧은 자연 네일 위에 접착하여 손톱을 연장 할 때 사용, 다양한 종류의 팁이 있다.

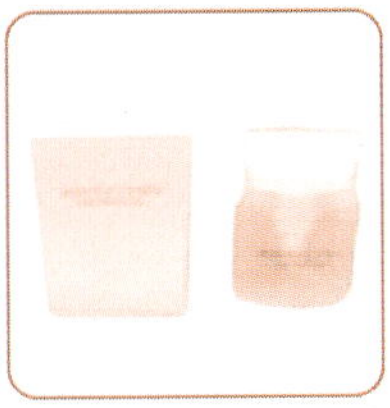

**리무버**

폴리시를 지울 때 사용, 인조 네일을 한 경우에는 비아세톤 사용

**프라이머**

손톱 표면에 불순물 및 유분기를 제거하고 자연 손톱에 발라 접착력을 강화, 피부에 닿지 않게 주의

**라운드 패드**

파일링 후 손톱 밑의 떨어지지 않은 찌꺼기나 먼지 등 네일 밑 거스러미 제거 시 사용

**네일 블리치**

네일 표면에 사용 변색된 자연 네일에 효과적

## 4 네일의 컬러링

네일 관리가 끝난 후 네일에 고객이 원하는 폴리시를 입혀주는 과정, 베이스 코트는 네일 표면의 손상을 줄이며 폴리시의 지속력을 높인다.

폴리시는 1coat는 중앙부터 바르며, 2coat는 왼쪽에서 오른쪽으로 겹치듯이 바른다. 톱 코트는 폴리시의 컬러를 선명하게 하며 지속력을 높인다.

### 1) 타임별 컬러링

#### (1) 전체 코트

손톱 전체에 폴리시를 바름

#### (2) 프리 에지

손톱의 자라난 부분(손톱 끝)을 폴리시를 바르지 않는 방법

#### (3) 헤어라인 팁

전체 코트 후 손톱 끝 둘레 약 1/16인치를 갈아냄

#### (4) 슬림 라인 또는 프리 월

손톱이 좁고 가늘어 보이도록 실제 손톱의 양옆을 남겨놓고 바름

#### (5) 반달형

흰색의 반달 모양 손톱 뿌리 부분을 남겨놓고 바름

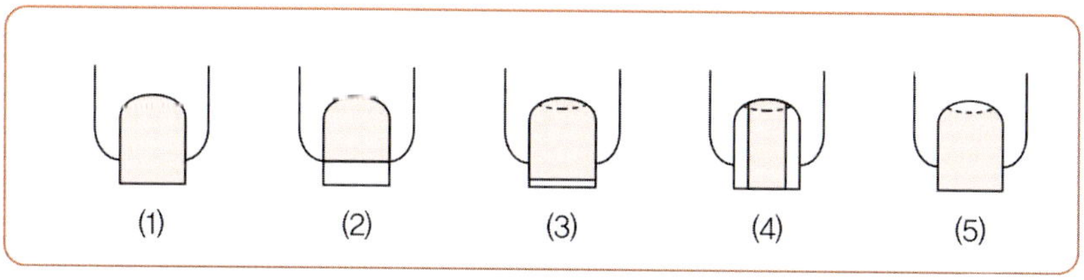


타임별 컬러링

### 2) 색채 심리와 이미지

봄의 컬러는 모든 색에 노랑이 섞인 색으로 명도와 채도가 높아 밝고 생동감 있으며 투명하고 깨끗한 이미지로 풋풋함, 경쾌함, 싱그러움을 나타낸다.

여름은 시원하며 차가운 느낌의 파랑 계열로 명도가 높은 색이며, 가을의 컬러는 차분하고 약간 가라앉은 느낌을 주며 모든 색에 황색 빛을 지닌 색으로 부드러우며 이지적이고 성숙함, 편안함, 고상한 이미지를 준다.

겨울의 컬러는 채도가 높으면서도 가라앉은 느낌을 주며 모든 색에 푸른빛을 지닌 색으로 무거움, 모던함, 화려함, 도회적이고 세련된 이미지를 느끼게 한다.

### 3) 색채에 따른 심리

신체에 영향을 미치는 특정 색깔을 몸에 붙이거나 지니는 것만으로 심리뿐 아니라 신체에도 놀라운 효과를 발휘한다.

## Yellow

신진대사를 촉진 시켜 유쾌한 기분을 갖게 만들며 신체 저하 기능을 보강하고 신경 강화에 도움을 주며 점액성 분비물을 제거하는 성질로 감기치료, 식욕 개선, 위장계통 질병 치료에 효과적이며, 경고 메시지나 확실한 주목성이 있는 곳에 사용할 경우 효과가 크다.

## Violet

신경과민을 완화시키고 정신 활동 촉진에 도움을 준다. 종양의 성장을 억제하고 관절염을 완화시켜 주며 독소 배출에 효과적이고 신비, 의지력, 고귀, 우아 등의 긍정적 이미지와 불안, 고독, 자만, 정서불안의 부정적 이미지기 있다.

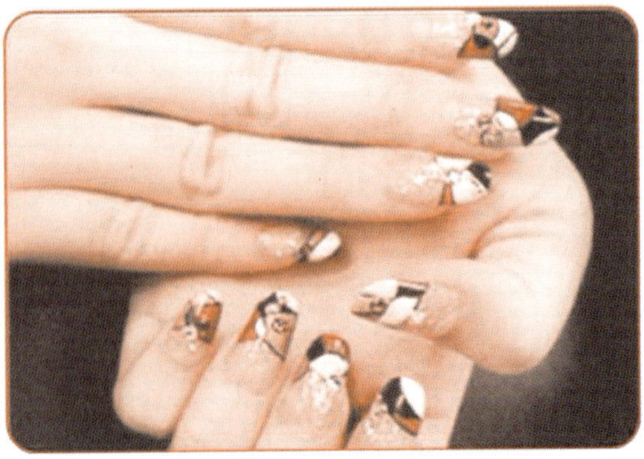

네일 컬러링으로 보는 컬러 테라피

## Red

육체적 강인함을 북돋아 준다.
혈액순환 개선에 도움을 주고 빈혈, 생리통, 관절통, 저혈압, 완화에 효과적이며 감각과 열정을 자극하는 색으로 에너지를 느끼게 한다.

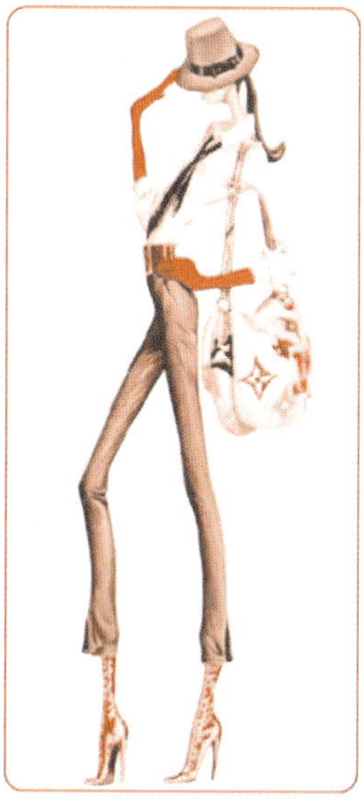

## Orange

우울증 치료제로 신경질적인 사람에게 효과적이며, 염증을 감소시키고 신장 기능 강화에 도움을 주며, 뇌와 동맥을 자극하고 색상이 가지는 상징성은 젊음과 에너지를 나타내는 색이다.

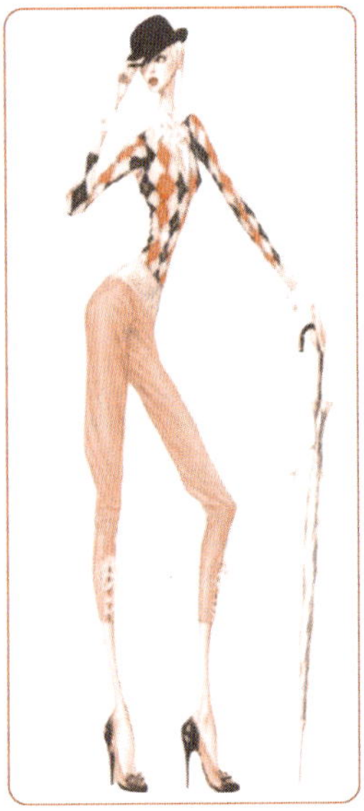

**Green**

정신적 육체적 과도한 긴장을 해소시켜 주고 혈압 안정에 도움이 되며 신장이나 간 기능 향상에 효과적이다. 편안함, 안정감, 해독작용이 있고 추상적인 이미지로 침착, 평온, 조화, 협조, 미숙, 미경험이 있다.

네일 컬러링으로 보는 컬러 테라피

## 5 매니큐어와 페디큐어

### 1) 습식 매니큐어

가장 일반적인 매니큐어 시술이며 손과 손톱 관리, 컬러링, 핸드 마사지가 포함된다.

시술 과정은 시술자와 피시술자 손 소독 → 폴리시 → 제거 파일링/Shape → 네일 표면 샌딩 → 핑거볼 손 담근 후 오일 도포 후 푸셔로 큐티클 밀어주기 → 니퍼로 큐티클 정리 → 손 소독 → 핸드 마사지 후 유분기 제거 → 베이스 코트 → 폴리시 → 톱 코트 → 폴리시 건조

### 2) 파라핀 매니큐어

파라핀 마스크는 여러 가지 주요 영양 성분의 흡수를 가속화시키고 세포 조직의 노폐물 배설을 돕는 역할을 하므로 손발 부종, 냉증, 습진, 굳은살 등에 뛰어난 보습 효과와 노폐물을 제거해 주는 데 효과적이다.

시술 과정은 습식 케어 후 베이스 코트 → 파라핀 입히기 → 파라핀 건조 → 장갑 씌우기 → 파라핀 제거 → 컬러링 시술 시 처음의 베이스 코트 제거 후 시술한다.

### 3) 핸드 마사지

손과 팔의 근육을 풀어줌으로써 혈액순환을 촉진시키고 수분과 탄력을 더해 주며 모세혈관을 튼튼하게 하고 피부 온도를 높여 주며 피지선과 한선의 기능을 높여 주는 역할을 한다.

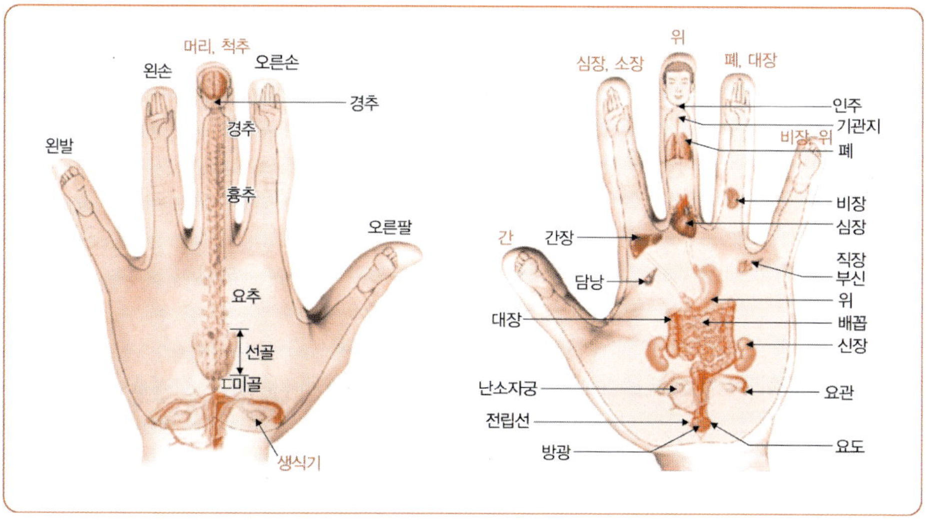


손의 혈 분포도

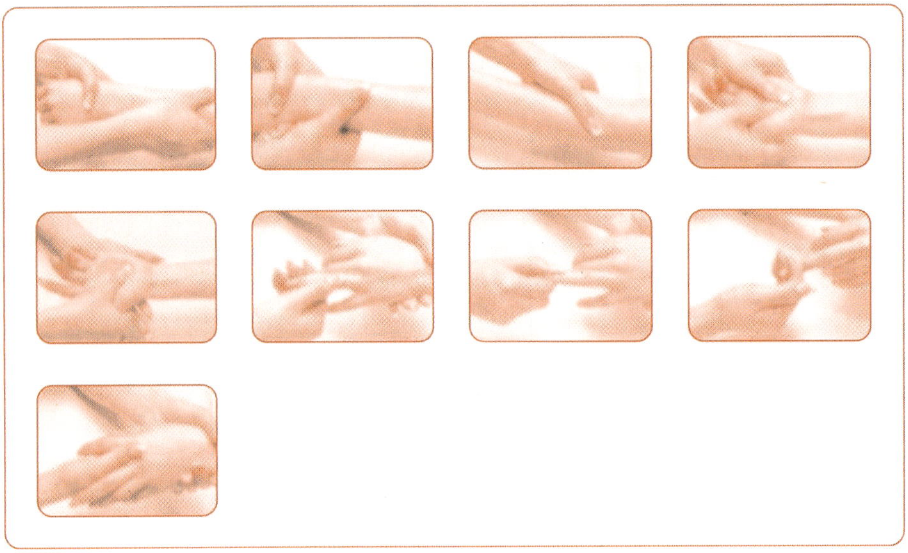

핸드 마사지

### 4) 페디큐어

발 마사지를 포함하여 발과 발톱을 가꾸고 손질하는 시술

시술 과정은 시술자와 피시술자 손 소독→폴리시 제거→셰이프 및 표면 정리→큐티클 불리기→큐티클 정리→콘커터 사용하여 발바닥 굳은살 제거(족문 방향)→페디 파일 사용(족문 방향)→소독→마사지→컬러링

### 5) 페디 마사지

근육을 풀어주고 혈액순환을 원활히 함으로써 다리 선을 잡아주고 고객에게 편안함과 휴식을 제공한다.

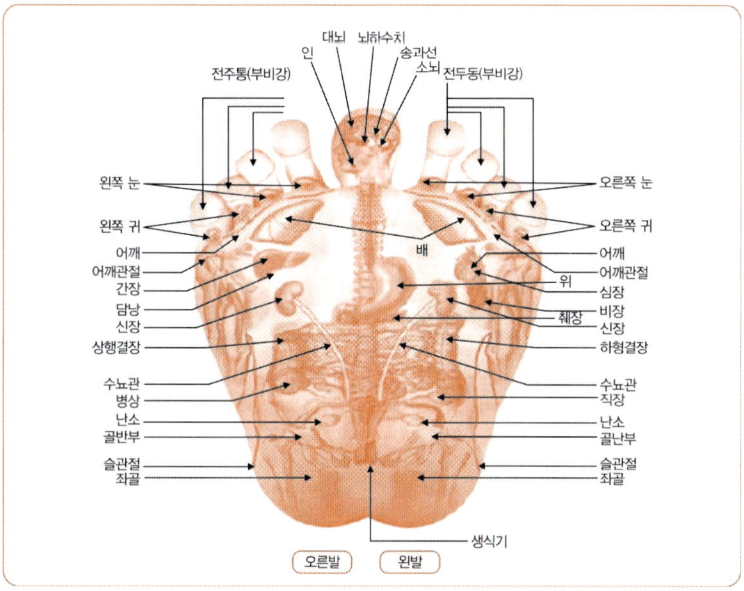

대뇌
뇌하수치
인
송과선
소뇌
전주통(부비강)
전두동(부비강)
왼쪽 눈
왼쪽 귀
어깨
어깨관절
간장
담낭
신장
상행결장
수뇨관
병상
난소
골반부
슬관절
좌골
배
오른쪽 눈
오른쪽 귀
어깨
어깨관절
위
심장
췌장
비장
신장
하형결장
수뇨관
직장
난소
골난부
슬관절
좌골
생식기
오른발
왼발


발 반사구

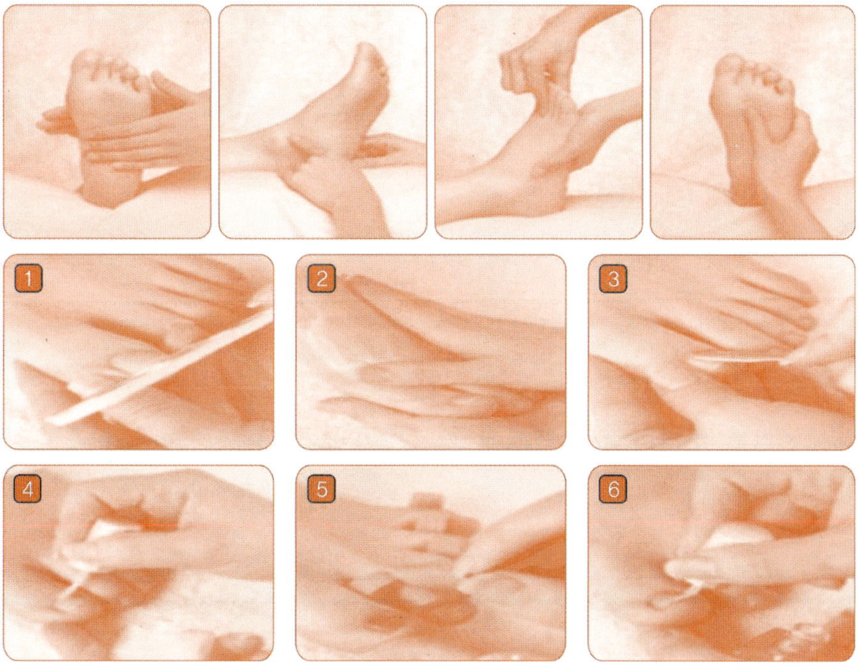

1
2
3
4
5
6


발의 페디큐어

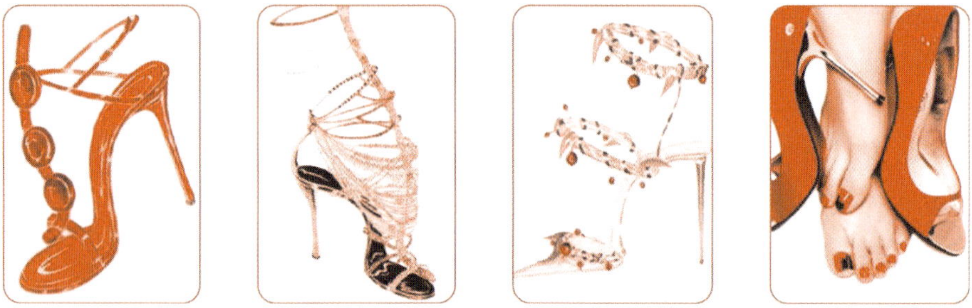

구두색별 페디큐어 매칭

### 6) 페디큐어 컬러링 노하우

페디큐어는 구두 컬러와의 어울림이 포인트다. 페디큐어 컬러를 고르는 게 어려울 때는 옷에 들어간 색 중에 가장 포션이 적은 색을 선택하면 무난하다. 보통 입은 옷의 메인 컬러를 골라 매치하는데, 그보다는 가장 적게 들어간 컬러에 맞추는 것이 훨씬 세련되어 보인다. 또 구두의 안감 색을 페디큐어 컬러로 이용하는 것도 좋은 방법이다.

## 6 네일 팁 아트

### 1) 네일 팁

인조 손톱을 말하며 자연 손톱이 짧거나 멋을 내기 위해 팁을 이용해 연장하는 것을 말한다.

### 2) 팁의 종류

네일 팁은 10가지 크기로 분류되며, 팁의 종류에 따라 모양과 커브의 차이가 있으며 풀팁과 반팁(레귤러, 화이트, 스퀘어)으로 구분된다.

### (1) 네일 랩 & 익스텐션

손상된 자연 네일이나 인조 팁으로 위에 천을 덮어씌움으로써 보수 및 강도를 높여준다.(실크, 린넨, 파이버글래스 등)

### (2) 아크릴 네일(스컬프처드 네일)

아크릴 파우더와 리퀴드를 혼합하여 만들고 견고성이 뛰어나고 투명도와 볼륨감이 최대로 연출되는 테크닉(내추럴 팁 아크릴릭, 화이트 팁 아크릴릭, 원톤 스컬프처드 아크릴릭, 프렌치 스컬프처드)

### (3) 젤 네일

아크릴릭 네일과 마찬가지로 강하고 오래 견디는 인조 네일 종류로 냄새가 전혀 없고 젤을 붓으로 얇게 고루 펴 바르면 파일링 할 필요가 없어 작업시간이 단축되는 장점 (젤 스컬프처드, 젤 프렌치 스컬프처드, 젤 디자인 스컬프처드)

### 브러시

압축 공기를 만드는 컴프레셔를 사용하여 공기 건을 통해 뿌려주는 원리 가볍고 세련된 느낌과 자연스러운 그러데이션, 섬세하고 고급스러운 디자인이며 작업 시간 단축, 원근감 명암 표현에 효과적이다.

### 포크 아트

낡고 오래된 가구나 생활용품에 표현하던 기법을 네일 아트에 도입되었으며 쉽고 작업이 간단하며 유지 기간이 길고 깊이감이 느껴진다.

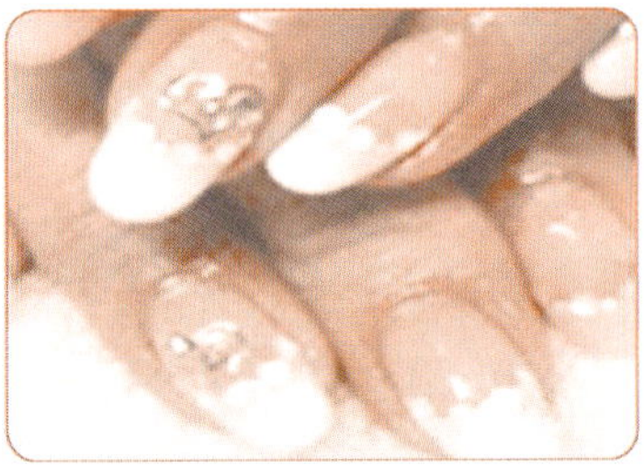

### 프렌치

프리 에지 부분을 화이트 폴리시로 컬러링하는 테크닉이며 자연스럽고 우아한 느낌이 든다. (최근 변형된 프렌치 사용)

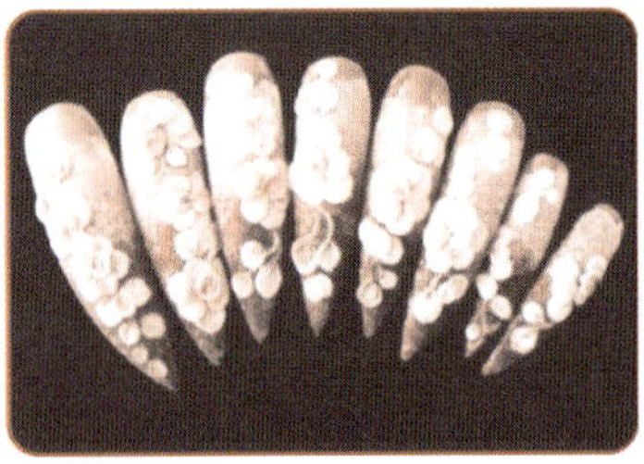

### 인 스컬프처드

네일 폼 위에 다양한 컬러와 디자인을 표현하여 유리 안에 디자인이 들어 있는 듯한 느낌을 표현하는 기법

### 3D art

실물과 가깝게 입체적인 디자인을 연출하는 정교한 기법으로 아크릴 파우더에 리퀴드나 브러시 클리너를 사용하여 볼을 만든 다음 어떤 형태를 만들어 붙이거나 손톱 위에 직접 올려 디자인하는 기법이다.

네일 팁 아트의 종류

**라인스톤(인조 큐빅)**

인조 보석을 네일 위에 붙이는 테크닉 (반입체적)으로 큐빅의 모양, 색상, 크기가 다양하게 있다.

**댕글**

프리 에지 부분에 구멍을 뚫어 장식을 달아주는 테크닉(인조 네일에 적합)

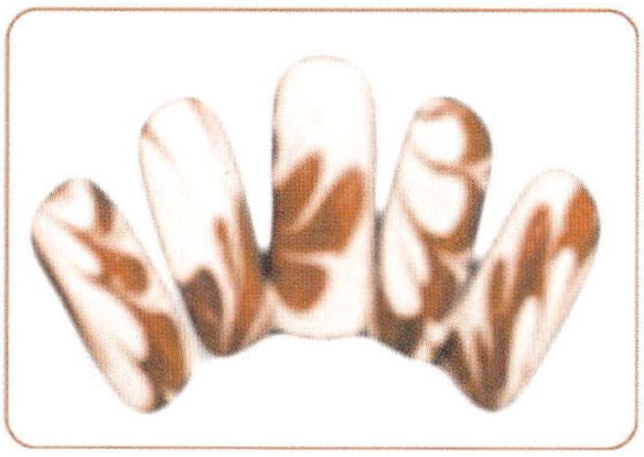

**마블**

여러 가지 색상을 이용해 문양을 만드는 기법, 오렌지우드 스틱 또는 미블 툴을 섞어서 만드는 기법이며 폴리시가 두껍게 입혀지므로 건조에 신경을 쓴다.

**워터 데칼**

이미 그림이 완성되어 있는 스티커를 물에 불려 네일 위에 붙여주는 테크닉

네일 팁 아트의 종류

## 7 네일의 위생과 안전

### 1) 안전

청결, 위생, 소독, 멸균에 대한 네일 테크니션의 책임으로 고객에게 시술 도중이나 후에 소독적 방법 혹은 멸균적 방법으로 처리하지 않은 경우 시술자와 고객 모두 감염 위험에 노출될 수 있다. 특히 교차 감염이 심한 무좀, 헤르피스, 에이즈, B형간염, C형간염, 백선 등은 각별한 주의가 필요하다.

### 2) 질병의 주 오염원

질환에 감염된 손, 손톱, 발, 발톱과 개방된 상처나 궤양, 박테리아나 바이러스 감염(기침, 콧물 등)에 의해 오염되며 네일숍 내 모든 물건(테이블, 의자, 냉난방기, 네일 도구 전체)이 오염원이 될 수 있다.

### 3) 예방을 위한 소독 방법

네일숍에서 행하는 소독 과정으로는 병원균의 멸균이 불가능하지만 살균 소독제을 이용한 화학적 방법 또는 자외선이나 열(습/건성)을 이용한 물리적 방법으로 소독을 철저히 하는 것이 감염을 예방하고 네일숍과 고객의 안전을 지킬 수 있을 것이다

#### (1) 자연 소독법은 희석, 태양광선(자외선), 한랭

#### (2) 물리적 살균법

건열 방법은 화염멸균법, 건열멸균법, 소각소독법이 있으며 습열 방법은 자

비소독법, 저온소독법, 간헐멸균법, 고압증기멸균법, 방사선멸균법, 여과멸균법이 있다.

### (3) 화학적 살균법

살균 소독제는 매우 강한 화학제품으로서 병원균을 박멸하지만, 인체에는 안전하지 못하다. 화학물질에 과다 노출될 경우 두통, 콧물, 눈물, 충혈, 호흡장애, 우울증 등의 장애가 발생할 수 있으므로 살균 소독제를 사용할 때는 이용법을 준수해야 한다

제4급 암모늄 복합체로 1 : 1000 용액 20분 이상, 담근 후 세척 포르말린은 25% 용액 10분 이상 담근 후 세척, 알코올은 70% 용액 10분 이상 담근 후 세척한다.

## 쉬어가기

### 손톱과 건강

사람 몸에는 어느 한 곳에서 만으로도 몸 전체의 기능을 볼 수 있는 곳이 많다. 예를 들면 눈동자를 본다든지 혀를 내밀어 보게 하는 등, 그중 손톱은 간의 기능이나 혈액의 상황을 엿볼 수 있는 곳이다.

### 좋은 때의 손톱

몸이 건실하면 손톱 또한 보기 좋은데, 겉모습은 타원형으로 분홍색을 띠고 매끄럽다. 손톱을 눌렀을 때는 흰색이었다가 풀면 바로 혈색이 돌아오는 것이 좋은 현상이다. 또 반달 부분(손톱뿌리의 흰 부분)과 분홍색 부분이 선명하다.

그 외에도 손톱의 표면이 매끄럽고 줄무늬도 없으며 쪼개져 있지 않다. 몸의 상태가 안 좋아지면 특히 간 기능이 혈액의 성분에 반영되는데, 혈액의 내용을 통해 손톱에도 변화가 생기게 된다.

### 손톱의 색깔

손톱이 붉은색이 강할 때는 피부 가까이 열이 있고 순환기, 혈관의 이상이 많은 경우. 손톱이 붉은색이 모자라고 거칠면 오장육부가 허하고 차가운 등 기력이 약한 경우이다.

손톱이 창백하면 빈혈 등 피가 모자라고, 노란색이 강하면 황달이 생기고, 손톱의 색이 짙은 색이 되면 몸에 어혈이 퍼져 있어 대체로 중병을 앓을 때 나타나는 증상이다.

### 손톱의 점

손톱이 1mm 자라는데 약 10일이 소요된다. 일반적으로 이상이 있는 위치는 뿌리에서의 거리로 발병 시기를 추정한다. 예를 들어 점이 손톱뿌리에서 4mm 떨어진 지점에 있다면, 40일 전에 그 점을 만들게 한 몸의 이상이 있었다는 뜻이 된다.

점의 색이 흰색이면 영양 특히 미네랄이 부족하거나 대변에 문제가 있는 경우이고, 점의 색이 파란색은 통증이, 검은색은 사고 등에 의한 어혈이, 보라색은 혈액순환의 문제가 발생했다는 뜻이다.

### 손톱 표면의 줄무늬

손톱의 표면이 거칠면 혈액순환이나 영양의 문제가 많은데, 빈혈일 때는 줄이 생기거나 표면이 패이기도 한다. 표면에 줄무늬가 세로로 나면 계속해서 영양 부족하거나 병치레를 하고 있다는 뜻이고, 가로무늬가 있으면 그 줄무늬가 만들어지는 시점에서 육체적이거나 정신적인 충격이 있었다는 뜻이다. 손톱의 이상을 발견하면, 인체의 이상을 의미하지만, 이 이상들은 과거의 경우가 많으므로 현재에는 어떤 의미가 있고 어떤 조치를 취해야 하는지는 의사와 상담하는 것이 좋다.

제14장

# 미용 경영론

1. 서비스 산업의 전망
2. 서비스 산업의 특성
3. 미용경영환경 변화와 흐름
4. 21세기 소비 트렌드 변화
5. 미용실 마케팅
6. 미용실 마케팅 전략
7. 소규모 미용실의 마케팅 전략
8. 뷰티살롱의 성공 요인

# 제14장
# 미용 경영론

## 1 서비스 산업의 전망

### 1) 서비스 산업의 전망

서비스 산업은 현대인에 있어 가장 중요하며 육성의 필요성은 절감하며 서비스 산업이 취약한 것이 현실이다. 우리가 방법을 강구하는 사이 선진국은 더 많은 발전이 수립되고 하루라도 빨리 대책 마련 및 추진이 필요하다.

서비스 산업의 현실의 필요성은 절감하고 있지만, 실제 정책 집행 및 육성은 쉽지 않으며, 이에 정책적, 전략적 육성이 시급한 우리나라 서비스 산업 현황 및 발전 방향을 살펴본다.

한국의 5대 주력 제조업은 이미 세계적인 공급 과잉에 직면해 있고, 고용 창출력은 갈수록 약화되고 있다. 또 서비스 산업의 서비스 수지는 적자 폭을 키우고 국민들은 의료 · 관광 · 교육 등 질 좋은 서비스를 누리기 위해 해외시장으로 빠져나간다. 실제 서비스 산업은 내수와 고용 확대를 위한 효과적인 방법이 되며 내수 기반 서비스 산업을 육성하면 경제 활성화도 가능할 뿐 아니라 고용 확대가 자연스럽게 촉발되기 때문이다.

즉 경제성장의 추가적인 성장 동력을 찾기 쉽지 않은 상황에서, 고용 창출력을 키우고 국민의 삶의 질을 높이기 위해서 서비스 산업은 육성이 시급하고 반드시 필요한 부분이다.

서비스 산업의 중요성은 실제 각종 통계 수치를 통해서도 입증되고 있으며, 산업별 취업유발계수를 살펴보면 서비스 산업은 10억 생산당 18.2명의 취업유발계수를 갖는다. 이는 제조업의 9.6명을 크게 상회하는 수준이다.

서비스 산업이 발전하면 단순히 한 업종이나 시장만 발달하는 것이 아니라 산업의 고른 발전과 고용 창출 효과, 부가가치 상승 효과가 동시에 나타난다. 여기서 언급하는 서비스 산업에는 단순한 서비스업 외에 기업 경영을 지원하는 경영 컨설팅 · 시장조사 · 광고 · 연구개발 · 직업교육 등이 모두 포함된다.

### (1) 우리나라 서비스 산업

서비스 산업의 중요성과 그 필요성에도 불구하고 우리나라의 서비스 산업은 산업 및 고용 구조 측면에서 볼 때 선진국에 비해 매우 취약한 수준이다.

한국의 서비스 산업은 국내 총생산에서 차지하는 비중이나 노동 생산성이 선진국보다 현저히 낮다. 서비스 산업이 GDP에서 차지하는 비중은 2007년 기준으로 57.6%에 그친다. 미국 77.6%, 프랑스 77.2%, 독일 68.7%, 일본 68.5%, 핀란드 64.2%에 비교해 크게 낮은 수치다. 고용 비중도 60%대 중반이다.

이와 같은 우리나라 서비스 산업의 전반적인 취약성은 만성적인 서비스 수지 적자로 나타나고 있으며, 한국의 서비스 수지 적자 규모는 연간 약 3.4배가 증가해 적자를 기록했다.

분야별로도 금융 · 법률 · 광고 · 디자인 · 컨설팅 등 지식기반 서비스업은 제조업 전반의 비용을 절감하고 부가가치를 높여줌으로써 경쟁력을 제고 하는 기업지원 산업으로서의 기능을 담당하지만, 우리나라의 지식 기반 서비스산업은 선진국에 비해 아직 영세하고 브랜드 인지도 및 경영 역량 측면에서도 한계일 수 있다.

### (2) 세계 각국의 서비스 산업 육성 정책

교육 · 의료 · 보육 등 사회 서비스업과 문화 · 관광, 뷰티 서비스업은 국민 개개인의 삶의 질과 생산성에 직, 간접적으로 영향을 미치고 있음에도 불구하고 낮은 질적 수준으로 인해 해외 소비와 사교육비가 급증하는 결과를 낳고 있다. 국내 소비자들은 우리 서비스 산업의 경쟁력이 떨어지기 때문에 국내보다는 해외에서 소비성 지출을 확대하고 있는 상황이다.

세계 각국의 서비스 산업을 보면 서비스 산업을 육성해 경쟁력 있는 강국으로 도약하기 위해 다양한 노력을 기울이고 있다. 아시아 국가 중 중국은 서비스 산업을 성장 동력으로 삼겠다는 전략을 채택하고 다양한 서비스 산업 육성 계획을 마련해 추진 중이다.

태국은 의료시장 개방, 영리 법인 허용 등 다양한 정책적 노력을 통해 동남아의 의료 허브로 발돋움했다. 싱가포르 정부는 'Global Schoolhouse'라는 콘셉트를 바탕으로 아시아의 교육 허브를 구축해 외국 교육기관의 분교를 유치했으며, 두바이는 정부가 관광 · 물류 · 금융 등 지식서비스 산업 육성을 위해 창의적이고 치밀한 정책적 노력을 기울인 결과 중동 지역의 비즈니스 및 관광 허브로 부상하는 데 성공했다. 국가들마다 경쟁력 있는 서비스 산업을 발굴, 육성하고 있다.

### (3) 광고 등 고부가가치 서비스 산업 전략

우리나라는 정부가 서비스 산업 육성을 위해 2012년까지 관련 연구개발 분야에 모두 3,000억 원을 투자했으며, 특히 정부는 집중 지원 분야로 글로벌 교육서비스와 헬스 케어 · 금융 · 관광 등 신성장동력 고부가가치 서비스업과 디자인 · 엔지니어링 · 광고 등 다른 산업의 생산 활동을 지원하는 서비스업 분야를 선정했다.

우리나라에는 두뇌가 뛰어난 우수한 인적 자원이 많으므로 향후 성장성이 높은 전략적 서비스 업종의 육성과 정부의 전략적 지원 등 다양한 노력과 함께 풍부한 고급인력을 바탕으로 기업가 정신을 발휘한다면 아시아 지역의 서비스 산업 강국으로 발돋움해 나갈 수 있다.

특히 의료 · 법률 · 광고 · 디자인 등 고부가가치 서비스 업종의 경우 국제적 명성과 브랜드가 없으면 경쟁할 수 없는 만큼 고급 기술을 가진 서비스업체와 전문인력의 유입을 유도, 육성하고 이들로부터 국내 인력들이 체계화된 기술이나 노하우를 직접 전수받음으로써 경쟁력을 제고 해야 하며, 타 산업의 생산 활동을 지원하는 서비스업 육성도 필요하다.

기업이 중심축이 되어 실질적인 성장전략을 수립하고 정부가 이를 지원하는 공동협력을 통해 신시장 창출, 해외수요 공략, 서비스 연구개발 강화 등에 나서야 한다. 이렇게 되면 우리는 국내 소비자의 해외소비를 국내로 전환하고, 외국인들을 우리나라로 유입시켜 소비하도록 유도, 정부와 기업, 민간과 소비자들이 해법을 모색할 수 있다.

### (4) 서비스의 가치가 중요시되는 21세기

경제성장이 높아질수록 재화나 유형물의 가치보다는 이를 소비자에게 가는 동안의 유통이나 서비스, 지식이나 정보를 제공하는 무형의 가치를 중요시하고 있다.

### (5) 새로운 유망직종

국내의 헤드헌터들은 10년 후 유망 직업으로 창조적 전문직업인 각 분야의 전문 컨설턴트 및 상담가를 꼽았다. 다이어트 프로그래머, 피트니스 트레이너, 테마파크 디자이너와 병원 서비스 코디네이터다.

뷰티컨설턴트는 건강을 위한 다이어트나 자연미인을 추구하는 건강피부, 두피관리 등의 다각적인 컨설팅을 의미하며 21기의 뷰티산업은 인간의 감성적 욕구를 채워주는 가치들과 관련한 비즈니스로 순수 예술적 측면과 과학적 접근이 함께 이루어져 그 가치가 더욱 부상할 것으로 예상된다.

## 2 서비스 산업의 특성

### 1) 서비스의 특성

서비스는 유형적 제품과는 다른 그 고유한 특성을 가지고 있다. 이러한 특성을 크게 무형성, 비분리성, 이질성, 소멸성으로 구분된다.

#### (1) 무형성(Intangibility)

환대산업의 제품은 보고, 듣고, 맛을 보고, 냄새 맡고, 느끼는 인간의 오감(five senses)으로 쉽게 감지하기 어려운 무형성을 갖고 있다. 분류한 제품의 유무형성 도표를 먼저 살펴본다.

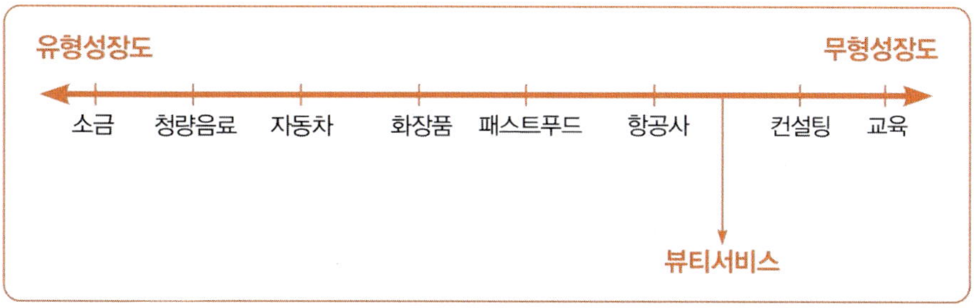


뷰티서비스의 유무형성 정도

환대산업의 제품은 투자 자문, 컨설팅, 강의 등 완전히 무형적인 서비스를 제외한 유형적 제품 중 가장 무형적 제품이라고 할 수 있다. 그 이유는 환대산업의 모든 제품에는 서비스가 항상 부수적으로 동반되기 때문이다. 소비자는 환대산업의 제품 및 서비스를 소유하지 못하고 단지 경험할 수밖에 없으므로 무형성은 더욱 가중될 수밖에 없다. 제조업의 제품과는 미용실의 분위기, 종사원의 태도, 모든 인적 서비스 등을 고객은 집에 갖고 갈 수가 없다. 단지 경험만을 할 뿐이다.

이러한 무형성으로 인하여 고객뿐만 아니라 마케터조차도 제품과 서비스에 대한 확신을 할 수 없으며, 따라서 마케터는 아지랑이처럼 몽롱한 제품과 서비스에 대해서 소비자의 기대감을 유발시킬 수 있는 약속을 하여야 한다. 또한, 이 약속 내에는 유형적 단서가 있어야 한다. 유형적 단서가 있어야만 무형성을 감소시킬 수 있으며, 동시에 무형성 때문에 가중되는 소비자의 위험을 감소시킬 수 있기 때문이다.

직원이 대기하고 있다가 고객이 필요할 때에만 호출을 받고 고객에게 봉사한다. 작은 로비, 호화스럽지 않은 가구, 비품 등과 함께 고객이 현관에 들어서는 순간부터 부담을 갖지 않는, 편안하고 경제적인 미용실의 이미지에 대한 유형적 단서를 제공하고 있다.

환대산업에서는 제품과 서비스의 무형성 때문에 독창적인 서비스가 개발되어도 아무런 법적 하자 없이 무수히 복제되어 왔다. 미국의 법정에서는 시각적 이미지, 외관, 장식, 메뉴, 심지어 완전히 무형적인 서비스 스타일 등에 대한 복제를 법적으로 보호할 수 있다는 판결을 내린 바 있다. 이것이 Trade dress인데 향후 환대산업의 많은 기업들은 이 Trade dress를 잘 이용해야 할 것이며, 이러한 사실은 환대산업 제품과 서비스의 무형적 특성과 관련된 또 하나의 주요 마케팅 시사점이라고 할 수 있다.

### (2) 부패성 · 비저장성(Perishability/Nonstorability)

제품과 서비스의 두 번째 특성은 부패성 혹은 비 저장성이다. 이해를 돕기 위해 가장 대표적인 미용실의 예를 들면 다음과 같다. 오늘 판매하지 않은 미용실의 미용사의 서비스는 저장해 두었다가 다음날 판매할 수가 없다는 것이다. 오늘 판매되지 않는 서비스는 저장이 되는 것이 아니라 곧바로 소멸된다는 것을 의미한다.

이러한 부패적, 비 저장적 특성 때문에 환대산업에서는 상용(常用) 고객(repeat guest, client)이 더욱 중요한 것이다. 즉, 환대산업에서는 부패성과 대조되는 지속성(perpetuality)이 강조되어야 한다. 미용실의 미용사 서비스는 저장할 수 없기 때문에 손님이 적은 시간에는 할인율을 적용하여 서비스 하려고 한다. 따라서 단골 고객이 많은 뷰티샵 일수록 수요 예측이 보다 용이하고 많은 할인율이 적용되어야 하는 서비스를 줄일 수 있다. 결론적으로 환대산업에서는 제품과 서비스의 부패성, 비 저장성으로 인해 단골 고객의 확보, 수요 예측이 타 산업보다 중요하다.

### (3) 이질성(heterogeneity, variability)

환대산업에서도 제조업 못지않게 많은 차별적 제품이 시장에 진출된다. 그러나 이질성이라는 특성은 그 사실보다 다른 측면에서 이해되어야 한다. 환대산업에서는 제품을 무수한 이질적 서비스를 제공하고 있다. 100% 동일한 쌍둥이가 없듯이 어떠한 사람도 동일할 수 없다. 즉 무수한 이질적 서비스라는 것은 이질적 종사원들이 서비스를 제공하며 이질적 고객들이 서비스를 제공받는다는 것이다.

여기에는 많은 시사점을 내포하고 있다. 인적 판매로 인해 서비스의 표준화 설정이 어려우며, 또한 동일한 서비스도 고객의 특성에 의해 차별화된다는 의미이다. 극단적인 예로 같은 나이, 유사한 체격, 같은 전공으로 같은 학교를 졸업한 두 사원이 같은 미용실에 입사하여 동일한 교육을 받고 종사한다고 하여도, 그 두 사람으로부터 제공되는 서비스는 결코 동일할 수 없다. 아니 그 중 한 사람에 의해 제공되는 서비스도 매일 동일하기는 어렵다. 서비스의 질은 특정날짜의 컨디션, 기분 등에 따라 좌우될 것이기 때문이다.

만약 완전히 동일한 서비스가 제공된다고 하여도 고객의 특성에 따라 그 서비스의 질은 천차만별이 될 수 있다.

환대산업 제품과 서비스는 매우 이질적이다. 이질적 사람들이 제공하고 이질적 사람들이 제공받는 'People business'이기 때문이다. 위의 이유로 환대산업의 기업을 포함한 모든 기업에 있어서 시장세분화 전략이 필요한 것이다. 모든 소비자를 만족시킬 수 없기 때문에 각 기업들은 그들의 제품과 서비스에 부합되는 고객을 찾아야 하고, 그것을 위하여 소비자들을 그 특성에 따라 분류하고 세분화하여 선택함으로써 이질성을 최소화시키는 것이다. 인적 판매와 구매가 주를 이루는 환대산업에서는 그 중요성이 가중 될 수밖에 없다. 제조업에서 시장에 보내는 제품은 그 제품 계열별로 동일한 것이며, 하자가 있는 제품 외에는 이질성이 크게 존재하지 않는다. 최소 95%의 동일한 제품으로 제공되며, 또한 그것을 원하고 필요로 하는 고객만이 그 제품을 선택한다. 이후에 설명되겠지만, 환대산업에서는 생산과 소비가 동시에 이루어지기 때문에 마케터와 고객 모두 그러한 좋은 환경을 공유할 수 없다.

이질적 고객을 세분화하고 그중 표적시장을 선택하는 것이 고객측의 이질성을 최소화하기 위한 노력이라면, 서비스 표준화는 서비스를 제공하는 종업원의 이질성을 최소화하기 위한 필연적 노력이다.

### (4) 생산과 소비의 동시성(simultaneous production and consumption)

서비스가 제공된다는 것은 곧 서비스가 생산된다는 것이며 동시에 제공된다는 것이다. 즉, 판매자와 구매자가 공존하여야 하며 그들이 만나야만 생산과 소비가 이루어질 수 있다. 서비스를 미리 제조하고 점검하여 결점을 없애서 여유를 갖고 고객에게 제공한다는 것은 환상적인 꿈에 지나지 않는다. 이질성의 많은 부분이 곧 생산과 소비의 동시성이라는 특성 때문에 야기되는 것이다. 환대산업에서 매뉴얼 및 서비스 표준화에 의해 이질성을 희석시켜야 하는 것이 필요조건이라면 예견될 수 있는 상황을 파악하고 대비하며, 종사원의 순발력을 제고시킬 수 있는 교육의 수행은 충분조건이라고 할 수 있다.

또 하나의 마케팅 시사점은 고객의 통제가 중요하므로 종사원뿐만 아니라 고객에게도 서비스 제공체계를 이해시켜야 한다는 것이다. 말의 소중함, 한 번 실수한 말은 다시 취소할 수 없다. 제품은 얼마든지 개선시킬 수 있지만 한 번 잘못되어 결함이 있는 서비스를 개선하기는 어렵다. 잘못된 서비스의 개선은 불가능하지는 않겠지만, 그것을 위하여 어떠한 희생이 요구될지 모르며 또한 그 결과를 예측하기도 어렵다.

더욱 심각한 사실은 그 서비스가 잘못되었는지를 모르는 경우가 대다수라는 데에 있으며, 마케터가 영원히 모르고 지나가기 쉬운 것을 알았다고 해도 제조업과는 완전히 다른 차원으로 큰 희생을 통하여 개선되어야 하는, 고객의 오해와 불만족은 모두 생산과 소비가 동시에 발생되는 특성에 기인한 것이다. 미국 백악관 소비자 조사국의 조사에 의하면 서비스에 크게 불만족한 고객이 무려 96%가 그 기업에 직접적으로 불평하지 않고 다시는 방문하지 않는다고 한다. 대신 그중 대다수는 친구, 동료, 친지, 언론, 경쟁 기업에 그 사실을 말하고 있다는 것이다. 고객에 대한 서비스 제공 체계의 공지와 그에 따른 고객 통제, 이것은 고객의 오해와 불만족을 최소화시킬 수 있는 작은 부분이기는 하지만, 환대산업 마케터에 있어서 또 하나의 필수 조건이다.

### (5) 기타 특성

환대산업 제품과 서비스는 타 산업과 다른 여러 특성을 부가적으로 갖고 있다. 그 중 대표적인 것은 마케터뿐 아니라 소비자조차도 자신의 욕구와 필요를 인지하지 못할 경우가 많다. 이것 역시 제품의 무형적 특성으로부터 기인한다.

제품이 무형적이고 숨어있는 고객의 욕구와 필요가 많다면 가장 쉬운 일부터 시작해야 한다. 환대산업의 마케터와 모든 직원들은 그 자신의 견해에서 판단해 보고 그것을 고객에게 똑같이 실천해 주는 것이 그것이다.

또 하나의 특성은 환대산업의 제품은 개별적으로 판매되지 않는다는 것이다. 예를 들어 컴퓨터를 사용할 때, 하드웨어, 소프트웨어, 모니터, 키보드, 프린터, 스캐너 등 여러 주변 기기가 필요하듯이 환대산업의 모든 제품은 그와 관련된 부수 서비스가 많다. 따라서 제품의 무형적 특성과 더불어 위의 특성 때문에 환대산업에서는 적정한 가격을 책정한다는 것이 쉽지 않다. 제조업에서 가격의 근간이 되는 원가보다는 고객에게 궁극적으로 제공되는 가치에 근거하여 가격이 책정되어야 하며, 따라서 제품이 같다고 하여도 고객이 갖게 되는 궁극적 제품은 매우 다양할 수밖에 없고, 또한 그 가격은 여러 수준으로 제공될 수 있다. 가격 책정이 어려운 만큼 또한 반대급부도 있다. 제품과 함께 제공 하는 부수적 서비스 가치가 있을 때 원가를 초월한 고가격의 잠재성도 존재한다는 것이다.

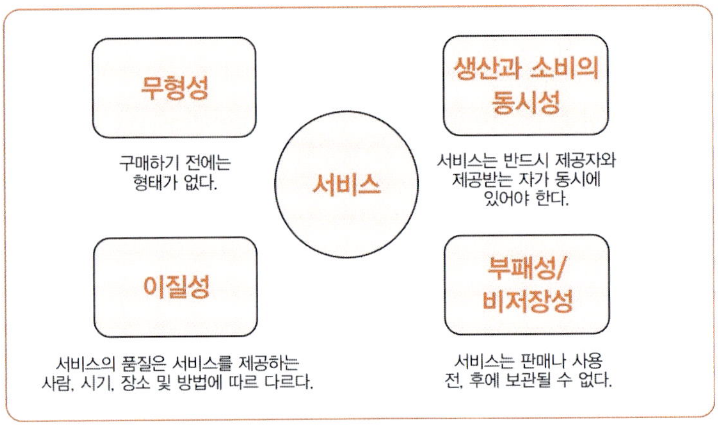


서비스 산업의 특성

서비스의 특징은 무형적 산출물을 생산하며, 서비스는 가변적이고 비표준적인 산출물을 생산한다. 서비스는 소멸하고 재고 상태로 보관할 수 없으며, 생산과 동시에 소비되는 것이고 수행과정에서 고객 접촉이 일어난다.

서비스 전달 과정에 고객이 참여하고, 기술이나 기능을 고객에게 직접 판매하며 대량 생산할 수 없다. 서비스 수행에서 고도의 개인적 판단이 개입되고,

서비스 기업은 노동 집약형 산업이며 분산된 기업은 노동 집약형 산업이다.

서비스의 좋고 나쁨에 대한 판단은 주관적이며, 품질 통제는 서비스 수행 과정에 대한 통제로 거의 제한된다.

### 2) 서비스의 3S & 7C

#### (1) 서비스의 3S(Smile, Speed, Sincerity)

첫째, 미소는 고객을 맞이하는 순간부터 접객 중 전송 시는 물론이고, 그 외에도 고객과의 만남에서 미소는 서비스제공자의 기본 업무자세라고 할 수 있다. 자연스럽고도 고객을 편안하고 기분 좋게 하는 미소를 짓는 업무자세를 항상 견지하도록 하여야 한다.

둘째, 신속성, 서비스의 제공은 신속하게 진행되는 것이 기본이다. 고객들은 의외로 기다림을 지루하게 여기며 느리지 않은 적절하면서도 신속성이 유지되는 서비스 제공이 또한 중요하다.

셋째, 친절, 한결같은 자세로 성심성의껏 고객에게 서비스를 제공하는 것이 서비스 제공자의 업무에 대한 기본자세이다.

#### (2) 서비스의 7C

사고(思考)에서 서비스 제공자의 고객에게 서비스에 있어 체계적인 서비스를 제공하는 것이 아니므로 항상 고객을 배려하고 생각의 연장선에서 서비스를 제공함을 잊어서는 안 된다.

정확성은 고객에 대한 정확한 서비스 제공이 기본이며, 주문을 받을 시 필요하다면 메모지에 기록하는 것이 좋으며, 고객의 요구나 대화에 따른 중요사항은 반드시 확인, 복창하는 습관을 갖도록 한다. 일치성은 항상 언행이 일치하도록 업무자세를 견지하여야 하며, 돌발석인 상황이 발생하여 불일치의 경우가 발생하면 고객에게 정중하게 설명하고 이해를 구하도록 하여야 한다.

찬사는 고객에 대한 응대에 있어 적절한 칭찬의 어귀를 사용하도록 하여야 하며, 결합은 업무상에 병행되는 상품의 제요소가 일사분란하게 전문성과 숙련도가 발휘되는 결합력이 표현되어야 한다. 간결성은 서비스의 부품이나 과정이 복잡할수록 서비스품질의 저하율이 높을 가능성이 크므로 간결성을 서비스 제공의 기본으로 하여, 예절은 고객과의 관계에서 종합적인 평가에 대한 가장 중심측정치가 될 정도로 비중이 크므로 성별, 연령별, 지역별, 계층별 고객에 대한 폭넓은 예절을 늘 익혀두어야 한다.

## 3 미용경영환경 변화와 흐름

### 1) 미용산업의 발달원인과 특징

미용산업의 발달원인은 산업의 발달과 생활수준의 향상에 힘입어 외모를 중시하는 외모지상주의를 중시하는 풍조가 생기기 시작하였으며, 여성의 사회진출 증가와 가족단위의 여가의 증대, 고령화 사회로의 진행으로 인해 개별소비자의 미에 대한 욕구의 증대와 토탈패션으로서의 미용 문화형성과 유형의 상품이면서 서비스적인 요소가 증대되고 있으며, 이에 따라 신체적, 정신적, 정서적인 건강에 대한 욕구가 다양화되고 있는 추세이다.

시대별 미용 산업의 발달과정을 보면 1990년 이전에는 개인 미용실이 주를 이루었으며, 뛰어난 기술을 가진 미용사를 중심으로 경영이 이루어졌다. 고객의 수요가 미용공급보다 더 많았기 때문에 기술력이 성공 요인이 되었으며, 미용실의 양적인 발전을 이루었고, 이후 질적 성장의 토대가 되었다.

1990년대에는 양적인 발전을 토대로 프랜차이즈라는 시스템으로 발전하였으며, 미용 산업의 주체는 당연히 프랜차이즈시스템으로 주요 성공 요인은 기술과 더불어 자본이 되었다.

이러한 프랜차이즈의 안정적이고 균일한 능력의 직원을 공급하는 것이 중요시되었으며, 미용교육의 주체는 미용학원으로 이전하게 되어, 이 시기에 미용기술에 친절교육이 대두 되었고 서비스교육의 중요성을 인지하게 되었다.

2000년대에는 프랜차이즈시스템에서 살아남은 개인 브랜드들은 더욱 규모가 확대되는 양상을 보였으며, 또한 이 시기의 경영변화의 특징은 미용산업의 중요한 성공 요인이 기술과 자본을 넘어 소프트웨어인 과학적 경영까지 확대하게 되었다.

이를 계기로 미용인들은 미용서비스 경영학을 학습하게 되었고 많은 재교육센터에서 벗어나 대학으로 진학하게 되었다.

미용교육의 주체는 2년제 전문대, 4년제의 대학교였으나 대학중심의 미용교육은 한편으로는 현장과의 연계 부재라는 부작용을 낳기도 하였다.

### 2) 미용경영

미용경영의 특징은 소규모 경쟁자가 다수인 영세업자들이 많은 것이 특징이며, 이에 따라 경쟁이 심화하여 매출이 불안정하며, 또한 모두가 인적자원에 의해 이루어지는 서비스이기 때문에 인적자원에 대한 의존도가 높은 것이 특징이다.

따라서 뷰티살롱 종사원에 대한 고객의 서비스품질에 대한 기대감이 큰 것이 현실이며, 소규모의 점포가 많고 인적자원 의존도가 높다는 것은 경쟁이 심하다는 것이다. 따라서 경쟁에서 이기기 위해서는 인적자원에 대한 서비스숙련도의 향상과 뷰티살롱의 내·외부 환경에 대한 세심한 배려가 필요하기 때문에 인테리어의 비중이 높다는 것을 의미한다.

### 3) 뷰티미용 서비스의 특징

소비자들은 미용실에서 받는 서비스에 대하여 자신만의 기대를 하게 되고 실제로 받은 서비스가 자신이 기대했던 서비스보다 좋을 경우 서비스 품질이 우수하다고 생각하는 반면, 기대 이하의 서비스를 받았을 때에는 서비스 품질을 낮게 평가한다. 그러나 서비스의 경우에는 이러한 품질을 평가할 수 있는 객관적인 기준이 없고 같은 서비스를 제공한다 하여도 이를 수용하는 소비자들이 서로 다른 평가를 할 수 있기 때문에 소비자들의 기대는 서비스 품질을 평가하는 데 있어서 중요한 역할을 하게 된다.

고객의 만족을 줄 수 있는 서비스는 어떻게 발생하여지는 것인지 알아보면, 여러 가지 서비스 중 미용실의 미용기술, 서비스, 미용실 메뉴의 3가지 관점에서 볼 수 있다.

미용실의 마케팅 방법으로 차별화를 들 수 있다. 기술 · 서비스 · 실내분위기 · 위치 · 메뉴얼 등으로 타 미용실과의 차이점이 있어야 한다.

### (2) 서비스

고객은 우리에게 고귀한 존재이기에 모든 고객에게 평등하게 공평한 서비스를 해야 한다. 어떻게 하면 좋을지 알려주며 전문가로서 제안해 주며 충분히 말을 들어주고 받아준다. 고객의 입장에서 먼저 생각하고 고객의 의견을 적극적으로 경청하며, 사후처리까지 신중하게 해 준다.

| 경영관리 | 현재 경영 | 미래 경영 |
|---|---|---|
| 경영 | 기술과 사람중심 | 고객에 대한 서비스질의 향상 |
| 직원관리 | 기술수준의 평가 | 서비스 마인드를 가진 직원채용 |
| 경영자 | 매출과 관리에 의존 | 종업원의 활동을 지원, 동기부여 강화 |
| 평 가 | 매출로 평가 | 고객만족도로 평가 |
| 주 체 | 살롱이 주체 | 고객이 주체 |

현대 뷰티살롱 경영관리의 변화

### (3) 메뉴

메뉴는 다양한 메뉴선택의 즐거움과 고객이 선택하기 쉽게 또 알기 쉽게 표현하며, 목적에 따라 선택의 편리함을 제공하기 위한 것이다.

| 서비스의 특성 | 문제점 | 전 략 |
|---|---|---|
| 비회복성/<br>일회성 | 시술이전으로 완전한 회복이 불가능<br>제공자교체의 비금전적 비용이 큼 | 시술 전 커뮤니케이션 강조<br>제공자들의 서비스 능력의 객관화 |
| 예술성/<br>창작성 | 서비스 제공 시 개인의 역할의 중요성 상승, 높은 이직률 | 미용실에 대한 충성도를 상대적으로 높이기 위한 전략개발, 내부고객 만족 증대방안 |
| 시장의 복잡성 | 너무 광범위한 표적시장 | 고객만족 중심경영<br>고객 로열티 프로그램 시행 |

신뢰감이 있기에 고객도 미용실에 적응되면 자신의 의사대로 선택하거나 그때마다 원하는 것에 맞출 수 있는 유연성을 미용실에 요구하고 있다. 그 단계에서 자신이 선택하는 즐거움을 발견하나, 그것이 만족하지 않으면 다른 미용실로 고객은 찾게 된다.

### (5) 뷰티/미용 구성요소

뷰티/미용서비스의 구성요소는 매우 다양한 성격을 가지고 있는 부분들로 구성되어 있다는 점이 큰 특징이다.

첫째, 미용실에서 고객에게 제공되는 기본적인 서비스 요소는 지식과 능력이 함축된 미용사의 인적 서비스이다. 인적서비스는 고객과 미용실과의 관계활동은 미용사가 제공하는 서비스 활동을 말한다. 특히 뷰티서비스는 전문가에 의한 노동집약적이고도 인적서비스의 의존성이 강한 요소를 가지고 있으므로 인적 서비스는 미용업에서 가장 중요한 요인이라고 할 수 있다.

둘째, 자원으로 제공되는 효용가치로서의 물적 서비스다. 물적 서비스는 미용 관리서비스의 가치를 제고시키는 유형적인 단서이다. 물적 서비스에는 기본적으로 미용실의 내부규모, 시설수준과 미용실 내외의 분위기 청결상태, 비용, 주차시설 등이 포함된다. 물적 서비스는 유형성이 뛰어나므로 고객의 관점에서 비교평가가 쉽다고 볼 수 있다.

셋째, 구체적인 업무조정과 인적서비스 제공 및 물적 서비스 제공에 있어서 그 시간, 비용, 수고, 용이성과 같은 효용가치를 종합적으로 조정해야 하는 일종의 시스템적 서비스라 할 수 있다. 시스템적 서비스는 제도적인 서비스로 예약시스템과 같이 고객의 편의를 위해서 제공되는 서비스이다. 따라서 시스템적 서비스는 고객에게 접근성과 편의성 그리고 경제적 효용성을 높여줄 수 있다.

미용서비스는 무형의 인적상품과 유형의 물적상품이 복합되어 판매되는 것으로서 인적 · 물적 · 시스템적 서비스를 하나의 상품으로 판매하여 이익을 얻고, 이러한 서비스를 통합하여 고객에게 제공하는 서비스 상품이다.

따라서 미용서비스는 기능적인 관점에서 고객에게 제공하는 혜택, 편익, 만족의 서비스를 말한다. 구성요소는 특정 개별요소가 독립할 수 없는 것으로 상호 복합적이면서도 밀접하게 관련되어 있고 고객에게는 하나하나의 독립된 효용이 유기적으로 연결되어 총체적으로 제공되어야 한다. 미용서비스는 그 구성요소를 종업원이 어떠한 방법으로 서비스를 고객에게 제공하느냐가 대단히 중요한 과제이다.

## 4 21세기 소비 트렌드 변화

### 1) 최근의 소비트렌드 변화 방향

최근 소비자들의 소비트렌드는 급격하게 변화하고 있으며 주요 원인은 디지털화에 따른 소비자의 의식수준 향상, 인구구조의 변화와 새로운 시장세분화, 소비생활의 글로벌화, 소득과 소비의 양극화, 라이프스타일의 변화와 가치의 다양화로 정리되고 있다.

변화 방향은 고급 소비문화 지향과 소비의 양분화 심화, 편리성과 신속성 추구, 소비생활의 감성화, 유 · 무형 서비스의 복합화로 요약된다.

이와 같은 소비트렌드의 변화는 주요 제품별로도 차별화되는 모습을 나타내고 있다. 이중에서는 의류는 고가와 저가 시장이 동시에 확대되는 극단화 현상이 뚜렷하며, 식료품은 양질의 식품 소비추구와 외식이 증가하고 있는 추세이며, 가전제품은 프리미엄화와 소형화가 대세이다. 미용서비스 또한 미적인 감각의 증가로 인해 남성들의 미용에 대한 관심이 증가하고 있어 이에 대한 마케팅 전략이 필요한 시점이다.

### 2) 소비트렌드 변화가 유통채널에 미치는 영향

소비트렌드의 변화로 유통채널은 다각화 · 극단화되는 모습이 나타나고 있으며, 유통채널 변화와 함께 채널 간의 경계가 모호해지고 있는 경향도 주요한 변화 중의 하나이다. 업체들은 경쟁력 강화를 위해 오프라인 채널과 온라인 채널 등 채널 간 전략적 제휴를 적극적으로 추진하고 있다.

또한, 업무의 효율성 증진을 위해 물류, IT서비스, 제조업, 금융업 등 관련 산업과의 전략적 제휴를 맺는 경우가 많아지고 있으며, 이를 통해 유통 서비스를 통합 제공하고 있다.

주요 업종별 소비트렌드 변화로 나타나는 제품별 특성화는 다음과 같다. 의류는 할인점, 전문점, 인터넷 쇼핑몰의 판매 비중이 증가하고 있으며, 식료품은 웰빙 추세로 백화점, 친환경 전문점이 주목받고 있다. 가전제품은 고가는 백화점, 저가는 인터넷 쇼핑몰 우세하며, 화장품은 프리미엄 시장 확대로 백화점 유통의 전망이 밝은 상태이다.

앞에서 살펴본 바와 같이 21세기는 소비자의 트렌드는 이와 같이 더 나은 삶과 미래를 위해 자신을 꾸미는 추세며 20세기 말부터 전 세계는 급속한 경제성장에 힘입어 소비 트렌드를 변화시켰다.

단순한 의식주(衣食住) 위주의 소비패턴이 삶의 질을 위해 자신을 개발하고 가꾸는데 돈을 쓰게 된 것이다. 국내의 사정도 다르지 않다. 2009년을 기준으로 화장품 도매업과 화장품 및 방향제 소매업 매출액이 전년보다 각각 16%와 11.1%가 증가했으며 이어 피부 미용업이 12.2%, 네일아트 등 기타 미용업이 21%, 비만 관리 등 미용 관련 서비스업이 18.5% 성장, 두발 미용업은 4.3% 성장한 것으로 나타났으며, 미용 서비스업 시장은 고성장 산업이 보여주는 지속장인 성장세를 나타내고 있다.

특히 서비스업 선진화 및 활성화 방안은 2011년 정부의 주요 정책과제로 산업 성장을 위한 다양한 규제 완화, 제도 정비가 되고 있다. 이러한 미용서비스 산업은 이미 새로운 국가 경쟁력 산업으로 자리 잡고 있으며, 국민 개개인의 자기 계발과 건강한 아름다움 추구, 생활 수준을 평가하는 척도가 되고 있다.

지구촌에 부는 웰빙 바람이 이 땅의 소비코드와 산업 패턴을 변화시키면서 나름의 방식대로 정착되어 가는 분위기다. 선진국에서도 실버산업과 휴식산업이 고도로 성장하고 있듯이 우리나라에서도 70~80년대 경제 성장기의 산업역군 세대가 휴식을 갈망하고 개인주의 소비코드를 강조하는 신세대가 웰빙에 대한 인식이 확산되면서 새로운 소비문화에 대한 트렌드가 형성되어 가고 있다.

# 5 미용실 마케팅

## 1). 미용실 마케팅의 정의

"미용실 마케팅"이란 미용실에서 고객의 요구(Needs)나 욕구(Wants)에 의해 미용기술, 서비스, 이미지를 만들어 이를 고객에게 신속하게 제공하므로 이에 대한 대가로 요금을 받는 과정에서 고객은 만족감을 얻고 미용기업은 필요로 하는 것을 얻는 사회적이고 경영적인 프로세스이자 행동전략을 말한다.

| 일반기업의 4P | 미용실 마케팅의 4P |
|---|---|
| 제품((Product) | 미용 관리기술, 서비스, 이미지 |
| 가격(Price) | 관리요금 |
| 유통(Place) | 입지 |
| 촉진(Promotion) | 광고 및 홍보 |

미용실 마케팅의 4P

1. 방문 가능성이 있는 타겟(Target) 고객 선정
2. 선정된 고객에 대한 욕구(Wants), 요구(Needs) 파악
3. 고객의 정보 수집
4. 신기술 및 서비스를 고객의 욕구(Wants), 요구(Needs)에 맞는 개선
5. 고객만족의 실현
6. 미용기술 및 서비스에 대한 합리적 요금 정책을 통한 고정 고객화 완성
7. 고객과의 지속적 관계 유지
8. 고객의 욕구(Wants), 요구(Needs)의 변화 예측 및 대응

미용실 마케팅 속성의 8가지 요소

### 2) 고객획득 마케팅

미용실을 방문하거나 아직 한 번도 방문하지 않은 불특정고객의 자료와 정보를 획득하고, 획득한 자료와 정보를 바탕으로 고객에게 다양한 방문호기심을 자극하고 고객이 필요로 하는 정보를 제공함과 아울러 데이터베이스를 구축하면서 고객 형태의 다양성, 즉시성으로 고정 고객화를 유도하는 공격적인 마케팅 전법을 말한다.

최근의 미용실의 마케팅 속성을 보면 어떠한 방법을 동원해서라도 고객을 획득하고 관리하는데 중점을 두고 있다.

### 3) 공략 마케팅

가치 있는 미용사 육성, 경영점검(상권, 고객층, 기술, 요금, 영업현장의 정비), 미용실 브랜드 전략 등의 정비를 부르는 마케팅이라 한다.

한편 "공략하는 마케팅"이란 것은 부르는 단계에서 한 걸음 나아간 상태를 가리키며, 고객이 원하는 미용사를 핵심으로 한 미용실 지향 상품을 전면에 내세워 지향 고객층을 획득하기 위한 적극적 수단을 총칭하는 마케팅을 말한다.

구체적으로는 미용실 재방문하도록 하기 위해서는 미용실의 존재와 지향상품 가치 있는 미용사의 특이성을 인지시키고, 다른 미용실과의 우위성을 내세워 지향하는 미용 기술의 감성이나 방향성을 시사한다.

미용실에 방문해 시술한 경우의 쾌적함을 강조하고, 고객에게 재방문할 수 있는 고객 만족 마케팅을 실시한다.

미용실이 판매대상으로 정한 지향고객층에 대한 지향 상품이 고객에게 인정받지 못하면 공략마케팅은 될 수 없다는 의미이다. 손님에게 인정받는 마케팅이려면 고객의 수요나 욕구를 정확히 파악하는 것이 전제된다.

일반적으로는 광고전략, 인해전술에 의한 모의시술이나 동기부여, 외부의 매스컴을 이용한 선전, 각종의 판매촉진 경우의 쾌적함을 강조하고 구전에 의한 구전 마케팅의 활용 등이 마케팅의 포인트가 된다.

### 4) 미용실 마케팅의 변화

마케팅의 개념은 시대적 흐름에 따라 생산중심의 마케팅에서 판매중심의 마케팅으로 다시 고객중심의 마케팅으로 변화되면서 발전되어 왔다.

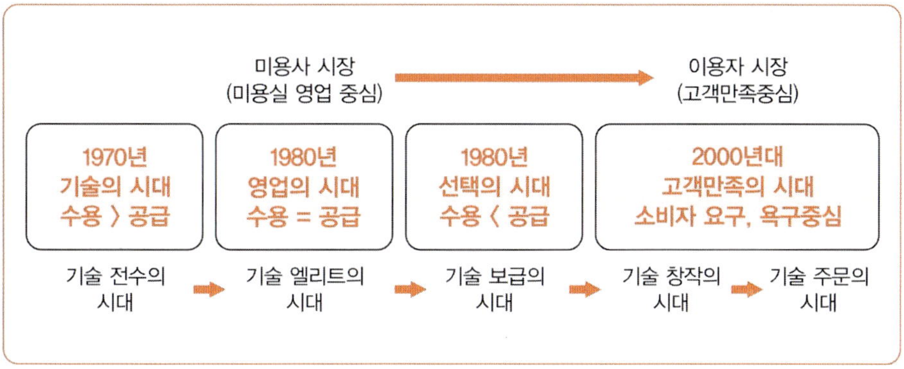


미용실 마케팅 환경의 변화

또한, 대중 중심의 마케팅에서 개인별 대응 차원의 마케팅으로 더 나아가 정보 시스템을 근간으로 개별 고객과의 신속한 상호 커뮤니케이션을 실현시키는 데이터베이스 마케팅, 인터넷 마케팅 등이 관심의 대상이 되고 있는 추세이다.

## 6 미용실 마케팅 전략

### 1) 마케팅 믹스 전략-4P

미용실의 목적은 고객을 창조하는 데 있으며, 고객을 창조하는 근본적인 기능은 마케팅과 혁신이라 한다. 미용실에서도 마케팅활동의 중요성을 강조한다. 제품 관리는 잠재고객들의 기본적인 욕구를 충족시킬 수 있는 제품과 그 것의 사용과 관계되는 모든 문제를 해결해 줄 수 있는 수단을 적절히 결합하는 활동이라고 할 수 있다.

가격 관리는 고객이 미용서비스를 이용하기 위해 지불하는 대가를 의미한다. 유통 관리는 미용서비스로부터 고객에게로 서비스와 서비스의 감동을 이전시키기 위한 활동과의 상호연결과정을 의미한다.

촉진 관리는 고객들에게 제품의 장점을 효과적인 방법으로 전달하여 고객의 구매 욕구를 촉발시키는 것을 말한다. 촉진관리에는 광고, 홍보 등 판매촉진과 같은 수단을 이용하여 잠재적 고객들에게 미용서비스의 장점을 제공하고 고객들이 미용서비스를 이용하도록 설득하는 활동을 의미한다.

### 2) 미용실 마케팅 믹스 전략

미용실의 제품이란 미용기술과 무형의 서비스 및 이미지를 이야기하며, 미용실이 고객을 대상으로 하여 판매하고 있는 제품을 다음과 같이 구분할 수 있다.

먼저 미용사의 서비스인 미용기술은 고객이 직접 제공받는 미용기술을 말하며, 고객의 만족 정도에 따라 제품 품질의 차이가 있다고 볼 수 있다.

다음은 화장품으로 미용실에서 미용기술 이외에 고객들에게 판매되는 화장품으로 미용기술과 화장 이외의 서비스로는 무형제품으로서 바른 예절, 친절한 태도, 깨끗한 인테리어, 미용 정보 제공, 안락한 휴식제공 등의 서비스를 이야기한다.

미용실의 이미지란 제품에 대해 개인에게 습득된 일련의 연상들을 말하는데 제품으로서 추상적이긴 하지만 때로는 가장 중요한 제품 역할을 하기도 한다. 미용실 이미지는 그와 관련하여 개인이 연상하는 일련의 느낌과 신념의 집합체인데 그것은 직접경험이나 상상적 경험을 기초로 하여 시간의 경과에 따라

형성되는데 옳을 수도 있고 그렇지 않을 수도 있다.

미용실에서 가격은 미용기술과 서비스를 받기 위해 지불하는 미용관리요금을 말하는 것이다. 일반적으로 서비스에서 가격은 제품의 수요시장에 영향을 줄 뿐만 아니라 미용실에서 판매하고자 하는 제품에 대한 고객의 지표가 된다.

가격 전략은 반드시 다음 사항에 근거를 두어야 한다. 과거 미용실의 재정 실적, 미용 서비스에 대한 수요, 미용 시장에서의 산출가격, 경쟁업체의 가격, 이중가격표시정책, 미용 가치에 의한 고객지각의 변화, 개선된 품질과 서비스에 대한 요금의 정당화 등을 들 수 있다.

### (1) 유통

미용실의 제품은 유통형태별로 보면 원칙적으로 직접유통의 형태를 취하며, 고객과의 접촉 형태 면에서 보면 미용실의 단위 영업장이 있는 곳으로 고객을 흡입하는 이른바 유인형 영업으로서 상권이 제한되는 유한상권산업인 동시에 철저한 입지 의존적 산업으로 위치 자체가 제품 일부를 구성할 뿐만 아니라 위치 자체가 시장 창조력을 지닌다.

미용실의 입지정책, 위치 마케팅의 범위는 입지선택, 입지개선, 입지이동, 입지분산을 포함하는데 미용 경우는 장기적으로는 입지이동과 입지분산이 고려될 수 있지만, 단기적으로는 입지개선의 문제만이 고려대상이 된다.

따라서 미용실 입지의 경우 주된 관심은 입지개선에 있으며 이 속에 교통 편의성(접근성), 주차 편의성 및 주변 상권의 활용 문제 등이 포함된 것으로 수용하는 것이 바람직하다.

### (2) 촉진

치열한 미용경영 환경 속에서 미용실의 촉진은 미용실을 이용하는 고객과의 친밀한 관계를 유지 하면서 미용실의 판매력을 계속 증대시키기 위한 판매,

광고, 홍보, 기타 일체의 수요창출을 위한 판매활동이라고 정의할 수 있다.

미용상품의 효과적인 커뮤니케이션은 구전효과, DM, 광고와 전단지 등이 있으며 특히 홍보의 가치가 주목된다. 일반적으로 서비스 미케팅에서 유효한 것으로 알려진 촉진매체로는 종업원, 퍼스널 미디어, 구전판촉 등이 있는데 이를 살펴보면 다음과 같다.

판매촉진이란 소비자의 구매를 촉진하기 위한 활동으로서 광고, 홍보에 속하지 않는 활동을 말한다. 즉, 광고나 인적판매를 지원해 주는 기능이 있으며, 소비자에 대해 강한 설득력을 지니고 있으나, 효과의 지속성이 짧고 단기적인 자극으로 끝나기가 쉽다.

판매촉진의 내용은 일반적으로 다음과 같다. 일반 소비자를 대상으로 한 쿠폰, 경품, 현상금, 가격할인 등이며, 업자를 대상으로 한 할인, 공동광고에 의한 할인, 무료상품 제공, 업무용 수요자 대상의 선물이나 가격할인, 사내대상의 판매 콘테스트, 특별 상여 등이 있다.

판매촉진 정보로는 미용실 기록으로 고객카드, 약속일정 문서, 청구서, 주·월 판매 분석기록이 있으며, 출판정보로는 도서관, 정부조직, 지역협의회 그리고 소비에 관한 잡지책 등으로부터 이용할 수 있는 정보가 있다.

고객은 설문조사, 전화, 직접면접으로 이루어진다.

01. 미용실의 주장(신조) 만들기
02. 특선 할인판매 / 관련 상품 연결 판매
03. 구매 및 소개기록 카드 활용
04. 티켓, 입장권, 사은품, 기념품 활용
05. 우수고객 영화 · 음악회 초대권 증정
06. 크리스마스 판촉
07. 점포 생일과 동일고객 찾기

08. 고객생일 축전 발송 / 감사 · 축하 DM보내기
09. 어버이날 카네이션 달아주기
10. 해피콜(Happy-Call) 작전
11. 지역사회 봉사활동
12. 접대용 다과 준비
13. 홍보 게시판 활용
14. 예비신랑 · 신부를 모십니다.
15. 외로운 직장인을 짝지어 드립니다.
16. 20대 사랑의 소개팅
17. 참여형(종업원 동기부여) 비전 전략
18. 전략적 제휴
19. 애프터 케어

판매촉진 사례

## 7 소규모 미용실의 마케팅 전략

### 1) 관계 마케팅 도입의 필요성

미용실 관계 마케팅의 핵심은 고객 단골화를 의미하며, 한마디로 말해 미용실 특유의 활동을 통해 기존 고객과의 관계 및 거래를 지속, 확대, 심화해 나가는 것이다. 고객과의 지속적인 관계를 구축하기 위해서는 우선 고객들이 왜 이용하던 미용실을 재방문하게 되지 않는지를 규명해 볼 필요가 있다.

서비스 산업의 중심은 인간이며 인간의 상호 작용으로 미용서비스가 판매되고 소비된다. 그 미용상품에는 어떠한 형태든 서비스가 포함되어 있으며, 서비스 품질을 결정하는 가장 핵심적 요소는 인간의 상호 작용 즉, 종업원과 고

객과의 상호 관계이다. 관계 마케팅이란 인간의 상호 작용으로 발생되는 관계로부터 시작하여 장기적 관점의 관계를 포함하는 포괄적 개념인데 고객을 자산으로 생각하고 고객을 보호하는 마케팅으로서 고객을 창출하고 장기적 가치를 제공해 가며 그 관계를 지속해서 유지 · 제고시켜 나가는 것으로 정의를 내릴 수 있다.

즉 점차 고조되고 있는 소비자 주의의 개념을 포함하며 나아가 고객 제일주의에 입각한 마케팅이다.

관계 마케팅의 중요성은 다음과 같은 시장환경에서 매우 중요하다. 서비스 공급체에 지속적이고 주기적인 바람이 있을 때, 서비스 공급체에 대한 대안이 많이 존재할 때, 산업 내 고객의 충성도가 약하고 브랜드 변경이 빈번하며 용이할 때, 구전 커뮤니케이션이 제품에 대한 촉진에 있어서 특히 강력한 형태일 때 중요성이 주목받는다고 할 수 있다.

위의 이론은 서비스 산업에서 관계 마케팅의 중요성을 잘 대변해 주고 있다. 미국의 한 서비스 기업 내 제1조는 "고객은 항상 옳다." 이다. 제2조는 "그렇지 않다고 생각되면 다시 1조를 읽어라"이다. 관계 마케팅의 핵심 용어는 고객이다. 고객에 대한 가치 창조, 고객중심, 고객 만족, 고객의 충성도 제고가 그것이다. 즉 그 정의와 같이 고객과의 기본적 관계로부터 출발하여 고객에게 신뢰하게 하고(accountable), 능동적인 태도(proactive)로 진전시키며, 궁극적으로는 파트너 관계(partnership)를 형성해 나가는 모든 과정이 관계 마케팅의 범주에 포함되는 것이다.

마케팅 학자 레빗은 관계 마케팅을 결혼에 비유하였다. 남성과 여성이 결혼할 때 가장 중요한 목표가 이혼하지 않고 평생 같이 사는 것이라면, 마찬가지로 미용실과 고객이 처음 만났다면 고객을 처음 창출 후 미용실의 입장에서는 그 고객을 평생 고객으로 남게 하는 것이 가장 중요한 목표이다. 그 관계가 깨진다면 말할 것도 없이 고객의 손해가 아닌 미용실의 손해이며, 경쟁 미용실에만 유리하게 만드는 결과가 된다. 예를 들면 서비스의 대명사인 리츠칼튼

호텔에서는 단골 1인이 평생 가져다주는 매출액을 10만 불로 산정하고 있다.

관계 마케팅은 고객을 창조하는 마케팅이 아니라 고객을 유지하는 마케팅으로 고객 유지비용이 고객 창조 비용의 20% 밖에 되지 않는다는 조사 결과를 다시 한 번 상기해 보자. 미용실은 신규고객의 창출비율 조사보다도 단골 고객 유지 비율에 대한 조사에 노력을 기울여야 할 것이다.

### 2) 관계 마케팅의 특징

전국 미용실의 80% 이상을 차지하는 중 · 소규모의 미용실은 자본력이나 경영전략, 마케팅, 규모 등에서 대형업체와의 경쟁에서 불리한 것이 사실이다. 하지만 주로 주택밀집지역에 위치한 소규모 미용실은 대형업체가 가지지 못한 장점을 가지고 있다. 그것은 바로 고객과 더욱 밀접한 관계를 유지할 수 있다는 것이다.

이는 제품의 질보다는 고객과의 관계의 질을 중시하는 관계 마케팅 기법의 특징으로 미용실이 고객과의 관계를 구축하여 장시간에 걸친 이익을 확보하기 위해 고객과의 대화를 통해 더욱 좋은 서비스를 제공하기 위한 장치가 되며, 이를 통해 고객과의 우호적 관계를 만들게 되면 이익은 저절로 수반이 되게 된다.

기존 마케팅이 각종 매체를 통한 고객에게 일방적인 의사전달에 의존했다면, 관계 마케팅은 여러 가지 수단을 통해 미용실과 고객 간의 의견이 교환되는 쌍방향 의사소통을 강조한다. 이는 고객의 인격을 존중하고, 생산과 소비 현장에 고객을 참가시켜 대화하고 호소하며, 고객을 진심으로 보호하는 고객만족 중심의 전략이다.

또한, 기존의 마케팅이 주로 최대 고객에게 최대제품을 판매하는 대량생산, 대량 판매에 의한 규모의 경제를 지향했다면 관계 마케팅은 한 고객의 고객가치를 높이거나 거래기간을 오랫동안 유지하는 범위의 경제를 도모하고 있다.

### 3) 미용실의 관계 마케팅 전략

#### (1) 고객 불만해소를 위한 전략

관계 마케팅을 위해 특히 미용 서비스와 관련하여 미용실이 행해야 할 가장 중요한 방안은 고객과의 서비스 후의 관계를 심화시키고 이를 통해 미래의 단골고객을 만들기 위해 노력을 하는 것이다. 고객이 미용서비스를 받은 후에 그 서비스에 대한 고객의 만족 여부의 확인은 고객이 미용서비스에 만족하는지를 사전에 파악하고 이에 적절히 대응하면서 미래에 발생하는 고객이탈 가능성을 제거하려는데 그 일차적인 목적이 있다.

고객밀착은 능동적인 불평관리를 위한 필수적인 전제가 되는데, 적극적인 불평관리를 위해서는 불만족한 고객이 언제나 불만사항을 토로할 수 있도록 자극을 주고 이것이 미용실에 전달될 수 있도록 되어야 한다. 예컨대 종업원이 서비스 시점에서 문제가 있을 경우 불만토로 및 배상요구가 가능하다는 사실과 그 구체적인 방법을 고객에게 주지시켜 주어야 한다. 이외에도 고객의 불편사항 및 수렴내용을 기록하여 그 고객에 대한 다음 서비스에 피드백 할 수 있도록 해야 한다.

미용 서비스에 불만족한 고객의 대다수가 결코 불만에 대하여 표시를 하지 않는다고 한다. 하지만 불만을 표시하지 않는 고객은 다른 주위의 사람들에게 불만사항을 전달하여 부정적인 효과로 구전 마케팅의 악영향을 준다.

그러나 불만을 표시하는 고객은 그만큼 미용실에서 애정이 있기 때문에 그들의 불만을 개선하면 이해도 및 충성도가 높은 고객으로 만들 수 있다.

고객이 토로한 불평사항들은 미래의 불만족을 예방하고, 충족되지 않은 욕구 파악이나 제품 및 서비스의 개선에 이바지하는 중요한 자료이다. 효과적인 불평관리를 위해 미용사는 고객의 불평이나 항의 내용을 자세히 분석하여 여기서 드러난 문제점들을 미용실 내에서 공유하고, 취약 부분을 분석하여 그 결과를 교육을 통하여 즉각적으로 활용될 수 있는 체제를 구축할 필요가 있다.

또한, 미용실과 고객과 쌍방향 의사소통의 활성화로 고객의 불만을 미리 알아내어 이를 사전에 해소할 수 있으며, 계속된 미용사와 고객 간의 친밀도 증진으로 고객과의 관계의 질을 향상할 수 있다. 관계의 질 향상을 통해 고객의 미용실에 대한 의존도가 높아지고 결국은 고객으로 하여금 관계몰입이 될 수 있다.

### (2) 변화 추구로 인한 고객이탈 방지를 위한 전략

특정 미용실의 서비스에 대해 근본적으로 만족하고는 있으나 변화를 추구하는 고객에 대하여 취할 수 있는 구체적인 방안은 무엇보다도 경제적, 기술적 혹은 사회적으로 고객을 신뢰할 수 있는 수단을 통해 변화나 전환에 대한 고객의 욕구가 감퇴되도록 하는데 목표를 둔 것이다. 물론 여기에는 미용실이 이러한 변화에 능동적으로 부응할 수 있는 서비스나 미용기술을 끊임없이 개발, 제공할 수 있어야 한다는 점이 전제되어야 한다.

먼저 기술적 측면에서는 부단한 미용기술 숙달과 신기술 교육 및 미용 정보 습득을 통해 고객에게 미용사에 대한 신뢰감을 주어 장기적인 관계가 구축되며 고객 이탈을 자연스럽게 방지할 수 있다. 아무리 기타 서비스가 우수하여도 미용서비스는 근본적으로 미적 만족도가 중요하므로 아름다움에 만족하지 않는다면 고객은 이탈한다.

기술적 측면 이외에 변화를 추구하는 고객을 장기 고객으로 하는 방법은 경제적인 측면에서의 인센티브 제공을 생각해 볼 수 있다. 경제적 인센티브 제공은 단골고객에 대한 경제적 이점을 제공함으로써 판매를 촉진함과 동시에 고객을 단골화 할 수 있는 유용한 방안이다. 같은 수준의 미용서비스를 제공한다면 가격의 차별화와 지금과 같은 저성장 시대에는 당연한 일이다.

최근 들어 단골고객의 확보와 유지를 위해 선호되는 수단 중의 하나가 사회적 측면에서 고객밀착이다. 미용실이 회원제도나 고객클럽을 결성하는 것 등이 한 예이다.

이러한 회원제도는 고객에 대한 정보제공과 한 단계 높은 서비스를 제공함으로 결국은 변화를 요구하는 고객의 욕구를 파악하여 이에 능동적으로 대응할 수가 있다.

### (3) 미용 서비스 후의 고객관리 전략

미용서비스 후의 고객관리는 미용서비스에 관계되는 모든 형태의 복수적, 후속적, 추가적 수행을 포함한다. 미용사와 고객과의 신뢰증진을 위해서 미용서비스 후에도 고객과 커뮤니케이션에 있어 쌍방대화를 지속하는 데 노력을 다해야 한다. 고객은 미용실이 미용서비스 후에도 수시로 미용 정보를 제공한다거나 고객의 기념일을 챙기는 등의 사후활동을 한다면, 이에 따른 미용실에 대한 고객의 신뢰가 깊어지게 되는 것이다. 고객의 미용실에 대한 신뢰가 깊어지면 결국 고객은 그 미용실과 관계몰입을 하게 되는 것이다.

고객관리는 특히 고객 불만에 책임을 지거나 혹은 고객 불평을 처리해 주는 것뿐만 아니라 미용서비스 후에 고객에게 접근하여 세심한 배려를 해 주는 것을 의미한다. 고객의 피부 상태 및 피부관리 등의 사소한 사항에 대하여 편지나 전화 등을 통해서 수시로 알아보려는 배려가 중요하다.

위에서 언급한 서비스 후 고객관리에 보완적 역할을 하는 것은 서비스 행위 이후의 고객에게 구매의사 결정을 확신하게 하고 사용을 쉽게 하는 정보를 제공해 주는 일이다. 오늘날 정보기술의 발달로 서비스와 관련된 모든 정보를 담고 있는 체계화된 데이터베이스 구축이 쉬워짐에 따라 서비스 후 개별고객에게 적합한 서비스를 제공해 줄 가능성이 커지고 있으며, 이와 함께 미용서비스 후 고객관리의 중요성도 증대되고 있다.

### (4) 인적 서비스 강화전략

미용실에 있어서의 미용기술의 중요성은 크게 작용한다. 미용 서비스에서 미용사의 전문적인 미용기술은 다른 미용실과 차별화할 수 있게 하는 유력한 수단이 되기 때문에 고객의 주목을 받게 되며, 미용사는 전문지식이나 전문기술 습득에 노력하여 고객에게 최상의 미용서비스를 제공하기 위해 최선을 다해야 한다. 미용사의 전문적 기술, 친절도, 프로 근성, 전문지식에 크게 영향을 받게 되며, 가장 중요한 것은 미용사의 직무향상을 위한 상시 교육시스템을 구축하는 것이다. 미용인들의 능력향상에 관심을 기울여야 하며 미용사의 능력은 고객으로 하여금 미용실에 대한 신뢰를 심어주어 결국은 그 고객으로 하여금 미용실과 강한 유대관계를 형성하게 하는 것이다.

### (5) 진실의 순간(MOT : the moments of truth)과 최상의 서비스 전략 – Scandinavian Airlines의 사례

1970년대 말 석유 파동으로 인해 세계 항공업계는 큰 시련을 맞이하였다. 17년간 연속해서 흑자를 기록하였던 스칸디나비아 항공에서도 1979년과 1980년 사이의 2년 동안에 3,000만 불의 적자가 누적되었다. 이러한 위기 가운데 39세의 얀 칼슨이 이 항공사의 사장으로 취임하였다. 고객이 직원들과 접하는 처음 15초 동안의 짧은 순간이 회사의 이미지, 나아가 사업의 성공을 좌우한다고 강조한 얀 칼슨 사장은 1년 만에 적자를 흑자로 바꾸었다. 뿐만아니라 스칸디나비아 항공은 1983년도 최우수 항공사로, 1986년에는 고객 서비스 최우수 항공사로 선정되었다. 스칸디나비아 항공사가 단숨에 위기를 극복하고 최우수 항공사로 도약한 비결은 무엇일까?

### (6) 마주치는 5,000만 번의 결정적 순간과 MOT

스칸디나비아 항공사는 스웨덴, 덴마크, 노르웨이 3개국의 민간과 정부가 공동으로 소유하고 있는 항공사이다. 얀 칼슨은 MOT라는 새로운 개념을 도입하여 위기에 빠진 회사를 구하고 서비스 품질 경영의 전설적 신화를 창조하였다. MOT란 스페인의 투우 용어인 'Moment De La Verdad'을 영어로 옮긴 것인데 스페인의 마케팅 학자인 노르만이 서비스 품질 관리에 처음 사용하였다. 원래 이 말은 투우사가 소의 급소를 찌르는 순간을 말하는데, 피하려 해도 피할 수 없는 순간 또는 실패가 허용되지 않는 매우 중요한 순간을 의미한다. 따라서 MOT란 진실의 순간이라는 통상적 번역보다 결정적 순간이라는 말이 더 적합하다.

1986년 스칸디나비아 항공사에서는 대략 1,000만 명의 고객이 각각 5명의 직원과 접촉했으며, 1회 응대 시간은 평균 15초였다. 따라서 1년에 고객의 마음속에 회사의 인상을 새겨 넣는 순간들이 5,000만 번 있었다. 얀 칼슨은 이 15초 동안의 짧은 순간순간이 결국 스칸디나비아 항공사의 전체 이미지, 나아가 사업의 성공을 좌우한다고 이야기하면서, 이 순간들이야말로 스칸디나비아 항공사가 최선의 선택이었다는 것을 고객들에게 입증해야만 하는 때라고 강조하였다. 진정한 자산은 만족한 고객들이라는 신념 아래 얀 칼슨은 스칸디나비아 항공사를 고객 중심적 기업으로 변화시키는 일에 착수하였다. 가장 대표적 과업은 전통적인 피라미드 조직을 바꾸어 일선 종사원들에게 고객의 문제를 해결할 수 있는 권한을 준 것이었다.

미국의 사업가 퍼거슨은 호텔에서 나와 덴마크의 수도 코펜하겐 공항에 도착했을 때, 비행기 티켓을 호텔에 놓고 온 사실을 발견했다. 항공사의 규칙은 당연히 티켓이 없으면, 비행기를 타지 못한다는 것이었으나 스칸디나비아 항공사의 여직원은 손님을 안심시킨 뒤, 예약을 확인하고 티케팅을 해 주었다. 그 뒤에 여직원은 호텔에 연락하여 티켓을 찾은 다음, 대합실에서 런던행 비행기를 기다리고 있던 고객에게 주었다. 이 일로 인해 퍼거슨은 중요한 계약을 원만하게 해결할 수 있었다. 이를 계기로 퍼거슨은 만나는 수많은 각국 사업가들에게 이 이야기를 적극적으로 선전하고 다니는 고객(홍보)이 되었다. 그가 공항의 항공사 데스크에서 만났던 그 여직원을 그 순간이 스칸디나비아 항공사로서는 가장 중요한 순간이었나.

## 8 뷰티살롱의 성공 요인

미용업계도 경기 침체와 불황 속에서 구직을 뒤로하고 창업 전선에 뛰어드는 사람들이 증가하고 있다. 현재 창업을 시도하는 사람들은 재창업 보다는 창업을 처음 접하는 초보 창업자가 대부분이며, 이 같은 초보 창업자들은 구직 때와 마찬가지로 평소의 습관대로 행동한다. 이러한 행동은 실패로 가는 지름길 중 하나이며 반복된 습관으로 성공하기란 쉽지 않다.

### 1) Beauty Shop의 성공 요건

성공의 열쇠는 아주 사소한 아이디어와 행동에서 비롯된다. 이는 동서고금을 막론하고 아이디어들은 언제까지 머릿속에 기억할 수 없다. 그러므로 메모지를 몸에 지니고 다니며 메모하는 습관을 길러야 한다. 이 메모에 다른 메모를 연결시키면 또 다른 발상이 생길 수도 있다. 메모하는 습관이 결국은 사업을 성공으로 이끌고 수익을 올릴 수 있다.

창업으로 성공하겠다고 결심한 사람이 창업에 관련된 책 몇 권이라도 읽지 않는다면 지금이라도 포기하는 게 좋을 것이다. 현장 경험도 중요하지만, 책을 통해 얻는 정보와 노하우도 중요하다. 부(富)를 일군 모든 창업자는 정보를 얻기 위한 수단으로 책에 투자하여 아이디어를 얻는 일은 절대로 손해 보지 않는다고 말한다.

자신만의 정보를 인터넷에 개인용 데이터베이스 폴더를 만드는 기능을 적극적으로 활용하는 방법이 좋다.

소비자들 사이 유행하는 트렌드를 분석한다. 빠르게 변모하는 고객들의 심리와 아이템의 라이프스타일 감소, 창업시장의 갈수록 치열해지는 생존경쟁, 트렌드 분석의 중요성이 커지고 있다. 고객의 소비성향은 목적성 구매 고객의 행동으로 이어지고 고객은 일정한 소비방정식을 가지고 있다.

트렌드 분석을 통해 독창적이거나 남들이 생각하지 못한 기존 사업의 아이템 단점과 불편함을 해소시켜 새로운 영역을 확보해야 한다. 한국창업경영연구소 소장은 성공하기 위한 조건도 중요하지만 실패하지 않는 조건 역시 중요하다며 이처럼 실패하는 요인 중 상당수는 아주 사소한 습관에서 비롯되기 때문에 매사에 신중하게 행동할 필요가 있으며 성공하기 위해서는 꾸준한 자기관리와 정보 습득에도 힘써야 한다고 강조했다.

### 2) 미용실 환경에서의 마케팅의 중요성

오늘날 기업은 급변하는 시장환경과 소비자의 변화 속에서 경쟁 기업과 차별화되며 능동적으로 대처하기 위해, 마케팅을 전체 기업전략을 실현하기 위한 핵심요소로 또는 기업의 궁극적 목표 달성을 위한 전략시스템의 중요 구성요소로 인식하고 있다. 특히 오늘날은 마케팅의 중요성이 강조되고 있다. 소비자의 소득수준이 향상되고 정보화 사회가 진전됨에 따라 사람들의 욕구가 다양해지고 소비자들은 자신의 필요와 취향에 따라 상품을 선택하게 된다.

갈수록 늘어나는 미용산업의 양적, 질적 증가는 미용산업의 경쟁을 가중시킬 뿐만 아니라 아무리 좋은 기술을 가지고 있더라도 소비자들의 욕구를 충족시키지 못하면 영업의 활성화와 이익을 생각할 수 없다.

그 뿐만 아니라 갈수록 기술의 평준화 현상과 외국브랜드 상품은 가중될 것으로 보이며 고객대응 차원의 마케팅 수행 능력에 따른 차별화가 더욱 중요시되고 있다.

기술과 서비스 차원의 마케팅 전략은 기술과 서비스를 고객과 연결하는 활동이다. 더 가치 있는 기술을 개발하여 고객을 만족하게 함으로써 고객으로부터 선택받게 된다면 결국 매출이나 이익은 자연스럽게 늘어나게 되며 안정적으로 성장·발전하게 되는 것이다.

기술이나 서비스를 통한 고객 만족은 결국 미용산업의 생존 문제가 되는 것이다. 이러한 측면에서 마케팅은 고객 만족을 통한 궁극적인 목표를 달성하기 위한 미용산업의 총체적 활동으로 볼 수 있다.

### (1) 미용실 마케팅 개념의 변화에 따른 특징

미용실 초기의 마케팅은 기술중심의 마케팅적 사고에서 출발하여, 기술 및 서비스의 중요성을 강조하여 그 효율성을 개선하는 것을 목표로 하였다. 특히 자신에게 어울리는 헤어스타일을 원하는 고객들은 요금보다 우수한 미용기술을 먼저 선호하므로 미용기술 개발에 따른 차별화와 경쟁 미용실과 다른 미용메뉴의 신속한 개발과 도입으로 고객 유치의 수단으로 삼았다.

이후 영업 중심의 마케팅이 개발되어 여러 가지 자극으로 더욱 많은 고객을 유치할 수 있다고 보고 고객 확보와 유지를 위한 방안을 마련하게 되었다. 그러나 이 단계에서도 여전히 소비자의 욕구와 선호에 대해서 별로 관심을 기울이지 않았다.

위에서 언급한 모든 개념의 공통적인 단점은 소비자의 욕구를 고려하지 않는다는 것이다. 이런 단점은 소비자 지향적인 고객 만족 중심의 마케팅적 사고에 와서야 변화하기 시작하고 있다. 이 마케팅적 사고의 특징을 보면 다음과 같다.

① 고객의 욕구를 이해하고 반응하는데 초점을 둔다.

② 모든 미용산업의 활동을 고객의 욕구에 부응하도록 통합한다.

③ 고객의 욕구를 충족시킴으로써 모든 목표를 달성할 수 있는 점을 강조한다.

④ 고객의 욕구를 부응하는데 있어 나타나는 사회적 결과에 관심을 가진다.

가령 "LG의 고객을 위한 가치 창조", "신세계의 고객의 만족은 우리의 기쁨입니다.", "기아의 고객 만족이 KIA의 보람 입니다."와 같은 슬로건은 모두 고객 지향의 마케팅의 실례라고 볼 수 있다.

이미 다른 산업 분야에서 도입된 새로운 마케팅은 기업의 윤리적 측면까지 포함한 사회 지향적 개념이다. 즉 소비자는 건강, 환경문제 등에 민감하므로 기업은 좋은 생활을 제공하고 인간 지향적인 사고와 함께 사회적 책임을 지는 방향으로 마케팅 활동을 전개할 수 있어야 함을 강조하고 있다. 이런 예가 자원의 보존, 환경보호, 생태계의 균형 등을 고려하여 궁극적으로 인간의 삶과 질을 증진시키고자 하는 그린 마케팅이다.

**【성공사례 1】 'Domino 피자'의 성공**

1960년대 미시간 주의 이름도 없는 소도시에서 Pizza집을 운영하던 Domino's Pizza가 어떻게 1990년에는 1만여 개의 지점망을 통해 100억불의 매출을 올릴 수 있었던가?

그것은 다름 아닌 빠른 배달, 그것뿐이었다. 주문을 한 소비자가 빠른 시간 내에 먹기를 원한다는 사실에 착안하여 배달을 신속히 했을 뿐 아니라, 30분 늦게 배달하면 3달러를 깎아주겠다는 약속도 굳게 지켰기 때문이다.

**【성공사례 2】 전묘진**

20대 및 30대 미시족의 경우 대응 방안의 사례로 전묘진 원장의 경우 시술 공간을 별도로 마련하여 미시족들의 개성을 강조할 수 있는 시술을 하며, 일본 잡지 및 신세대 잡지를 비치하여 새로운 유행 헤어스타일을 제시하고, 예약제도 도입을 통해 일반 고객들과의 차별화된 시술 및 고객의 특별대우를 느끼게 한다.

10대 후반에서 20대 초반 남성 고객의 경우 대기하는 시간을 너무 싫어하므로 남성 컷 전담 미용사를 별도로 배치하고, 미용실에 들어온 후 10분 이내에 시술하도록 유도하며, 대기 시 지루한 시간이 되지 않도록 배려한다.
7개의 미용 시술대 중 2개의 시술대를 별도로 지정하여 남성들만의 공간으로 활용하도록 하고, 미용 메뉴의 구분을 통해 저렴한 가격과 미용 서비스의 동시 만족을 추구한다.
20대 및 30대 미시족은 세련된 이미지의 시술, 유행하는 헤어스타일의 빠른 적용, 자기만의 개성 강조하며, 10대 후반에서 20대 초반의 남성 고객은 빠른 시술, 저렴한 가격, 남자들만의 공간을 원한다.

하버드 대학의 Theodore Levitt 교수는 다음과 같이 말하였다.

고객이 없으면 마법사 같은 재주를 가지고 있는 기술자도, 요령 좋은 자금 담당자가 싼 자금을 끌어와도, 아무리 훌륭한 관리자가 있어도 기업을 성공적으로 이끌어 나갈 수는 없다. 또한, 물건을 최신식 기술로 잘 만들어도 고객이 원치 않는 것이라면 아무 소용이 없다. 기업이 해야 할 가장 큰일은 고객이 무엇을 원하는가를 정확히 파악하여 그에 맞는 제품을 만드는 것이다.

경영하면서 중요한 것은 개인의 성향과 분위기를 통해 고객이 무엇을 원하는지를 파악하고 그것을 어떻게 실천할 것인지에 초점을 맞추어야 할 것이다.

쉬어가기

## 로하시안의 특징

- 제품과 서비스의 스토리(story)를 알고자 한다. 로하시안은 구매 결정 시, 제품이나 서비스의 이면에 내재되어 있는 스토리를 알고자 한다. 단지 유기농이라고 쓰여 있기보다는 어떤 방식으로 누가 어디서 무슨 원료를 가지고 생산했으며, 어떤 방식으로 수송을 했는지와 같은 전반적인 정보가 기재되어 있기를 원한다.
- 성능, 디자인 등의 전통적인 구매 요소도 중시되며 로하시안에게 중요한 것은 제품이나 서비스의 가치뿐 아니라 기능과 맛, 감각 등의 측면에서도 신선하고, 유행에 뒤지지 않으며, 적어도 기존의 제품 못지않은 수준이어야 한다는 것이다. 즉, 로하스 소비자가 제품의 지속 가능성을 중시한다는 의미는 성능이나 품질, 디자인 등과 같은 전통적인 제품 구입의 요소를 희생시키지 않는다는 것을 전제로 한다.
- 로하시안은 가격에 대한 민감성이 비교적 낮아, 일반 제품보다 20% 더 비싸도 구매하고자 하는 경향이 있다. 2004년 NMI(Natural Marketing Institute)의 조사에 따르면, 로하스 제품에 20% 비싼 비용을 지불하는 것에 대하여, 로하스 소비자는 10명 중 3명이 동의한 반면, 일반인은 단지 100명 중 1명만이 동의하였다.
- 광고를 무조건 받아들이지 않는다. 로하시안은 텔레비전이나 신문 등에 등장하는 제품의 광고를 무조건 받아들이지 않고 인터넷이나 커뮤니티를 통해 수집한 정보를 중요시한다. 로하스 소비자들은 일반 소비자들보다 정보 수집력이 높다. 제품을 선택할 때 언론매체가 중요한 정보수집의 도구이기는 하지만, 단순히 기업의 이미지 광고를 그대로 받아들이기보다는 자신이 스스로 수집한 정보를 바탕으로 상품을 제작한 기업이나 제품에 대해 스스로 판단하고 선택한다.
- 자주 사용하는 제품 2005년도 NMI 조사는 로하시안과 일반인들의 환경친화적 제품의 사용 비율에 차이가 있음을 보여준다. 로하시안은 유기농 및 자연 식품과 음료, 내추럴 하우스 클리닝, 내추럴 케어, 오가닉 의류 및 타월을 일반인보다 2배 이상 많이 사용하고 있음을 알 수 있다.

- 로하스 구매에 있어 장애물 미국과 일본의 소비자 조사결과, 건강에 좋은 상품 및 서비스를 선택하기 어려운 이유로는, "너무 비싸다"는 응답이 가장 높았다. 로하시안의 경우에는 그에 부가적으로, "정보가 부족해서", 또는 "기능과 효과가 별로이기 때문에"라는 응답도 많았다.

  또한, 환경친화적 상품과 서비스를 선택하기 어려운 이유로도 "너무 비싸다"는 응답이 가장 많았다. 이외에도 로하시안은 "세련된 감각의 제품이 없어서", "기능과 효과가 별로여서", "가까운 곳에서 판매하지 않아서" 등의 이유를 들고 있다.

## 【참고 문헌】


강갑연 · 김은주(2012). 미용학 개론, 훈민사.

고경숙(2012). 미용학 개론, 청구문화사.

곽형심 외 5인(2006). 미용문화사, 청구문화사.

김계순(2001). 미용학 개론, 훈민사.

김동자 외 2인(2003). 미용학개론, 한국미용협의회.

김성남 · 정현진(2010). 미용학 개론, 고문사.

김성남 · 정현진(2010). 스크래치 미용학 개론, 고문사.

김순녀(2010). 미용학 개론, 백산출판사.

김환 · 장선엽 · 이현진(2013). 업스타일의 정석, 광문각.

노정애 · 신하남(2006). 미용학 개론, 도서출판 명성.

오지민(2011), 피부미용학 개론, 학문사.

이유재(2000). 고객만족 경영의 개념과 실천에 관한 연구, 경영저널.

이재남 · 이혜영(2013). 기초피부관리학, 구민사.

이정옥(2002). 피부 미용학 개론, 학문사.

이학식 · 현용진(2000), 마케팅, 법문사.

차영애 외 4인(2001). 피부관리학, 훈민사.

최영희 · 심정묘(2010). 미용학개론, 청구문화사.

홍성균(2010). 경락 피부 미용학 개론, 대학서림.

황문건(2009). 미용학 개론, 내하출판사.

황희곤 · 김성섭(2002). 컨벤션 마케팅과 경영, 백산출판사.

PIVOT POINT

**저자 소개**


- 장선엽 : 정화예술대학 미용예술학부 교수
- 이현진 : 정화예술대학 미용예술학부 교수
- 김 환 : 광주여자대학교 미용과학과 교수


# 미용학 개론


2014년 9월 1일 1판 1쇄 인 쇄
2014년 9월 5일 1판 1쇄 발 행

지은이 : 장선엽 · 이현진 · 김 환

펴낸이 : 박 정 태

펴낸곳 : **광 문 각**

413-120
파주시 파주출판문화도시 광인사길 161
광문각빌딩 4층
등 록 : 1991. 5. 31 제12-484호
전화(代) : 031) 955-8787
팩 스 : 031) 955-3730
E-mail : kwangmk7@hanmail.net
홈페이지 : www.kwangmoonkag.co.kr

• ISBN : 978-89-7093-751-9 93590

값 28,000원